AF559514

HOLZ

ERKENNEN UND BENUTZEN

Das Nachschlagewerk für die Praxis

HolzWerken

HOLZ

ERKENNEN UND BENUTZEN

Das Nachschlagewerk für die Praxis

TERRY PORTER

Überarbeitet von Andy Coates

VORWORT 2024

Überarbeitet von Andy Coates

Gefährdete und eingeschränkte Baumarten

In keinem Buch über Holz sollten seltene und gefährdete Arten sowie Arten, die gesetzlich geschützt sind und für die möglicherweise Beschränkungen für die Beschaffung, den Verkauf, die Verwendung und die eventuelle Entsorgung als Produkte gelten, unerwähnt bleiben.

Es würde ein weiteres Buch erfordern, um dem Thema gerecht zu werden, aber verantwortungsbewusste Holznutzer werden zweifellos sicherstellen wollen, dass sie über alle aktuellen Informationen über das Holz verfügen, das sie kaufen, verwenden und als Fertigprodukt verkaufen. Dies ist aus vielen Gründen eine wichtige Überlegung, nicht zuletzt, weil Sie feststellen könnten, dass das Holz, das Sie ganz legal von einem örtlichen Holzhändler gekauft haben, dann nicht über die Grenzen hinweg exportiert werden kann.

Es gibt eine Reihe von Quellen für solche Informationen, aber die vielleicht wichtigsten sind CITES (Convention on International Trade of Endangered Species) und IUCN (International Union for Conservation of Nature). Diese beiden Einrichtungen unterscheiden sich darin, dass CITES sich mit den rechtlichen Aspekten der Holzproduktion, des Verkaufs und der Verwendung befasst, während die IUCN in erster Linie eine Umweltorganisation ist. Beide stellen jedoch wertvolle Ressourcen für den Holzwerker bereit. Diese Websites sind eine wertvolle Ressource, aber es gibt noch andere, die nur eine Internetsuche entfernt sind.

CITES: cites.org/sites/default/files/vc-files/files/usda-timber-cites.pdf
ICUN: www.iucnredlist.org/resources/oldfield1998

Dieses Buch ist meinem verstorbenen Vater Don Porter gewidmet. Er zeigte mir in meiner frühen Jugend, welche Freuden das Arbeiten mit Holz mit sich bringt. Sein Werkzeug benutze ich noch heute.

Deutsche Ausgabe:
© 2006, 2025 Vincentz Network GmbH & Co.KG, Hannover
4. korr. Auflage 2025 – ISBN: 978-3-86630-950-0
Übersetzung: Michael Auwers, Dassel
Printed in China

HolzWerken ist ein Imprint von Vincentz Network GmbH & Co. KG, Hannover

Weitere Materialien kostenlos online verfügbar!

Ihr exklusiver Bonus an Informationen!

Zusätzlich zu diesem Buch bietet Ihnen *HolzWerken* Bonus-Material zum Download an. **Scannen Sie den QR-Code oder geben Sie den Buch Code unter www.holzwerken.net/bonus ein und erhalten Sie kostenfreien Zugang zu Ihren persönlichen Bonus-Materialien!**

Buch-Code: TE1049

INHALT

Einleitung

Verzeichnis der Holzarten

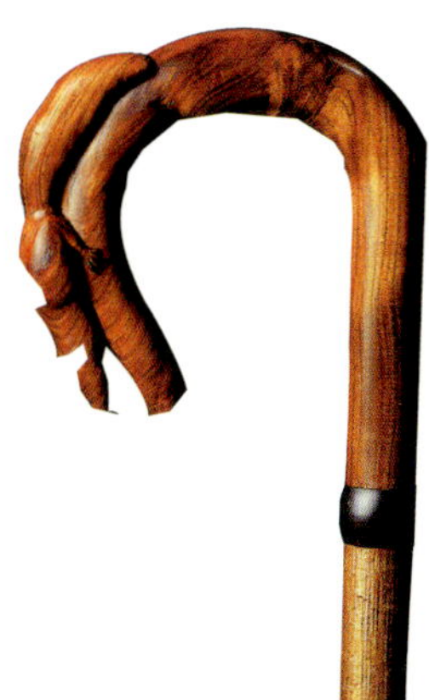

WAS IST HOLZ?

Diese Frage scheint leicht zu beantworten zu sein. Ich nehme jedoch an, dass nur wenige Menschen, die mit Holz arbeiten – oder auch nur ihr Essen an einem Holztisch einnehmen –, sich jemals Gedanken über seine Zusammensetzung machen. Woraus besteht eigentlich Holz?

Bäume erzeugen, wie alle grünen Pflanzen, die Stoffe, die sie zu ihrem Wachstum benötigen, in ihren Blättern. Dieser Vorgang wird Photosynthese genannt. Es handelt sich um eine komplizierte chemische Reaktion: Das Sonnenlicht liefert die Energie, dass sich Kohlendioxid aus der Luft mit Wasser zu Kohlenhydraten verbinden kann. Die Reaktion findet in Anwesenheit von Chlorophyll statt, dem Blattgrün, das den Blättern ihre Farbe verleiht. In der Oberfläche der Blätter befinden sich winzige Öffnungen, die Stomata genannt werden. Durch die Stomata kann das Kohlendioxid aus der Luft in die Blätter gelangen.

Im Gegensatz dazu muss das Wasser einen langen Weg von den Wurzeln hinauf zurücklegen, um sich an der Reaktion in den Blättern zu beteiligen. Das Wasser gelangt durch die feinen Haarwurzeln in die Wurzeln; der dem zugrunde liegende Vorgang heißt Osmose. Als Osmose wird es bezeichnet, wenn ein Bestandteil einer Lösung durch eine Membran hindurchtritt, während andere Bestandteile von der Membran zurückgehalten werden. Im Wasser sind Salze und Elemente gelöst, die lebensnotwendig sind. Dazu zählen vor allem Stickstoff, Kalium und Phosphor, aber auch kleinere Mengen an Eisen, Magnesium, Kalzium, Natrium, Schwefel und andere Spurenelemente. Diese Lösung, der Pflanzensaft, steigt dann durch das **Xylem** genannte **Splintholz** des Baumes bis in seine Krone. Das Holz des Baumes führt jedoch nicht nur den Pflanzensaft bis in die Krone, es gewährleistet auch die mechanische Stabilität, die notwendig ist, um die Krone zu tragen. Außerdem werden im Holz auch die Nährstoffe gelagert, die in den Blättern erzeugt worden sind. Diese Nährstoffe werden im Pflanzensaft gelöst und durch die innere Rinde (den **Bast** oder das **Phloem**) im ganzen Baum verteilt, um so neues Wachstum zu ermöglichen.

Neues Holz entsteht im **Kambium**, einer spezialisierten Zellschicht, die zwischen Xylem und Phloem liegt. Das Kambium umhüllt alle lebenden Teile des Baumes. Während des Baumwachstums teilen sich die Zellen des Kambiums und produzieren auf der Innenseite neue Splintholz- auf der Außenseite neue Bastzellen. So entsteht um das bereits vorhandene Holz des Baumes herum neues Holz. Wächst der Baum nur zu bestimmten Zeiten, wie es in Gebieten mit Jahreszeiten oder mit periodischem Wassermangel (Trockenzeiten) der Fall ist, bilden sich dadurch die bekannten Jahresringe. Bemerkenswert ist in diesem Zusammenhang, dass Bäume, die ohne Unterbrechungen wachsen, wie es meist in tropischen Gebieten der Fall ist, meist keine deutlichen Jahresringe aufweisen.

Das zuletzt entstandene Holz, das Splintholz, nimmt zwei wichtige Aufgaben wahr: In ihm fließt der Pflanzensaft, und in ihm werden die Nährstoffe gespeichert. Während des Wachstums werden die inneren Lagen des Splintholzes jedoch nach und nach so weit von der aktiven Wachstumzone entfernt, dass sie ihre Funktion nicht mehr erfüllen können. Die Holzzellen machen dann eine chemische Veränderung durch, und aus dem Splintholz wird **Kernholz**. Die bei diesem Vorgang entstehenden Stoffe können dem Kernholz eine charakteristische Farbe oder Struktur geben.

Querschnitt eines Baumstammes mit den verschiedenen Gewebetypen

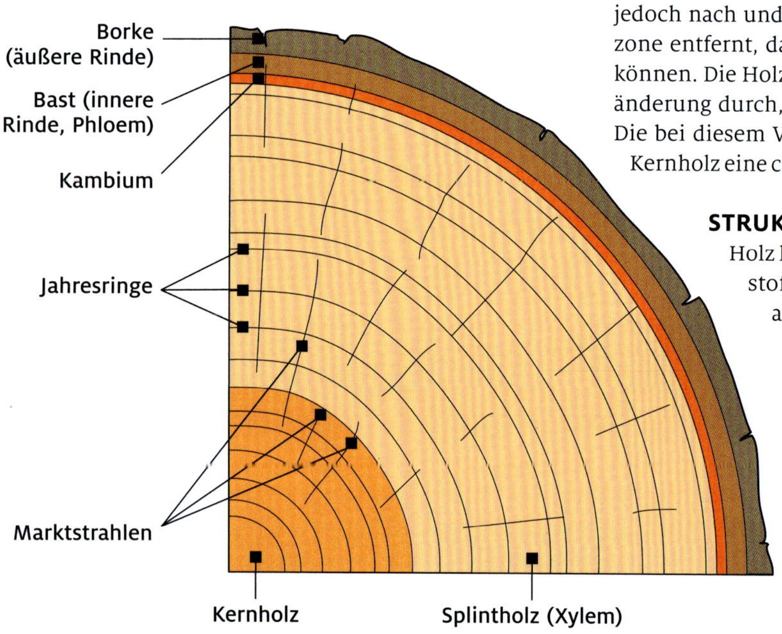

STRUKTUR DER HOLZZELLE

Holz lässt sich beschreiben als natürlicher Werkstoff mit einer komplexen Struktur, der vor allem aus Zellulosefasern besteht, die durch Lignin, einem makromolekularen Naturstoff miteinander verbunden werden. Ohne Lignin ist Holz ein zusammenhangloses Faserbündel; ohne Zellulose ist es ein poröser Schwamm aus Lignin. Neben den beiden Hauptbestandteilen Zellulose und Lignin finden sich im Holz noch das in den Zellen enthaltene Wasser und eine Vielzahl von Spurenelementen und Mineralien.

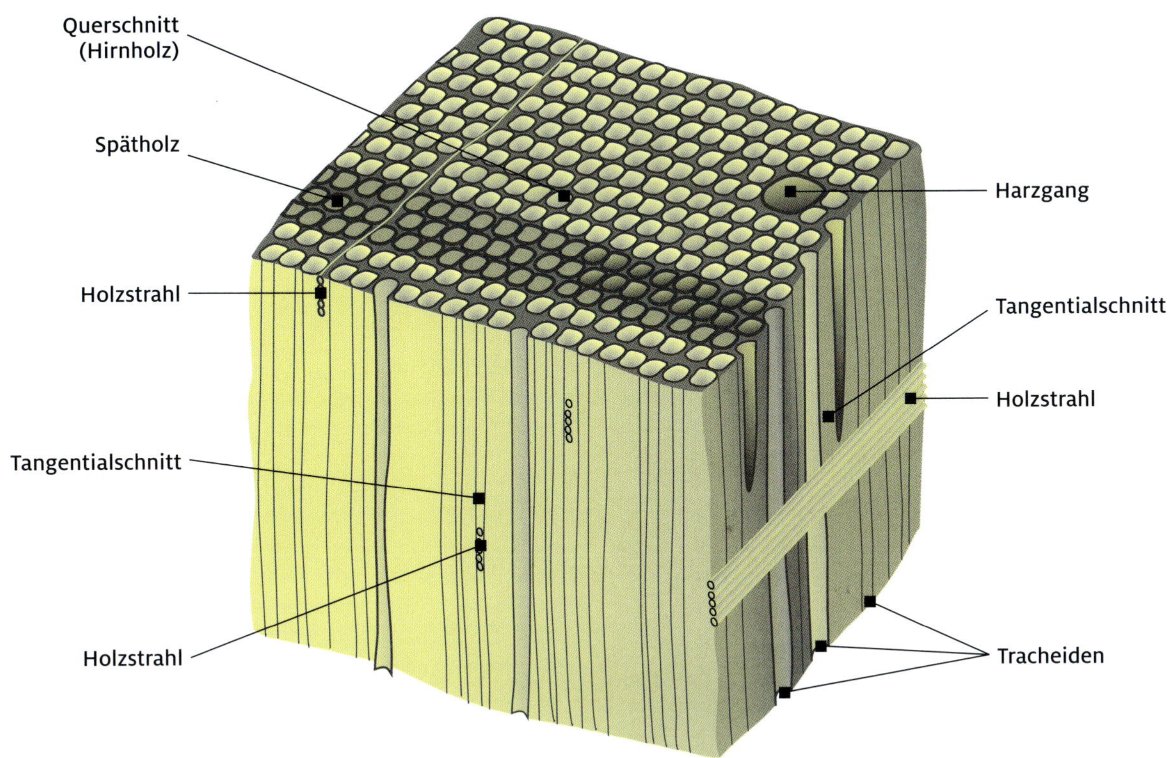

Schematische Darstellung der Struktur eines typischen Nadelholzes

Das grundsätzliche Verständnis der Zellstruktur des Holzes versetzt den Holzhandwerker in die Lage, die verschiedenen Eigenschaften des Holzes zu interpretieren, und zu verstehen, wie und wieso Holz „arbeitet", sich biegen lässt, druckfest oder nicht druckfest ist und wie es sich nach der Verarbeitung verhält. Im Gegensatz zu vielen anderen Baustoffen und Stoffen, die in der Möbelherstellung verwendet werden, ist Holz hygroskopisch: Holz nimmt aus seiner Umgebung Feuchtigkeit auf und gibt sie wieder an die Umgebung ab. Das Trocknen frisch eingeschlagenen Holzes ist ein Vorgang, mit dem jeder Holzhandwerker vertraut sein solle (siehe Seite 12-13); man sollte aber bei der Arbeit mit Holz und bei der Planung eines Projektes nicht außer acht lassen, dass Holz auch nach dem Trocknen noch zu jeder Zeit Feuchtigkeit aufnehmen kann. Dies gilt vor allem dann, wenn die Oberfläche unbehandelt gelassen wird. Durch diese Feuchtigkeitsaufnahme quillt das Holz. Die Haustür aus Holz, die bei feuchtem Wetter klemmt, aber bei trockener Witterung anstandslos ihren Dienst verrichtet, ist ein bekanntes Beispiel für dieses Verhalten. Die Struktur der Holzzelle ist der Faktor, der die Art und das Maß dieser Größenveränderung bestimmt.

DIE ZELLSTRUKTUR DES NADELHOLZES

Nadelholz besteht aus zwei grundlegenden Zelltypen. Ungefähr 95 % der Zellen sind lange, dünne Schläuche, die an beiden Enden spitz zulaufen, sie werden als **Tracheiden** bezeichnet. In den Wänden der Zellen befinden sich jedoch kleine Löcher, die Hoftüpfel, durch die Flüssigkeiten passieren können. Größe und vor allem der Durchmesser der Tracheiden bestimmt die Struktur des Holzes, die sich wiederum auf die Glattheit des Holzes und die erreichbare Oberflächengüte auswirkt. Die restlichen 5 % der Zellen bilden die **Holzstrahlen** (oder Quertracheiden), die von der Mitte des Stammes nach außen führen und den Saft in waagerechter Richtung transportieren.

Einige Nadelhölzer, die Lärche, Douglasie und Fichte zum Beispiel *(Larix* spp., *Pseudotsuga menziesii, Picea* spp.*)* können auch Harzkanäle aufweisen, die für den Handwerker vielleicht eher ein Störfaktor sein mögen, dem lebenden Baum aber als Schutzsystem dienen, da sie Harz zu verletzten oder beschädigten Teilen des Baumes transportieren.

DIE ZELLSTRUKTUR DES LAUBHOLZES

Der Aufbau des Laubholzes ist sehr viel komplexer als der des Nadelholzes. Im Laubholz gibt es mehr verschiedene Zell- und Gewebetypen: Leitgewebe, Festigungszellen, Speicherzellen *(Parenchym)* und Holzstrahlen, die aus den Parenchymzellen gebildet werden. Das Mengenverhältnis der verschiedenen Typen kann von Baumart zu Baumart sehr unterschiedlich sein. Die Fasern des Laubholzes sind meist kürzer als die des Nadelholzes.

Das **Leitgewebe** kommt nur bei Laubhölzern vor. In ihm liegen die Zellen Ende an Ende und bilden so ein Gefäßsystem, durch das der Saft transportiert wird. Die Zellen sind relativ dünnwandig und haben einen vergleichsweise großen Durchmesser. Die Anordnung dieser Gefäße bestimmt die Grundeigenschaften des betreffenden Holzes: Sie wirkt sich auf die Stärke, das Trocknungsverhalten, die Verarbeitungsfähigkeit und das Aussehen aus.

Die **Festigungszellen** haben geschlossene Zellenden. Ihr Durchmesser ist kleiner als der aller anderen Zellen. Die Zellwände sind dick und tragen zur Stärke und Belastbarkeit des Holzes bei.

Das **Speichergewebe** besteht aus Parenchymzellen, die man als Zwischenform zwischen Gefäß- und Festigungszellen beschreiben kann. Die wichtigste Rolle der Parenchymzellen ist die Nährstoffspeicherung. Sie bilden die Holzstrahlen, die radial von der senkrechten Achse des Baumes ausgehen. In manchen Laubholzarten können diese Holzstrahlen sehr auffällig sein, so zum Beispiel bei der Eiche *(Quercus robur)*. Die Holzstrahlen können auch die Schwachstellen des Holzes sein: Sie können bei der Bearbeitung ausreißen, beim Trocknen zu Rissen führen und dem Holzfäller das Spalten des Holzes erleichtern.

FRÜHHOLZ UND SPÄTHOLZ

Wie die Namen es schon nahelegen, wird **Frühholz** am Anfang der Wachstumszeit gebildet und **Spätholz** entsprechend später. Frühholz ist weniger dicht und besteht aus großen, dünnwandigen Zellen, die sich gut zum Safttransport eignen. Die Zellen des Spätholzes sind kleiner und haben dickere Wände, wodurch sie zu der Festigkeit des Holzes beitragen. Dieses Wuchsmuster ist bezeichnend für Bäume, die in temperierten Klimazonen mit deutlich ausgeprägten Jahreszeiten wachsen. Ihm ist die bekannte Zeichnung der Jahresringe zu verdanken.

PORIGE UND NICHT PORIGE HÖLZER

Die Begriffe beziehen sich auf die Anordnung der Gefäße im Querschnitt, wenn also ein Schnitt senkrecht zur Wuchsachse des Baumes gelegt wird. Das offene Ende eines Gefäßes wird als **Pore** bezeichnet. Da Nadelhölzer kein Leitgewebe besitzen, werden sie **nicht porig** genannt, während Laubhölzer manchmal als **porige** Holzarten bezeichnet werden. Ob ein Holz gleichmäßig hart ist, hängt von der Verteilung des Festigungs- und Leitgewebes ab und von der jeweiligen Größe und Zahl der Zellen dieser Gewebe. Bei manchen Hölzern, Esche, Kastanie und Eiche zum Beispiel *(Fraxinus, Castanea, Quercus* spp.*)*, ist die Verteilung ungleichmäßig: Die größten Poren finden sich vor allem im Frühholz, was zu einer unregelmäßigen Faseranordnung und oft auch zu charakteristischen und prononcierten Maserungen führt. Solche Holzarten werden als ringporig bezeichnet. Im Gegensatz dazu sind bei der Buche, Birke und dem Ahorn *(Fagus* spp., *Betula* spp., *Acer pseudoplatanus)* die Poren recht gleichmäßig verteilt, sie werden zerstreutporige Hölzer genannt. Es gibt noch eine dritte Kategorie, die halbringporigen Hölzer, bei denen es einen Dichteunterschied zwischen Früh- und Spätholz zwar gibt, dieser aber nicht so stark ist und es nicht zu einer klaren Zonenbildung kommt. Amerikanischer Nussbaum und Butternuss *(Juglans nigra, J. cinerea)* sind gute Beispiele.

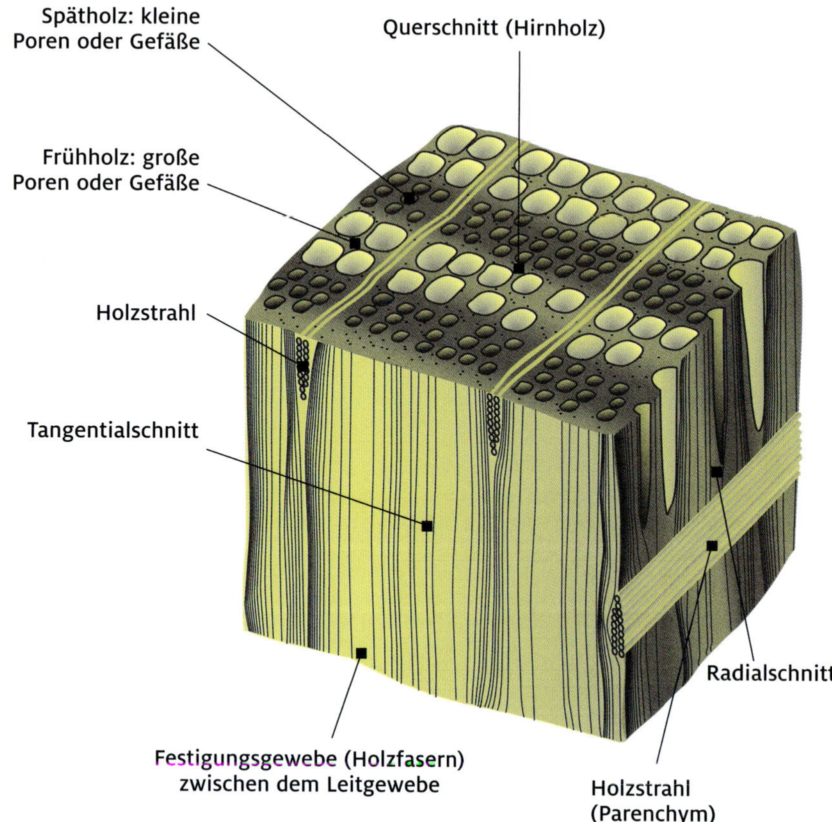

Schematische Darstellung der Struktur eines typischen ringporigen Holzes

JAHRESRINGE UND ALTER DES BAUMES

Die Lebensgeschichte eines Baumes schlägt sich in der Struktur seines Holzes nieder. Vor allem, wenn es eine jahreszeitlich bedingte Wachstumsperiode gibt, zeigt sich diese deutlich in den Jahresringen. Langsam wachsende Bäume wie Buchsbaum und Eibe *(Buxus sempervirens, Taxus baccata)* haben meist sehr schmale Jahresringe, während Bäume, die schnell und kräftig wachsen, wie manche Kiefer- und Pappelarten *(Populus, Pinus* spp.*)* sehr viel breitere Ringe haben. Sie können bei solchen Hölzern 13 mm und mehr in der Breite betragen. Die Umweltbedingungen sind sehr wichtig für das Wachstum eines Baumes. Bäume, die in offenem Gelände und nicht in einem geschlossenen Bestand wachsen, sind oft kräftiger und größer, da es weniger Wettbewerb um das vorhandene Wasser und die Nährstoffe gibt. Auch die Fruchtbarkeit des Bodens spielt eine wichtige Rolle. In Gebieten mit kurzen Wachstumsperioden, nahe der Arktis oder der Schneegrenze im Gebirge zum Beispiel, haben die Bäume oft sehr viel schmalere Jahresringe. Natürlich kommt es auch in Dürreperioden zu geringerem Holzwachstum als in feuchten Jahren. In der Regel sind die Jahresringe nicht vollkommen konzentrisch und auch nicht gleichmäßig dick. Die vorherrschende Windrichtung und die Neigung des Geländes können sich auf die Größe und Form der Jahresringe auswirken. Dem erfahrenen Betrachter zeigen die Jahresringe, ob und wann der Baum von Pilzen oder einem Feuer geschädigt wurde. Sie lassen auch Zeiten kräftigen oder schwachen Wachstums erkennen und zeigen, ob bestimmte Teile des Holzes jemals unter Spannung gestanden haben.

In Gebieten mit jahreszeitlich bedingten Wachstumsperioden sind die Jahresringe meist deutlich zu erkennen, weil sich eine Schicht weniger dichten Frühholzes mit einer dichteren Schicht Spätholzes abwechselt, um das Gesamtwachstum eines Jahres zu bilden. Diese beiden Schichten zusammen werden als Jahresring bezeichnet. Aus den **Jahresringen** lässt sich das Alter eines Baumes bestimmen, was in der wissenschaftlichen Methode der Dendrochronologie wichtig ist.

Deutlich sind die Jahresringe dieser Leyland-Zypresse (*Cupressocyparis leylandii*) zu erkennen

BOTANISCHE NAMEN

Beim Holzhändler und in der Werkstatt werden Hölzer meist mit ihren umgangssprachlichen oder den Handelsnamen bezeichnet: Fichte, Eiche oder Limba. Für den Alltagsgebrauch ist das sicher ausreichend. Aber umgangssprachliche Bezeichnungen, die sogenannten Vulgärnamen, können sich von Ort zu Ort unterscheiden, was zu Irrtümern und Verwechslungen führen kann. Um solchen Fehlerquellen aus dem Weg zu gehen, werden botanische Namen verwendet. Diese botanischen Namen beruhen meist auf Wörtern lateinischen oder griechischen Ursprungs. Dieses System der Namensgebung wurde von dem schwedischen Botaniker Carl von Linné 1758 in seinem Werk Species Plantarium entwickelt. Linné gilt als der Begründer der modernen Taxonomie. Taxonomie ist die Wissenschaft, die sich mit der Aufteilung von Pflanzen und Tieren in miteinander verwandte Gruppen innerhalb eines größeren Systems beschäftigt. Die höchste taxonomische Einheit in diesem System ist das Reich. Lebewesen werden entweder dem Pflanzenreich oder dem Tierreich zugeordnet. Unter den bei-den Reichen liegen weitere Stufen: Unterreich, Stamm/Abteilung, Klasse, Ordnung, Familie, Gattung und Art. (Gartenpflanzen können darüber hinaus noch in Unterarten und Varietäten unterteilt werden, aber das ist für Holzwerker nicht von Belang.) Als Beispiel ist unten auf dieser Seite die vollständige Taxonomie der Esche angegeben.

Für den praktischen Gebrauch benötigt der Holzhandwerker nur die letzten drei Kategorien – Familie, Gattung und Art. So gehört die Gewöhnliche Esche zum Beispiel zu Familie der Oleaceae und zur Gattung *Fraxinus*, der Artenname ist *excelsior.* Die Gewöhnliche Esche heißt also *Fraxinus excelsior*, während die in Amerika heimische Weißesche, die zur gleichen Gattung, aber einer anderen Art gehört, *Fraxinus americana* genannt wird.

In der normalen Nomenklatur werden nur die Gattung und Art genannt, manchmal ist es aber auch nützlich, die Familie zu wissen, zu der die Gattung gehört. Im alphabetisch geordneten Verzeichnisteil dieses Buches wird die Familie in Klammern nach der Gattung und Art angegeben. Im wis-

Die vollständige Klassifizierung der Gemeinen Esche lautet:

Reich	Unterreich	Stamm/Abteilung	Klasse	Familie	Gattung	Art
Plantae	Spermatophytae	Angiospermae	Dicotylaedonae	Oleaceae	Fraxinus	excelsior

senschaftlichen Gebrauch werden Gattung und Art in Kursivschrift geschrieben, wobei die Gattung mit einem einleitenden Großbuchstaben geschrieben wird, die Art jedoch nicht. Der Gattungsname kann auf den Anfangsbuchstaben abgekürzt werden, um Platz zu sparen, vorausgesetzt er ist bei der ersten Nennung ausgeschrieben worden. Die Abkürzung „*Fraxinus* spp." bedeutet „verschieden Arten der Gattung *Fraxinus*".

Die typische Blattform bei einem Nadelbaum: Lärche (*Larix decidua*)

Leider werden botanische Namen gelegentlich geändert, so dass manche Arten mit mehr als einem Namen bezeichnet werden können. Mit der Abkürzung Syn. (für: Synonym) werden solche Namen gekennzeichnet, die nicht mehr in der aktuellen wissenschaftlichen Literatur verwendet werden, die aber dennoch in älteren oder nicht streng wissenschaftlichen Schriften vorkommen können.

So trug die Nutka-Scheinzypresse ursprünglich die botanische Bezeichnung *Cupressus nootkatensis*, aber der Gattungsname wurde bald zu *Chamaecyparis* geändert. Dies blieb bis vor kurzem so, allerdings wurde der Gattungsname im Jahr 2002 zu *Xanthocyparis* und dann 2004 nochmals zu *Callitropsis* geändert. Soweit wir wissen, ist dies zur Zeit der Drucklegung der gültige Name, da es aber keine offizielle Koordinierungsstelle für die Namensgebung gibt, kann man sich dessen nicht ganz sicher sein.

Wir haben uns bemüht, die Arten nach den derzeitig gültigen Namen aufzuführen, dies ist allerdings nicht immer stringent durchführbar: Vor kurzem vorgeschlagene neue Namen werden vielleicht erst nach einer gewissen Zeit akzeptiert, und sie können auch später als nicht gültig erklärt werden. In einigen Fällen haben wir es also als hilfreicher erachtet, eine Art unter dem Namen aufzuführen, der am weitesten verbreitet ist, und den neueren Namen in Klammern hinzugefügt.

SPERMATOPHYTEN

Als Spermatophyten werden Pflanzen bezeichnet, die Samen produzieren. Es gibt drei Unterteilungen der Spermatophyten, die Gehölze hervorbringen: die Gymnospermae, das sind im wesentlichen die Koniferen, die nackte Samen tragen und die sogenannten Nadelhölzer liefern, Lärche und Fichte zum Beispiel (*Larix* spp., *Picea* spp.); und die Bedecktsamer *(Angiospermae)* mit den beiden Gruppen der Monocotyledonae und Dicotyledonae. Zu den Monocotyledonae (Einkeimblättrigen) gehören Pflanzen, deren Keimling nur ein Keimblatt hat, wie Bambus, Palmen und Rattan, und die für den Holzhandwerker weniger interessant sind. Die Dicotyledonae (Zweikeimblättrigen) haben zwei Keimblätter, zu ihnen gehören zum Beispiel solche Laubbäume wie die Ulme und Mahagoni *(Ulmus* spp., *Swietenia* spp.*)*.

NADELBÄUME UND LAUBBÄUME

Nadelbäume und Laubbäume werden im Englischen als „softwoods" und „hardwoods" bezeichnet. Die Einteilung beruht aber auf der botanischen Klassifikation – Gymnospermae oder Angiospermae – und sagt nichts über die Härte des Holzes aus. Es gibt Nadelholzarten, die sehr hart sind (zum Beispiel Eibe – *Taxus baccata*) und Laubbäume, die sehr weiches Holz liefern (zum Beispiel Balsa – *Ochroma pyramidale)*. Die deutschen Bezeichnungen **Hartholz** und **Weichholz** sind in diesem Fall genauer.

Die typischen breiten, geaderten Blätter eines Laubbaumes: Rotbuche (*Fagus sylvatica*) in frühherbstlicher Färbung

WALDTYPEN

Kommerziell genutztes Holz stammt vor allem aus drei verschiedenen Waldtypen: Nadelwäldern, Laubwäldern der gemäßigten Zonen und tropischen Laubwäldern. Diese drei Typen kommen jedoch nicht immer in reiner Form vor, in einigen Gebieten sind auch Wälder zu finden, die Mischtypen darstellen.

Nadelhölzer kommen vor allem aus den Nadelwäldern der arktischen und kalten Zonen der Nordhalbkugel, zum Teil auch aus den Gebirgsgegenden südlicherer Breitengrade.

Die Laubhölzer der gemäßigten Zone können laubabwerfend oder immergrün sein. Sie sind auf der nördlichen Halbkugel weit verbreitet und gehen in nördlichen Zonen oft in die Nadelwälder über. Auf der südlichen Halbkugel finden sich Laubwälder der gemäßigten Zone in Chile, Neuseeland und Australien.

Der größte Teil der Laubbäume der Welt wächst in den Regenwäldern Süd- und Mittelamerikas, Afrikas südlich der Sahara und Südostasiens. Diese Laubbäume sind meist immergrün.

Obwohl die Entforstung in tropischen Gebieten immer noch Anlaß zur Sorge gibt, wird heute doch deutlich mehr Holz aus nachhaltiger Forstwirtschaft gewonnen. In vielen Staaten wie Großbritannien, den USA, Kanada und Schweden sind die Waldflächen und Holzreserven sehr vergrößert worden.

Dank entsprechender Bewirtschaftungsmaßnahmen ist der Holzbestand in Schweden laut der Schwedischen Universität für Agrarwissenschaften in den letzten 100 Jahren um mehr als 60% gewachsen und beträgt jetzt 3000 Millionen Kubikmeter. Etwa zwei Drittel der schwedischen Landesfläche sind mit Wald bedeckt. Die Internationale Union zur Bewahrung der Natur (IUCN) berichtet, dass in Frankreich Wiederaufforstungsprogramme der Regierung dazu geführt haben, dass inzwischen fast 30% der Fläche mit Wald bedeckt sind , pro Jahr kommen etwa 30000 Hektar hinzu.

Verteilung der Waldtypen

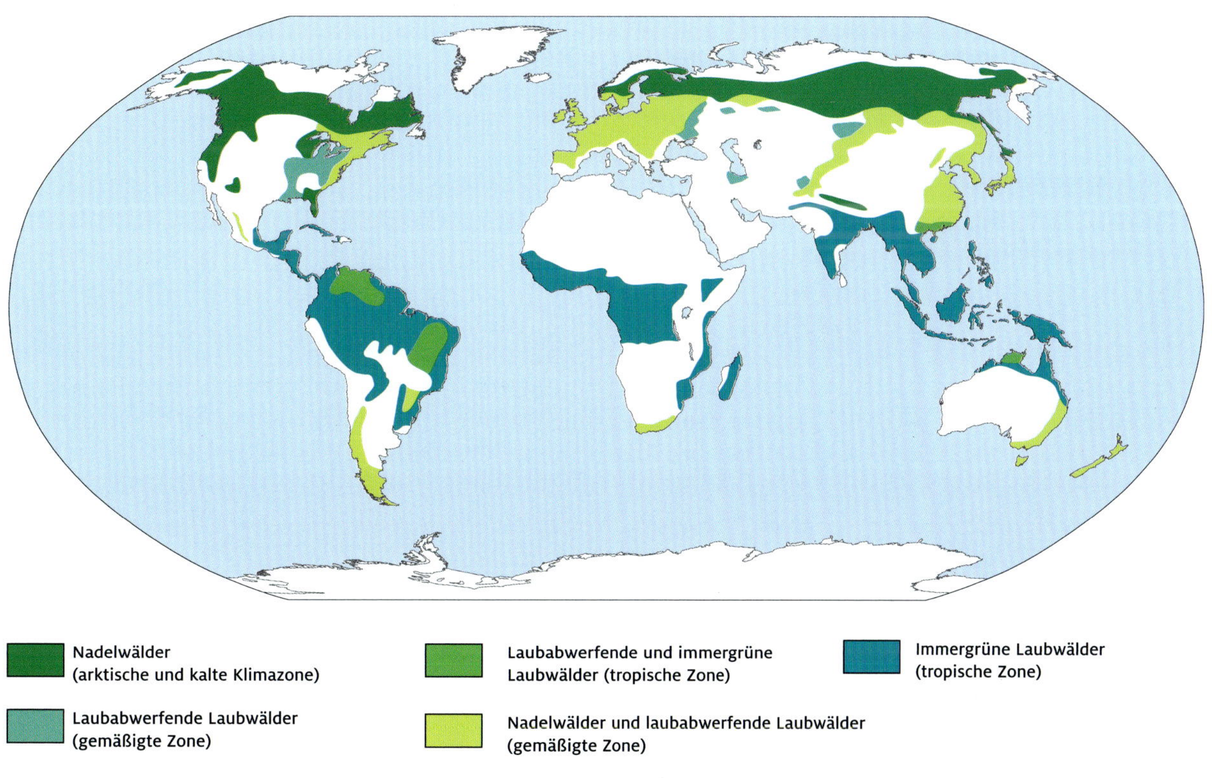

- Nadelwälder (arktische und kalte Klimazone)
- Laubabwerfende Laubwälder (gemäßigte Zone)
- Laubabwerfende und immergrüne Laubwälder (tropische Zone)
- Nadelwälder und laubabwerfende Laubwälder (gemäßigte Zone)
- Immergrüne Laubwälder (tropische Zone)

HOLZTROCKNUNG UND HOLZEINSCHNITT

Die Trocknung von Holz ist ein komplizierter Vorgang, der sich je nach der Holzart und dem späteren Verwendungszweck des Holzes unterscheidet. Auch die Abmessungen des Holzes, das Stapelverfahren, das örtliche Klima und die Luftfeuchtigkeit müssen dabei jeweils berücksichtigt werden. Holz kann entweder luftgetrocknet werden oder künstlich in einer Trockenkammer. Oft werden auch beide Verfahren nacheinander angewendet. In Abhängigkeit von der Holzart und der Größe der Stämme kann das Holz als Stammware getrocknet werden oder vor dem Trocknen eingeschnitten werden.

WARUM WIRD HOLZ GETROCKNET?

Mit der Ausnahme einiger weniger Verwendungsarten wird Holz meist im getrockneten Zustand verarbeitet. Das geschieht aus verschiedenen Gründen. Getrocknetes Holz ist sehr viel geringeren Dimensionsveränderungen unterworfen. Es ist natürlich durch den Wasserverlust auch sehr viel leichter und deshalb einfacher zu handhaben. Zudem ist getrocknetes Holz normalerweise nicht anfällig für Verblauung und Fäulnis. Holz ist in getrocknetem Zustand sehr viel belastbarer. Die Zähigkeit, Härte und grundsätzliche Stärke können gegenüber frischem Holz um bis zu 50 % höher sein.

WIE TROCKEN IST TROCKEN?

Auch wenn wir von „trockenem" Holz sprechen, enthält dieses Holz doch noch Feuchtigkeit und hat auch noch die Fähigkeit, Feuchtigkeit aufzunehmen. Die Menge der in einem Holz enthaltenen Feuchtigkeit wird als Gewichts-Prozentsatz des vollkommen trockenen Holzes (Darrgewicht) ausgedrückt. Dieser Prozentsatz kann bei frisch gefälltem Holz von 40 % bis zu 200 % betragen. Normalerweise muss er auf einigermaßen stabile Werte gebracht werden, bevor das Holz verarbeitet werden kann. Ein künstlich auf eine Holzfeuchte von 12 % getrocknetes Stück Holz muss jedoch nicht unbedingt in diesem Zustand bleiben. In einem Büroraum mit Zentralheizung und dementsprechend trockner Luft kann es trockner werden, während es in einer nassen oder feuchten Umgebung Feuchtigkeit aufnehmen kann. Wie trocken ein Holz sein muss, hängt also weitgehend von dem Ort der späteren Verwendung ab. Stellt man ein Möbelstück aus Holz mit einer Holzfeuchte von 15 % in einem warmen, trocknen Büro auf, werden sich wahrscheinlich Risse bilden. Wenn die Holzfeuchte jedoch 10 % beträgt, wird es kaum zu Problemen kommen. Auch die Oberflächenbehandlung wirkt sich auf das Arbeiten des Holzes aus, da sie den Übergang von Feuchtigkeit zwischen dem Holz und seiner Umgebung erschwert oder verlangsamt.

LUFTTROCKNUNG

Durch Lufttrocknung lässt sich die Holzfeuchte nur bis zum Punkt des Holzfeuchtegleichgewichts verringern, der normalerweise zwischen 15 und 20 % liegt, aber je nach Klima und Luftfeuchtigkeit variieren kann. Als Faustregel kann gelten, dass Laubholz für jeweils 25 mm Holzstärke ein Jahr getrocknet werden muss und Nadelholz halb so lange.

Eingeschnittenes Holz muss sorgfältig gestapelt werden, wobei zwischen die einzelnen Holzstücke durch zwischengelegte Stapelleisten getrennt werden, um zwischen ihnen die freie Zirkulation von Luft zu ermöglichen. Dabei ist es wichtig, dass die Stapelleisten genau übereinander zu liegen kommen, damit sich das Holz während des Trocknens

Zum Trocknen gestapelte Bretter

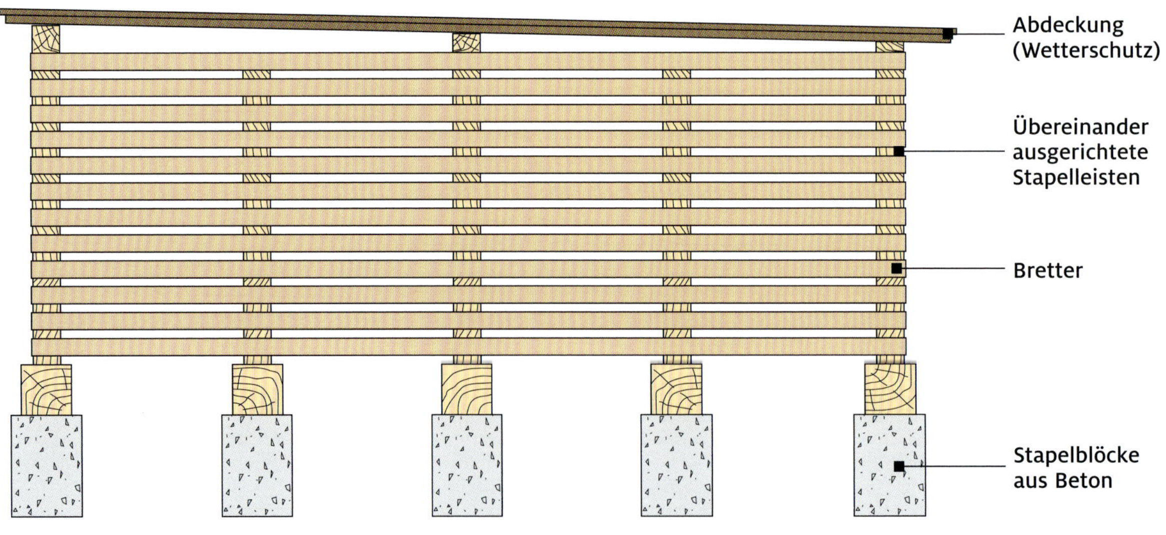

Ein einfacher Schuppen für die Lufttrocknung von Holzscheiten

nicht verzieht oder wirft. Die Stärke der Stapelleisten kann je nach der optimalen Trockengeschwindigkeit der betreffenden Holzart unterschiedlich sein. Zu schnelles Trocknen kann beim Holz zu Qualitätseinbußen wie Oberflächen- und Endrissen führen. Andererseits können sich manche Holzarten bei zu langsamer Trocknung verfärben oder von Fäulniserregern befallen werden.

Der Trockenstapel wird normalerweise mit einer Schutzdecke versehen, um Regenwasser und starke Sonnenbestrahlung abzuhalten, und außerdem beschwert, um die obersten Holzlagen am Verziehen zu hindern. Die Ausrichtung des Stapels richtet sich nach der vorherrschenden Windrichtung, um eine verbesserte Luftzirkulation zu ermöglichen. Für den privaten Anwender oder den Hobbyhandwerker, der kleine Mengen von Holz für den eigenen Bedarf trockenen möchte, ist ein überdachter Trockenplatz mit offenen oder halboffenen Seiten vollkommen ausreichend, der einerseits die Luftzirkulation ermöglicht und andererseits das Holz vor Regen und starkem Sonnenlicht schützt. Ich trockne mein eigenes Holz in einer kleinen Scheune mit einem Ziegeldach: Luft hat freien Zutritt, aber das Holz ist vor Witterungseinflüssen geschützt.

KÜNSTLICHE TROCKNUNG

Die künstliche Trocknung in einer beheizten Trockenkammer ist sehr effektiv, das Verfahren ist aber kompliziert. Für verschiedene Holzarten sind jeweils eigene Trocknungsschemata entwickelt worden, die es ermöglichen, den Feuchtigkeitsgehalt sehr genau zu beherrschen. Warme Luft wird mit Ventilatoren durch die Trockenkammer geblasen oder zirkuliert aufgrund von Konvektion in ihr. Falls nicht sorgfältig gearbeitet wird, kann das Holz zu schnell trocknen, was zu hohen Qualitätseinbußen führt; manchmal wird der Trockenkammer deshalb Wasserdampf zugeführt, um die Trockengeschwindigkeit zu verringern. Häufig wird das Holz erst luftgetrocknet, bis es eine Holzfeuchte von etwa 20 % aufweist, und dann künstlich getrocknet. Wenn die Holzfeuchte bis auf 10 % gesenkt wird, muss das Holz nach der künstlichen Trocknung in einer trockenen Umgebung gelagert werden, um zu verhindern, dass es wieder Feuchtigkeit aufnimmt, um das Holzfeuchtegleichgewicht zu erreichen, das bei 15-20 % liegen kann.

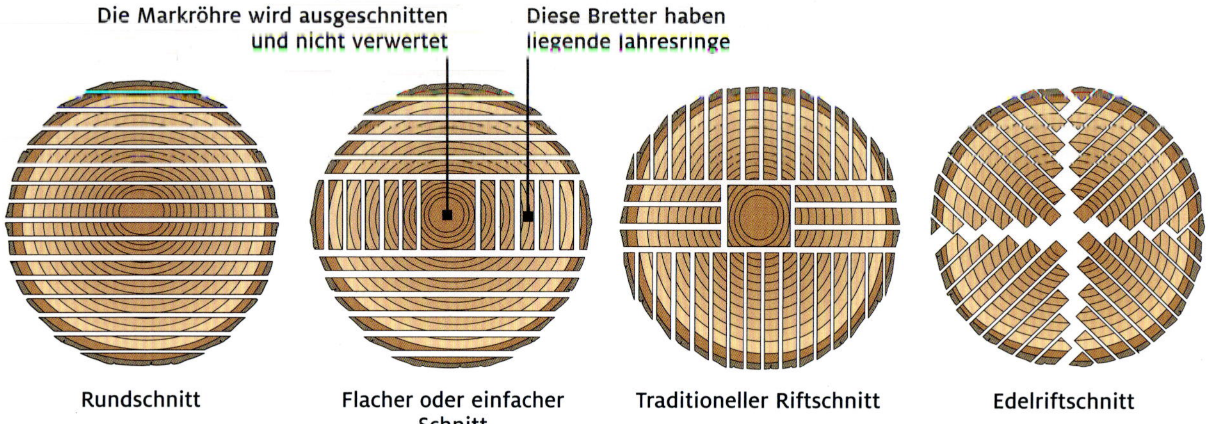

DER EINSCHNITT

Ein Baumstamm kann auf verschiedene Weisen eingeschnitten werden, um das Holz bestmöglich zu nutzen – um einerseits möglichst wenig Verschnitt zu erhalten und andererseits möglichst geeignete Stücke für den vorgesehenen Verwendungszweck zu erhalten.

Rundschnitt: Beim Rundschnitt wird der Stamm einfach in Längsrichtung parallel zum Faserverlauf eingeschnitten. Der Verschnitt ist sehr gering, aber die Bretter können zum Werfen neigen.

Flacher oder einfacher Schnitt: Bei diesem Einschnitt wird der Stamm überwiegend wie beim Rundschnitt behandelt, lediglich der mittlere Teil wird tangential zum Faserverlauf geschnitten, um die instabile Markröhre von der Verwertung auszuschließen.

Riftschnitt: Beim traditionellen Riftschnitt wird der Stamm in Teile geschnitten, die wie die Speichen eines Rades vom Kern ausgehen. Die dabei erhaltenen Bretter haben ein sehr hohes Standvermögen, der Verschnitt ist aber sehr hoch. Beim moderneren Edelriftschnitt geht man einen Kompromiß ein, um den Verschnitt geringer zu halten.

RADIALE, TANGENTIALE UND QUERSCHNITTFLÄCHEN

Das Aussehen des Holzes, sein Maserbild, im bearbeiteten Zustand ist abhängig von der Orientierung des Oberfläche im Stamm vor dem Einschnitt. Man unterscheidet zwischen **radialen** Schnittflächen, die im rechten Winkel zu den Jahresringen liegen, **tangentialen** Schnittflächen, die die Jahresringe tangential schneiden, und **Quer-** oder **Hirnschnittflächen**, die quer durch die Holzfasern verlaufen.

Radiale, tangentiale und Querschnittflächen

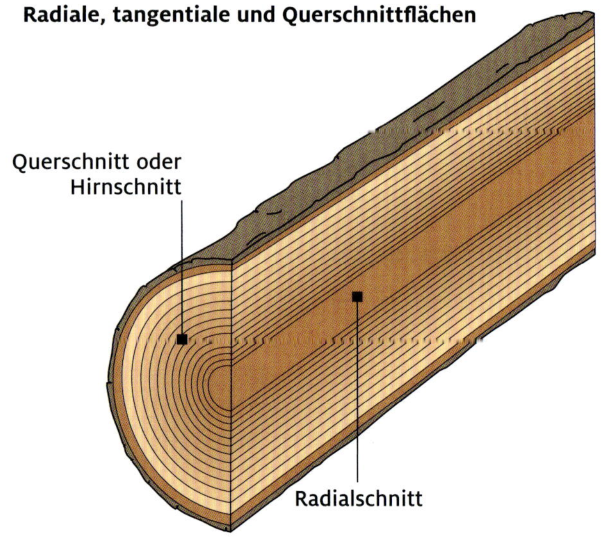

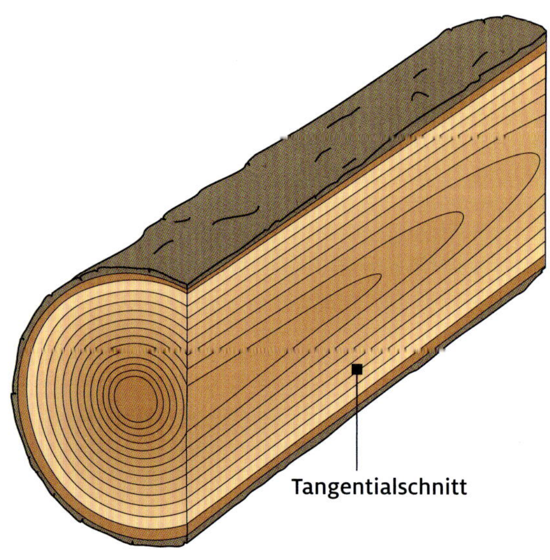

FURNIERSCHNITTE

Die Kunst des Furnierschnittes beruht darauf, sorgfältig angelegte Schnitte entlang der günstigsten Ebenen durch einen Stamm zu legen, um so die Fläche freizulegen, welche die inte-ressanteste Maserung und sonstigen Merkmale aufweist. Deshalb hängt das Schnittverfahren von dem gewünschten Maserbild ab. Furnierhersteller verwenden vor allem die folgenden sechs Schnittverfahren:

Schälschnitt: Der Stamm wird entlang seiner Mittelachse in einer Art Drechselbank befestigt und gegen ein sehr scharfes Messer gedreht. Das Verfahren erinnert an das Abwickeln einer Papierrolle. Da der Schnitt den Jahresringen folgt, ergeben sich kräftige Muster. Die Furnierblätter können sehr breit sein.

Flachmessern: Das Furnier wird parallel zu einer Linie geschnitten, die durch den Mittelpunkt des Stammes führt. Dadurch können Maserbilder wie die „Cathedral" entstehen (s.S. 17).

Echt-Quartier-Messern: Das Holz wird so geschnitten, dass das Messer etwa im rechten Winkel auf die Jahresringe trifft. Es entsteht ein Maserbild mit je nach Holz geraden oder unregelmäßigen Streifen.

Faux-Quartier-Messern: Der Schnitt wird im flachen Winkel (etwa 15°) zu den Jahresringen ausgeführt. Dieses Schnittverfahren ist besonders bei der Eiche (*Quercus* spp.) beliebt, da er die angeschnittenen Markstrahlen als „Spiegel" gut zur Geltung bringt.

Halbrundes Schälen: Eine Abwandlung des Schälschnitts, bei der Stammabschnitte exzentrisch befestigt werden, um einen interessanten Schnitt durch die Jahresringe zu ermöglichen. Dadurch kommen Merkmale sowohl des Schälens als auch des Flachmesserns zum Vorschein.

Längsmessern: Eine Bohle flachgesägten Holzes wird über ein feststehendes Messer geführt, das von der Unterseite der Bohle ein Furnierblatt schneidet. Das Furnier kann eine gefladerte Maserung aufweisen.

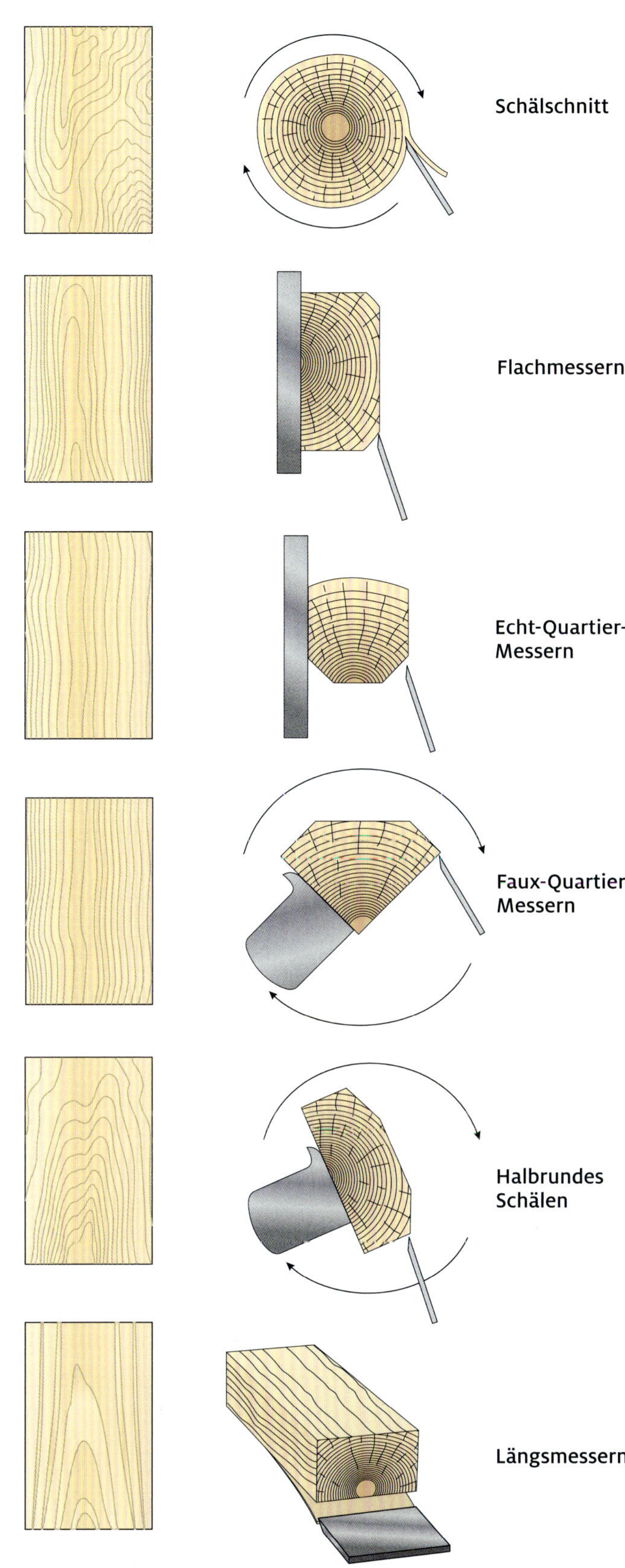

MASERUNG

Der Begriff „Maserung" bezeichnet typische, besondere oder ungewöhnliche Markierungen, die sich auf der Oberfläche des Holzes finden – in der Regel auf dem Längsholz. Interessante Maserungen entstehen durch die Wechselwirkung von Farbe, Faserverlauf, Glanz und Textur und können durch verschiedene Merkmale der betreffenden Holzart beeinflusst werden, von den Eigenarten des normalen Wuchses bis hin zu Holzfehlern, ungewöhnlichen Strukturen oder Holzinhaltsstoffen. Je nach dem Einschnitt des Holzes können sich unterschiedliche Maserbilder zeigen (s.S. 14-15). So zeigt sich bei quartiergeschnittener Eiche oft ein schönes Maserbild mit „Spiegeln", das nur selten zu sehen ist, wenn das Holz flachgemessert wird.

Die Maserung sollte nicht mit den Holzfasern und dem Faserverlauf verwechselt werden. Mit Faserverlauf wird die Ausrichtung der Holzfasern in Bezug zur Längsachse des Stammes bezeichnet. Der Kontrast in Dichte und Farbe zwischen dem Früh- und Spätholz der Douglasie *(Pseudotsuga menziesii)* ist zum Beispiel ein Merkmal der Holzfasern. Die Holzfasern und der Faserverlauf sind nur zwei der Merkmale, die zur Maserung beitragen.

Obwohl jedes Stück Holz einzigartig ist, gibt es doch einige Maserbilder, deren Bezeichnung allgemein gebräuchlich ist. Viele von ihnen werden vor allem im Zusammenhang mit bestimmten Holzarten verwendet, wie zum Beispiel die Vogelaugenmaserung mit dem Ahorn. Die Namen dieser Maserbilder geben oft schon einen Hinweis auf ihr Aussehen. Im folgenden werden einige dieser Namen erklärt, es gibt jedoch – vor allem im englischen Sprachraum und bei Spezialisten auf diesem Gebiet – eine weitaus größere Anzahl. Gibt es keine gängige deutsche Entsprechung, wird der englische Begriff genannt und eine wörtliche deutsche Übersetzung in Klammern gegeben.

Vogelaugenmaserung beim Zuckerahorn (*Acer saccherum*)

Maserknolle an einem Ulmenstamm (*Ulmus* spp.)

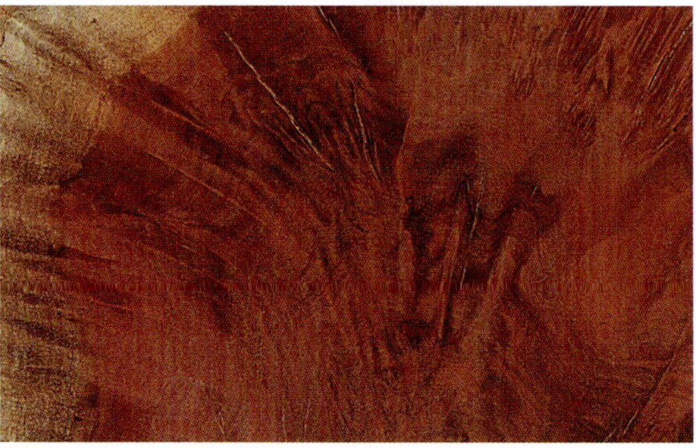

Maserknolle der Brown mallee (*Eucalyptus* spp.)

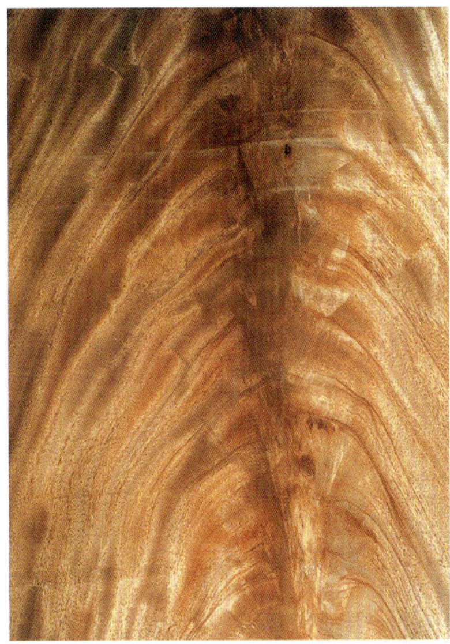

Das klassische Pyramidenmuster entsteht, wenn durch die Mitte einer Astgabel geschnitten wird.

Cat's paw-Maserung bei einer Kommode aus Eiche (*Quercus* sp.)

Angel step (Engelsstufe) eine treppenähnliche Maserung, die entsteht, wenn man quer durch den unteren Stammabschnitt eines Baumes schneidet; häufig bei Nussbaum (*Juglans* spp.) zu finden, kommt aber auch bei Eschen (*Fraxinus* spp.) und Ahorn (*Acer* spp.),

Bee's wing (Bienenflügel) eine kleinformatige, sehr enge Fleckenmaserung, die sich bei Ostindischem Satinholz (*Chloroxylon swietenia*), Mahagoni (*Swietenia* spp.), Bubinga (*Guibourtia demeusi*) und einigen Eukalyptusarten findet. Block-Mottle-Maserung (Blockflecken) ist ähnlich, aber großformatiger.

Blister (Blasen) ein Maserbild, das an Wolken oder an Blasen erinnert – die Holzoberfläche sieht blasig aufgeworfen aus, auch wenn sie vollkommen glatt ist. Unregelmäßigkeiten in den Jahresringen können zu dieser Maserung führen, wenn ein Stamm geschält oder halbrund geschält wird, um Furnier zu gewinnen (s. S. 15). Das Maserbild erinnert an Pommelé, ist aber großformatiger und nicht so dicht.

Blumige Maserung eine diagonale Riegelung, die bei der Fichte (*Picea abies*) in kleinen, unregelmäßigen Flecken vorkommt.

Button (Knopf) ein Muster aus Knöpfen oder Flocken, die sich von einem Hintergrund mit gerader Maserung abheben. Das Maserbild entsteht, wenn Holz mit starken Markstrahlen riftgeschnitten wird, um die harten, glänzenden Markstrahlen freizulegen. Kommt vor allem bei der Weiß-Eiche (*Quercus alba*), der Abendländischen Platane (*Platanus occidentalis*) und anderen Platanenarten (*Platanus* spp.) vor. Siehe auch Spiegel o. Spiegelflecken.

Cat's paw (Katzenpfote) eine Variante des Maserknollen- oder Punkt-Maserbildes, das aussieht, als sei eine Katze über das Holz gelaufen und habe ihre Fußabdrücke hinterlassen. Besonders bei Eiche (*Quercus* spp.) und Kirsche (*Prunus* spp.) zu finden.

Cathedral (Kathedrale) eine Reihe von übereinander liegenden oder gestürzten V-Muster. Kann bei flachgemessertem Furnier vorkommen.

Crossfire (Kreuzfeuer) jedes Muster, das in gerollter, „lockiger" Form quer zum Faserverlauf liegt – Flecken- und Riegelmaserungen zum Beispiel. Kann ausgesprochen spektakulär aussehen.

Flame (Flammen) siehe Pyramidenmaser

Flecken eine weitere Maserung, die durch unterschiedlichen Faserverlauf zu Stande kommt. In diesem Fall erzeugt die Verbindung von Wechseldrehwuchs mit welligem Faserverlauf einen fleckigen, zerknitterten Eindruck. Das Maserbild kann unregelmäßig sein, die Flecken können aber auch annähernd regelmäßig wie ein Schachbrett angeordnet sein. Eine kleinformatige Variante wird als „bee's wing" (siehe oben) bezeichnet. Fleckige Maserungen können bei Mahagoni-Arten (*Swietenia* spp.), Sapelli (*Entandrophragma cylindricum*), Bubinga (*Guibourtia demeusii*) und Koa (*Acacia koa*) vorkommen.

Kissenmaserung ein dreidimensional wirkendes Maserbild, das entsteht, wenn ein Stamm mit unregelmäßigen oder wellig-drehwüchsigem Faserverlauf und deshalb knotiger Oberfläche rund- oder halbrund geschält wird. Es ist eine großformatigere, ausdrucksstärkere Form der Pommele- oder Blasenmaserung.

Lockig lockig in Längsrichtung verlaufende Holzfasern erinnern an Wellen im Wasser, da sie das Licht unterschiedlich zurückwerfen. Lockige Maserbilder kommen besonders häufig bei Ahorn und Birke (*Acer, Betula* spp.) vor. Wie Treppenstufen angeordnete Lockenmuster werden oft als Angel steps bezeichnet (siehe oben), „rollende" Locken als eine Art des Crossfire (s.o.).

Sideboard mit Rahmenfüllungen aus punktgemaserter Eiche *(Quercus* sp.*)*

Schale aus Silber-Ahorn mit Kissenmaserung

Maserknolle	ein warzenähnlicher Auswuchs, meist am Stamm oder der Wurzel des Baumes, gelegentlich aber auch an den Ästen. Meist bilden sich diese Maserknollen auf Grund einer Verletzung oder Infektion unterhalb der Rinde, aber auch eine nicht vollständig ausgebildete Knospe, die nicht richtig wächst, kann die Ursache sein. Während des Wachstums des Baumes wachsen auch die Maserknollen mit und führen dazu, dass das umgebende Holz sich verzieht oder wellig wird, was zu einer sehr schönen Maserung führt. Maserknollen finden sich oft bei der Ulme *(Ulmus* spp.*)*, Esche *(Fraxinus* spp.*)*, Pappel *(Populus* spp.*)*, der Sequoie *(Sequoia sempervirens)*, der Walnuss *(Juglans* spp.*)* und anderen Arten.
Peanut shell (Erdnussschale)	manche Hölzer, die zu Blasen- oder Kissen-Maserbildern neigen, können auch zu Furnieren geschält werden, um dann ein Maserbild zu liefern, das an eine Pommelé- oder Kissenmaserung erinnert. Die Oberfläche des Holzes wirkt wie von kleinen Erhebungen und Vertiefungen durchsetzt, auch wenn sie eben ist. Dieses Maserbild findet man vor allem bei der Mandschurischen Esche *(Fraxinus mandschurica)*, es kann aber auch bei anderen Hölzern vorkommen.
Pommelé	ein Muster aus kleinen Kreisen oder Ovalen, die sich manchmal auch überschneiden. Man hat das Aussehen mit der Oberfläche einer Pfütze bei leichtem Regen verglichen. Das Maserbild ähnelt einer feineren Form der blasigen Maserung, es kommt häufig bei einigen afrikanischen Hölzern wie Bubinga *(Guibourtia demeusil)*, Khaya *(Khaya ivorensis)* und Sapelli *(Entandrophragma cylindricum)* vor.
Punktmaserung	viele zufällig verteilte kleine Punkte; typisch bei Eibe *(Taxus baccata)* und Trauben-Eiche *(Quercus petraea)*.
Pyramidenmaser	ein charakteristisch Y-förmiges Muster, das dort entsteht, wo ein Ast in den Stamm eines Baumes übergeht. Im Englischen gibt es zusätzlich Bezeichnungen für unterschiedliche Ausformungen (burning bush, feather, name, plume und rooster-tail). Die besten Pyramidenmaser stammen vom Mahagoni *(Swietenia)* und Nussbaum *(Juglans)*.
Ribbon stripe (Bandstreifen)	ein Effekt, der an ein verdrehtes Stoffband erinnert. Findet sich bei riftgeschnittenem Mahagoni *(Swietenia* spp.*)* und Sapelli *(Entandrophragma cylindricum)*.
Riegel	eine Maserung, die beim Riftschnitt des Holzes entsteht. Fast senkrecht stehende, von Kante zu Kante reichende „Locken" bei geradem Faserverlauf. Der englische Name „fiddleback" verweist darauf, dass dieses Maserbild gerne für die Rücken von Violinen verwendet wird, die traditionell aus Bergahorn *(Acer pseudoplatanus)* werden. Das Maserbild ist nicht sehr häufig, kommt aber bei Ahorn *(Acer* spp.*)*, Khaya *(Khaya* spp.*)*, Makoré *(Tieghemella heckelii)*, Bohnenbaum *(Castanospermum australe)* und Koa *(Acacia koa)* vor.
Ripple (Wellen)	jedes Maserbild, das an Wellen erinnert, zum Beispiel auch Riegel (siehe oben).
Roe oder roey (Rehmaserung)	Maserbild mit kurzen, gebrochenen Streifen oder Bändern, das bei bestimmten wechseldrehwüchsigen Hölzern entsteht, wenn sie riftgeschnitten werden.
Roll (Rollen)	ein Muster aus großen Rollen oder Drehungen, die auch diagonal verlaufen können. Falls solche Furnierblätter gestürzt werden (s. S. 23), ergibt sich ein Fischgrätmuster.
Spiegel o. Spiegelflecken	ein Glanzeffekt, der bei der Platane *(Platanus hybrida)*, Eiche *(Quercus* spp.*)* und dem Bergahorn *(Acer pseudoplatanus)* vorkommt, wenn das Holz parallel oder annähernd parallel zu den Markstrahlen eingeschnitten wird, so dass Teile der Markstrahlen freigelegt werden.
Swirl (Wirbel)	eine sanftere Form der Pyramidenmaserung. Die Holzfasern sind verwirbelt, sie mäandern und scheinen sich manchmal in sich selbst zurückzufalten. Kommt häufig bei Kirsche *(Prunus* spp.*)* Mahagoni *(Swietenia* spp.*)*, Ahorn *(Acer* spp.*)* und Nussbaum *(Juglans* spp.*)* vor.
Vogelaugen	ein Muster aus kleinen, runden, glänzenden Punkten, das vor allem bei Zuckerahorn *(Acer saccharum)* vorkommt.
Wurzelmaser	ein welliges, geriegeltes Maserbild, das durch den unregelmäßigen Faserverlauf am Übergang vom Stamm zur Wurzel entsteht. Der Amerikanische Nussbaum *(Juglans nigra)* kann sehr interessante Wurzelmaserbilder hervorbringen, die ein gesuchtes Furnier ergeben.

HOLZFEHLER

Da Holz ein natürliches Material ist, das während des Wachstums unterschiedlichen und nicht vorhersagbaren Bedingungen unterworfen ist, kann es oft Merkmale aufweisen, die aus Sicht des Holzwerkers unerwünscht sind. Die wichtigsten dieser Merkmale finden Sie in der folgenden Liste. Bedenken Sie jedoch, dass der eine Handwerker etwas als Fehler betrachten mag, was dem anderen als wünschenswertes Merkmal gilt. Verfärbungen durch Pilzbefall, das sogenannte „versporte" Holz, können zum Beispiel ansprechend wirken, solange sie das Holz nicht zu sehr für die vorgesehene Aufgabe schwächen. Experimentierfreudige und erfahrene Drechsler und Tischler finden vielleicht Freude daran, mit Holz zu arbeiten, das Risse, Rindeneinschlüsse oder andere Eigenheiten aufweist, die man sonst meiden würde.

Ast	Teil eines Zweiges, der im Holz eingebettet wurde, als der Baum um ihn herum weiterwuchs. Man kann verschiedene Arten unterscheiden:
Doppelast	zwei Äste, die einem gemeinsamen Ursprung entstammen.
Flügelast	ein Ast, der beim Einschnitt längs durchgeschnitten wird und im Holz deshalb eine länglich-spitze Form aufweist.
Baumkante	Reste des Stammumfanges, die noch am eingeschnittenen Holz zu sehen sind. Ein Teil der Kante kann fehlen, oder es ist Rinde vorhanden.
Biegen	Form des Verziehens von Holz, bei dem sich eine Bohle oder eine Brett der Länge nach wölbt.
Druckholz	Holz, das im lebenden Baum unter Druck gestanden hat, was unterhalb von Ästen oder auf der konkaven Seite eines krumm gewachsenen Baumes geschehen kann. Die Zellen sind meist kürzer, haben stärkere Zellwände und weisen spiralige Markierungen auf. Das Holz ist meist dunkler als üblich und wirkt glasig.
Endriss (auch: Hirnriss)	ein Riss, der zwischen den Holzfasern an einer Querschnitt- (oder: Hirnschnitt-) Fläche entsteht.
Faserausriss	Holzfasern, die bei der Bearbeitung unregelmäßig getrennt und nicht sauber durchschnitten worden sind.
Gescheckter Nagekäfer	(auch: Bunter Nagekäfer oder Scheckiger Pochkäfer) *Xestobium rufovillosum* ein etwa 6 mm großer Käfer, der vor allem tragende Balken angreift. Die erwachsenen Tiere machen ein klopfendes Geräusch, daher auch der Name Pochkäfer oder Totenuhr.
Gewöhnlicher Nagekäfer	*Anobium punctatum*, der sogenannte Holzwurm, einer der weitverbreitetesten Holzschädlinge. Die Schäden stammen von der Larve des Käfers, die sich bis zu zwei Jahre im Holz aufhalten, bevor sie schlüpfen und das Holz verlassen.

Dieser ausgewachsene Gemeine Nagekäfer (in der Abbildung ca. 6x vergrößert) ist gestorben, während er aus einer mit Insektiziden behandelten Feldulme *(Ulmus procera)* schlüpfte.

Harz, Pech und Holzsaft	harzreiche Flüssigkeiten, die an der Oberfläche oder in Einschlüssen (Harzgallen) des Holzes zu finden sind.
Kernriss	ein Holzriss, der vom Kern eines Stammes ausgeht.
Harzgalle	ein meist linsenförmiger, parallel zu den Jahresringen liegender Einschluss im Holz mit flüssigem oder festem Harz, der bei manchen Nadelhölzern auftritt.
Harzgang	Zellzwischenraum im Holz, der Holzsaft, Latex oder Harze enthalten kann.
Holzfäule	eine Oberbegriff für den Befall mit verschiedenen Pilzen. Unter anderem:
Braunfäule	die Zellulose und zugehörigen Kohlenhydrate werden angegriffen, nicht jedoch das Lignin. Dadurch entsteht meist eine hellbraune Verfärbung und eine bröcklige Struktur. In fortgeschrittenen Stadien bricht das Holz beim Schwinden entlang orthogonaler Ebenen. Diese wird auch als Würfelbruch bezeichnet.
Stockfäule	häufige Erkrankung, bei der die Wurzeln und der untere Stammbereich eines lebenden Baumes befallen werden. Wird oft durch den Pilz *Heterobasidion annosum* verursacht.
Trockenfäule	eine allgemeine Bezeichnung für jede Art von Fäulnis mit bröckligem Erscheinungsbild, vor allem jedoch solche, bei denen sich das Holz leicht zu Pulver zerreiben lässt. Wird oft durch den Echten Hausschwamm *(Serpula lacrymans)* verursacht.
Moderfäule	kommt in den äußeren Schichten von Holz vor, das in sehr feuchten Umgebungen lagert. Die sekundären Zellwände werden von Pilzen befallen, die die Zellulose zerstören. Wird meist von dem Pilz *Chaetomium globosum* verursacht.
Weißfäule	Pilzbefall, der Lignin und Zellulose zerstört, so dass eine schwammig-faserige Masse entsteht, die meist weißlich ist, aber auch hellbraun, gelb oder lohfarben sein kann.
Kernsprödigkeit	ein Holzfehler des Kernholzes, bei dem dieses leicht senkrecht zum Faserverlauf bricht.
Längsriss	ein starker Riss, der in Richtung der Wuchsachse des Baumes verläuft. Wird dadurch verursacht, dass Holz in tangentialer Richtung stärker schwindet als in radialer Richtung.
Mark	der weiche, schwammartige Kern eines Baumes, der bei eingeschnittenem Holz sichtbar werden kann.
Oberflächenriss	ein Holzriss, der nur wenig tief in das Holz reicht. Meist durch zu schnelles Trocknen verursacht.
Reaktionsholz	Holz, das während des Wachstums Zug- oder Druckkräften ausgesetzt war. Beispiele sind die Partien unterhalb (Druckholz) und oberhalb (Zugholz) eines Astes. In diesen Fällen ist die verursachende Kraft die Schwerkraft.

Querschnitt eines Baumstammes mit verschiedenen Risstypen

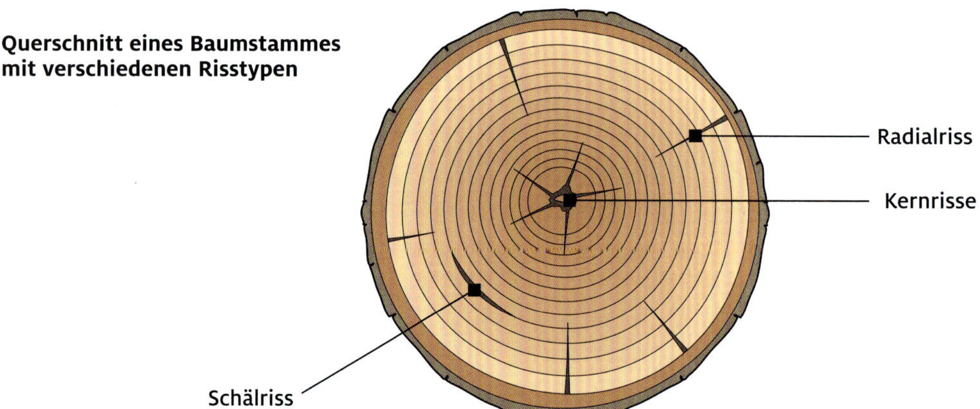

Gedrechselte Schale aus versporter Buche *(Fagus sylvatica)*

Buchenholz mit Wurmlöchern *(Fagus sylvatica)*

Rindeneinschluss	ein Stück Rinde, das teilweise oder ganz im Holz eingeschlossen ist, wodurch das Holz geschwächt wird.
Ringschäle (auch Schälriss)	ein Holzriss, der dadurch entsteht, dass der Zusammenhalt zwischen den Jahresringen verloren geht.
Sauber	ohne sichtbare Fehler
Schälriss	ein Holzriss, der parallel zu den Jahresringen verläuft.
Schüsseln	Verziehen eines Brettes oder einer Bohle über seine Breite.
Schwarzkern	anormale braune oder schwarze Verfärbung des Kernholzes. Es muss sich nicht um das Resultat eines Fäulnisprozesses handeln. Esche *(Fraxinus* spp.*)* kann dazu neigen.
Splintholzkäfer *(Lyctus* spp.*)*	befallen vor allem das Splintholz großporiger Laubbäume wie Esche *(Fraxinus* spp.*)* und Eiche *(Quercus* spp.*)*.
Verbläuung	eine bläuliche oder hellgraue Verfärbung des Splintholzes, die durch den Befall mit dunkelgefärbten Pilzen im Inneren oder auf der Holzoberfläche verursacht wird.
Verbranntes Holz	Brennspuren auf der Oberfläche von bearbeitetem Holz als Folge von Fehlern beim Sägen, Hobeln oder Fräsen.
Verschalung	ein Trocknungsfehler, der auftritt, wenn die äußeren Schichten des Holzes schneller trocknen als der Kern. Die dabei auftretenden Spannungen werden erst gelöst, wenn das Holz weiterverarbeitet wird und führen dann zu starkem Verziehen.
Versport	Holz, das von Pilzsporen befallen ist und oft Verfärbungen oder feine, unregelmäßige Linien zeigt. Es kann ansprechende Ergebnisse bei dekorativen Arbeiten (zum Beispiel in der Drechselei) liefern, hat aber seine Stabilität eingebüßt.
Verziehen	jede Abweichung von der Ebenheit in der Fläche eines zugeschnittenen Holzstückes.
Wurmstich, Wurmloch	jedes Loch, das von holzbohrenden Insekten oder ihren Larven verursacht wird.
Zellkollaps	ein Trocknungsfehler, bei dem die Holzzellen in sich zusammenfallen. Das Holz sieht runzelig oder unregelmäßig aus.
Zugholz	siehe unter Reaktionsholz.

HOLZ-GLOSSAR

Beachten Sie, dass Begriffe, die schon in den Abschnitten über Maserung und über Holzfehler behandelt wurden, hier nicht wieder erläutert werden.

Wie jedes andere Gebiet hat auch die Welt des Holzhandwerks seine eigene Terminologie. Der Wortschatz ist sogar recht umfangreich und kann sich von Region zu Region, ja sogar von Werkstatt zu Werkstatt unterscheiden. Insbesondere Namen für Holzarten können sich regional stark unterscheiden.

Aboristik	die Pflege von Bäumen, vor allem unter nicht-wirtschaftlichen Gesichtspunkten.
Altholz	Holz, das vom ausgewachsenen Baum produziert wird; in der Regel wird es relativ konstante Zellgrößen, gleichmäßige physikalische Eigenschaften und wohlentwickelte Strukturen aufweisen.
Altbestand	in der Forstwirtschaft die Bezeichnung für einen Wald, dessen Bäume durch natürliches Nachwachsen ergänzt wurden und der eine nennenswerte Anzahl alter Bäume und auch Totholz enthält. Altholz wird oft jüngeren Beständen vorgezogen, es gibt aber auch negative ökologische Auswirkungen, wenn zu viel Altholz geschlagen wird.
Angiospermae (Bedecktsamer)	Botanische Bezeichnung für alle Pflanzen, deren Samen in einem Fruchtknoten eingeschlossen sind. Zu ihnen gehören auch die Laubbäume, die Blätter, Blüten und Früchte tragen. Meist sind sie laubabwerfend.
arboreal	mit Bäumen zu tun habend.
Arbeiten	zusammenfassender Begriff für das Schwinden und Quellen des Holzes auf Grund von Feuchtigkeitsveränderungen.
Art	eine Unterteilung der Gattung; eine Gruppe individueller Lebewesen der gleichen Sorte, die viele gemeinsame Merkmale aufweisen. Die Gattung *Quercus* umfasst viele verschiedene Eichen, *Quercus robur* ist der Name einer bestimmten europäischen Eichenart.
astfrei, astrein	Holz, das keine Äste aufweist, ist astrein.
Bast	das weiche, faserige Gewebe zwischen der Borke und den inneren Zellschichten des Baumes.
Behauen	das Bearbeiten von Holz auf Stärke mit einer Axt oder einem Dechsel.
Brusthöhe	die Höhe, in der der Umfang oder Durchmesser eines stehenden Baumes an der höchsten Seite gemessen wird. BHD = Brusthöhendurchmesser. Wird in 130 cm Höhe gemessen.
CK-Salze	Chrom-Kupfer-Salze. Häufig als Holzschutzmittel eingesetzte chemische Verbindungen.
Darrgewicht	das Gewicht einer Holzprobe, die so lange im Ofen getrocknet worden ist, bis keine Gewichtsveränderungen mehr eintreten.
Dicotyledonae (Zweikeimblättrige)	Klasse der Bedecktsamer, die zwei Keimblätter haben. Laubbäume gehören zur Klasse der Zweikeimblättrigen.
Einschnitt	das Zersägen von Stämmen in kleinere Teile als Vorbereitung zur weiteren Verarbeitung.
Entasten	das Entfernen von Ästen von einem gefällten Baum.
Entrinder	eine in Sägewerken verwendete Maschine, um Rinde von Baumstämmen zu entfernen.
Exsudate	Absonderungen von Harz, Öl, Latex oder Holzsaft auf der Oberfläche des Holzes. Kann bei technischer Trocknung mancher Arten verstärkt werden.
Fällschnitt	der letzte Schnitt beim Fällen eines Baumes, der in entgegengesetzter Richtung zur Fallrichtung angelegt wird.
Faserverlauf	die Anordnung der Holzfasern im Holz. Man unterscheidet viele verschiedene Möglichkeiten, unter anderem geraden, drehwüchsigen oder wechseldrehwüchsigen Faserverlauf. Nicht zu verwechseln mit dem Begriff Maserung, der das Aussehen des geschnittenen Holzes bezeichnet.
feinmaserig	Holz, bei dem die Fasern einen geringen Durchmesser haben, ist feinmaserig.

Gestürzte Palisanderstücke *(Dalbergia nigra)* für die Rückseite einer Gitarre.

Stammquerschnitt eines Bergahorns *(Acer pseudoplatanus)* mit einsetzender Versporung.

Forstwirtschaft	der Anbau von Bäumen mit dem Ziel, durch die Produktion von Holz wirtschaftlichen Erfolg zu erzielen.
Frühholz	der innere Teil eines Jahresringes, der im Frühjahr entsteht und meist weniger dicht ist und größere Zellen aufweist.
Gattung	eine Gruppe eng verwandter Lebewesen, die deutlich genug unterschieden sind, dass keine Kreuzungen auftreten.
gestürzt	Anordnung von Holzteilen, besonders Furnierblättern, so dass die Rückseite des einen Blattes der Vorderseite des Nächsten gegenüberliegt. Das Ergebnis sind spiegelbildlich angeordnete Maserbilder, die an die Seiten eines aufgeschlagenen Buches erinnern.
Grünholz	frisch eingeschnittenes Holz, das noch nicht getrocknet ist.
Gymnospermae (Nacktsamer)	die Nadelbäume und verwandte Pflanzen bilden Samen, die nicht in einem Samenknoten enthalten sind.
handförmig	Blätter, die gelappt sind, so dass sie an eine Hand erinnern.
Harvester	eine Forstmaschine, die einen Baum fällt, entastet und in vorgegebene Längen schneidet.
Hirnholz	die angeschnittenen Holzfasern, die bei einem Querschnitt sichtbar werden.
Hirnschnitt, Querschnitt	Einschnitt des Holzes im rechten Winkel zum Faserverlauf.
Holzfeuchte	Während des Trocknens nimmt der Feuchtigkeitsgehalt des Holzes stark ab. Das darrtrockne Gewicht einer jeden Holzart ist konstant, und die Holzfeuchte des Holzes kann zu jeder Zeit als das prozentuale Verhältnis zu dieser Konstante angegeben werden. Die Formel lautet: $\text{Holzfeuchte} = \frac{\text{Gewicht des Wassers in der Holzprobe}}{\text{Darrgewicht der Holzprobe}} \cdot 100$
Holzfeuchte-gleichgewicht	Holz ist hygroskopisch, das heißt, es kann jederzeit Feuchtigkeit aufnehmen oder abgeben. Wenn weder das eine noch das andere geschieht, bezeichnet man diesen Zustand als Holzfeuchte-gleichgewicht. Dies ist kein konstanter Wert, sondern von der Temperatur abhängig.
Holzinhaltsstoffe	Bestandteile des Kernholzes, die oft zu dessen charakteristischer Färbung und seiner Widerstandsfähigkeit gegenüber Fäulniserregern und Insekten führen. Auch die Druckfestigkeit, Härte und Durchlässigkeit für Flüssigkeiten können beeinflusst werden.
Holzrücker	Motorfahrzeug, mit dem gefällte Bäume aus dem Wald transportiert werden.
Holzschliff	Rohmaterial für die Herstellung von Papier.
Holzstrahl, Markstrahl	senkrecht zu den Jahresringen radial vom Kern nach außen verlaufendes Gewebe. Bei manchen Holzarten, Eiche *(Quercus* spp.*)* zum Beispiel, sind die Holzstrahlen sehr auffällig, bei anderen kaum sichtbar.

Wechseldrehwuchs bei Sapelli *(Entandrophragma cylindricum)*. Jeder Wechsel in Farbe oder Glanz ist durch eine Wechsel in der Wuchsrichtung verursacht.

Detail eines Konsolentischs aus Eiche *(Quercus* spp.*)*, Edelstahl und Glas. Das Holz ist gebürstet, mit Eisensalzen gebeizt und gekalkt worden, um die Holzfasern zu betonen.

Hypsometer	ein Messinstrument, mit dem sich vom Boden aus die Höhe eines Baumes bestimmen lässt. Ein Neigungsmesser kann als Hypsometer verwendet werden.
Jahresringe	Konzentrische Holzschichten, die in gemäßigten Zonen in der jährlichen Wachstumsperiode am Baum gebildet werden. Auch als Wachstumsringe bezeichnet.
Johannistrieb	eine zweite Wachstumsphase im Spätsommer, die bei manchen Arten wie der Eiche *(Quercus* spp.) auftritt.
Jungholz	Holz das in den ersten fünf Lebensjahren eines Baumes produziert wird. Normalerweise schwächer, mit dünneren Zellwänden und höherem Ligningehalt als Altholz.
Kalken	das Füllen der Holzporen eines grobporigen Holzes wie Eiche oder Esche *(Quercus, Fraxinus* spp.*)* mit Kalkbrühe, die zu einem dekorativen weißen Rückstand in den Poren führt. Heutzutage wird stattdessen meist ein spezielles Wachs verwendet.
Kambium	die Zellschicht in einem Baum, in der sich neue Zellen bilden.
Kernholz	das im Zentrum des Stammes liegende Xylemgewebe, das keine Stoffwechselfunktionen mehr übernimmt. Das Kernholz bildet meist den härtesten und widerstandsfähigsten Teil des Holzes.
Kopfschneiteln	das Kappen von Baumästen in Kopfhöhe oder darüber, entweder um einen Neuaustrieb in einer Höhe zu erreichen, wo er nicht mehr von Tieren abgefressen werden kann, oder um die Größe des Baumes zu reduzieren.
Krone	die obersten Äste und Blätter eines Baumes.
Längsschnitt	ein Schnitt, der parallel zum Faserverlauf liegt.
Längsschwund	Schwinden des Holzes in Faserrichtung; meist nur sehr geringfügig.
Liegende Jahresringe	Einschnittverfahren, bei dem die Jahresringe weniger als 45° zur Sichtseite des Holzes geneigt sind.
Luftgetrocknet	Holz, das sonnenlicht- und regengeschützt im Freien getrocknet worden ist.
Mark	der weiche Kern in der Mitte eines Baumstammes, -astes oder -zweiges.
Maserknolle	anormale Wuchsform des Holzes. Durch Reizungen oder Verletzungen des Baumes entsteht eine knorrige, verwachsene Gewebewucherung. Maserknollen können sehr dekorative Maserbilder aufweisen, sind aber nicht sehr belastbar.
Maserung (auch Maserbild oder Textur)	die Zeichnung des Holzes, die sich durch die unterschiedliche Färbung oder Helligkeit verschiedener Holzteile ergibt.
Mittellage	der innere Teil von Holzwerkstoffen (vor allem bei Tischlerplatten und Sperrholz, aber auch Spanplatten und Faserplatten). Besteht aus Vollholz, Spänen oder Holzfasern.
Nadelholz	das Holz eines Nadelbaumes *(Gymnospermae)*

Rosskastanien *(Aesculus hippocastum)* ein Jahr nach der Kopfschneitelung.

Das handförmige Blatt eines Ahorns.

Neigungsmesser	ein Messeinstrument, mit dem Neigungen bestimmt und die Höhe von Bäumen berechnet werden kann.
Phloem	der Bast oder die innere Rinde. Dient dem Transport von Nährstoffen im Baum.
Räuchern	das Dunkelfärben von Holz. Nur tanninhaltiges Holz lässt sich räuchern, da der Vorgang auf der chemischen Umwandlung des Tannins durch die beim Räuchern in einem luftdichten Behälter anwesenden Ammoniakdämpfe beruht. Eiche *(Quercus* spp.*)* ist wegen seines hohen Tanningehaltes besonders zum Räuchern geeignet.
Riftschnitt	Einschnittweise, bei der die Bretter radial vom Kern zur Rinde geschnitten werden. Ergibt oft eine gebänderte Maserung.
Ringeln	das ringförmige Entfernen der Rinde eines Baumes um seinen gesamten Umfang. Der Baum stirbt nach dem Ringeln wegen Nährstoffmangel ab und trocknet deswegen schon zum Teil, bevor er gefällt wird.
ringporig	Holz, das mehr auffällige Poren im Frühholz als im Spätholz aufweist.
Rundschnitt	Einschnittverfahren, bei dem der Stamm in parallele Bretter oder Bohlen zerteilt wird.
Sägefuge	der Schnitt, der von einem Sägeblatt gemacht wird.
Sauber	siehe astrein.
Schnittholz	Holz, das meist einen Mindestdurchmesser von 140 mm am schmaleren Ende aufweist und wirtschaftlich zu Brettern und Bohlen geschnitten werden kann.
Schnittverlust	der Unterschied zwischen dem Volumen des lebenden Baumes und des Nutzholzes, das aus ihm geschnitten wurde. Wird meist als Prozentsatz des ersten Wertes angegeben. Typische Werte liegen zwischen 8-20%.
Schwachholz	Holz minderer Qualität und geringeren Durchmessers, das zu Holzschliff, Feuerholz oder Holzspänen verarbeitet wird.
Sekundärwald	Wald der ganz oder zum Teil aus Bäumen besteht, die nach dem Fällen des ursprünglichen Bewuchses nachgewachsen sind.
Sensibilisator	jedes Holz (oder ein anderer Stoff), der nach einem ersten Kontakt bei der betreffenden Person unweigerlich eine allergische Reaktion auslöst, wenn sie ihm wieder ausgesetzt wird. Solche allergischen Reaktionen können zum Beispiel Dermatitis oder andere Hautprobleme sein, aber auch Atembeschwerden und verwandte Erscheinungen. Die Eibe *(Taxus baccata)*, kann zum Beispiel für manche Holzhandwerker ein Sensibilisator sein.
Spalten	das Teilen eines Holzstücks mit der Axt oder einem ähnlichen Werkzeug anstatt mit der Säge.
Spätholz	das im letzten Teil der jährlichen Wachstumsperiode gebildete Holz, das meist kleinere Zellen aufweist und dichter ist als das Frühholz, meist auch dunkler als dieses.

Deutlich erkennbare Jahresringe in einem ring-porigen Laubholz: Mandschurische Esche *(Fraxinus mandschurica)*

Spiegelfleck	Erscheinungsform der Markstrahlen im Radialschnitt. Wird meist als dekorativ betrachtet, besonders bei Eichenholz *(Quercus* spp.*).*
Splintholz	das Xylem, also das relative weiche und anfällige Holz im äußeren Teil des Stammes. (vgl. S. 6)
Stamm	der Teil des Baumes vom Wurzelansatz bis zu den ersten Ästen. Wichtiges Nutzholz, wenn der Durchmesser mehr als 200 mm beträgt.
Stapelleisten	Holzleisten gleicher Abmessungen, die während des Trocknens zwischen Bretter gelegt werden, um diese zu tragen und die Trocknung zu beschleunigen. Sie sollten aus einem neutralen Holz bestehen, damit sie die Bretter nicht verfärben.
stehende Lagerung	die Trocknung von Brettern in senkrechter anstatt waagerechter Stellung; dadurch kann die Verfärbung durch Pilzbefall reduziert werden. Wird besonders für Bergahorn *(Acer pseudoplatanus)* empfohlen.
Stockausschlag	Bäume, die bis auf den Stock (Stumpf) zurückgeschnitten werden, können wieder ausschlagen und mehrere neue Stämme ausbilden. Der Stockausschlag kommt vor allem bei der Esche *(Fraxinus* spp.*)*, Marone *(Castanea sativa)*, Hasel *(Corylus avellana)* und Weide *(Salix* spp.*)* vor. Die so gebildeten Ruten der Weide werden in der Korbflechterei verwendet.
Stubben	der nach dem Fällen eines Baumes in der Erde verbleibende Wurzelstock.
Stumpf	der untere Teil eines Baumes über der Wurzeln.
Stürzen	Anordnung von Holzteilen, vor allem Furnierblättern, bei denen zwei Teile spiegelbildlich einander gegenüber gelegt werden, wie die Seiten eines geöffneten Buches.
tangentiales Schwinden	Schwinden des Holzes im rechtem Winkel zum Faserverlauf. Kann zum Verziehen des Holzes führen.
Ulmensterben	eine Krankheit, von der viele Ulmen-Arten *(Ulmus* spp.*)* befallen werden können. Sie wird durch den Pilz Ophiostoma ulmi (Syn.: *Ceratocystis ulmi)* und den virulenteren O. novo-ulmi verursacht, die beide von Käfern übertragen werden. (vgl. S. 260)
Wechseldrehwuchs	Faserverlauf, bei dem die Fasern wiederholt Richtung und Neigung wechseln, führt oft zu gebänderten Maserbildern.
Wollig	die Oberflächenbeschaffenheit eines Holzes, bei dem die Fasern gerissen und nicht sauber geschnitten worden sind. Kann bei Reaktionsholz oder bei bestimmten Holzarten auftreten.
Xylem	das lebende Gewebe in den äußeren Gebieten eines Baumstammes, in dem der Saft transportiert und Nährstoffe gelagert werden. Wird bei eingeschnittenem Holz als Splintholz bezeichnet. (vgl. S.6)
zerstreutporig	(bei Laubhölzern) ein Holz, dessen Poren gleichmäßig verteilt und von annähernd gleicher Größe sind.
Zwieselung	Teilung eines Baumstammes kurz über der Wurzel, so das zwei Stämme und Kronen entstehen.

GESUNDHEITSSCHÄDLICHE HOLZARTEN

Obwohl Holz so ein schönes und sicheres Material zu sein scheint, kann es doch eine Gefahr für die Gesundheit des Holzwerkers darstellen und ihn im Extremfall sogar umbringen – nicht durch einen Unfall beim Baumfällen oder durch Unachtsamkeit beim Umgang mit Maschinen, sondern durch die giftigen Wirkungen des Holzes selbst.

Übermäßiger Kontakt mit bestimmten Holzarten kann zu Beschwerden führen, wie Bronchialasthma, Rhinitis („laufende Nase"), allergische Alveolitis (Hypersensitivitätspneumonitis), ODTS („organic dust toxic syndrome", Alveolitis-Symptome nach Einatmen von organischen Stäuben), Bronchitis, allergische Dermatitis und Bindehautentzündungen. Krebserkrankungen der Nase sind selten, können aber vorkommen, besonders bei Menschen, die lange in der Möbelindustrie tätig waren. Tumore in den oberen Atemwegen können durch den Holzstaub vieler Holzarten verursacht werden, besonders durch Buche und Eiche *(Fagus, Quercus* spp.*)*.

Einige Holzarten wie Eibe *(Taxus* spp.*)* können als Sensibilisatoren wirken. Wenn man sie zuerst verwendet, kommt es zu keiner Reaktion, nach wiederholtem Kontakt kann der Anwender jedoch sensibilisiert werden, so dass jeder Kontakt zu einer fast unmittelbaren allergischen Reaktion führt. Normalerweise ist dies nicht rückgängig zu machen, so dass einem nichts anderes übrig bleibt, als diese Holzart in Zukunft zu meiden. Zu diesen Sensibilisatoren gehören unter anderem Buche, Mahagoni, Sequoie, Weide und Teak *(Fagus, Swietenia, Sequoia, Salix, Tectona* spp.*)* Falls Sie auf Aspirin allergisch reagieren, sollten Sie im Umgang mit Weide und Birke *(Salix, Betula* spp.*)* vorsichtig sein, da diese ähnliche wirken können. Kleinstlebewesen in der Rinde und Pilze können Bronchialasthma, Rhinitis und allergische Dermatitis hervorrufen. In Nordamerika werden bei Arbeitern, die Ahornbäume entrinden, schwere Allergien der Atemwege durch den Pilz Cryptostroma corticale verursacht, der zwischen dem Splintholz und der Rinde von Ahorn und Birke wächst *(Acer, Betula* spp.*)*. Versporter Ahorn ist bekannt dafür, dass er Atembeschwerden verursachen kann, und mir ist mindestens ein Fall bekannt, in dem ein Drechsler bei der Arbeit damit eine Lungenentzündung bekam und schließlich die Drechselei aufgeben musste.

Manche Menschen sind empfindlicher als andere, und als Raucher muss man damit rechnen, dass einen Holzstaub sehr viel eher krank machen kann. Zu den Hölzern aus subtropischen und tropischen Gebieten, die allergische Reaktionen auslösen können, gehören Obeche *(Triplochiton scleroxylon)*, Cocobolo *(Dalbergia retusa)* und *Béte (Mansonia altissima)*. Hölzer aus den gemäßigten Breiten führen meist zu weniger ausgeprägten Auswirkungen. Mit angemessener Vorsicht zu behandeln sind Lärche, Nussbaum, Buche, Elbe und Kiefer *(Larix, Juglans, Quercus, Fagus, Taxus, Pinus* spp.*)*, die Rotzeder *(Thuja plicata)*, Sequoie *(Sequoia sempervirens)*.

VORBEUGENDE MASSNAHMEN

Als Holzwerker sollte man immer Maßnahmen ergreifen, um das Risiko allergischer Reaktionen, besonders auf Holzstaub und Holzinhaltsstoffe wie Tannin und Harz, zu verringern. Einige nützliche Richtlinien sollen genannt werden:

- Arbeiten Sie in einem gut gelüfteten Raum
- Waschen und duschen Sie sich häufig.
- Waschen Sie Ihre Arbeitskleidung häufig.
- Meiden Sie besonders giftige Hölzer.
- Tragen Sie gegebenenfalls Handschuhe.
- Verwenden Sie eine Atemschutzmaske oder besser noch ein Atemschutzgerät.
- Statten Sie zusätzlich Ihre Werkstatt mit einer Staubabsauganlage aus.
- Arbeiten Sie möglichst nicht mit grünem (ungetrocknetem) Holz.
- Verwenden Sie Holz, das als Sensibilisator bekannt ist, nicht für Handgriffe und ähnliches, vor allem aber nicht für Nutzgegenstände wie Tischgeschirr oder Trinkgefäße.
- Seien Sie bei dem Staub von Holzwerkstoffen wie Sperrholz und MDF besonders vorsichtig.

HÖLZER UND IHRE VERBORGENEN GEFAHREN

In der folgenden Tabelle sind eine Vielzahl, aber nicht alle, der toxischen und allergischen Wirkungen verschiedener Holzarten zusammengetragen worden. Man sollte sie nur als Richtschnur verwenden. Holz kann sich von Unterart zu Unterart sehr unterscheiden, und auch die Bodenart, in der ein Baum wächst, kann sich auf seine Giftigkeit auswirken. Auch andere, nicht aufgeführte Holzarten können giftig wirken und Staub ist – ganz unabhängig von der Quelle – immer gefährlich, wenn man ihn in größeren Mengen einatmet.

Holzart	Negative Reaktion	Giftige Bestandteile
Balsam-Tanne *Abies balsamea*	Sensibilisator; Reizungen von Haut und Augen	Blätter, Rinde
Mulga-Akazie *Acacia aneura*	Reizungen von Nase, Hals und Augen; Kopfschmerzen, Erbrechen	Holzstaub
Brigalow *Acacia harpophylla*	Dermatitis; Reizungen der Nase, der Augen, des Halses, der Lenden	Rinden-, Holzstaub
Schwarzholz-Akazie *Acacia melanoxylon*	Dermatitis, Asthma, Reizungen der Nase und des Halses; Sensibilisator	Holzstaub, Holz
Feldahorn *Acer campestre*	Sensibilisator; Verringerung der Lungenfunktion	Holzstaub
Oregon-Ahorn *Acer macrophyllum*	Dermatitis, Schnupfen, Allergisches Bronchialasthma	Holzstaub
Eschenahorn *Acer negundo*	Dermatitis, Schnupfen, Allergisches Bronchialasthma	Holzstaub
Rotahorn *Acer rubrum, A. saccharinum*	Kann die Lungenfunktion beeinträchtigen	Holzstaub
Zuckerahorn *Acer saccharum, A. nigrum*	Kann die Lungenfunktion beeinträchtigen	Holzstaub
Gelbe Rosskastanie *Aesculus flava*	Die Nüsse und Zweige enthalten das Zellgift Aescin	Nüsse, Zweige
Afzelia *Afzelia* spp.	Dermatitis, Atembeschwerden, Reizungen der Nase und des Halses	Holzstaub
Albizia *Albizia (Paraserianthes) falcataria*	Reizungen der Nase und der Augen und der Verdauungsorgane; Dermatitis; Übelkeit	Holzstaub
Lebbekbaum *Albizia lebbeck*	Reizungen der Augen, der Nase und des Halses	Holzstaub
Red Siris *Albizia toona*	Dermatitis, Nasenbluten, Bindehautentzündung, Schwindel	Holzstaub
Erle *Alnus* spp.	Dermatitis, Schnupfen, Bronchialbeschwerden	Holzstaub
Kaschu *Anacardium occidentale*	Sensibilisator; Hautblasen vom Holzsaft; Dermatitis	Holzstaub, Holz, Holzsaft
Peroba rosa *Aspidosperma peroba*	Hautreizungen, Kopfschmerzen, Übelkeit, Schwitzen, Atembeschwerden, Ohnmachten, Schläfrigkeit, Magenkrämpfe, Schwächeanfälle, Hautblasen	Holzstaub, Holz
Urunday *Astronium fraxinifolium*	Sensibilisator; Dermatitis, Reizungen der Haut und der Augen	Holz, Holzstaub
Okoumé *Aucoumea klaineana*	Reizungen der Haut und der Augen; Asthma, Husten	Holzstaub, Holz
Tatajuba *Bagassa guianensis*	Allergisches Kontaktekzem, allergische Reaktionen	Holzstaub, Holz
Mukusi *Baikiaea plurijuga*	Reizungen der Atmungsorgane	Keine Informationen
Guatambú *Balfourodendron riedelianum*	Dermatitis, Schnupfen, Asthma	Holzstaub
Pink Ivory Wood *Berchemia zeyheri*	Rinde und Früchte sind giftig; Holzsaft kann Dermatitis verursachen	Früchte, Rinde, Holzsaft
Gelbbirke *Betula alleghaniensis*	Dermatitis, Atembeschwerden	Holzstaub
Papierbirke *Betula papyrifera*	Dermatitis, Atembeschwerden	Holzstaub
Gemeine Birke *Betula pendula*	Sensibilisator; Dermatitis, Atembeschwerden	Holzstaub, Holz
Butternuss *Blepharocarya involuerigera*	Dermatitis, Bindehautentzündung	Holzstaub
Sucupira *Bowdichia* spp.	Allergisches Kontaktekzem	Holzstaub, Holz
Muhuhu *Brachylaena hutchinsii*	Dermatitis	Holzstaub, Holz
Satine *Brosimum* spp.	Übelkeit, Speichelfluss, Durst	Holzstaub
Schlangenholz *Brosimum guianense*	Durst, Speichelfluss, Reizungen der Atemwege, Übelkeit	Holzstaub, Holz
Cocuswood *Brya ebenus*	Dermatitis	Holzstaub, Holz
Buchsbaum *Buxus sempervirens*	Sensibilisator; Dermatitis; Reizungen der Nase, des Halses und der Augen	Holzstaub, Holz
White Cypress *Pine Callitris glauca*	Dermatitis, angeschwollene Augenlider, Asthma, Reizungen der Nase, Nasenkrebs	Holzstaub, Holz
Marienlorbeer *Calophyllum brasiliense*	Dermatitis, Appetitverlust, möglicherweise Nierenschäden, Ohnmachten, Schlafstörungen	Holzstaub, Holz
Seidenhaarbaum *Cardwellia sublimis*	Dermatitis	Holzstaub, Grünholz
Marone *Castanea sativa*	Dermatitis	Rinde, Flechten

Holzart	Negative Reaktion	Giftige Bestandteile
Bohnenbaum *Castanospermum australe*	Dermatitis; Reizungen der Nase und der Augen, des Halses, der Achseln und Genitalien	Holzstaub
Cedro *Cedrela fissilis*	Dermatitis, Asthma; Reizungen der Nase, der Haut und des Halses, Hautblasen, Entzündungen der Augenlider, möglicherweise Nasenkrebs	Holzstaub, Holz
Zeder *Cedrus libani*	Atembeschwerden, Schnupfen, Druckgefühl auf der Brust	Holzstaub
Coachwood *Ceratopetalum apetalum*	Dermatitis	Holzstaub
Lawsons Scheinzypresse *Chamaecyparis lawsoniana*	Dermatitis, Reizungen der Augen und Lungen, heftige Ohrenschmerzen, Schwindel, Magenkrämpfe. Einatmen der Luft bei frisch eingeschnittenem Holz kann zu Nierenproblemen führen	Holzstaub, Holzinhaltsstoffe
Greenheart *Chlorocardium rodiaei*	Splitter führen zu Entzündungen; Herz- und Darmbeschwerden, starke Reizungen des Halses; Sensibilisator	Holz, Holzstaub
Ostindisches Satinholz *Chloroxylon swietenia*	Dermatitis, Kopfschmerzen, Anschwellen des Hodensackes, Reizungen der Nase	Holzstaub, Holz
Kampferbaum *Cinnamomum camphora*	Dermatitis, Atemlosigkeit	Holzstaub
Freijó *Cordia goeldiana*	Vielleicht ein Hautsensibilisator	Holzstaub, Holz
Zitroneneukalyptus *Corymbia citriodora*	Dermatitis	Holzstaub, Holz
Red Bloodwood *Corymbia gummifera*	Reizungen der Augen und der Haut, Dermatitis, heftige Kopfschmerzen, Schwindel, Magenkrämpfe, Asthma, Bronchitis	Holzstaub
Neuseeländische Warzeneibe *Dacrycarpus dacryoides*	Dermatitis, Reizungen der Nase und des Halses	Holzstaub
Rimu *Dacrydium cupressinum*	Reizungen der Nase und der Augen	Holzstaub
Rosenholz *Dalbergia* spp.	Irritation, Dermatitis, Atembeschwerden; Sensibilisator	Holzstaub, Holz
Königsholz *Dalbergia cearensis*	Reizungen der Augen und der Haut	Holzstaub
Grenadill *Dalbergia melanoxylon*	Akute Dermatitis, Bindehautentzündung, Niesen, Asthma	Holzstaub
Cocobolo *Dalbergia retusa*	Sensibilisator; Reizungen der Haut, Nase und der Augen; Bindehautentzündung, Übelkeit, Bronchialasthma, „pfeifender" Atem, Druckgefühl auf der Brust, Kopfschmerzen	Holzstaub, Holz
Ebenholz *Diospyros* spp.	Reizstoff; Dermatitis, Bindehautentzündung, Niesen; möglicherweise ein Hautsensibilisator	Holzstaub, Holz
Persimmon *Diospyros virginiana*	Möglicherweise Dermatitis	Kernholz, Holzstaub
Movingui *Distemonanthus benthamianus*	Dermatitis	Holzstaub
Jelutong *Dyera costulata*	Möglicherweise allergisches Kontaktekzem	Holzstaub, Holz
Miva mahogany *Dysoxylum muelleri*	Dermatitis, Lungenödem, Nasenbluten, Entzündungen der Nase und der Augen, Appetitverlust, Kopfschmerzen	Holzstaub
Tiama *Entandrophragma angolense*	Dermatitis	Holz, Holzstaub
Sapelli *Entandrophragma cylindricum*	Hautreizungen, Niesen	Holzstaub
Sipo *Entandrophragma utile*	Reizungen der Haut	Holzstaub, Holz
Guanacaste *Enterolobium cyclocarpum*	Möglicherweise Reizungen der Schleimhäute, Allergien	Holzstaub
Southern Blue Gum *Eucalyptus* spp.	Dermatitis	Holzstaub, Holz
Tasmanian oak *Eucalyptus delegatensis, E. obliqua, E.regnans*	Dermatitis, Asthma, Niesen; Reizungen der Nase, des Halses und der Augen	Holzstaub
Blaugummibaum *Eucalyptus globulus*	Dermatitis	Holzstaub, Holz
Weißer Gummi-Eukalyptus *Eucalyptus leucoxylon*	Reizungen der Nase und des Halses	Holzstaub
Jarrah *Eucalyptus marginata*	Reizungen der Nase, des Halses und der Augen	Holzstaub
Grey Box *Eucalyptus microcarpa*	Reizungen der Haut, Nase und des Halses; Ekzeme	Holzstaub, Holz
Coolibah *Eucalyptus microtheca*	Dermatitis	Rinde, Holz Holzstaub

Holzart	Negative Reaktion	Giftige Bestandteile
Sydney Blue Gum *Eucalyptus saligna*	Allergisches Kontaktekzem, Reizungen der Nase und des Halses	Holzstaub, Holz
Amerikanische Buche *Fagus grandifolia*	Dermatitis, Reizungen der Augen, Verringerung der Lungenfunktion, selten Nasenkrebs	Holzstaub
Rotbuche *Fagus sylvatica*	Dermatitis, Reizungen der Augen, Verringerung der Lungenfunktion, selten Nasenkrebs	Blätter, Rinde, Holzstaub
Crows' Ash *Flindersia australis*	Dermatitis	Holzstaub
Queensland maple *Flindersia brayleyana*	Dermatitis	Holzstaub, Holz
Esche *Fraxinus americana, F. excelsior*	Schnupfen, Asthma, Verringerung der Lungenfunktion	Holzstaub
Mandschurische Esche *Fraxinus mandschurica*	Kann die Lungenfunktion beeinträchtigen	Holzstaub
Rengas *Gluta* spp.	Reizstoff; Dermatitis, Hautblasen, chronische Darmgeschwüre	Rinde, Holzsaft Holzstaub
Kamassi *Gonioma kamassi*	Reizungen der Nase und des Halses, Asthma, Ohnmachten, Kopfschmerzen, Atemlosigkeit	Holzstaub, Holzinhaltsstoffe
Ramin *Gonystylus macrophyllum*	Dermatitis; scharfe Fasern verursachen Hautreizungen; Atembeschwerden, Husten, Zittern, Schwitzen, Erschöpfung	Rinde, Splitter
Agba *Gossweilerodendron balsamiferum*	Dermatitis	Holzstaub
Pockholz *Guaiacum officinale*	Dermatitis	Holzstaub
Bossé *Guarea cedrata*	Reizungen der Haut und Schleimhäute, Sehstörungen, Übelkeit, Kopfschmerzen, Dermatitis, Asthma	Holzstaub, Holzinhaltsstoffe
Bubinga *Guibourtia demeusei*	Dermatitis, möglicherweise Hautkrankheiten	Holzstaub, Holzinhaltsstoffe
Cooliman Tree *Gyrocarpus americanus*	Kann angeblich zum Erblinden führen	Keine Informationen
Bibu *Holigarna arnottiana*	Hautblasen vom Holzsaft, Reizungen der Augen	Holzsaft
Courbaril *Hymenaea Courbaril*	Reizungen der Haut	Holzstaub
Merbau *Intsia bijuga*	Dermatitis, Schnupfen; Holzstaub ist ein Reizstoff	Holzstaub
Caroba *Jacaranda caroba*	Dermatitis	Holzstaub
Butternuss *Juglans cinerea*	Reizungen der Haut und der Augen	Holzstaub
Amerikanischer Nussbaum *Juglans nigra*	Reizungen der Augen und der Haut	Holzstaub, Holz
Europäischer Nussbaum *Juglans regia*	Dermatitis, Reizungen der Augen, der Nase und des Halses, möglicherweise Nasenkrebs	Holzstaub
Virginischer Wacholder *Juniperus virginiana*	Atembeschwerden, möglicherweise Dermatitis	Holzstaub
Khaya *Khaya ivorensis*	Dermatitis, Schnupfen, Atembeschwerden, Nasenkrebs	Holzstaub
Goldregen *Laburnum anagyroides*	Samen sind hochgiftig	Samen
Lärche *Larix decidua*	Dermatitis, möglicherweise von Rindenflechten; Nesselsucht, Reizungen der Atmungsorgane	Rinde, Holzstaub
Westamerikanische Lärche *Larix occidentalis*	Dermatitis, Schnupfen, Allergisches Bronchialasthma	Holzstaub
Amerikanischer Amberbaum *Liquidambar styraciflua*	Dermatitis	Holzstaub
Amerikanischer Tulpenbaum *Liriodendron tulipifera*	Dermatitis, allergische Reaktionen	Holzstaub
Bollywood *Litsea glutinosa*	Hautreizungen	Holzstaub
Azobé *Lophira alata*	Dermatitis und Juckreiz	Holzstaub, Holz
Dibétou *Lovoa trichilioides*	Reizungen der Schleimhäute und der Verdauungsorgane; Nasenkrebs	Holzstaub
Jacarandá pardo *Machaerium villosum*	Allergisches Kontaktekzem, allergische Symptome	Holz, Holzstaub
Osagedorn *Madura pomifera*	Dermatitis	Holzsaft
Massaranduba *Manilkara huberi*	Dermatitis	Holzstaub

Holzart	Negative Reaktion	Giftige Bestandteile
Béte *Mansonia altissima*	Splitter können sich entzünden; Nasenbluten, Niesen, Hautreizungen, Asthma, Atembeschwerden, Kopfschmerzen, Übelkeit, Erbrechen, Herzbeschwerden. Rinde hochgiftig	Holzstaub, Holz, Rinde
Eisenholzbaum *Metrosideros robusta*	Reizungen der Nase und der Augen	Holzstaub
Zebrano *Microberlinia brazzavillensis*	Sensibilisator; Reizungen der Augen und der Haut; Asthma, Atembeschwerden	Holzstaub, Holz
Iroko *Milicia excelsa*	Dermatitis, Furunkulose, Asthma, Nesselsucht, Ödeme der Augenlider, Atembeschwerden, Niesen, Schwindel	Holzstaub
Wengé *Millettia laurentii*	Splitterverletzungen entzünden sich; Reizungen der Augen, Haut und Atemwege; Dermatitis, Schwindel, Schläfrigkeit, Sehprobleme, Magenkrämpfe; Sensibilisator	Holzstaub, Holz
Abura *Mitragyna ciliata (Hallea ledermannii)*	Erbrechen, Übelkeit, Schwindel, Reizungen der Augen; kurze Splitter lassen sich schlecht entfernen	Holzstaub, Splitter
Bilinga *Nauclea diderrichii*	Dermatitis, Reizungen der Schleimhäute, Schwindel, Sehprobleme, Nasenbluten, Blut spucken	Holzstaub, Holz
Oleander *Nerium oleander*	Herzbeschwerden, Unwohlsein, Übelkeit	Holzstaub, Holz, Blätter, Rinde
Myrten-Südbuche *Nothofagus cunninghamii*	Reizungen der Schleimhäute	Holzstaub
Stinkholz *Ocotea bullata*	Reizungen der Nase	Holzstaub
Imbuia Ocotea *(syn. Phoebe) porosa*	Reizungen der Nase, Haut und der Augen	Holzstaub
Olive *Olea europaea*	Reizungen der Haut, der Augen und des Atemweges	Holzstaub
Ostafrikanische Olive *Olea hochstetteri*	Reizungen der Augen, Lungen und der Nase	Holzstaub
Desert ironwood *Olneya tesota*	Schnupfen, Niesen	Feiner Holzstaub
Peroba Jaune *Paratecoma peroba*	Dermatitis, Reizungen der Nase, Asthma, Splitter entzünden sich	Holzstaub
Amaranth *Peltogyne pubescens*	Reizungen der Nase, Übelkeit	Holzstaub, Holz
Afrormosia *Pericopsis elata*	Reizungen von Haut und Augen; Splitter entzünden sich; Auswirkungen auf das Nervensystem; möglicherweise Schnupfen und Asthma	Holzstaub, Splitter
Gemeine Fichte *Picea abies*	Atembeschwerden, Reizungen der Nase und des Halses	Holzstaub, Holz
Sitkafichte *Picea sitchensis*	Reizungen der Atmungsorgane, Asthma, Schnupfen, Dermatitis	Holzstaub
Kiefer (verschiedene) *Pinus* spp.	Reizstoff; Verringerung der Lungenfunktion, Allergisches Bronchial asthma, Schnupfen, Dermatitis	Holzstaub, Holz
Dahoma *Piptadeniastrum africanum*	Reizstoff; Dermatitis, Niesen, Husten, Nasenbluten	Holzstaub, Holz
Taun *Pometia pinnata*	Dermatitis, Schnupfen	Holzstaub
Pappeln (verschiedene) *Populus* spp.	Dermatitis, Niesen, Reizungen der Augen, Asthma, Bronchitis	Holzstaub, Holz
Mesquitebaum *Prosopis juliflora*	Dermatitis, Reizungen der Atmungsorgane	Holzstaub
Amerikanischer Kirschbaum *Prunus serotina*	„pfeifender" Atem, Schwindel	Holzstaub
Douglasie *Pseudotsuga menziesii*	Dermatitis, Nasenkrebs, Schnupfen, Atembeschwerden; Splitter entzünden sich	Holzstaub, Holz
Padouk *Pterocarpus* spp.	Dermatitis, Juckreiz, Reizungen der Nase, Anschwellen der Augenlider, Erbrechen, Asthma; Sensibilisator	Holzstaub, Holz
Muninga *Pterocarpus angolensis*	Dermatitis, bronchial Asthma, Reizungen der Nase	Holzstaub
Manilla-Padouk *Pterocarpus indicus*	Dermatitis, Asthma, Übelkeit	Holzstaub
Weißeiche, Roteiche *Quercus alba, Q. rubra*	Asthma, Niesen, Reizungen der Nase und der Augen, Nasenkrebs	Holzstaub
Mongolische Eiche *Quercus mongolica*	Dermatitis, Niesen, Nasenkrebs	Holzstaub
Eiche *Quercus robur, Q. petraea*	Dermatitis, Niesen, Nasenkrebs	Holzstaub
Sumach *Rhus* spp.	Rinde verursacht Hautblasen; Dermatitis	Holzstaub, Rinde
Robinie *Robinia pseudoacacia*	Reizungen der Augen und der Haut; Übelkeit, Unwohlsein	Holzstaub, Blätter, Rinde

Holzart	Negative Reaktion	Giftige Bestandteile
Weide *Salix alba*	Sensibilisator; allergische Reaktionen wie bei Aspirin	Holzstaub, Holz, Blätter, Rinde
Sassafras *Sassafras officinale*	Sensibilisator; Reizstoff für Haut und Atmungsorgane; möglicherweise Nasenkrebs	Holzstaub, Holz, Blätter, Rinde
Bergkamelie *Schima wallichii*	Hautreizungen	Rinde
Rotes Quebracho *Schinopsis* spp.	Dermatitis, Reizungen der Nase und der Atmungsorgane, Übelkeit, Unwohlsein; möglicherweise karzinogen	Holzstaub, Blätter, Rinde
Sequoie *Sequoia sempervirens*	Asthma, „pfeifender" Atem, Dermatitis, Nasenkrebs, Reizhusten; Reizstoff für die Atmungsorgane	Holzstaub
Meranti *Shorea* spp.	Irritation, Dermatitis	Holzstaub
White Lauan *Shorea contorta*	Dermatitis, Reizungen der Nase, der Augen und des Halses	Holzstaub
Tamboti *Spirostachys africana*	Reizungen der Haut und der Augen; Hautblasen; möglicherweise Erblinden	Rinde, Holzsaft, Holzstaub
Amerikanisches Mahagoni *Swietenia macrophylla*	Dermatitis, Atembeschwerden, Schwindel, Furunkulose, Erbrechen	Holzstaub
Turpentine *Syncarpia glomulifera*	Schleimhautreizungen	Holzstaub
Ipé *Tabebuia serratifolia*	Der gelbe Holzstaub kann Reizungen von Haut und Augen verursachen. Möglicherweise Atemlosigkeit, Kopfschmerzen, Sehstörungen	Holzstaub
Sumpfzypresse *Taxodium distichum*	Sensibilisator; Atembeschwerden	Holzstaub
Eibe *Taxus baccata*	Kopfschmerzen, Übelkeit, Ohnmachten, Darmreizungen, Sehstörungen, Lungenödem, Blutdruckabfall; Sensibilisator. Hochgiftig für Menschen und Rinder	Holzstaub, Holz, Blätter, Samen (bis auf den Samenmantel)
Pacific yew *Taxus brevifolia*	Hochgiftig; Reizstoff; Dermatitis	Alle Teile
Teak *Tectona grandis*	Dermatitis, Bindehautentzündung, Reizungen der Nase und des Halses, Anschwellen des Hodensackes, Übelkeit, Lichtempfindlichkeit	Holzstaub
Indian laurel *Terminalia alata*	Reizstoff	Holzstaub
Framiré *Terminalia ivorensis*	Haut- und Atembeschwerden; möglicherweise Reizstoff	Holzstaub
Limba *Terminalia superba*	Splitter entzünden sich; Nesselsucht, Nasen- und Zahnfleischbluten, Verringerung der Lungenfunktion	Holzstaub, Holz
Rotzeder *Thuja plicata*	Asthma, Schnupfen, Dermatitis, Reizungen der Schleimhäute, Nasenbluten, Magenschmerzen, Übelkeit, Schwindel, Störungen des zentralen Nervensystems	Holzstaub, Holz, Blätter, Rinde
Makoré *Tieghemella heckelii*	Dermatitis, Reizungen der Nase und des Halses, Nasenbluten, Übelkeit, Kopfschmerzen, Schwindel. Kann Auswirkung auf das Blut und das zentrale Nervensystem haben	Holzstaub, Holz, Rinde
Tun *Toona ciliata*	Reizungen der Nase und des Halses; Dermatitis, heftige Kopfschmerzen, Schwindel, Magenkrämpfe, Asthma, Bronchitis	Holzstaub
Obeche *Triplochiton scleroxylon*	Dermatitis, Nesselsucht, Asthma, Lungenödem, Niesen, „pfeifender" Atem	Holzstaub, Holz
Hemlock *Tsuga heterophylla*	Dermatitis, Schnupfen, Ekzeme, Bronchialbeschwerden, möglicherweise Nasenkrebs	Holzstaub
Avodiré *Turraeanthus africanus*	Dermatitis, Nasenbluten, Reizungen der Atmungsorgane, möglicherweise innere Blutungen	Holzstaub
Amerikanische Ulme *Ulmus americana*	Dermatitis; Reizstoff für Nase und Augen	Holzstaub
Bergulme *Ulmus glabra*	Dermatitis; Reizstoff; Nasenkrebs	Holzstaub
Holländische Ulme *Ulmus hollandica*	Dermatitis, Reizstoff für Nase und Hals, Nasenkrebs	Holzstaub
Feldulme *Ulmus procera*	Dermatitis; Reizstoff für Nase, Augen und Hals; Nasenkrebs	Holzstaub
Felsenulme *Ulmus thomasii*	Dermatitis, Hautreizungen	Holzstaub
Berglorbeer *Umbellularia californica*	Sensibilisator; Atembeschwerden	Blätter, Rinde, Holzstaub
Westindisches Satinholz *Zanthoxylum flavum*	Dermatitis, Schwindel, Übelkeit, Lethargie, Sehstörungen	Holzstaub

VERZEICHNIS DER HOLZARTEN

Nach botanischen Namen
alphabetisch geordnet

EINLEITENDER HINWEIS

Jeder Eintrag beginnt mit dem deutschen Namen der Holzart, falls es einen solchen gibt. Falls nicht, wird der geläufige Handelsname angegeben. Darauf folgt der botanische Name (siehe auch Seite 9-10). Andere Bezeichnungen, zu denen auch die Namen in den Herkunftsländern gehören können, sind im Anschluss daran verzeichnet. Die Einträge sind nach den botanischen Namen alphabetisch geordnet, dafür gibt es unterschiedliche Gründe:

- Botanische Namen sind (zumindest in der überwiegenden Mehrzahl) eindeutig, während die umgangssprachlichen Bezeichnungen oft unbestimmt sind und sich je nach Region unterscheiden können.
- Durch die botanische Nomenklatur wird gewährleistet, dass eng verwandte Arten wie die verschiedenen Ahornarten *(Acer* spp.*)* zusammen stehen. Dagegen ist dies bei Arten, die zwar ähnliche Namen tragen, jedoch nicht verwandt sind, wie zum Beispiel Eiche und Tasmanian Oak *(Quercus und Eucalyptus* spp.*)* nicht der Fall.
- Botanische Namen werden immer in der Reihenfolge Gattung – Art aufgeführt, während umgangssprachliche Bezeichnungen oft mehrere Einordnungsmöglichkeiten bieten (so könnte man die Mandschurische Esche unter „M“ oder „E“ suchen). Das Auffinden einer Art wird also durch die Einordnung nach botanischen Namen erleichtert.

Um eine Art zu finden, deren botanischer Name nicht bekannt ist, kann der Index zu Rate gezogen werden.

Bei den Holzarten, die bekannte Gesundheitsrisiken bergen, sind diese vermerkt. In manchen Fällen sind Informationen über solche Risiken nicht verfügbar; das bedeutet jedoch keineswegs, dass keine Risiken bestehen. Einige Holzarten, wie Apfelbaum *(Malus sylvestris)* sind nicht giftig und können für Küchengeräte und Lebensmittelbehälter verwendet werden. Andererseits ist das Einatmen von Holzstaub, unabhängig von der Holzart, immer ein Gesundheitsrisiko. Weitere Informationen über die Giftigkeit verschiedener Holzarten und die empfohlenen Vorsichtsmaßnahmen finden Sie auf den Seiten 27-32.

Dieses Buch gibt keine Hinweise auf die Verfügbarkeit der verschiedenen Holzarten, da sich diese dauernd ändert. Als „Handelsholz“, also gängige und oft bzw. immer verfügbare Arten, werden nur wenige Holzarten gelten. Bei spezialisierten Händlern wird die Auswahl für Drechsler, Schnitzer, Musikinstrumentebauer und andere Spezialisten jedoch größer sein. Viele dieser Spezialisten finden es sogar besonders spannend, seltene Holzarten zu suchen und zu verarbeiten.

Einige der beschriebenen Hölzer stammen von Baumarten, die inzwischen als bedroht gelten. Der Autor und Verlag möchten darauf hinweisen, dass sie das Fällen solcher Arten oder den Handel mit kürzlich eingeschlagenem Holz solcher Arten nicht gutheißen. Sie wurden hier aufgenommen, da man ihnen vielleicht als Material in Antiquitäten begegnen kann. Auch wiederverwendetes Holz für Restaurationsaufgaben ist unbedenklich. Aktuelle Informationen über bedrohte Arten sind bei der CITES (Convention on International Trade in Endangered Species of Wild Flora and Fauna;www. cites. org) zu erhalten.

Die Hauptabbildung zu jedem Eintrag ist möglichst in natürlicher Größe wiedergegeben. Wird in dem Eintrag mehr als eine Art beschrieben, zeigt die Hauptabbildung die erste erwähnte Art, sofern nicht anders angegeben. Die Farbwiedergabe ist möglichst naturgetreu, man sollte jedoch bedenken, dass jede drucktechnische Reproduktion ihre Grenzen hat.

Die Aquarelle zeigen die Form eines typischen Baumes, die Blätter, die (männliche) Blüte und die Frucht bei allen Arten, für die zuverlässige Informationen zu erhalten waren. In einigen Fällen war die Färbung nicht zu ermitteln.

Um den größten Nutzen aus den Informationen des Verzeichnisses ziehen zu können, sollte man mit einigen der Fachbegriffe vertraut sein, die in den Beschreibungen verwendet werden.

- Das **durchschnittliche Trockengewicht** des Holzes wird meist bei einer Holzfeuchte von 12 % gemessen.
- Das **spezifische Gewicht** oder die Dichte gibt das Verhältnis der Masse eines Stoffes verglichen mit Wasser an. Je höher die Zahl ist, desto schwerer und dichter ist der Stoff. Stoffe mit einem spezifischen Gewicht, das höher als 1,00 ist, wie Pockholz *(Guaiacum officinale)*, schwimmen nicht in Wasser.
- Das **Stehvermögen** des Holzes wird wie folgt bewertet: Gering: mehr als 4,5 % Schwindmaß, Mittel: 3-4,5 % Schwindmaß, Gut: weniger als 3 % Schwindmaß
- **Verformbarkeit** bezeichnet die Fähigkeit des Holzes durch äußere Kräfte die Form zu ändern, bei einem belasteten Balken zum Beispiel.
- Als **Biegesteifigkeit** bezeichnet man die höchstmögliche Krümmung, die ein Holz ohne Vorbehandlung einnehmen kann, ohne zu brechen.
- Die **Druckfestigkeit** ist der Widerstand, den das Holz äußerem Druck entgegensetzt, entweder in Faserrichtung oder senkrecht zu dieser.
- **Schlagfestigkeit** ist die Fähigkeit des Holzes, plötzlich auftretenden Kräften zu widerstehen.
- **Haltbarkeit** bezeichnet die Widerstandsfähigkeit des Holzes gegenüber Fäulnis ohne Behandlung durch Holzschutzmittel.

Schließlich sollte man bedenken, dass Holz ein natürliches Material ist, dessen Wachstum von vielen verschiedenen Faktoren beeinflußt wird: der Einfallsrichtung und Menge des Sonnenlichtes und dem Mineralgehalt des Bodens, in dem der Baum gewachsen ist, um nur einige Beispiele zu nennen. Dadurch können beträchtliche Unterschiede (in der Färbung, dem Gewicht, dem Faserverlauf und anderen Eigenschaften) zwischen verschiedenen Exemplaren der gleichen Art auftreten. Wir waren bemüht, repräsentative Beispiele zu zeigen und Informationen zu geben, die auf „durchschnittliche" Vertreter der beschriebenen Art zutreffen, aber dennoch bleibt jedes Stück Holz ein Unikat.

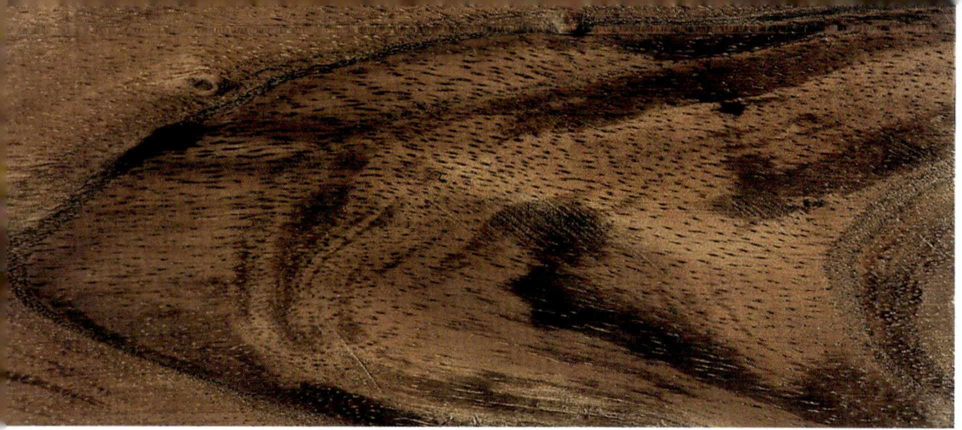

KOA 

Acacia koa (Leguminosae)

BESCHREIBUNG

Das hellbraune Splintholz ist deutlich vom Kernholz abgegrenzt. Das Kernholz ist meist rötlich braun, kann aber von Baum zu Baum unterschiedlich sein, von einem hellen Blond über Goldbraun bis hin zu einem tiefen Schokoladenbraun. Koa-Holz vergilbt schnell im Sonnenlicht. Der gekräuselte und wellige Faserverlauf ist mäßig bis sehr wechseldrehwüchsig, wodurch sehr schöne Zeichnungen zustande kommen können. Die Jahresringe zeigen sich im Längsschnitt als schwarze Linien. Koa hat eine mittelgrobe Struktur und glänzt stark.

EIGENSCHAFTEN

Koa ist mittelgut verformbar und biegesteif, schlagfest und druckfest. Es lässt sich sowohl mit Handwerkzeug als auch mit Maschinen relativ leicht bearbeiten, allerdings sind Stücke mit ausdrucksstarker Maserung nicht so gut mit der Maschine zu bearbeiten. Welliger Faserverlauf erfordert unter Umständen beim Hobeln einen geringeren Schnittwinkel. Für die Bearbeitung von Hirnholz benötigt man sehr scharfe Werkzeuge. Koa-Holz stumpft Schneiden mittelschnell ab. Es lässt sich gut schrauben, nageln, beizen, lackieren und drechseln, kann aber schwierig zu verleimen sein. Die Oberfläche lässt sich gut auf Hochglanz polieren.

TROCKNUNG UND STEHVERMÖGEN

Das Holz lässt sich gut, mit nur geringen oder keinen Qualitätseinbußen, trocknen. Bei stärkeren Abmessungen können oberflächliche Trocknungsrisse auftreten, Koa-Holz hat ein gutes Stehvermögen und verzieht sich nicht.

HALTBARKEIT

Koa ist haltbar und gegenuber Insekten- und Pilzbefall resistent. Es lässt sich nur sehr schlecht mit Holzschutzmittel behandeln.

VERWENDUNG

Koa ist ein begehrtes Holz für die Herstellung von Musikinstrumenten, unter anderem wer-den hawaiianische Ukulelen, Geigenbögen und Orgelpfeifen daraus gefertigt. Es wird auch im Boots- und Kanubau, im Innenausbau und für Holzverkleidungen verwendet, für Gewehrschäfte, hochwertige Möbel und Dekorgegenstände, Koa-Furnier weist ein dekoratives geriegeltes Maserbild auf.

Andere Bezeichnungen: Black koa, Curly koa, Hawaiian mahogany, Koaia, Koa-ka

Herkunft: Inseln der Hawaii Gruppe • **Höhe:** 24–30 m • **Stammdurchmesser:** 0,9–1,2 m • **Durchschnittliches Trockengewicht:** 670 kg/m³ • **Spezifisches Gewicht:** 0,67

Gesundheitsrisiken: Keine spezifischen Reaktionen bekannt. Zu beachten sind allerdings die allgemeinen Gesundheitsgefahren, die durch das Einatmen von Holzstäuben entstehen können.

SCHWARZHOLZ-AKAZIE

Acacia melanoxylon (Leguminosae)

BESCHREIBUNG

Das Splintholz ist strohfarben bis grauweiß gefärbt und ist deutlich vom Kernholz abgegrenzt. Dieses ist gold- bis dunkelbraun, die Jahresringe sind durch schokoladenbraune Zonen markiert. Der Faserverlauf ist meist grade, kann aber auch gewellt oder wirblig sein, was bei riftgeschnittenem Material zu schönen Riegelungen führt. Das Holz weist eine glänzende Oberfläche und eine ebenmäßige, feine bis mittlere Struktur auf.

EIGENSCHAFTEN

Schwarzholz-Akazie ist druck- und schlagfest, lässt sich gut biegen und ist von mittlerer Verformbarkeit. Es wirkt mäßig abstumpfend auf Werkzeugschneiden, bei maschinellem Hobeln sollte der Schnittwinkel verringert werden. Das Holz lässt sich gut nageln und schrauben, die Verleimbarkeit ist jedoch unterschiedlich. Es lässt sich zufriedenstellend mit Handwerkzeug bearbeiten, ist gut zu beizen und kann sehr gut oberflächenbehandelt werden.

TROCKNUNG UND STEHVERMÖGEN

Es ist einfach zu trocknen und erleidet dabei keine Qualitätseinbußen, breitere Bohlen können sich jedoch werfen, falls sie nicht beschwert werden. Das Holz arbeitet wenig.

HALTBARKEIT

Das Kernholz ist haltbar, wird aber leicht vom Gemeinen Nagekäfer und von Termiten angegriffen. Es lässt sich nur sehr schlecht mit Holzschutzmittel behandeln. Das Splintholz kann vom Splintholzkäfer angegriffen werden.

VERWENDUNG

Da das Holz sehr dekorativ ist, wird es vor allem für die Möbelherstellung und Inneneinrichtung verwendet. Aber auch Gewehrschäfte, Musikinstrumente, Schmuckdrechselarbeiten, Billardtische und Boote werden aus Schwarzer Akazie hergestellt. Es lässt sich zu dekorativen Furnieren verarbeiten, die für Türen und Paneele verwendet werden.

◄ Maserknolle

Andere Bezeichnungen: Australian Blackwood, Tasmanian blackwood, Black wattle

Herkunft: Südost-Australien; Tasmanien, Neuseeland, Südakrika, Indien, Sri Lanka, Chile, Argentinien • **Höhe:** 24 m • **Stammdurchmesser:** 1,5 m • **Durchschnittliches Trockengewicht:** 665 kg/m³ • **Spezifisches Gewicht:** 0,66

Gesundheitsrisiken: Dermatitis, Asthma, Reizungen der Nase und des Halses. Sensibilisator

Die Gattung

ACER
AHORNE

Zur Gattung der Ahorne gehören bis zu 150 Arten in der nördlichen Halbkugel, von denen manche im Süden bis nach Mexiko vorkommen. Die Ahornarten werden nach der Breite ihrer Markstrahlen meist in zwei Gruppen eingeteilt: Ahorn mit hartem und weichen Holz. Die harten Arten sind widerstandsfähiger als die weichen und durchschnittlich etwa 35% härter als diese. Von den nordamerikanischen Arten werden der Zuckerahorn *(A. saccharum)* und der Schwarzahorn *(A. nigrum)* meist den harten Arten zugerechnet.

Zu den weichen Arten zählen Rotahorn *(A. saccharinum und A. rubrum)*, Oregon-Ahorn und Eschenahorn. Der europäische Bergahorn fällt in die weiche Gruppe.

Das typische fünffingrige Ahornblatt ist bekannt als Nationalsymbol Kanadas, allerdings weisen nicht alle Ahornblätter diese Form auf. Die Samen der Ahornbäume haben eine typische geflügelte Form, so dass sie leicht vom Wind getragen werden. Das Holz ist oft blass und nichtssagend, aber bei den verschiedenen Arten kommen teilweise auch interessante Maserbilder vor. Das Holz ist leicht zu bearbeiten, und da es meist geruchslos ist, wird es oft für Küchengeräte und zur Aufbewahrung von Lebensmitteln verwendet.

Ahornsirup wird durch das Anzapfen bestimmter Arten gewonnen – am häufigsten des Zuckerahorns *(A. saccharum)* und des Schwarzahorns *(A. nigrum)*, aber auch in geringerem Maße des Rotahorns *(A. rubrum und A. saccharinum)*.

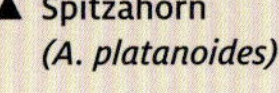

▲ Spitzahorn
(A. platanoides)

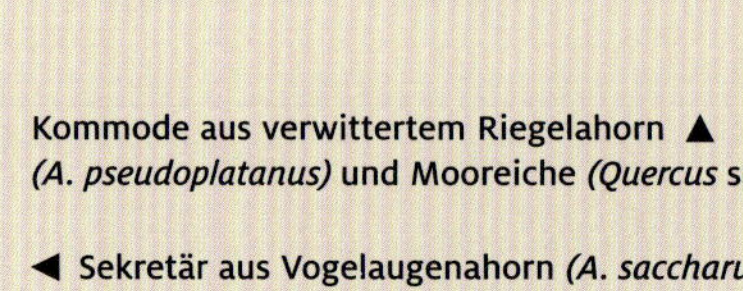

Kommode aus verwittertem Riegelahorn ▲
(A. pseudoplatanus) und Mooreiche *(Quercus* sp.)

◀ Sekretär aus Vogelaugenahorn *(A. saccharum)*, einfachem Ahorn und Palisander *(Dalbergia* sp.)

FELDAHORN

Acer campestre und verwandte Arten (Aceraceae)

BESCHREIBUNG

Das frische Kernholz ist cremigweiß, altert aber zu einem hellen Beige. Der Faserverlauf meist grade, kann aber auch wellig oder gekräuselt sein. Die Struktur ist fein und glatt. Feldahorn ist von Natur aus glänzend, besonders bei riftgeschnittenen Stücken. Das Splintholz ist normalerweise nicht vom Kernholz abgegrenzt.

EIGENSCHAFTEN

Das Holz ist wenig schlag- und druckfest, mittelmäßig verformbar und mittelmäßig widerstandsfähig gegenüber Verbiegen. Feldahorn lässt sich gut dampfbiegen. Es lässt sich sowohl mit Handwerkzeug als auch mit Maschinen leicht und gut bearbeiten, allerdings stumpft es die Werkzeugschneiden mäßig schnell ab. Beim maschinellen Hobeln von Rohlingen mit welligem oder gekräuseltem Faserverlauf sollte der Schnittwinkel verringert werden. Falls genagelt werden soll, ist Vorbohren zu empfehlen. Das Holz lässt sich gut beizen und verleimen, besonders gut drechseln und nimmt bei entsprechender Behandlung eine hochglänzende Oberfläche an.

TROCKNUNG UND STEHVERMÖGEN

Feldahorn trocknet langsam mit geringen Qualitätseinbußen. Allerdings können Verfärbungen auftreten. Schnelle, aber sorgfältige künstliche Trocknung kann helfen, die natürliche weißliche Färbung zu erhalten. Das Holz arbeitet wenig.

HALTBARKEIT

Das Kernholz ist nicht sehr haltbar und kann von Pilzen und anderen Holzschädlingen angegriffen werden. Das Splintholz wird leicht vom Gemeinen Nagekäfer angegriffen. Das Splintholz nimmt im Gegensatz zum Kernholz Holzschutzmittel an.

VERWENDUNG

Feldahorn wird für Drechselarbeiten, Möbel- und Innenausbau ebenso verwendet wie für Bürstenrücken und hölzerne Küchengeräte. Ausgesuchte Stammware wird zu sehr dekorativen Furnieren gemessert. Feldahornfurnier kann mit Chemikalien grau gefärbt werden, dieses „harewood" genannte Produkt wird für Einlegearbeiten (Marketerie) verwendet.

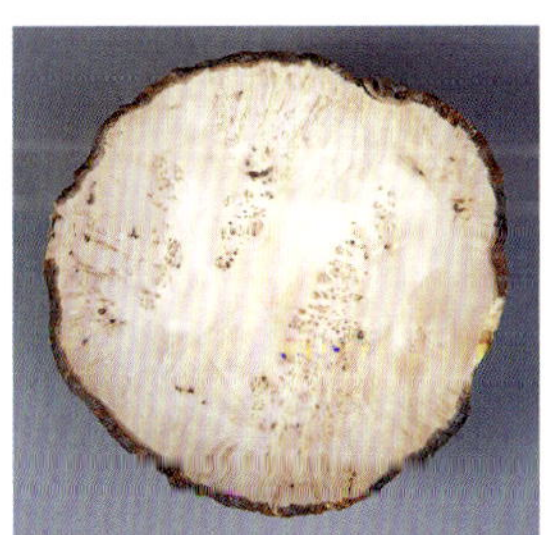

◄ Schale aus Ahorn-Maserknolle

Andere Bezeichnungen: European maple, Field maple, Erable (Französisch), Arce (Spanisch). Das Holz ähnelt dem der Arten Norway maple *(A. platanoides)* und Bosnian maple *(A. platanus)*.

Herkunft: Europa, einschließlich Großbritannien; Türkei; USA • **Höhe:** 20 m • **Stammdurchmesser:** 0,3-0,6 m • **Durchschnittliches Trockengewicht:** 690 kg/m³ • **Spezifisches Gewicht:** 0,69

Gesundheitsrisiken: Der Staub kann die Lungenfunktion beeinträchtigen, Sensibilisator

OREGON AHORN

Acer macrophyllum (Aceraceae)

BESCHREIBUNG

Das Holz ist blass rosa-braun bis fast weiß, meist ist das Kernholz nicht deutlich vom Splint unterschieden. Die Holzfasern sind gleichmäßig gefärbt, dicht und fein. Das Holz ähnelt dem der Birke und Kirsche *(Betula, Prunus* spp.*)* in Bezug auf den Kontrast zwischen den Jahresringen.

EIGENSCHAFTEN

Oregon-Ahorn ist ein mitteldichtes Holz, das mittlere Steifigkeit, Biegbarkeit und Schlagfestigkeit aufweist. Es lässt sich gut bearbeiten, nageln und schrauben, und ist hervorragend zum Drechseln geeignet. Es lässt sich auch gut schleifen und nimmt Beizen und andere Oberflächenmittel gut und gleichmäßig an, um eine hohe Oberflächengüte zu liefern. Die Verleimbarkeit ist mäßig gut.

TROCKNUNG UND STANDVERMÖGEN

Das Holz trocknet recht langsam mit nur geringen Qualitätseinbußen. Das Stehvermögen ist gut.

HALTBARKEIT

Oregon-Ahorn ist nicht haltbar und nur mäßig gut mit Holzschutzmitteln zu bearbeiten. Das durchlässige Splintholz ist anfällig für Schadinsekten.

VERWENDUNG

Möbelbau, Drechsel- und Schnitzarbeiten, Musikinstrumente, Türen, Jalousien, Profilleisten, Küchenmöbel und -geräte, Paletten und Papierprodukte.

Andere Bezeichnungen: Großblättriger Ahorn, Maple, Broadleaf maple, Bugleaf maple, Oregon maple, Californian maple, Pacific coast maple, Western maple, White maple

Herkunft:USA und Kanada, von Kalifornien bis British Columbia • **Höhe:** 18 m, manchmal höher • **Stammdurchmesser:** 0,3-0,9 m • **Durchschnittliches Trockengewicht:** 545kg/m³ • **Spezifisches Gewicht:** 0,55

Gesundheitsrisiken: Allergisches Bronchialasthma, Dermatitis, Nasenschleimhautentzündung

ESCHENAHORN

Acer negundo (Aceraceae)

BESCHREIBUNG

Eschenahorn ist die leichteste der amerikanischen Ahornarten. Das Kernholz ist gelblich braun und geht allmählich in das grünlich gelbe Splintholz über. Gelegentlich treten korallenrote Streifen auf, die von einem Pigment herrühren, das der Pilz Fusarium negundi absondert. Das Holz ist feinmaserig, leicht, labil und porös. Das Maserbild ist manchmal wellig oder gekräuselt.

EIGENSCHAFTEN

Das Holz ist in Hinsicht auf die verschiedenen mechanischen Eigenschaften eher im unteren Bereich anzusiedeln. Es ist von durchschnittlicher Dichte. Es lässt sich gut dampfbiegen. Eschenahorn kann sowohl mit Handwerkzeugen als auch mit Maschinen gut bearbeitet werden und hat eine mittlere abstumpfende Wirkung auf Werkzeugschneiden. Die Verleimbarkeit ist unterschiedlich, beim Nageln muss Sorgfalt angewendet werden. Eschenahorn lässt sich gut hobeln und beizen und kann sehr gut oberflächenbehandelt werden.

TROCKNUNG UND STEHVERMÖGEN

Eschenahorn trocknet langsam mit geringen Qualitätseinbußen. Es hat ein gutes Stehvermögen.

HALTBARKEIT

Das Kernholz fault leicht und ist anfällig für Schadinsekten. Der lebende Baum kann vom Ahornholz-Käfer *(Leptocoris trivittatus)* angegriffen werden. Das Kernholz ist mittelleicht mit Holzschutzmittel zu behandeln, das Splintholz ist durchlässig für solche Mittel.

VERWENDUNG

Preiswerte Möbel, Holzgerätschaften, Kisten und Fässer, Papier und Holzkohle werden aus Eschenahorn hergestellt. Das rotgestreifte Holz wird gelegentlich für Drechsel- und Bildhauerarbeiten verwendet.

◀ Schale aus eindrucksvoll gemastertem Eschenahorn

Andere Bezeichnungen: Boxelder, Ashleaf maple, Manitoba maple, Maple, Négondo (Französich)

Herkunft: Kanada und USA • **Höhe:** 9-18 m • **Stammdurchmesser:** 0,8 m • **Durchschnittliches Trockengewicht:** 450 kg/m³ • **Spezifisches Gewicht:** 0,45

Gesundheitsrisiken: Allergisches Bronchial-Asthma, Dermatitis und Rhinitis

FÄCHERAHORN 

Acer palmatum **und** ***A. mono*** (Aceraceae)

BESCHREIBUNG

Das Kernholz ist gelbbraun oder hell- bis rötlich braun und ist nicht deutlich vom Splintholz abgegrenzt. Der Faserverlauf ist meist grade, kann aber auch wellig oder gekräuselt sein. Fächerahorn ist feinmaserig mit ebenmäßiger Struktur, die Jahresringe können sich bei Längsschnitten als feine braune Linien zeigen.

EIGENSCHAFTEN

Das Holz ist schwer und dicht, in allen mechanischen Eigenschaften als mittel zu bewerten, und lässt sich gut dampfbiegen. Das Holz ist sehr verschleißfest, relativ schwer zu bearbeiten und hat eine mäßig abstumpfende Wirkung auf Werkzeugschneiden. Beim Hobeln sollte der Schnittwinkel verringert werden. Beim Nageln ist Vorbohren notwendig, Fächerahorn lässt sich gut schleifen und verleimen. Es eignet sich sehr gut zum Beizen und Polieren.

TROCKNUNG UND STEHVERMÖGEN

Das Holz trocknet langsam mit minimalen Qualitätseinbußen, kann aber eine hohe Neigung zum Verwerfen beim Trocknen haben. Das Holz arbeitet mäßig.

HALTBARKEIT

Das Kernholz ist wenig widerstandsfähig ge-gen Fäule und ist anfällig für den Gemeinen Nagekäfer. Das Splintholz ist durchlässig, aber das Kernholz ist schwer mit Holzschutzmittel zu behandeln.

VERWENDUNG

Wegen seiner Verschleißfestigkeit wird Fächer-Ahorn häufig als Fußbodenbelag verwendet, unter anderem im häuslichen Bereich, in der Industrie, für Rollschuhbahnen, Squash-Plätze, Kegelbahnen und Tanzflächen. Es wird auch benutzt, um die Mechanik von Klavieren herzustellen, in der Möbelherstellung, für Küchenmöbel, Weberschiffchen, Walzen in der Textilherstellung und für Sperrholz. Interessant gemaserte Stämme werden auch zu dekorativen Furnieren verarbeitet.

Andere Bezeichnungen: Japanese maple

Herkunft: Japan • **Höhe:** 9 m • **Stammdurchmesser:** 0,3 m • **Durchschnittliches Trockengewicht:** 670 kg/m³ • **Spezifisches Gewicht:** 0,67

Gesundheitsrisiken: Keine spezifischen Reaktionen bekannt. Zu beachten sind allerdings die allgemeinen Gesundheitsgefahren, die durch das Einatmen von Holzstäuben entstehen können.

BERGAHORN

Acer pseudoplatanus (Aceraceae)

BESCHREIBUNG

Das cremig- oder gelblich weiße Kernholz dunkelt an der Luft zu einem hellen Goldbraun nach. Das Splintholz ist nicht deutlich abgegrenzt. Der Faserverlauf ist meist gradfaserig, kann aber auch wellig oder gekräuselt sein, was außerordentliche Riegelmaserungen ergibt. Bergahorn hat eine feine, ebenmäßige Struktur und glänzt stark.

EIGENSCHAFTEN

Bergahorn ist gut verformbar und sehr gut zum Dampfbiegen geeignet. Es ist mittel biegesteif und druckfest und nur wenig stoßfest. Es lässt sich sowohl mit Handwerkzeug als auch mit Maschinen leicht bearbeiten und stumpft Werkzeugschneiden mäßig schnell ab. Werkzeuge sollten gut geschärft sein, um eine gute Oberfläche zu erreichen. Das Holz lässt sich gut hobeln, bohren, drechseln, verformen, verleimen, stemmen, schrauben, schleifen und lackieren, es ist leicht zu schnitzen und lässt sich sehr gut nageln, beizen und polieren. Riegelahorn sollte mit der Ziehklinge geglättet werden.

TROCKNUNG UND STEHVERMÖGEN

Das Holz lässt sich gut künstlich trocknen, neigt aber zu Verfärbungen, wenn es nicht stehend gelagert wird. Schnelle künstliche Trocknung erhält die weiße Farbe; langsameres künstliches Trocknen ergibt eine rötlich-braune, „verwitterte" Färbung. Beim Kernholz können durch das Trocknen Ringschäle, Wassereinschlüsse und Zellkollaps auftreten. Das Holz arbeitet mittelstark.

HALTBARKEIT

Bergahorn fault leicht, falls nicht behandelt, ist aber für Holzschutzmittel durchlässig. Das Splintholz wird leicht vom Gemeinen Nagekäfer und anderen Insekten angegriffen.

VERWENDUNG

Möbel, Drechselarbeiten, Holzfußböden, Molkereizubehör, Fässer. Verarbeitung zu gefärbten, dekorativen Furnieren. Chemisch behandelte Furniere mit grauer Färbung werden im Englischen als „harewood" bezeichnet. Geriegelter Bergahorn wird für die Herstellung von Saiteninstrumenten verwendet.

◄ **Löffelbehälter aus geriegeltem Bergahorn**

Andere Bezeichnungen: European sycamore, Sycamore plane, Great maple, Plane (Schottland), Erable sycomore, Faux platane (Französisch). Gewonde esdoorn (Niederländisch). Nicht zu verwechseln mit der Platane *(Platanus occidentalis)*, die in den USA „sycamore" genannt wird.

Herkunft: Mittel- und Südeuropa, Großbritannien und westliches Asien; wird auch in den USA angebaut • **Höhe:** 30 m • **Stammdurchmesser:** 1,8 m • **Durchschnittliches Trockengewicht:** 610 kg/m³ • **Spezifisches Gewicht:** 0,61

Gesundheitsrisiken: Hölzer der Gattung Acer können Hautreizungen, Schnupfen und asthma-ähnliche Auswirkungen auf die Atmungsorgane verursachen.

Verfärbungen durch Befall von Borkenkäfern ▲ Blasenmaserung ▲▲

ROTAHORN

Acer rubrum und ***A. saccharinum*** (Aceraceae)

BESCHREIBUNG

Das Kernholz ist hell- bis dunkelrotbraun und kann gelegentlich einen leichten Hauch von Purpur, Grau oder Grün zeigen. Das Holz ist normalerweise fein- und gradfaserig, kann aber auch gewellt oder gekräuselt sein. Markflecken sind häufig. Das Splintholz ist weiß bis gräulich weiß.

EIGENSCHAFTEN

Diese beiden Ahornarten sind etwa 25 % weicher als die härteren Arten wie *Acer saccharum* und *A. nigrum*. Das Holz ist wenig druckfest und widerstandsfähig gegenüber Verformung, mit mittleren Werten für Schlagfestigkeit und Biegefestigkeit. Es eignet sich allerdings gut zum Dampfbiegen. Es lässt sich sowohl mit Handwerkzeug als auch mit Maschinen zufriedenstellend bearbeiten und stumpft Werkzeugschneiden mäßig schnell ab. Es lässt sich gut hobeln und bohren, zufriedenstellend schrauben und nageln, ist aber schwierig zu verleimen. Es lässt sich sehr gut beizen und kann sehr gut oberflächenbehandelt werden.

TROCKNUNG UND STEHVERMÖGEN

Rotahorn trocknet langsam mit geringen Qualitätseinbußen. Gelegentlich treten bei feuchtem Holz Probleme mit Ringschäle und Zellkollaps auf. Falls beim Trocknen nicht für ausreichende Luftbewegung gesorgt wird, können blaue Verfärbungen auftreten.

HALTBARKEIT

Das Kernholz ist nicht widerstandsfähig und kann von Pilzen oder Insekten befallen werden. Das Splintholz nimmt Holzschutzmittel an, das Kernholz ist jedoch relativ schwierig zu behandeln.

VERWENDUNG

Rotahorn wird verwendet für: Möbel (auch Büromöbel und Kücheneinrichtungen), Musikinstrumente, Fußbodenbeläge, Innenausbau und im LKW-Bau. Es wird auch zu Innenlagen für Tischlerplatten, geschälten Furnieren für Sperrholz und zu gemesserten dekorativen Furnieren verarbeitet.

◄ Vase mit Baumkante aus Ahorn-Maserknolle

Andere Bezeichnungen: Soft maple, Carolina red maple, Drummond red maple, Maple, Red maple, Scarlet maple, Swamp maple, Water maple, Silver maple; A. saccharinum: Silber-Ahorn

Herkunft: Kanada und östliche USA • **Höhe:** 18-30 m • **Stammdurchmesser:** 0,8 m • **Durchschnittliches Trockengewicht:** A. rubrum 630 kg/m^3; A. saccharinum 550 kg/m^3 • **Spezifisches Gewicht:** A. rubrum 0,63; A. saccharinum 0,55

Gesundheitsrisiken: Der Staub kann die Lungenfunktion beeinträchtigen

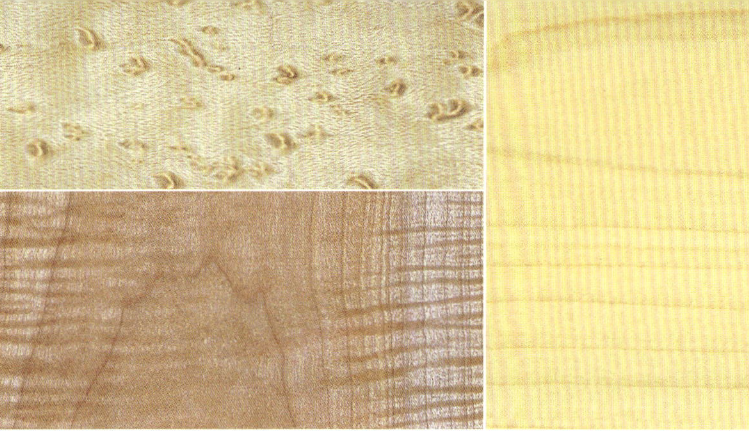

▲▲ Vogelaugenahorn ▲ Riegelahorn

ZUCKERAHORN

Acer saccharum und ***A. nigrum*** (Aceraceae)

BESCHREIBUNG

Das Kernholz ist gleichmäßig hell gelblich oder rötlich braun, das Splintholz weiß mit einem rötlichen Ton. Es ist fein, gerade und ebenmäßig gemasert, kann aber auch ein gewelltes oder gekräuseltes Maserbild aufweisen. Das klassische Vogelaugenahorn besteht aus bräunlichen Punkten auf einem weißlichen Hintergrund. Andere dekorative Maserbilder können geriegelt oder blasig sein. Auch Maserknollen kommen vor.

EIGENSCHAFTEN

Das Holz ist mittelgut verformbar, in allen mechanischen Eigenschaften als gut zu bewerten und lässt sich sehr gut biegen, wenn es gedämpft worden ist. Diese beiden Arten sind verschleißfest und ungefähr 35 % härter als *A. rubrum* und *A. saccharinum*. Das Holz kann ziemlich schwer zu bearbeiten sein und hat eine mäßig abstumpfende Wirkung auf Werkzeugschneiden. Es kann beim Sägen und Hobeln Schwierigkeiten bereiten, lässt sich jedoch gut bohren, formen, drechseln und lackieren. Beim Nageln und Schrauben ist Vorbohren notwendig, Zuckerahorn lässt sich zufriedenstellend schleifen und verleimen.

◀ Satztische aus Vogelaugenahorn

TROCKNUNG UND STEHVERMÖGEN

Zuckerahorn trocknet langsam, bereitet dabei aber keine größeren Schwierigkeiten. Es schrumpft stark und hat eine mäßige Tendenz, sich zu werfen. Das getrocknete Holz arbeitet mäßig stark.

HALTBARKEIT

Obwohl Zuckerahorn haltbarer als manche andere Ahornarten ist, ist es doch wenig widerstandsfähig gegen Pilze und Insekten und kann vom Gemeinen Nagekäfer angegriffen werden. Das Splintholz nimmt im Gegensatz zum Kernholz Holzschutzmittel an.

VERWENDUNG

Wegen seiner Verschleißfestigkeit eignet sich Zuckerahorn als belastbarer Fußbodenbelag und wird für Rollschuhbahnen, Squash-Plätze, Kegelbahnen und Tanzflächen verwendet. Zuckerahorn wird für Hackklötze, Walzen für die Textilherstellung, Sportgeräte, Musikinstrumente, Möbel, Fässer, Holzgerätschaften sowie im Innenausbau verwendet. Ausgesuchte Rohware wird zu (geschälten) Vogelaugen- oder (gemesserten) Riegelahorn-, gewellten, gesprenkelten oder „blasigen" Furnieren verarbeitet.

Andere Bezeichnungen: Rock maple, Hard maple, Sugar maple, White maple *(A. saccharum)*; Black maple, Black sugar maple, Hard rock maple *(A. nigrum)*

Herkunft: Kanada und USA • **Höhe:** *A. saccharum* 20-37 m; *A. nigrum* 24 m • **Stammdurchmesser:** 0,6-0,9 m • **Durchschnittliches Trockengewicht:** 720 kg/m³ • **Spezifisches Gewicht:** 0,72

Gesundheitsrisiken: Der Staub kann die Lungenfunktion beeinträchtigen

Maserknolle ▲

GELBE ROSSKASTANIE

Aesculus flava (Hippocastanaceae)

BESCHREIBUNG

Das Splintholz ist weiß und geht allmählich in das cremefarbige, gelbe oder gelbliche Kernholz über. Die Stammmitte kann oft grau-braun verfärbt sein. Das Holz ist meist von einheitlicher Textur und weist feine Fasern auf, die gerade oder gewellt sein können.

EIGENSCHAFTEN

Gelbe Rosskastanie ist leicht und weich, die Schlagfestigkeit ist gering. Das Holz ist gut mit Handwerkzeugen zu bearbeiten, eignet sich aber nicht so zum maschinellen Bohren, Schlitzstemmen, Fräsen und Kopier-Drechseln.

TROCKNUNG UND STANDVERMÖGEN

Im Allgemeinen trocknet das Holz ohne Rissbildung.

HALTBARKEIT

Gelbe Rosskastanie wird leicht von Kernfäule befallen.

VERWENDUNG

Möbel, Prothesen, Bruchschienen, Särge, Holzfasern, Küchengeräte aus Holz, dekorative Drechselarbeiten. Die Verwendungszwecke ähneln denen der Pappel *(Populus tremula)*, der Amerikanischen Linde *(Tilia americana)* und des Amerikanischen Tulpenbaumes.

◄ Schale mit Baumkante aus eine Maserknolle der Gelben Rosskastanie

Syn.: *A., octandra* • **Andere Bezeichnungen:** Buckeye, Big buckeye, Large buckeye, Sweet buckeye. Yellow Buckeyes. Die eng verwandte Ohio-Rosskastanie *(A. glabra)* wird ebenfalls als Nutzholz gehandelt.

Herkunft: USA: Pennsylvania bis Nebraska, Alabama bis Texas • **Höhe:** 9-21 m • **Stammdurchmesser:** 0,6 m • **Durchschnittliches Trockengewicht:** 360 kg/m³ • **Spezifisches Gewicht:** 0,36

Gesundheitsrisiken: Die Früchte und Zweige sind giftig, sie enthalten das Zytotoxin Aescin

GEWÖHNLICHE ROSSKASTANIE

Aesculus hippocastanum (Hippocastanaceae)

BESCHREIBUNG

Das Kernholz ist normalerweise cremigweiß oder gelblich. Falls der Baum im frühen Winter gefällt wird, kann das Holz sehr weiß sein, während später gefällte Bäume gelb bis hellbraun sein können. Es gibt keine deutliche Trennung zwischen Kern- und Splintholz. Der Faserverlauf der Rosskastanie kann spiralig, wellig oder drehwüchsig sein, die in Lagen angeordneten Markstrahlen ergeben bei Längsschnitten geriegelte oder gefleckte Maserbilder. Die Holzstruktur ist fein, eng und gleichmäßig.

EIGENSCHAFTEN

Das Holz ist hoch verformbar und wenig biegesteif. Es lässt sich jedoch gut dampfbiegen. Die Druckfestigkeit ist mittel. Es lässt sich sowohl mit Handwerkzeug als auch mit Maschinen leicht bearbeiten und stumpft Werkzeugschneiden nur wenig ab. Rosskastanie lässt sich ohne Schwierigkeiten bohren und schrauben, ist leicht zu hobeln, beim maschinellen Hobeln ist allerdings ein verringerter Schnittwinkel zu empfehlen. Es lässt sich zufriedenstellend beizen und polieren.

TROCKNUNG UND STEHVERMÖGEN

Feldahorn trocknet langsam mit geringen Qualitätseinbußen. Allerdings können Hirnrisse und Verformungen auftreten. Das getrocknete Holz arbeitet wenig.

HALTBARKEIT

Die Rosskastanie ist wenig widerstandsfähig gegen Fäule, das Splintholz ist anfällig für den Gemeinen Nagekäfer. Das wenig haltbare Kernholz nimmt Holzschutzmittel an.

VERWENDUNG

Typische Verwendungen sind: Möbel- und Innenausbau, Bauholz, Herstellung von Küchengeräten und Lebensmittelbehältern, Körben, Obstkisten und Futterraufen. Es wird auch zu dekorativen Furnieren verarbeitet und kann (grau gefärbt) auch für Einlegearbeiten verwendet werden (siehe unter *Acer pseudoplatanus*).

◀ Vase aus Rosskastanienmaserknolle

Andere Bezeichnungen: Horse chestnut, European horse chestnut, Conker tree, Marronnier d'Inde (Französisch), Witte paar de kastanje (Niederländisch), Castana de Indias (Spanisch)

Herkunft: Europa einschließlich Großbritannien; verwandte Sorten in den USA („Buckeye", *A. glabra* und andere spp.), China und Japan • Höhe: 21 m • **Stammdurchmesser:** 0,6 m • **Durchschnittliches Trockengewicht:** 510 kg/m³ • **Spezifisches Gewicht:** 0,51

Gesundheitsrisiken: Keine spezifischen Reaktionen bekannt. Zu beachten sind allerdings die allgemeinen Gesundheitsgefahren, die durch das Einatmen von Holzstäuben entstehen können.

AFZELIA

Afzelia spp. (Leguminosae)

A. quanzensis ►

BESCHREIBUNG

Das Splintholz ist hell strohfarben und deutlich vom rötlich braunen Kernholz abgegrenzt. Das Kernholz reift bei Kontakt mit der Luft zu einer mahagoni-ähnlichen Farbe. Der Faserverlauf ist unregelmäßig und ineinandergreifend, die Holzstruktur ist deshalb grob, aber ebenmäßig. Gelbe oder weiße Ablagerungen können zu Verfärbungen führen.

EIGENSCHAFTEN

Afzelia ist nur mäßig zum Biegen geeignet, da es sich beim Dämpfen verziehen und Harz absondern kann. Es ist sehr schlag- und biegesteif, wenig schlagfest und von mittlerer Verformbarkeit. Afzelia ist schwierig zu bearbeiten, da es sehr schnittfest ist. Es stumpft Werkzeugschneiden mäßig schnell ab. Es lässt sich nach einer Behandlung mit Porenfüllern gut polieren, ist aber schwierig zu beizen. Vor dem Schrauben oder Nageln sollte man vorbohren. Afzelia ist schwierig zu hobeln und erfordert beim maschinellen Hobeln einen sehr geringen Schnittwinkel.

TROCKNUNG UND STEHVERMÖGEN

Das Holz lässt sich zufriedenstellend künstlich trocknen, wenn es vom frischen Zustand ausgehend langsam getrocknet wird. Es können feine Risse und ein geringes Verziehen auftreten, bereits vorhandene Risse können vergrößert werden. Das Holz arbeitet wenig.

HALTBARKEIT

Das Splintholz kann vom Splintholzkäfer angegriffen werden, das Kernholz ist jedoch sehr widerstandsfähig und haltbar, lässt sich allerdings nur sehr schwer mit Holzschutzmittel behandeln oder imprägnieren.

VERWENDUNG

Afzelia ist für viele Zwecke ein begehrtes Holz: Innen- und Außenausbau, Möbelbau, die Herstellung von Geschäftstresen, Brücken, Fußböden in öffentlichen Gebäuden, Parkett, und Schiffsrelinge, für schwere Baukonstruktionen und als Material für Säure- und Chemikalienfässer. Es wird auch im Bootsbau verwendet, zur Herstellung von Schindeln und Sperrholz sowie von gemesserten dekorativen Furnieren.

Andere Bezeichnungen: Doussie (Kamerun), Apa, Aligna (Nigeria), Lingue (Elfenbeinküste), Chamfuta (Mosambik), Mkora (Tansania), Bolengo, M'banga, Papao, Uvala

Herkunft: Tropisches West- und Ostafrika • **Höhe:** 25-30 m • **Stammdurchmesser:** 1,2 m • **Durchschnittliches Trockengewicht:** 820 kg/m³ • **Spezifisches Gewicht:** 0,82

Gesundheitsrisiken: Dermatitis, Atembeschwerden, Niesen, Reizungen der Nase und des Halses

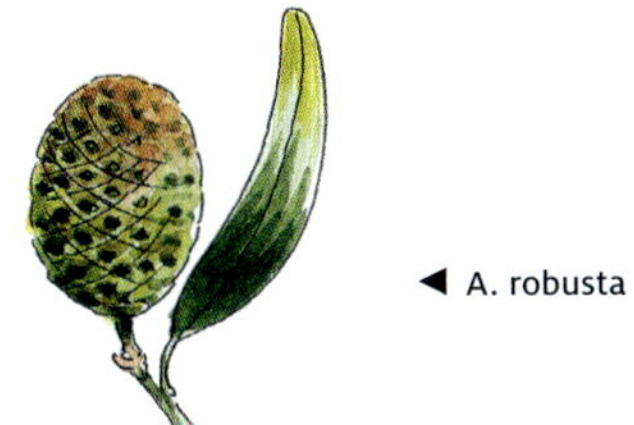

◀ A. robusta

KAURIFICHTE

Agathis **spp. (Araucariaceae)**

BESCHREIBUNG

Das Kernholz kann von blassbraun über rosa bis hin zu dunkel rötlich braun variieren. Der Faserverlauf ist normalerweise gerade, und das Holz hat eine feine, gleichmäßige, seidige Struktur. Das Maserbild kann ansprechend gestreift oder gefleckt sein, die Oberfläche ist glänzend.

EIGENSCHAFTEN

Kaurifichte ist gering verformbar, ist mittel biegesteif und von mittlerer Druck- und Schlagfestigkeit. Das Holz eignet sich nicht zum Dampfbiegen. Es lässt sich sowohl mit Handwerkzeug als auch mit Maschinen leicht bearbeiten, und stumpft Werkzeugschneiden nur wenig ab. Es lässt sich leicht schnitzen und ist gut zu hobeln, formen, nageln, drechseln und beizen. Das Holz ist zufriedenstellend zu schrauben, verleimen und lackieren. Es lässt sich auf Hochglanz polieren.

TROCKNUNG UND STEHVERMÖGEN

Kaurifichte trocknet gut und mäßig schnell, hat aber eine Tendenz, sich zu werfen. Das Holz hat ein gutes Stehvermögen.

HALTBARKEIT

Das Holz ist mäßig haltbar und lässt sich nur sehr schlecht mit Holzschutzmittel behandeln. Das Kernholz wird leicht vom Gemeinen Nagekäfer angegriffen.

VERWENDUNG

Je nach der genauen Art und nach der Holzqualität kann Kaurifichte verwendet werden für: Bootsbau, Möbelbau, Innenausbau und Paneele, Fässer und Becken, hölzerne Maschinenteile, Separatoren in Batterien, Sperrholz, Kisten und Kästen, Jalousien, Fußbodenbeläge und Weberschiffchen, im Hausbau und Modellbau. Es wird auch zu dekorativen Furnieren verarbeitet.

Andere Bezeichnungen: Kauri pine, New Zealand kauri *(A. australis)*, Queensland kauri *(A. robusta, A. palmerstonli, A. microstachya)*, East Indian kauri *(A. dammara)*, Fijian kauri *(A. vitiensis)*; Agathis, Almaciga, Bindang, Dakua makadre, Damar minyak, Menghilan, Tolong

Herkunft: Australien, Neuseeland, Papua-Neuguinea, Philippinen, Fidschi-Inseln, Indochina, Indonesien und Malaysia • **Höhe:** 45 m • **Stammdurchmesser:** 1,5-2 m • **Durchschnittliches Trockengewicht:** New Zealand kauri 580 kg/m³; Queensland kauri 480 kg/m³ • **Spezifisches Gewicht:** New Zealand kauri 0,58; Queensland kauri 0,48

Gesundheitsrisiken: Keine spezifischen Reaktionen bekannt. Zu beachten sind allerdings die allgemeinen Gesundheitsgefahren, die durch das Einatmen von Holzstäuben entstehen können.

LEBBEKBAUM 

Albizia lebbek (Leguminosae)

BESCHREIBUNG

Das beigeweiße Splintholz ist deutlich vom Kernholz abgegrenzt. Das frisch eingeschnittene Kernholz ist goldbraun, verändert sich mit der Zeit aber zu einem (oft von helleren Streifen durchsetzten) satten Dunkelbraun oder einem dunklen Walnusston. Der Faserverlauf ist stark wechseldrehwüchsig, die Struktur grob, das Holz ist stark gefleckt und hat eine glänzende Oberfläche. Bei Radialschnitten können sich Bänderungen zeigen. Das Holz wird wegen seiner Farbe und Struktur oft mit verschiedenen Mahagoniarten verwechselt, es ist aber weder eine Mahagoni- noch eine Nussbaumart.

EIGENSCHAFTEN

Lebbekbaumholz ist gut verformbar und gut geeignet zum Dampfbiegen. Es ist mittel biegesteif, druckfest und stoßfest. Der unregelmäßige Faserverlauf und die grobe Holzstruktur machen es schwer zu bearbeiten, beim Hobeln ist ein verringerter Schnittwinkel zu empfehlen. Es lässt sich zu einer hochglänzenden Oberfläche schleifen. Das Holz hat einen mäßig abstumpfenden Effekt auf Werkzeugschneiden, die deshalb regelmäßig geschärft werden sollten. Mit normalem Werkzeug ist das Holz relativ schwer zu bohren, stemmen, drechseln und formen. Das Holz lässt sich gut nageln und schrauben, die Eigenschaften in bezug auf Verleimen, Lackieren und Polieren sind zufriedenstellend.

TROCKNUNG UND STEHVERMÖGEN

Lebbekbaum ist mäßig schwierig zu trocknen, mit starkem Längenschwund und der Gefahr von Hirn- und Oberflächenrissen. Es ist zu empfehlen, das frische Holz schon grob einzuschneiden. Das Holz arbeitet mittelstark.

HALTBARKEIT

Das Kernholz ist mäßig haltbar, kann aber von Termiten und Bohrmuscheln angegriffen werden. Das Splintholz nimmt im Gegensatz zum Kernholz Holzschutzmittel an.

VERWENDUNG

Lebbekbaumholz wird für die Herstellung von Möbeln (auch Büro- und Küchenmöbeln sowie rustikaler Möbel), den Innenausbau und als Fußbodenbelag verwendet. Es eignet sich auch zum Schnitzen und Bootsbau und wird zu dekorativen Furnieren geschnitten.

Andere Bezeichnungen: Kokko, Acacia amarilla, East Indian walnut, Barba de caballero, West Indies ebony, Woman's tongue, Lebbek, Siris. Es gibt über 100 Arten in der Gattung *Albizia*.

Herkunft: Südostasien, China, Indien, Fidschiinseln, Neu-Kaledonien, Andamanen, Florida und viele andere tropische Gebiete • **Höhe:** maximal 27 m • **Stammdurchmesser:** 0,9 m • **Durchschnittliches Trockengewicht:** 635 kg/m³ • **Spezifisches Gewicht:** 0,63

Gesundheitsrisiken: Der bei maschineller Bearbeitung entstehende Staub kann irritierend auf Augen, Nase und Hals wirken

▲ „Lacewood"-Maserung

SHEOAK

Allocasuarina fraseriana (Casuarinaceae)

BESCHREIBUNG

Das Kernholz variiert von orange-rot-braun über burgunderrot bis hin zu dunkelrot, das Splintholz ist jedoch heller. Der Faserverlauf ist mäßig fein, gerade und ebenmäßig. Sheoak weist deutliche Markstrahlen auf – wie alle Hölzer der Gattungen Casuarina und Allocasuarina –, vermutlich veranlasste dies die europäischen Siedler, den Begriff „Eiche" zu verwenden. Zur „weiblichen Eiche" wurde der Baum dann angeblich, weil sein Holz nicht so widerstandsfähig ist wie das der echten Eiche (*Quercus* spp).

EIGENSCHAFTEN

Das Holz ist hart und von mittlerem Gewicht und mittlerer Stärke. Es lässt sich verhältnismäßig gut maschinell bearbeiten und schneiden, die Oberfläche kann zu hoher Glätte gebracht werden. Die Werkzeugschneiden werden nur wenig abgestumpft. Schrauben werden recht gut gehalten, beim Nageln kann das Holz jedoch reißen, deshalb sollte man vorbohren oder besonders sorgfältig arbeiten. Sheoak lässt sich gut verleimen und dampfbiegen und zu recht hohem Glanz polieren.

TROCKNUNG UND STEHVERMÖGEN

Das Holz kann schwierig zu trocknen sein, da es zum Verziehen und Reißen neigt und stark schwindet. Nach der Trocknung ist es jedoch standfest und arbeitet nur wenig.

HALTBARKEIT

Das Kernholz ist haltbar, der Splint kann jedoch vom Splintholzkäfer angegriffen werden.

VERWENDUNG

Wegen der geringen verfügbaren Abmessungen wird das Holz meist für Paneele, Intarsien und dekorative Drechselarbeiten verwendet, aber auch als Möbel- und Fußbodenholz wird es eingesetzt. In der Vergangenheit wurde es von den Siedlern in Australien für Dachschindeln und Bierfässer genutzt.

Syn.: *Casuarina fraseriana*, **Andere Bezeichnungen:** She-oak, Western Australian sheoak, Condil. Verwandte Kasuarinenarten aus Ostaustralien werden auch als Sheoak bezeichnet.

Herkunft: Südwest Australien • **Höhe:** 15 m • **Stammdurchmesser:** 0,5–1 m • **Durchschnittliches Trockengewicht:** 730 kg/m³ • **Spezifisches Gewicht:** 0,73

Gesundheitsrisiken: Keine spezifischen Reaktionen bekannt. Zu beachten sind allerdings die allgemeinen Gesundheitsgefahren, die durch das Einatmen von Holzstäuben entstehen können.

ERLE

Alnus glutinosa (Betulaceae)

BESCHREIBUNG

Es gibt keine deutlich Trennung zwischen Kern- und Splintholz. Das Holz sieht meist eher matt aus, nach dem Einschnitt zeigt es eine glanzlose hellbraunorange Färbung. Unter Lichteinfluß reift es zu einem hellen Rot-braun mit dunkleren Streifen oder Linien, die von breiten Markstrahlen gebildet werden. Der Faserverlauf ist gerade und fein, mit dichter Holzstruktur. Maserknollen kommen vor, fehlerfreie Knollen können sehr ausdrucksvoll gezeichnet sein.

EIGENSCHAFTEN

Es ist wenig biegesteif und lässt sich mäßig gut dampfbiegen. Erlenholz ist wenig schlagfest und mittel druckfest, von hoher Verformbar-keit. Geradefaseriges Holz lässt sich mit Handwerkzeug gut bearbeiten und stumpft Werkzeugschneiden nur wenig ab. Es ist gut zu verleimen und zufriedenstellend zu nageln und zu schrauben. Erle lässt sich gut beizen und polieren.

Schale aus Bossen aus Goldregen *(Laburnum anagyroides)* ▶

TROCKNUNG UND STEHVERMÖGEN

Erle trocknet relativ schnell und gut mit geringen Qualitätseinbußen.

HALTBARKEIT

Das Holz wird leicht vom Gemeinen Nagekäfer angegriffen. Es nimmt Holzschutzmittel an, ist aber nicht sehr dauerhaft.

VERWENDUNG

Aus Erle werden hölzerne Haushaltsgeräte und Schnitzarbeiten hergestellt, Drechselarbeiten, Besenstiele, Bürstenrücken und Sperrholz. Knorrige Stücke sind in Japan für Bildhauer- und Schnitzarbeiten sehr begehrt.

Andere Bezeichnungen: Schwarzerle, Roterle, Black alder, Common alder, Grey alder, Japanese alder, Aune (Französisch), Eis (Holländisch), Hannoki (Japanisch)

Herkunft: Von Nordamerika bis Nordrussland, weite Teile Europas und Großbritanniens sowie Japan • **Höhe:** 15-27 m • **Stammdurchmesser:** 0,3-1,2 m • **Durchschnittliches Trockengewicht:** 530 kg/m³ • **Spezifisches Gewicht:** 0,53

Gesundheitsrisiken: Dermatitis, Rhinitis, Bronchialprobleme

OREGONERLE

Alnus rubra (Betulaceae)

BESCHREIBUNG

Oregonerle ist ein Holz mit leidlich geradem Faserverlauf und gleichmäßiger Struktur. Das Kernholz ist blassgelb bis rötlich braun. Kern- und Splintholz sind nicht deutlich unterschieden. Die Zeichnung ist ansprechend, aber nicht herausragend.

EIGENSCHAFTEN

Das Holz der Oregonerle ist weich und eher schwach, von mittlerer Dichte, wenig biegesteif und schlagfest, hoch verformbar und von mittlerer Druckfestigkeit. Es eignet sich sehr gut zum Dampfbiegen. Von einer geringen Neigung zu Faserausrissen beim Hobeln abgesehen, lässt es sich gut bearbeiten. Das Holz lässt sich ohne Schwierigkeiten nageln und schrauben und nimmt Oberflächenmittel gut an. Es stumpft Schneiden nur wenig ab. Oregonerle ist gut mit Handwerkzeug zu bearbeiten und lässt sich leicht zu Furnieren verarbeiten.

TROCKNUNG UND STEHVERMÖGEN

Erle trocknet relativ schnell und gut mit kaum nennenswerten Qualitätseinbußen. Es arbeitet nur sehr wenig.

HALTBARKEIT

Kern- wie Splintholz nehmen Holzschutzmittel an. Oregonerle ist anfällig für den Gemeinen Nagekäfer. Das Holz ist nicht haltbar.

VERWENDUNG

Oregonerle wird zu Sperrholz, Möbeln (auch rustikalen), Regenschirmgriffen und Korpussen von elektrischen Gitarren verarbeitet. Es dient als Material für den Innenausbau und für Schnitz- sowie Drechselarbeiten. Es liefert teilweise interessant gemaserte Furniere mit Streifen- und Knotenzeichnungen.

Andere Bezeichnungen: Red alder, Western alder, Oregon alder, Pacific coast alder

Herkunft: Pazifikküste der USA und Kanadas • **Höhe:** 21-36 m • **Stammdurchmesser:** 0,3-1,2 m • **Durchschnittliches Trockengewicht:** 530 kg/m³ • **Spezifisches Gewicht:** 0,53

Gesundheitsrisiken: Dermatitis, Rhinitis, Bronchialbeschwerden

CEREJEIRA

Amburana cearensis (Leguminosae)

BESCHREIBUNG

Das Kernholz ist gleichmäßig gelb bis mittelbraun mit einem leichten Ton rosaorange gefärbt, dunkelt aber an der Luft nach. Das Splintholz unterscheidet sich nicht vom Kernholz. Cerejeira hat einen etwas unregelmäßigen Faserverlauf und eine mittelfeine bis grobe Struktur. Das Holz wirkt optisch und haptisch wachsig und weist einen mittleren bis hohen Glanz auf.

EIGENSCHAFTEN

Cerejeira hat im Verhältnis zu seinem Gewicht gute mechanische Eigenschaften. Es lässt sich mäßig gut dampfbiegen. Das Holz lässt sich gut verleimen, muss zum Nageln und Schrauben allerdings vorgebohrt werden. Es lässt sich sowohl mit Handwerkzeug als auch mit Maschinen gut bearbeiten, stumpft jedoch die Werkzeugschneiden, die stets scharf gehalten werden sollten, mäßig schnell ab. Beim maschinellen Hobeln sollte der Schnittwinkel verringert werden. Es lässt sich gut beizen und polieren.

TROCKNUNG UND STEHVERMÖGEN

Das Holz sollte langsam getrocknet werden, um tangentiales Schwinden zu vermeiden. Es hat ein gutes Stehvermögen.

HALTBARKEIT

Das Holz von Natur aus widerstandsfähig gegen Insektenbefall und Fäulnis und lässt sich nur sehr schlecht mit Holzschutzmittel behandeln.

VERWENDUNG

Cerejeira wird für die Herstellung von Möbeln und Booten, den Innenausbau, Karosseriebau und als Fußbodenbelag verwendet. Es wird zu dekorativen Furnieren gemessert.

Andere Bezeichnungen: Amburana (USA), Cumaré (Brasilien), Ishpingo, Palo trebol (Argentinien), Cerejeira rajada, Brazilian oak, Roble del pais

Herkunft: Östliches Brasilien, Zentral- und Südamerika • **Höhe:** 30 m • **Stammdurchmesser:** 0,6-0,9 m • **Durchschnittliches Trockengewicht:** 600 kg/m³ • **Spezifisches Gewicht:** 0,60

Gesundheitsrisiken: Keine spezifischen Reaktionen bekannt. Zu beachten sind allerdings die allgemeinen Gesundheitsgefahren, die durch das Einatmen von Holzstäuben entstehen können.

LATI

Amphimas pterocarpioides (Leguminosae)

BESCHREIBUNG

Das frisch eingeschnittene Kernholz ist orange und dunkelt unter Lufteinfluß zu einem Orangebraun nach. Die Jahresringe treten deutlich in Erscheinung, häufig ist auch eine Riegelung zu sehen. Der Faserverlauf ist gerade, das Holz hat eine mittelgrobe Struktur. Das gelblich weiße oder hellbraune Splintholz ist deutlich vom Kernholz abgegrenzt.

EIGENSCHAFTEN

Lati weist in allen mechanischen Eigenschaften gute Werte auf. Es ist ein dichtes, schweres und elastisches Holz, das besonders abriebfest ist. Wegen seiner Robustheit ist es schwierig zu bearbeiten. Es stumpft Werkzeugschneiden mäßig bis sehr schnell ab und ist schwierig zu sägen. Obwohl nicht leicht zu hobeln, lassen sich doch glatte Oberflächen erzielen. Das Holz lässt sich gut drechseln, verleimen und schleifen. Es nimmt auch Beizen und Lacke gut an und lässt sich gut polieren. Beim Nageln und Schrauben ist Vorbohren notwendig.

TROCKNUNG UND STEHVERMÖGEN

Lati trocknet eher langsam und hat die Tendenz, sich zu werfen und zu reißen. Sehr langsame künstliche Trocknung ist zu empfehlen. Das Holz hat ein gutes Stehvermögen und arbeitet wenig.

HALTBARKEIT

Das Holz ist mäßig haltbar, wird aber leicht vom Gemeinen Nagekäfer und Splintholzkäfer angegriffen. Das Splintholz ist nur mäßig gut und das Kernholz schwer mit Holzschutzmittel zu behandeln.

VERWENDUNG

Lati wird zu Fußbodenbelägen verarbeitet (Parkett-, Wohn- und Industrieböden), zu Möbeln, Schwellenholz, dekorativen Paneelen und Furnieren, zu Schindeln und Möbelteilen. Es wird auch für den Innenausbau und im Außenbereich verwendet.

Andere Bezeichnungen: Asanfran, Bokanga, Edjin, Adzi, Muizi, Salaki, Yaya

Herkunft: Tropisches West- und Mittelafrika • **Höhe:** 45 m • **Stammdurchmesser:** 0,9-1,8 m • **Durchschnittliches Trockengewicht:** 740 kg/m³ • **Spezifisches Gewicht:** 0,74

Gesundheitsrisiken: keine bekannt

KOHLBAUM

Andira inermis (Leguminosae)

BESCHREIBUNG

Das gelblich weiße oder hellbraune bis graugelbe Splintholz ist meist deutlich vom Kernholz abgegrenzt. Das Kernholz ist normalerweise gelbbraun bis dunkelrotbraun mit deutlichen helleren Streifen, die an die Zeichnung eines Rebhuhnflügels erinnern. Der Faserverlauf ist gerade bis leicht wechseldrehwüchsig oder etwas unregelmäßig, das Holz hat eine grobe Struktur und geringen Glanz.

EIGENSCHAFTEN

Das Holz des Kohlbaums ist fest und hart mit einer hohen Biegesteifigkeit. Es lässt sich relativ gut bearbeiten, aber die wechselnden Streifen weichen und harten Gewebes machen es schwierig, durch Hobeln eine glatte Oberfläche zu erreichen. Es stumpft Werkzeugschneiden mäßig schnell ab. Es lässt sich leicht sägen und stemmen und ist gut zu drechseln, bohren, beizen, nageln und schrauben. Die Verleimbarkeit ist zufriedenstellend. Das Holz eignet sich sehr gut zum Schnitzen und kann gut poliert und lackiert werden, wenn die Poren zuvor gefüllt werden.

TROCKNUNG UND STEHVERMÖGEN

Kohlbaumholz trocknet mäßig schnell mit geringen Qualitätseinbußen, allerdings zeigt es eine geringfügige Neigung zum Werfen und Reißen. Das Holz arbeitet wenig.

HALTBARKEIT

Das Kernholz ist gegenüber Fäulniserregern unempfindlich und mittelmäßig widerstandsfähig gegenüber Termiten. Das Splintholz wird leicht vom Splintholzkäfer angegriffen. Das Splintholz ist relativ schwierig, das Kernholz schwierig mit Holzschutzmittel zu behandeln.

VERWENDUNG

Kohlbaumholz wird für schwere Konstruktionen im Bau verwendet, als Parkettfußboden, für Außenverkleidungen, Fensterbretter und Wandrahmenkonstruktionen im Hausbau. Andererseits werden aber auch Möbel, Drechselarbeiten und Schmuck und Gebrauchsgegenstände wie Regenschirmgriffe und Spazierstöcke daraus hergestellt. Es wird auch zu dekorativen Furnieren verarbeitet.

Andere Bezeichnungen: Angelin, Partridgewood, Red cabbage bark, Rode kabbas, Red kabbas, Maquilla, Macaya, Pheasantwood, Angelim, Andira, Moca, Acapurana

Herkunft: Mexiko, Westindische Inseln, Zentralamerika, nördliches Südamerika, Peru, Bolivien, Benin • **Höhe:** 27-37 m • **Stammdurchmesser:** 0,5-0,7 m • **Durchschnittliches Trockengewicht:** 640 kg/m³ • **Spezifisches Gewicht:** 0,64

Gesundheitsrisiken: Dermatitis

▲ Anisoptera polyandra

MERSAWA

Anisoptera laevis und verwandte Arten (Dipterocarpaceae)

BESCHREIBUNG

Das frisch eingeschnittene Kernholz ist gelb-braun mit einem leichten Rosaton, es dunkelt dann zu einem Strohbraun nach. Das hellere Splintholz ist nicht deutlich vom Kernholz abgegrenzt. Mersawa ist wechseldrehwüchsig und hat eine mittelgrobe, gleichmäßige Struktur. Bei riftgeschnittenem Mersawa zeigt sich oft eine silbrige Zeichnung, die auf die deutlichen Markstrahlen zurückzuführen ist.

EIGENSCHAFTEN

Das Holz weist mittlere Druckfestigkeit, geringe Schlagfestigkeit und Biegesteifheit und sehr hohe Verformbarkeit auf. Es eignet sich kaum zum Dampfbiegen. Der hohe Silikatgehalt des Holzes und der Wechseldrehwuchs lassen Werkzeugschneiden sehr schnell abstumpfen. Beim maschinellen Hobeln sind sehr scharfe Werkzeugschneiden und ein verringerter Schnittwinkel notwendig. Der Wechseldrehwuchs kann sich auf die Bearbeitbarkeit mit Fräse und Stechbeitel auswirken. Das Holz lässt sich gut drechseln, verleimen, bohren, nageln und schrauben. Die Beiz- und Polierbarkeit ist zufriedenstellend.

TROCKNUNG UND STEHVERMÖGEN

Das Holz trocknet sehr langsam. Das Trocknen von Mersawa in größeren Abmessungen kann problematisch sein. Beim Trocknen kann sich das Holz in geringem Maße verziehen. Das Holz arbeitet mittelstark.

HALTBARKEIT

Mersawa ist mäßig haltbar und zeigt eine gewisse natürliche Widerstandskraft gegenüber Fäulnispilzen. Das Splintholz wird leicht vom Splintholzkäfer angegriffen. Das Kernholz ist mittelleicht mit Holzschutzmittel zu behandeln.

VERWENDUNG

Mersawa wird für den Innenausbau und schwere Bauaufgaben verwendet, als Fußbodenbelag (auch als Parkett), als Bootsplanken und in der Sperrholzherstellung sowie als Mittellagen für Tischlerplatten. Interessant gemaserte Stämme werden auch zu dekorativen Furnieren verarbeitet.

Andere Bezeichnungen: Krabak, Kaunghmu, Palosapsis, Phdiek, Von von

Herkunft: Malaysia und Südostasien • **Höhe:** 30-45 m • **Stammdurchmesser:** 1-1,5 m • **Durchschnittliches Trockengewicht:** 640 kg/m³ • **Spezifisches Gewicht:** 0,64

Gesundheitsrisiken: Keine spezifischen Reaktionen bekannt. Zu beachten sind allerdings die allgemeinen Gesundheitsgefahren, die durch das Einatmen von Holzstäuben entstehen können.

BRASILIANISCHE ARAUKARIE

Araucaria angustifolia (Araucariaceae)

BESCHREIBUNG

Das Kernholz ist beige bis hellbraun mit einem dunkleren Innenteil, es weist oft Streifen in Rosa, Rot oder Rostrot auf, die sehr ansprechend sein können. Der Faserverlauf ist normalerweise gerade, das Holz ist gleichmäßig und dicht, leicht glänzend, die Jahresringe sind meist kaum zu erkennen. Gelegentlich kommen kleine, fest verwachsene Äste vor, die attraktiv sind und die Stärke des Holzes nicht beeinflussen. Die „Brasil-" oder „Paranakiefer" ist keine echte Kiefernart.

EIGENSCHAFTEN

Das Holz weist mittlere Druckfestigkeit und Biegesteifheit, sehr geringe Schlagfestigkeit und hohe Verformbarkeit auf. Es eignet sich kaum zum Dampfbiegen. Es lässt sich sowohl mit Handwerkzeug als auch mit Maschinen gut bearbeiten und stumpft die Werkzeugschneiden mäßig schnell ab. Beim Hobeln, Schleifen und Fräsen lassen sich gute Oberflächen erreichen. Das Holz lässt sich gut verleimen, beizen, polieren, nageln, schrauben und lackieren.

TROCKNUNG UND STEHVERMÖGEN

Brasilianische Araukarie ist schwierig zu trocknen, dunkler gefärbtes Holz hat die Neigung, langsam zu trocknen, zu reißen und sich zu verziehen. Das Holz hat mittleres Stehvermögen, kann sich aber bei Veränderungen der Holzfeuchte verziehen.

HALTBARKEIT

Das Holz ist nicht haltbar und wird leicht vom Splintholzkäfer und anderen Insekten angegriffen. Das Splintholz nimmt Holzschutzmittel an, das Kernholz nur mäßig gut.

VERWENDUNG

Innenausbau, Fahrzeugbau, Möbel (für den Wohnbereich, die Küche und das Büro) und Fußbodenbeläge (auch Parkett). Man stellt Schwellenholz, Telefonmasten, Lebensmittelbehälter, Streichhölzer, Streichholzschachteln, Paneele, Tischlerplatten her. Es dient als Rohmaterial in der Papierherstellung und wird zu dekorativen Furnieren und zu Sperrholz verarbeitet.

Andere Bezeichnungen: Brasilkiefer, Paranakiefer, Paraná pine, Brazilian pine, Pin, Pinheiro do Brasil, Pino Paraná

Herkunft: Brasilien, Argentinien, Paraguay • **Höhe:** 24-33 m • **Stammdurchmesser:** 1,5 m • **Durchschnittliches Trockengewicht:** 540 kg/m³, aber mit großen Abweichungen • **Spezifisches Gewicht:** 0,54

Gesundheitsrisiken: Die Gattung Araucaria kann nachweislich zu Hautreizungen führen.

NEUGUINEA-ARAUKARIE

Araucaria cunninghamii (Araucariaceae)

BESCHREIBUNG

Das Kernholz variiert von weiß bis hellgelb-braun. Das Splintholz kann bis zu 150 mm stark sein, ist weiß und nicht deutlich vom Kernholz unterschieden. Der Faserverlauf ist gerade, und das Holz hat eine gleichmäßige, feine bis sehr feine Struktur, so dass es fast ungemasert aussieht. Trotz der englischen Vulgärnamen handelt es sich nicht um eine echte Kiefernart.

EIGENSCHAFTEN

Neuguinea-Araukarie ist ein leichtes, weiches Holz, das mittel biegesteif, schlag- und druckfest ist, von mittlerer bis hoher Verformbarkeit. Das Holz eignet sich nicht zum Dampfbiegen. Es lässt sich sowohl mit Handwerkzeug als auch mit Maschinen leicht bearbeiten und stumpft die Werkzeugschneiden kaum ab. Die Werkzeugschneiden müssen stets gut geschärft sein, um Faserausrisse in der Umgebung von Aststellen zu vermeiden. Das Holz ist gut zu nageln, schrauben und verleimen, die Oberfläche lässt sich gut behandeln.

TROCKNUNG UND STEHVERMÖGEN

Das Holz trocknet schnell und gut ohne Qualitätseinbußen, allerdings muss sorgfältig vorgegangen werden, um Verblauung zu vermeiden. Das Holz arbeitet wenig.

HALTBARKEIT

Das Kernholz ist nicht widerstandsfähig und kann in tropischen Gebieten (seinen Herkunftsländern z.B.) vom Schädling Pachycotes australis (hoop pine borer), sonst auch vom Gemeinen Nagekäfer befallen werden. Das Splintholz nimmt im allgemeinen Holzschutzmittel an, das Kernholz in mäßiger Weise.

VERWENDUNG

Neuguinea-Araukarie wird im Innenausbau, zur Herstellung von Möbeln und Profilleisten, Paneelen und Fußbodenbelägen, Kisten, Sperrholz und Spanplatten verwendet. Sehr beliebtes Drechselholz.

Andere Bezeichnungen: Hoop pine, Australian araucaria, Arakaria, Dorrigo pine, Colonial pine, Norfolk Island Pine

Herkunft: Australien und Papua-Neuguinea. Plantagenanbau in Indonesien und Südafrika. • **Höhe:** 30-45 m und mehr • **Stammdurchmesser:** 0,6-1,2 m und mehr • **Durchschnittliches Trockengewicht:** 560 kg/m³ • **Spezifisches Gewicht:** 0,56

Gesundheitsrisiken: Es kommt nur selten zu Reaktionen, aber die Hölzer dieser Gattung können zu Hautreizungen führen.

MADRONE

Arbutus menziesii (Ericaceae)

BESCHREIBUNG

Das Kernholz ist hellrosa bis hellrotbraun, gelegentlich treten dunkelrote Punkte auf. Die Jahresringe können unregelmäßige Muster bilden, die das Holz sehr ansprechend machen. Der Faserverlauf ist meist gerade bis leicht unregelmäßig, die Holzstruktur ist fein, glatt und ebenmäßig. Das Splintholz ist weißlich bis cremefarben und kann einen leichten Rosaton aufweisen.

EIGENSCHAFTEN

Madrone ist hart, zäh und schwer. Es ist sehr druckfest und biegesteif, mittel schlagfest und von mittlerer Verformbarkeit. Die Eignung zum Dampfbiegen ist mittelgut. Trotz seiner Härte lässt Madrone sich sowohl mit Handwerkzeug als auch mit Maschinen zufriedenstellend bearbeiten und ergibt beim Sägen und Hobeln saubere Oberflächen. Es stumpft Werkzeugschneiden mäßig schnell ab. Das Holz lässt sich gut drechseln, bohren, nageln, schleifen, schrauben, beizen und auf Hochglanz polieren. Das Verleimen kann allerdings schwierig sein.

Miniaturkommode aus Eibe *(Taxus baccata)* und Madrone-Maserknolle (burl) ▶

TROCKNUNG UND STEHVERMÖGEN

Madrone ist sehr schwierig zu trocknen. Frisch eingeschnittene Ware hat eine sehr hohe Holzfeuchte, was beim Trocknen zum Werfen, Reißen, übermäßigen Schwundmaßen und zu Zellkollaps führen kann. Druck- oder Zugholz kann zu ungleichmäßigem Schwinden führen. Das Holz sollte vor der künstlichen Trocknung sehr langsam luftgetrocknet werden. Es hat ein sehr gutes Stehvermögen.

HALTBARKEIT

Madrone ist fäulnisanfällig, aber mäßig resistent gegenüber Befall durch den Gemeinen Nagekäfer und Splintholzkäfern. Das Splintholz nimmt im Gegensatz zum Kernholz Holzschutzmittel an.

VERWENDUNG

Madrone wird zu hochwertigen Möbelstücken, kunsthandwerklichen Drechselarbeiten und zu Fußbodenbelägen verarbeitet. Es dient auch zur Herstellung von Mittellagen für Tischlerplatten und Holzkohle für die Schießpulverfabrikation. Außerdem wird es auch zu dekorativen Furnieren für die Möbel- und Paneelherstellung verarbeitet. Gemesserte Maserknollen sind für Einlegearbeiten an Möbeln und für Marketeriearbeiten sehr begehrt.

Andere Bezeichnungen: Madrona, Arbuti tree, Madroño, Jarrito, Arbutus, Pacific madrone, Coast madrone, Strawberry tree, Manzanita

Herkunft: Kanada und USA • **Höhe:** 6-24 m • **Stammdurchmesser:** 0,6-0,9 m • **Durchschnittliches Trockengewicht:** 770 kg/m^3 • **Spezifisches Gewicht:** 0,77

Gesundheitsrisiken: Keine spezifischen Reaktionen bekannt. Zu beachten sind allerdings die allgemeinen Gesundheitsgefahren, die durch das Einatmen von Holzstäuben entstehen können.

▲ Syn.: *A. peroba*

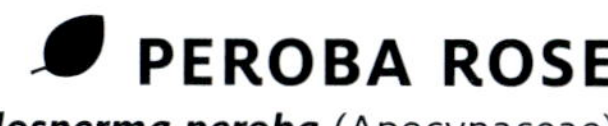

PEROBA ROSE

Aspidosperma peroba (Apocynaceae)

BESCHREIBUNG

Das Kernholz ist rosabräunlich, kann aber in weiten Grenzen variieren – von rosa bis rot mit purpurnen, orangefarbenen oder gelben Streifen. Das Holz dunkelt nach. Das Splintholz unterscheidet sich nicht sehr vom Kernholz. Der Faserverlauf ist gerade bis unregelmäßig, die Struktur ist fein bis sehr fein, das Holz glänzt schwach.

EIGENSCHAFTEN

Peroba rose ist ein hartes und schweres Holz mit hoher Druckfestigkeit, geringer Verformbarkeit, mittlerer Schlagfestigkeit und mittlerer Biegesteifigkeit. Das Holz eignet sich nicht zum Dampfbiegen. Es lässt sich mit Handwerkzeug gut bearbeiten, stumpft die Werkzeugschneiden jedoch mäßig schnell ab. Beim Hobeln von Material mit unregelmäßigem Faserverlauf empfiehlt sich ein verringerter Schnittwinkel, geradem aseriges Holz ist jedoch leicht zu bearbeiten. Peroba rose lässt sich gut schnitzen, nageln, beizen und verleimen und zufriedenstellend bohren, stemmen und lackieren. Es lässt sich zu einer hochwertigen Oberfläche polieren.

TROCKNUNG UND STEHVERMÖGEN

Das Holz trocknet sehr schnell und erleidet dabei beträchtliche Maßverluste, man muss also umsichtig vorgehen, um Qualitätseinbußen zu vermeiden, die meist als Reißen oder Verziehen auftreten. Das Holz arbeitet mittelstark.

HALTBARKEIT

Das Kernholz ist sehr haltbar und lässt sich nur sehr schlecht mit Holzschutzmittel behandeln. Es ist gegenüber Fäulniserregern unempfindlich, aber anfällig für den Befall durch Termiten. Das Splintholz nimmt im Gegensatz zum Kernholz Holzschutzmittel an.

VERWENDUNG

Peroba rose wird als Bauholz verwendet, für die Herstellung von Möbeln und Paneelen, im Innenausbau und im Schiffsbau, als Fußbodenträger und -belag. Es wird auch zu dekorativen Furnieren verarbeitet.

◀ Gedrechselte Büchse aus Amarello *(Aspidosperma sp.)*

Syn.: *A. peroba* • **Andere Bezeichnungen:** Peroba rosa, Amarello, Amargosa, Ibri romi, Palo rosa, Red peroba, Peroba rosa. Es gibt viele verschiedene Namen für die Farbvariationen

Herkunft: Argentinien und Brasilien • **Höhe:** 27 m • **Stammdurchmesser:** 0,75 m; kann jedoch höher und stärker werden. • **Durchschnittliches Trockengewicht:** 750 kg/m³ • **Spezifisches Gewicht:** 0,75

Gesundheitsrisiken: Sowohl Holz auch der Holzstaub können Hautreizungen, Kopfschmerzen, Schweißausbrüche, Atembeschwerden, Übelkeit, Magenkrämpfe und Ohnmachten auslösen

URUNDAY

Astronium fraxinifolium und ***A. graveolens*** (Anacardiaceae)

BESCHREIBUNG

Das deutlich abgegrenzte Splintholz kann bis zu 100 mm breit sein und ist grau oder bräunlich weiß. Das Kernholz ist hell gold-braun bis rotbraun, mit unregelmäßigen schwarzen und braunen Streifen. Der Faserverlauf ist unregelmäßig und meist wechseldrehwüchsig oder wellig, mit abwechselnden Bändern härteren und weicheren Holzes. Die Struktur ist meist fein, und das Holz glänzt schwach bis mittelstark. Es ist eine ausgesprochen ansprechende Holzart.

EIGENSCHAFTEN

Urunday ist ein hartes, dichtes, schweres und zähes Holz. Das Holz eignet sich nicht zum Dampfbiegen. Zum Schneiden werden meist hartmetallbesetzte Werkzeugschneiden notwendig sein. Das Hobeln kann wegen der Bänder unterschiedlich harten Holzes problematisch sein. Beim Verleimen können ebenfalls Probleme auftreten, die sich aber durch die vorhergehende Anwendung eines Lösemittels vermindern lassen, um die Holzinhaltsstoffe zu entfernen. Vor dem Schrauben oder Nageln sollte man vorbohren. Das Holz lässt sich gut drechseln und kann gut poliert werden.

An drei Achsen gedrechselte Büchse ▶

TROCKNUNG UND STEHVERMÖGEN

Es empfiehlt sich, das Holz langsam zu trocknen, um Qualitätseinbußen zu vermeiden. Andernfalls kann es zu übermäßigem Werfen und Reißen kommen.

HALTBARKEIT

Das Holz ist sehr haltbar, lässt sich nur schwer mit Holzschutzmittel behandeln, ist aber gegenüber Schadinsekten widerstandsfähig.

VERWENDUNG

Urundayholz wird für die Möbelherstellung und in der Drechselei verwendet, im Bootsbau und als Fußbodenbelag, für Schmuckschatullen und andere ornamentale Gegenstände, für Paneele und Billardstöcke, Weberschiffchen, Messergriffe und Furniere.

Andere Bezeichnungen: Gonçalo alves, Zorrowood, Zebrawood, Tigerwood, Mura, Bois de zébre, Bossona, Urunday-para

Herkunft: Brasilien, Paraguay und Uruguay • **Höhe:** 37 m • **Stammdurchmesser:** 0,6-1 m • **Durchschnittliches Trockengewicht:** 950 kg/m³ • **Spezifisches Gewicht:** 0,95

Gesundheitsrisiken: Dermatitis, Haut- und Augenreizungen, Sensibilisator

OKOUMÉ

Aucoumea klaineana (Burseraceae)

BESCHREIBUNG

Okoumé hat weißes oder hellgraues Splintholz. Es unterscheidet sich nicht deutlich vom Kernholz, das lachsrosa bis hellbraun oder rötlich braun gefärbt ist. Wenn es dem Licht ausgesetzt ist, kann das Holz einen Mahagoniton annehmen. Der Faserverlauf ist meist gerade oder leicht wechseldrehwüchsig, kann aber gelegentlich auch wellig oder gekräuselt sein, was bei riftgeschnittenem Material zu geflammten oder gestreiften Maserbildern führt. Die Holzstruktur ist mittelgrob bis mäßig fein, das Holz hat einen leichten Satinglanz.

EIGENSCHAFTEN

Das Holz ist leicht und eher schwach, es weist mittlere Druckfestigkeit, geringe Schlagfestigkeit und Biegesteifheit und sehr hohe Verformbarkeit auf. Es eignet sich kaum zum Dampfbiegen. Es nimmt leicht Oberflächenschäden (Dellen, Kratzer) an. Okoumé hat einen hohen Silikatgehalt und stumpft Werkzeugschneiden deshalb mäßig bis sehr schnell ab. Es lässt sich sowohl mit Handwerkzeug als auch mit Maschinen relativ leicht bearbeiten, die Oberflächen können allerdings leicht wollig werden, wenn nicht sorgfältig gearbeitet wird. Okoumé lässt sich gut verleimen und bohren und ist zufriedenstellend zu beizen. Es lässt sich auf Glanz polieren.

TROCKNUNG UND STEHVERMÖGEN

Okoumé trocknet gut und schnell. Die Qualitätseinbußen sind dabei gering, auch wenn es zu leichtem Verziehen und Reißen kommen kann.

HALTBARKEIT

Das Kernholz ist wenig haltbar und kann von Bohrmuscheln angegriffen werden. Das Splintholz wird leicht vom Splintholzkäfer angegriffen. Es lässt sich nicht gut mit Holzschutzmittel behandeln.

VERWENDUNG

Das Holz wird größtenteils zu Sperrholz, Spanplatten und Tischlerplatten verarbeitet. Außerdem werden daraus Möbel und Zigarrenkästen hergestellt. Es wird auch als Bauholz, im Innenausbau und als Ersatzholz für Mahagoni verwendet.

Andere Bezeichnungen: Gabun, Gaboon, Angouma, Combogala, Mofoumou, N'goumi, Okoumé

Herkunft: Kongo, Gabun, Äquatorialguinea • **Höhe:** 30-40 m • **Stammdurchmesser:** 0,9-2,4 m • **Durchschnittliches Trockengewicht:** 430 kg/m³ • **Spezifisches Gewicht:** 0,43

Gesundheitsrisiken: Asthma, Husten, Haut- und Augenreizungen

TATAJUBA 

Bagassa guianensis (Moraceae)

BESCHREIBUNG

Das schmale, gelblich weiße bis blassgelbe Splintholz ist deutlich vom Kernholz abgegrenzt. Das frisch eingeschnittene Kernholz ist gelb, verändert sich mit der Zeit aber zu einem (gelegentlich gestreiften) glänzenden goldbraunen oder rostbraunen Ton. Der Faserverlauf kann gerade, unregelmäßig oder wechseldrehwüchsig sein, das Holz hat eine mittelfeine bis grobe Struktur, deutlich erkennbare Markstrahlen und eine glänzende Oberfläche. Der wechseldrehwüchsige Faserverlauf kann zu breiten Streifen im Maserbild führen.

EIGENSCHAFTEN

Tatajuba ist ein schweres, dichtes und hartes Holz mit hoher Biegesteifigkeit und Druckfestigkeit. Es lässt sich gut dampfbiegen. Es lässt sich sowohl mit Handwerkzeug als auch mit Maschinen leicht bearbeiten und stumpft Werkzeugschneiden nur wenig ab. Das Holz sollte zum Nageln und Schrauben vorgebohrt werden, Nägel und Schrauben halten gut im Holz. Wechseldrehwuchs kann beim Hobeln zu Faserausrissen führen, meist kann man aber eine saubere Oberfläche erreichen. Das Holz lässt sich gut drechseln, profilieren, bohren, und schnitzen. Es ist gut zu verleimen, zu beizen und zu lackieren und lässt sich auf Hochglanz polieren.

TROCKNUNG UND STEHVERMÖGEN

Tatajuba trocknet langsam mit geringen Qualitätseinbußen. Allerdings können Risse und Verformungen auftreten. Es hat ein sehr gutes Stehvermögen.

HALTBARKEIT

Das Holz ist haltbar und widerstandsfähig gegenüber Fäulniserregern. Das Kernholz ist schwer mit Holzschutzmittel zu behandeln.

VERWENDUNG

Tatajubaholz wird für die Herstellung von Möbeln (auch Büro- und Küchenmöbeln), im Bootsbau, für Verandaböden und für schwere Bauaufgaben verwendet. Es wird zu dekorativen Furnieren geschnitten.

Andere Bezeichnungen: Bagasse, Gele bagasse, Amapa rana, Cow-wood, Garrote

Herkunft: Amazonasgebiet Brasiliens, Französisch-Guayana, Guyana und Surinam • **Höhe:** 27 m • Stammdurchmesser: 0,5-0,6 m • **Durchschnittliches Trockengewicht:** 800 kg/m³ • **Spezifisches Gewicht:** 0,80

Gesundheitsrisiken: Allergisches Kontaktekzem, allergische Reaktionen

MUKUSI

Baikiaea plurijuga (Leguminosae)

BESCHREIBUNG

Das schmale, rosabraune Splintholz ist deutlich vom Kernholz abgegrenzt. Das Kernholz ist rötlich braun, gelegentlich mit unregelmäßigen dunkelbraunen oder schwarzen Flecken oder Linien durchsetzt. Der Faserverlauf ist gerade oder leicht wechseldrehwüchsig, das Holz hat eine feine, ebenmäßige Struktur. Es glänzt leicht. Der Tanningehalt des Holzes kann in Verbindung mit Eisenmetallen zu Verfärbungen führen. Mukusi ist keine echte Teakholzart.

EIGENSCHAFTEN

Mukusi ist ein hartes und schweres Holz mit hohem Abriebwiderstand. Es ist sehr schlag- und biegesteif, wenig schlagfest und leicht verformbar. Es lässt es sich mäßig gut dampfbiegen. Der hohe Gehalt an Silikaten lässt Werkzeugschneiden sehr schnell abstumpfen, weshalb sich Werkzeuge mit Hartmetallbesatz empfehlen. Allerdings können sich auch diese bei der Arbeit mit Harz zusetzen. Beim Hobeln ist ein verringerter Schnittwinkel zu empfehlen. Es lässt sich jedoch eine glatte, glänzende Oberfläche erreichen. Das Holz kann beim Bohren „verbrennen". Vor dem Schrauben oder Nageln sollte man vorbohren. Das Holz lässt sich gut beizen und verleimen und ergibt eine gute Oberfläche. Es eignet sich auch sehr gut zum Drechseln.

TROCKNUNG UND STEHVERMÖGEN

Mukusi trocknet langsam, aber gut, mit nur geringen Qualitätseinbußen, die als Verziehen oder Oberflächenrisse auftreten können, falls zu schnell getrocknet wird. Das getrocknete Holz arbeitet wenig.

HALTBARKEIT

Das Kernholz ist sehr haltbar, sehr widerstandsfähig gegenüber Fäulnis und mäßig widerstandsfähig gegen Termiten. Das Splintholz wird vom Splintholzkäfer angegriffen. Es ist mäßig gut mit Holzschutzmittel zu behandeln, das Kernholz nur sehr schlecht.

VERWENDUNG

Mukusi wird zu dekorativen und hochbelastbaren Fußbodenbelägen verarbeitet (auch zu Parkettböden), zu Möbeln, Eisenbahnschwellen, dekorativen Furnieren und im Ladenbau. Es eignet sich auch für Drechsel- und Schnitzarbeiten.

Andere Bezeichnungen: Rhodesien Teak, Afrikanischer Teak, Mukushi, Umgusi, Zambesi redwood

Herkunft: Botswana, Sambia und Zimbabwe • **Höhe:** 15-18 m • **Stammdurchmesser:** 0,8 m • **Durchschnittliches Trockengewicht:** 900 kg/m³ • **Spezifisches Gewicht:** 0,90

Gesundheitsrisiken: Reizungen der Atemwege

GUATAMBÚ

Balfourodendron riedelianum (Rutaceae)

BESCHREIBUNG

Es gibt keine deutliche Trennung zwischen Kern- und Splintholz. Die Färbung variiert von fast Weiß über Blassgelbbraun bis hin zu Creme- oder Zitronengelb. Graue Tönungen und dunklere Streifen können gelegentlich auftreten. Der Faserverlauf ist gerade oder unregelmäßig, gelegentlich kann Wechseldrehwuchs auftreten, die Struktur ist gleichmäßig, fein bis sehr fein, das Holz glänzt mittelstark.

EIGENSCHAFTEN

Guatambú ist ein hartes, dichtes Holz, das sich im Gebrauch kaum abnutzt und in allen mechanischen Eigenschaften hohe Werte aufweist. Das Holz eignet sich wegen seiner Stärke nicht zum Dampfbiegen. Es lässt sich mit Handwerkzeug und Maschinen gut bearbeiten, stumpft die Werkzeugschneiden jedoch relativ schnell ab. Beim Hobeln oder Profilieren von Material mit unregelmäßigem Faserverlauf können Faserausrisse auftreten, geradefaseriges Holz ergibt jedoch ein gute Oberfläche. Das Holz lässt sich gut schnitzen, nageln, schrauben, lackieren und beizen und zufriedenstellend verleimen. Es nimmt bei entsprechender Behandlung eine hochglänzende Oberfläche an.

TROCKNUNG UND STEHVERMÖGEN

Guatambú trocknet gut mit geringen Qualitätseinbußen. Es hat ein gutes Stehvermögen.

HALTBARKEIT

Das Holz ist von Natur aus wenig widerstandsfähig, es ist anfällig für Fäulniserreger und Insekten. Das Splintholz nimmt im Gegensatz zum Kernholz Holzschutzmittel an.

VERWENDUNG

Guatambú wird für den Innenaus- und den Bootsbau verwendet, zu Möbeln (für den Wohnbereich, die Küche und das Büro), Rudern, Walzen für die Textilherstellung, Weberschiffchen, Schusterleisten und Werkzeuggriffen verarbeitet. Es wird auch zu dekorativen Furnieren und zu Sperrholz verarbeitet sowie für Marketeriearbeiten verwendet.

Andere Bezeichnungen: Pau marfim, Pau liso, Marfim, Moroti, Kyrandy, Ivorywood

Herkunft: Argentinien, Brasilien und Paraguay • **Höhe:** 12-24 m • **Stammdurchmesser:** 0,3-1,2 m • **Durchschnittliches Trockengewicht:** 800 kg/m³ • **Spezifisches Gewicht:** 0,80

Gesundheitsrisiken: Dermatitis, Rhinitis und Asthma

▲ Syn.: *Rhamnus zeyheri*

PINK IVORY WOOD

Berchemia zeyheri (Rhamnaceae)

BESCHREIBUNG

Das Kernholz ist gelblich Braun mit satten gold-roten Untertönen. Der Faserverlauf ist gerade bis gegenläufig, die Textur fein und ebenmäßig, die Poren sind klein. Die Maserung ist von rosa-roten Streifen geprägt, die von abwechselnd hellen und dunklen Holzbändern in den Jahresringen herrühren.

EIGENSCHAFTEN

Pink Ivory ist ein zähes, sehr hartes und schweres Holz, das in den meisten Kategorien sehr gute Belastungswerte aufweist, sich allerdings nur schlecht dampfbiegen lässt. Es ist mit Handwerkzeug recht schwierig zu bearbeiten und stumpft Werkzeugklingen mäßig bis stark ab. Beim Hobeln von riftgeschnittenem Holz sollte der Schnittwinkel reduziert werden. Beim Nageln und Schrauben sollte vorgebohrt werden, die Schneiden aller Werkzeuge müssen stets sehr scharf sein. Das Holz lässt sich gut verleimen, schleifen und beizen, es ist hervorragend zum Drechseln und Schnitzen geeignet. Es lässt sich gut auf Hochglanz polieren.

TROCKNUNG UND STEHVERMÖGEN

Pink Ivory Wood bereitet bei natürlicher Trocknung Schwierigkeiten und erfordert bei technischer Trocknung sorgfältige Steuerung, da es sonst zu starken Qualitätsverlusten kommen kann. Durch starkes Schwinden kann es zu starkem Verziehen kommen. Das verarbeitete Holz arbeitet stark.

HALTBARKEIT

Das Holz ist nicht haltbar und ist anfällig für holzschädigende Insekten und Pilze. Das Splintholz nimmt Holzschutzmittel gut auf, das Kernholz jedoch nicht.

VERWENDUNG

Möbel, Innenausbau, Paneele, wenig belastete Fußböden, Schnitz- und Einlegarbeiten, Schachfiguren und Fahrzeugteile. Ausgesuchte Stämme werden zu dekorativen Furnieren gemessert. Wird sehr häufig in der Drechselei eingesetzt.

◄ Pillendose

Syn.: *Rhamnus zeyheri*, • **Andere Bezeichnungen:** Red ivory wood, Pink ivory wood, Pink ivory, Pau preto, Umgoloti, Mucarane, Sungangona

Herkunft: Mosambik und südliches sowie südöstliches Afrika • **Höhe:** 6-12 m • **Stammdurchmesser:** 18-30 cm • **Durchschnittliches Trockengewicht:** 900 kg/m³ • **Spezifisches Gewicht:** 0,90

Gesundheitsrisiken: keine bekannt

Die Gattung

BETULA BIRKEN

Zur Gattung Betula gehören bis zu 60 Baum- und Straucharten, die in der nördlichen Halbkugel heimisch sind. Birken findet man bis in die Arktis, die Moorbirke (P. pubescens, auch: Haarbirke) kommt bis zum 70. nördlichen Breitengrad vor – sie ist eine der wenigen Baumarten, die in Island wachsen. Die Unterart P. pubescens ssp. tortuosa ist der einzige aus Grönland stammende Baum. Die Birke spielt eine wichtige Rolle in der Folklore und Kultur der nordeuropäischen Länder, vor allem Skandinaviens und Russlands – die Touristengeschäfte der Sowjetzeit waren nach der Birke Beriozka benannt. Die Ureinwohner Nordamerikas fertigten aus der Rinde der Papierbirke (B. papyrifera) Kanus und benutzten sie auch als Schreibmaterial – daher der Name.

Die Birke zeichnet sich dadurch aus, dass sie die äußere Rinde am Stamm in Streifen verliert, die in Europa weit verbreitete Hängebirke (B. pendula) ist hierfür ein besonders gutes Beispiel. Die Rinde der Birke ist oft weiß oder grau, von dieser Regel gibt es jedoch viele Ausnahmen. Die Zweige und Blätter der Birken sind im Allgemeinen fein und zart, die Blüten bilden die bekannten Kätzchen.

▲ Typisch für die Birken ist die abschälende Rinde, die oft zudem auffällig gefärbt ist – einige gärtnerische Schmuckarten sind reinweiß.

Deckelbüchse aus stark versporter Birke ▲

Kasten mit Scharnierdeckel aus Riegelbirke ▶

GELBBIRKE

Betula alleghaniensis (Betulaceae)

BESCHREIBUNG

Das Splintholz ist weißlich, blassgelb oder hell rötlich braun. Das Kernholz ist rötlich braun. Allerdings ist die Färbung veränderlich. Gelbbirke hat eine feine, ebenmäßige und dichte Struktur. Die Maserung ist meist gerade, kann aber auch wellig oder gekräuselt sein, was zu ansprechenden Maserbildern führt.

EIGENSCHAFTEN

Wenn Gelbbirke luftgetrocknet wird, ist das Holz sehr biegesteif. Es ist sehr schlagfest und druckfest. Sowohl Nageln als auch Schrauben kann Probleme bereiten, es sollte vorgebohrt werden. Verleimungen sollten sorgfältig und unter kontrollierten Bedingungen ausgeführt werden. Das Hobeln kann bei unregelmäßigem Faserverlauf schwierig sein, ist aber bei geraden Fasern zufriedenstellend. Es lässt sich sowohl mit Handwerkzeug als auch mit Maschinen eher leicht bearbeiten, allerdings stumpft es die Werkzeugschneiden mäßig schnell ab. Gelbbirke lässt sich gut beizen und polieren.

TROCKNUNG UND STEHVERMÖGEN

Gelbbirke trocknet langsam mit geringen Qualitätseinbußen. Allerdings sind die Maßverluste meist eher hoch. Oberflächen- und Hirnrisse können auftreten, und nasses Kernholz kann zu Zellkollaps beim Trocknen füh-ren. Das Holz arbeitet stark, es hat ein geringes Stehvermögen.

HALTBARKEIT

Das Kernholz ist nicht leicht mit Holzschutzmittel zu behandeln. Gelbbirke hat kaum natürliche Widerstandskraft gegen Fäulnis.

VERWENDUNG

Gelbbirke wird für Drechselarbeiten, Rahmen von Polstermöbeln, hochwertige Möbel und dekorative Furniere verwendet, als Fußbodenbelag und für die Herstellung hochwertigen Sperrholzes. Außerdem werden Kisten und Fässer, Weberschiffchen, Geigenbögen, Einlegearbeiten und rustikale Möbel daraus hergestellt.

Andere Bezeichnungen: Yellow birch, Hard birch, Betula wood, Canadian yellow birch, Quebec birch, Swamp birch

Herkunft: Östliches Kanada und östliche USA • **Höhe:** 21-30 m • **Stammdurchmesser:** 0,8 m • **Durchschnittliches Trockengewicht:** 710 kg/m³ • **Spezifisches Gewicht:** 0,71

Gesundheitsrisiken: Dermatitis, Atemwegsprobleme

PAPIERBIRKE

Betula papyrifera (Betulaceae)

BESCHREIBUNG

Das Kernholz ist cremigweiß, oft mit einem bräunlichen inneren Bereich. Das Holz der Papier-Birke hat eine feine, ebenmäßige Struktur und kann eine ansprechende Maserung aufweisen.

EIGENSCHAFTEN

Das Holz ist schwer und recht biegesteif, die Druck- und Schlagfestigkeit sind als mittel einzustufen. Die Verformbarkeit ist hoch und die Eignung zum Dampfbiegen mäßig bis gering. Es lässt sich sowohl mit Handwerkzeug als auch mit Maschinen gut bearbeiten und stumpft die Werkzeugschneiden mäßig schnell ab. Beim Hobeln können Faserausrisse auftreten, deshalb ist ein verringerter Schnittwinkel zu empfehlen. Vor dem Schrauben oder Nageln sollte man vorbohren. Die Verleimbarkeit ist bei entsprechender Sorgfalt gut. Das Holz lässt sich gut polieren; Beizen und klare Oberflächenmittel werden besser angenommen als solche mit hohem Pigmentanteil.

TROCKNUNG UND STEHVERMÖGEN

Papierbirke trocknet langsam mit geringen Qualitätseinbußen. Allerdings können Holzinhaltsstoffe zu Verfärbungen führen. Das Holz arbeitet nur sehr wenig.

HALTBARKEIT

Das Holz ist von Natur aus wenig widerstandsfähig, es ist anfällig für Fäulniserreger. Das Splintholz nimmt im Gegensatz zum Kernholz Holzschutzmittel gut an.

VERWENDUNG

Papierbirke wird oft als Drechselholz verwendet (Spulen, Pflöcke, Haushaltsgegenstände und Spielzeug). Es wird für die Herstellung von Möbeln (auch Büromöbeln und rustikalen Möbeln), Paneelen, Kisten und Schachteln, Eiskremlöffeln, (medizinischen) Zungenspateln und Obstkörben verwendet. Das Holz wird zu dekorativen Furnieren gemessert, für die Sperrholzherstellung geschält und als Rohmasse für Papier zerfasert. Den Ureinwohnern Nordamerikas diente es seit alters her als Baumaterial für Kanus.

Andere Bezeichnungen: Paper birch, White birch (Kanada), American birch (Großbritannien), Canoe birch, Western paper birch, Canadian white birch

Herkunft: Kanada und östliche USA • **Höhe:** 15-21 m • **Stammdurchmesser:** 0,3-0,6 m • **Durchschnittliches Trockengewicht:** 620 kg/m³ • **Spezifisches Gewicht:** 0,62

Gesundheitsrisiken: Dermatitis, Atemwegsprobleme

▲▲ Riegelbirke ▲ Versporte Birke

GEMEINE BIRKE

Betula pendula und ***B. pubescens*** (Betulaceae)

BESCHREIBUNG

Das Holz ist cremigweiß bis hellbraun und eher ausdruckslos, ohne deutliche Trennung zwischen Kern- und Splintholz. Der Faserverlauf ist meist gerade, das Holz hat eine feine, ebenmäßige Struktur mit natürlichem Glanz. Unregelmäßigkeiten im Faserverlauf können zu geflammten und gewellten Maserbildern führen. Maserbirke entsteht durch Verletzungen des Kambiums durch Insektenlarven, das Maserbild wird dadurch sehr schön gefleckt und gekräuselt.

EIGENSCHAFTEN

Das schwere, dichte Holz lässt sich gut dampfbiegen, allerdings können Äste und Faserunregelmäßigkeiten Probleme verursachen. Birkenholz ist von mittlerer Verformbarkeit und Schlagfestigkeit, sehr biegesteif und druckfest. Es lässt sich im allgemeinen mit Handwerkzeug und Maschinen gut bearbeiten, auch wenn es die Tendenz hat, etwas „wollig" zu sein. Es wirkt mäßig abstumpfend auf Werkzeugschneiden, beim Hobeln sollte der Schnittwinkel auf 15° verringert werden, um Faserausrisse bei widri-gem Faserverlauf zu vermeiden. Beim Nageln und Schrauben ist Vorbohren notwendig. Birke lässt sich gut beizen, polieren und verleimen. Das Holz ist sehr gut zum Drechseln geeignet.

TROCKNUNG UND STEHVERMÖGEN

Birke sollte schnell getrocknet werden, um Pilzbefall zu verhindern. Das Holz neigt etwas dazu, sich zu werfen. Das Stehvermögen ist gut.

HALTBARKEIT

Birkenholz ist nicht haltbar, wird leicht vom Gemeinen Nagekäfer, nicht jedoch vom Splintholzkäfer angegriffen. Das Splintholz nimmt Holzschutzmittel mäßig gut an.

VERWENDUNG

Innenausbau, Möbelherstellung, Verarbeitung zu Sperrholz. Herstellung von Besen und Bürsten, Fußbodenbeläge, Schrankinneneinrichtungen und hochwertige Drechselarbeiten. Für die Herstellung von Paneelen und Einlegearbeiten sind gemesserte und geschälte Furniere sehr begehrt.

▲ Sideboard mit Rahmenfüllungen aus Maserbirke

Syn. für B. pendula: *B. verrucosa* • **Andere Bezeichnungen:** Sandbirke, European birch, Silver birch *(B. pendula)*, Downy oder Hairy birch *(B. pubescens)*, European white birch, Bouleau (Französisch); außerdem je nach Herkunft Schwedische, Finnische Birke oder nach Maserbild Maserbirke, geflammte Birke, Riegelbirke

Herkunft: Europa, einschließlich Großbritannien und Skandinavien. Das Verbreitungsgebiet erstreckt sich bis nach Lappland und reicht damit weiter nördlich als bei allen anderen Laubbäumen. • **Höhe:** 18-21 m • **Stammdurchmesser:** 0,6-1 m • **Durchschnittliches Trockengewicht:** 660 kg/m³ • **Spezifisches Gewicht:** 0,66

Gesundheitsrisiken: Dermatitis, Atemwegsprobleme, Sensibilisator

SUCUPIRA

Bowdichia virgilioides und verwandte Arten (Leguminosae)

BESCHREIBUNG

Das Kernholz ist rötlich braun bis stumpf schokoladenbraun mit hellgelben Markierun-gen, die sich bei riftgeschnittenem Material als Streifenzeichnung zeigen. Der Faserverlauf ist unregelmäßig und wechseldrehwüchsig, manchmal gewellt, die Struktur ist grob und fühlt sich auch so an. Das weißliche Splintholz ist nicht deutlich vom Kernholz abgegrenzt.

EIGENSCHAFTEN

Das Holz ist in allen mechanischen Eigenschaften als gut zu bewerten, lässt sich allerdings nicht dampfbiegen. Der Wechseldrehwuchs und die hohe Dichte machen es schwer zu bearbeiten, beim Hobeln ist ein verringerter Schnittwinkel zu empfehlen. Um eine glatte Oberfläche zu erreichen, muss man viel schleifen. Das Holz hält Nägel und Schrauben gut, lässt sich gut verleimen und drechseln und kann gut poliert werden, wenn man vorher einen Porenfüller anwendet.

TROCKNUNG UND STEHVERMÖGEN

Sucupira ist schwierig zu trocknen, das Holz hat die Neigung, bei künstlicher Trocknung zu reißen und sich zu verziehen. Das Holz arbeitet mittelstark.

HALTBARKEIT

Das Holz ist sehr widerstandsfähig und nicht anfällig für Fäulniserreger und Insekten.

VERWENDUNG

Sucupira wird zu Fußbodenbelägen verarbei-tet, zu Möbeln, Schwellenholz, im Bootsbau, als Drechselholz und für schwere Bauaufgaben verwendet. Es wird auch zu dekorativen Furnieren gemessert, die zu Paneelen und Türen verarbeitet bzw. bei Einlegearbeiten verwendet werden.

Andere Bezeichnungen: Alcornoque, Sapupira, Sucupira parda, Sucupira preta, Paricarana, Black sucupira, Cœur dehors (Französisch)

Herkunft: Brasilien, Venezuela, Surinam, Französisch Guayana und Guyana • **Höhe:** 45 m • **Stammdurchmesser:** 0,2 m • **Durchschnittliches Trockengewicht:** 1000 kg/m³ • **Spezifisches Gewicht:** 1,00

Gesundheitsrisiken: Allergische Dermatitis bei Hautkontakt

MUHUHU

Brachylaena hutchinsii (Compositae)

BESCHREIBUNG

Das frische Kernholz ist hellgelborange und dunkelt unter Lufteinfluß zu einem dunklen Gelbbraun nach, das häufig einen grünlichen Ton und dunklere Streifen aufweist. Das Holz ist dicht wechseldrehwüchsig und kann auch ein gewelltes oder gekräuseltes Maserbild aufweisen. Die Struktur ist fein und ebenmäßig. Das grauweiße Splintholz unterscheidet sich deutlich vom Kernholz. Muhuhu ist eine aromatische Holzart, deren Geruch an Sandelholz *(Santalum album)* erinnert.

EIGENSCHAFTEN

Muhuhu ist ein sehr schweres Holz, das sehr abrieb- und stoßfest ist. Es ist sehr wenig schlagfest und mittel biegesteif, von guter Verformbarkeit und hoher Druckfestigkeit. Die Eignung zum Dampfbiegen ist mittelgut. Es stumpft Werkzeugschneiden wegen seiner hohen Dichte und des unregelmäßigen Faserverlaufes mäßig schnell ab, beim Sägen kann das Sägeblatt außerdem verharzen. Beim Hobeln sollte der Schnittwinkel verringert werden. Das Holz ist gut zu drechseln, beizen, lackieren und polieren, das Verleimen kann jedoch schwierig sein, und beim Nageln sollte vorgebohrt werden.

TROCKNUNG UND STEHVERMÖGEN

Wegen der hohen Dichte des Holzes sollte es langsam getrocknet werden, um Qualitätseinbußen zu vermeiden. Oberflächen- und Hirnrisse sind typische Trocknungsfehler. Das Stehvermögen ist gut.

HALTBARKEIT

Das Kernholz ist gegenüber Fäulniserregern unempfindlich und mittelmäßig widerstandsfähig gegenüber Termiten und Bohrmuscheln. Es lässt sich nur sehr schlecht mit Holzschutzmittel behandeln.

VERWENDUNG

Muhuhu wird zu hochbelastbaren Fußbodenbelägen verarbeitet (auch zu Parkettböden), als Schnitz- und Drechselholz, zu Eisenbahnschwellen und als Fahrbahnbelag für Brücken sowie für schwere Bauaufgaben verwendet. In Indien wird Muhuhu in Krematorien als Ersatz für Sandelholz verwendet.

Andere Bezeichnungen: Mkarambaki, Muhugive, Muhugwe

Herkunft: Ostafrika • **Höhe:** 24-27 m • **Stammdurchmesser:** 0,6 m • **Durchschnittliches Trockengewicht:** 930 kg/m³ • **Spezifisches Gewicht:** 0,93

Gesundheitsrisiken: Dermatitis

SCHLANGENHOLZ

Brosimum guianense (Moraceae)

BESCHREIBUNG

Schlangenholz verdankt seinen Namen dem Aussehen: Die Markierungen erinnern an Schlangenhaut. Allerdings kann es manchmal auch eher gefleckt und leopardenähnlich aussehen. Das Kernholz ist dunkelrot bis rötlich braun und zeigt unregelmäßige schwarze Markierungen oder senkrechte schwarze Streifen, die alleine oder mit Flecken gemischt auftreten können. Das sehr dicke Splintholz ist gelblich weiß und ist unregelmäßig vom Kernholz abgesetzt. Schlangenholz hat mäßig feine bis feine, gleichmäßig gerade Fasern und glänzt mäßig bis stark.

EIGENSCHAFTEN

Das Holz ist außerordentlich hart und schwer und weist in allen Kategorien hohe Belastbarkeitswerte auf. Es eignet sich jedoch wegen Harzaustritt nicht zum Dampfbiegen. Wegen seiner Härte ist es sehr schwer zu bearbeiten und stumpft Werkzeugschneiden sehr stark ab. Das Verleimen kann wegen des Harzgehaltes schwierig sein. Schlangenholz erhält schon durch die spanende Bearbeitung eine glatte Oberfläche. Es ist gut zu drechseln und lässt sich zu einer hochglänzenden Oberfläche polieren.

TROCKNUNG UND STEHVERMÖGEN

Die Trocknung kann schwierig sein und zum Verziehen und Qualitätseinbußen führen. Das Holz zeigt mittlere Standfestigkeit.

HALTBARKEIT

Das Kernholz ist sehr haltbar und gegen Insektenbefall widerstandsfähig. Es ist schwer mit Holzschutzmitteln zu behandeln.

VERWENDUNG

Intarsien, Violinbögen, Spazierstöcke, dekorative Drechselarbeiten, Angelrutengriffe, Schlagzeugstöcke, Schmuck, Besteckgriffe und (Sportschützen-)Bögen. Schlangenholz wird auch zu dekorativen Furnieren für den Möbelbau und Einlegearbeiten gemessert.

Syn.: *Piratinera guianensis* • **Andere Bezeichnungen:** Letternholz, Buchstabenholz, Snakewood, Letterwood, Letterhout, Amourette, Gateado, Palo de oro, Burokoro, Cacique carey, Leopardwood, Speckled wood, Lechero

Herkunft: Mittel- und tropisches Südamerika • **Höhe:** 25 m • **Stammdurchmesser:** 0,3-0,9 m • **Durchschnittliches Trockengewicht:** 1300 kg/m³ • **Spezifisches Gewicht:** 1,30

Gesundheitsrisiken: Durst, Speichelfluss, Übelkeit und Reizungen der Atmungsorgane

BUCHSBAUM

Buxus sempervirens (Buxaceae)

BESCHREIBUNG

Die Färbung ist einheitlich gelb, einzelne Exemplare variieren dabei von Butter- bis Zitronengelb. Kleine, fest verwachsene Äste kommen relativ häufig vor. Die Maserung ist meist gerade, kann aber auch unregelmäßig sein. Die Holzstruktur ist fein und gleichmäßig.

EIGENSCHAFTEN

Buchsbaumholz ist hart, dicht und schwer. Es ist schlag- und druckfest. Die Verformbarkeit ist gering und die Eignung zum Dampfbiegen gut. Es stumpft die Werkzeugschneiden mäßig schnell ab und kann etwas schwierig zu hobeln sein. Andererseits eignet es sich gut zum Drechseln. Vor dem Schrauben oder Nageln sollte man vorbohren, die Verleimbarkeit ist zufriedenstellend. Das Holz lässt sich gut beizen und polieren. Buchsbaum kann beim Schnitzen und Drechseln auch mit sehr feinen Details versehen werden.

◄ Deckelbuchse

TROCKNUNG UND STEHVERMÖGEN

Das Holz muss abgedeckt sehr langsam getrocknet werden, um Hirnrisse zu vermeiden, die sehr stark werden können, falls Rundholz getrocknet wird, ohne die Schnittflächen entsprechend zu behandeln. Es hat ein sehr gutes Stehvermögen.

HALTBARKEIT

Das Holz kann vom Gemeinen Nagekäfer angegriffen werden, aber das Holz ist insgesamt haltbar. Bei der Art von Gegenständen, die normalerweise aus Buchsbaum hergestellt werden, kann meist auf die Behandlung mit Holzschutzmittel verzichtet werden.

VERWENDUNG

Buchsbaum wird für dekorative Drechsel- und Schnitzarbeiten verwendet, man stellt Schachfiguren, Musikinstrumente, Lineale, Weberschiffchen, Handgriffe, Furnier und Einlegearbeiten daraus her.

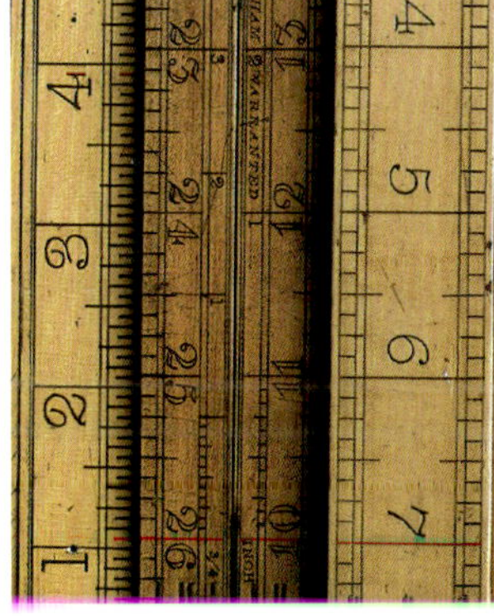

▲ Lineale, 19. und 20. Jahrhundert

Andere Bezeichnungen: European boxwood, Box, Buis (Französisch), Gewone palm (Holländisch); auch nach Herkunft: Türkischer Buchsbaum, Iranischer Buchsbaum usw.

Herkunft: Großbritannien, Südeuropa, Türkei und westliches Asien • **Höhe:** 6–9 m • **Stammdurchmesser:** 0,2 m • **Durchschnittliches Trockengewicht:** 910 kg/m³ • **Spezifisches Gewicht:** 0,91

Gesundheitsrisiken: Sensibilisator; Dermatitis; der Holzstaub kann irritierend auf Augen, Nase und Hals wirken

PERNAMBOUC 

Caesalpinia echinata (Leguminosae)

BESCHREIBUNG

Nach diesem Holz wurde Brasilien benannt. Es war anfänglich wegen seines Gehaltes an roten Farbstoffen sehr gesucht. Das Kernholz ist leuchtend orangerot und reift zu einem tiefen Rotbraun heran. Das Splintholz ist fast weiß. Die Maserung variiert von gestreift bis marmoriert und kann durch sehr kleine Aststellen noch zusätzliches Interesse gewinnen. Der Faserverlauf ist gerade oder wechseldrehwüchsig, und das Holz hat eine feine, ebenmäßige Struktur. Es glänzt leicht.

EIGENSCHAFTEN

Pernambouc ist sehr hart und schwer, mit außerordentlicher Schlag- und Druckfestigkeit, Biegesteifigkeit und sehr geringer Verformbarkeit. Das Holz eignet sich nicht zum Dampfbiegen. Wegen seiner Härte kann das Holz schwierig zu bearbeiten sein. Es stumpft Werkzeugschneiden sehr schnell ab. Vor dem Schrauben oder Nageln muss vorgebohrt werden. Es lässt sich gut verleimen und zu einer hochwertigen Oberfläche polieren.

TROCKNUNG UND STEHVERMÖGEN

Das Holz sollte sehr langsam getrocknet werden, um Qualitätseinbußen und Risse zu vermeiden.

HALTBARKEIT

Das Holz ist widerstandsfähig gegenüber Insektenbefall und Fäulnis und sehr haltbar.

VERWENDUNG

Das Holz ist sehr begehrt für die Herstellung von Geigenbögen. Es wird auch verwendet, um Gewehrschäfte, Parkettfußboden, Einlege- und Drechselarbeiten herzustellen. Außerdem wird es für Außenkonstruktionen verwendet und zu dekorativen Möbelfurnieren gesägt.

◄ Gedrechselte Büchse

Syn.: Guilandina echinata • **Andere Bezeichnungen:** Brazilwood, Bahia wood, Para wood, Pernambuco wood, Pau Brasil, Brazil ironwood, Brasilete

Herkunft: Östliches Brasilien • **Höhe:** 8-12 m • **Stammdurchmesser:** 0,5-0,7 m • **Durchschnittliches Trockengewicht:** 1200-1280 kg/m³ • **Spezifisches Gewicht:** 1,2

Gesundheitsrisiken: Kann Haut- und Augenreizungen, Kopfschmerzen und Übelkeit sowie Sehstörungen verursachen

NUTKA-SCHEINZYPRESSE

Callitropsis nootkatensis (Cupressaceae)

BESCHREIBUNG

Das Kernholz ist nach dem Einschnitt klar und hell- oder blassgelb, es dunkelt mit der Zeit nach. Das Splintholz ist sehr schmal und weißlich bis gelblich Weiß. Es ist nicht deutlich vom Kernholz unterschieden. Die Textur ist fein bis mittelfein, der Faserverlauf meist gerade und gleichmäßig. Keine echte Zedern-Art.

EIGENSCHAFTEN

Schlagfestigkeit und Steifigkeit sind gering, Biegesteifigkeit und Druckfestigkeit sind mittelgut. Die Eignung zum Dampfbiegen ist gering. Das Holz lässt sich hervorragend nageln und schrauben und gut verleimen. Die abstumpfende Wirkung auf Werkzeugschneiden ist sehr gering, das Holz lässt sich mit Handwerkzeugen und Maschinen gut bearbeiten. Bei Material mit gewelltem Faserverlauf empfiehlt sich eine Reduzierung des Schnittwinkels, um beim Hobeln Faserausrisse zu vermeiden. Das Holz kann zu hoher Oberflächengüte gebracht werden, es lässt sich gut lackieren und beizen. Es ist säurebeständig.

TROCKNUNG UND STEHVERMÖGEN

Das Holz lässt sich gut trocknen, wenn man die Trocknung langsam durchführt, um Hirnholzrisse zu vermeiden. Bei höheren Materialstärken kann es zu Oberflächenrissen kommen. Nutka-Scheinzypresse ist nach der Verarbeitung recht standfest.

HALTBARKEIT

Das Holz ist von Natur aus sehr resistent gegen Fäulnispilze. Es ist nicht gut mit Holzschutzmitteln zu behandeln.

VERWENDUNG

Hochwertige Tischlerarbeiten, Boots- und Kanubau, Außenausbau, Büromöbel, Sportgeräte, rustikale Möbel, Schindeln, Wasserbauwerke. Das Holz wird auch zu Batterieseparatoren verarbeitet, und Stämme mit interessanter Maserung werden zu dekorativen Furnieren gemessert.

Syn.: *Xanthocyparis nootkatensis, Chamaecyparis nootkatensis, Cupressus nootkatensis* • **Andere Bezeichnungen:** Alaskazeder, Yellow cedar, Alaska cedar, Alaska yellow cedar, Pacific coast yellow cedar, Yellow cypress, Sitka cypress, Nootka false cypress

Herkunft: Von Alaska bis Oregon, einschließlich der kanadischen Pazifikküste. • **Höhe:** 15-30 m, kann aber in Kanada bis zu 50 m hoch werden • **Stammdurchmesser:** 0,3-0,9 m • **Durchschnittliches Trockengewicht:** 500 kg/m³ • **Spezifisches Gewicht:** 0,50

Gesundheitsrisiken: Keine spezifischen Reaktionen bekannt. Zu beachten sind allerdings die allgemeinen Gesundheitsgefahren, die durch das Einatmen von Holzstäuben entstehen können.

MARIENLORBEER 

Calophyllum brasiliense (Guttiferae)

BESCHREIBUNG

Das Splintholz ist blass und geht ohne deutliche Trennung in das Kernholz über. Das Kernholz variiert farblich von Rosa, Gelbrosa oder Blassrot über Ziegelrot bis hin zu einem tiefen rötlich braunen Ton. Marienlorbeer weist meist (auch starken) Wechseldrehwuchs auf, die Struktur ist mäßig homogen, das Holz glänzt schwach bis mittel. Der Faserverlauf kann auch gerade sein, oft zeigen sich dann im Tangentialschnitt dunkelrote Streifen und im Radialschnitt gebänderte Maserungen.

EIGENSCHAFTEN

Das Holz ist schwer und dicht, es ist mittel schlagfest und biegesteif, die Druckfestigkeit und Verformbarkeit sind hoch. Die Eignung zum Dampfbiegen ist mäßig. Es lässt sich gut sägen, aber das braune Harz und der Wechseldrehwuchs können Probleme verursachen. Die Eignung zum Hobeln kann unterdurchschnittlich sein, ein verringerter Schnittwinkel kann Faserausrisse reduzieren. Die abstumpfende Wirkung ist normalerweise mäßig, kann aber stark sein, falls das Holz harzreich ist. Das Holz lässt sich gut verleimen, beizen und polieren. Geradefaseriges Holz ist auch gut zu schnitzen. Vor dem Schrauben oder Nageln sollte man vorbohren.

TROCKNUNG UND STEHVERMÖGEN

Das Holz bereitet bei Lufttrocknung Schwierigkeiten. Die Trocknungsgeschwindigkeit ist unterschiedlich, in der Regel aber gering. Das Holz kann sich stark verziehen, außerdem können in geringem Maße Oberflächenrisse und in höherem Maße Risse an Aststellen auftreten; auch zur Verschalung des Schnittholzes kommt es gelegentlich.

HALTBARKEIT

Das Kernholz ist mäßig widerstandsfähig gegenüber Fäulniserregern, aber anfällig für Schadinsekten und Bohrmuscheln. Seine Behandlung mit Holzschutzmittel ist außerordentlich schwierig. Das Splintholz lässt sich jedoch mit Holzschutzmittel behandeln.

VERWENDUNG

Marienlorbeer wird im Boots-, Innenausbau verwendet, im Außenbereich, als Fußbodenbelag (einschließlich Parkettfußböden), im Ladenbau, zur Herstellung von Fässern, Schindeln und Sperrholz. Ausgesuchte Stämme werden auch zu dekorativen Furnieren für Paneele und Möbel gemessert.

Andere Bezeichnungen: Jacoreuba, Santa Maria (Mittelamaerika), Aceite, Alfaro, Barillo, Cachicambo, Guanandi, Pau de Maria, Leche de Maria

Herkunft: Lateinamerika und Karibik • **Höhe:** 30-45 m • **Stammdurchmesser:** 0,9-1,8 m • **Durchschnittliches Trockengewicht:** 590 kg/m3 • **Spezifisches Gewicht:** 0,59

Gesundheitsrisiken: Dermatitis, Appetitverlust, Schlafstörungen, möglicher Nierenschaden

MADROÑO

Calycophyllum candidissimum (Rubiaceae)

BESCHREIBUNG

Madroño hat sehr breites Splintholz, das farblich von weiß bis hellbraun variiert. Das Kernholz ist mehrfarbig und variiert von hellbraun über haferfarben bis hin zu olivbraun, gelegentlich kann es auch einen Grauton aufweisen. Der Faserverlauf ist sehr unregelmäßig und kann von gerade bis wechseldrehwüchsig ausgeformt sein. Das Holz hat eine außerordentlich feine, einheitliche Struktur und glänzt schwach bis mäßig.

EIGENSCHAFTEN

Madroño ist ein sehr hartes, zähes und schweres Holz mit außerordentlich hoher Biegesteifigkeit. Es lässt sich gut dampfbiegen. Es lässt sich mit Handwerkzeug wie mit Maschinen gut bearbeiten und hat nur eine geringe abstumpfende Wirkung auf Werkzeugschneiden. Das Holz lässt sich gut verleimen, nageln und schrauben und neigt nicht zum Reißen. Es ist zufriedenstellend zu hobeln und sehr gut zu beizen. Es kann zu sehr hoher Oberflächengüte poliert werden.

TROCKNUNG UND STEHVERMÖGEN

Madroño eignet sich gut zu künstlicher wie auch zur Lufttrocknung, bei Bohlen können allerdings Oberflächen- und Hirnrisse auftreten. Es kann sich auch verziehen, und Material mit unregelmäßigem Faserverlauf kann sich werfen.

HALTBARKEIT

Das Kernholz ist nicht gegen Fäulniserreger widerstandsfähig, aber sehr widerstandsfähig gegenüber Befall durch Bohrmuscheln. Die typischen Verwendungszwecke dieses Holzes machen den Einsatz von Holzschutzmittel nicht notwendig.

VERWENDUNG

Madroño wird für die Herstellung häuslicher und industrieller Fußböden verwendet, es werden Bögen, Angelruten und andere Sportgeräte daraus hergestellt, Weberschiffchen, Handgriffe, Orgeln, Drechselarbeiten, darüber hinaus wird es auch zu hochwertigen Möbeln verarbeitet.

Andere Bezeichnungen: Degame, Lemonwood (USA), Degame lacewood (Großbritannien), Alazano, Betun, Dagame, Guayabo, Palo camarón. Nicht zu verwechseln mit Arbutus menziesii, das ebenfalls als Madrono bezeichnet wird.

Herkunft: Mittelamerika, Kolumbien und Venezuela • **Höhe:** 12-18 m • **Stammdurchmesser:** 0,75 m • **Durchschnittliches Trockengewicht:** 820 kg/m³ • **Spezifisches Gewicht:** 0,82

Gesundheitsrisiken: Keine spezifischen Reaktionen bekannt. Zu beachten sind allerdings die allgemeinen Gesundheitsgefahren, die durch das Einatmen von Holzstäuben entstehen können.

SEIDENHAARBAUM

Cardwellia sublimis (Proteaceae)

BESCHREIBUNG

Im Radialschnitt zeigt der Seidenhaarbaum breite Markstrahlen, die ein markantes silbernes Maserbild ergeben. Das Holz ist rosa bis rötlich braun gefärbt und dunkelt zu einem tieferen Rotbraun nach. Die Struktur ist mäßig grob, aber ebenmäßig. Gelegentlich zeigen sich schmale Harzkanäle. Das Holz ist bis auf die Stellen, an denen die Fasern um die Markstrahlen herumlaufen, gerade gemasert. Wie der Name schon andeutet, weist das Holz des Seidenhaarbaumes einen natürlichen goldenen Glanz auf. Das Maserbild kann von einem fili-granen Klöppelspitzen-Muster bis hin zu großflächigen Fladerungen variieren. Im Gegensatz zu den englischen Vulgärnamen ist Cardwellia sublimis keine echte Eiche.

EIGENSCHAFTEN

Im Verhältnis zu seiner Dichte ist das Holz eher schwach, besonders in Bezug auf Biegesteifigkeit und Druckfestigkeit. Andererseits eignet es sich gut zum Dampfbiegen. Es lässt sich mit Handwerkzeug und Maschinen leicht bearbeiten, allerdings können (besonders beim Hobeln und Profilieren) Probleme auftauchen, die von dem Nachgeben der Zellwände der großen Markstrahlzellen herrühren. Das Holz hat einen mittelstark abstumpfenden Effekt auf Werkzeugschneiden. Das Holz lässt sich zufriedenstellend beizen, schrauben, nageln und verleimen, auch die Oberflächenbehandlung erzielt annehmbare Resultate.

TROCKNUNG UND STEHVERMÖGEN

Das Holz ist schwierig zu trocknen, breitere Bretter und Bohlen neigen zum „Schüsseln". Es sollte langsam getrocknet werden, kann aber auch dann (Oberflächen-)Risse erleiden.

HALTBARKEIT

Das Splintholz wird leicht von Splintholzkäfern angegriffen. Es ist jedoch mäßig haltbar und ist mäßig gut mit Holzschutzmittel zu behandeln.

VERWENDUNG

Das Holz des Seidenhaarbaums wird in Australien als Ersatz für Nadelbaumhölzer im Hausbau und für Verschalungen verwendet. Bessere Qualitäten werden zu Möbeln (auch rustikaler Art und Küchenmöbel), im Ladenbau, zu Fässern und Fußböden verarbeitet. Das Holz wird als Ersatz mittlerer Qualität an Stelle von Eiche in der Tischlerei verwendet.

Andere Bezeichnungen: Australian silky oak, Northern silky oak, Bull oak, Queensland silky oak

Herkunft: Queensland, Australien • **Höhe:** 37 m • **Stammdurchmesser:** 1,2 m • **Durchschnittliches Trockengewicht:** 530 kg/m³ • **Spezifisches Gewicht:** 0,53

Gesundheitsrisiken: Frisches Holz kann zu Dermatitis führen

HAINBUCHE

Carpinus betulus (Betulaceae)

BESCHREIBUNG

Kern- und Splintholz sind nicht deutlich unterschieden. Das Holz ist stumpfweiß mit grünlichen Streifen. Der Faserverlauf ist normalerweise unregelmäßig, die Struktur fein und ebenmäßig. Im Radialschnitt können sich Flecken zeigen, die von den breiten Markstrahlen herrühren.

EIGENSCHAFTEN

Das Holz der Hainbuche ist hart und schwer. Es ist sehr druckfest und biegesteif, mittel schlagfest und von mittlerer Verformbarkeit. Es eignet sich sehr gut zum Dampfbiegen. Die Scherfestigkeit und Spaltfestigkeit sind außerordent-lich gut. Es ist verschleißfest und lässt sich mit Handwerkzeug wie mit Maschinen gut bearbeiten. Es hat nur eine mäßig abstumpfende Wirkung auf Werkzeugschneiden. Beim Nageln kann Vorbohren notwendig sein. Das Holz lässt sich zufriedenstellend schneiden und hobeln, gut verleimen, drechseln und beizen. Es lässt sich auf Hochglanz polieren.

TROCKNUNG UND STEHVERMÖGEN

Das Holz lässt sich gut und einfach mit nur geringen Qualitätseinbußen trocknen. Das Stehvermögen ist jedoch gering.

HALTBARKEIT

Hainbuche ist nur wenig widerstandsfähig gegenüber Fäulnis. Stammware kann von Bockkäfern angegriffen werden, das Splintholz vom Gemeinen Nagekäfer. Das Holz kann gut mit Holzschutzmittel behandelt werden.

VERWENDUNG

Hainbuche wird bei der Herstellung von Musikinstrumenten (unter anderem Orgelpfeifen) verwendet, zu Klüpfeln, Zapfen, Flaschenzügen und Werkzeuggriffen verarbeitet. Es dient als Drechselholz, auch bei der Herstellung von Billard- und Trommelstöcken. Wegen seiner Verschleißfestigkeit wird es auch als leichter industrieller Fußbodenbelag eingesetzt. Außerdem wird es auch zu Furnier verarbeitet.

Andere Bezeichnungen: Weißbuche, European hornbeam, Charme, Faux bouleau (Französisch), Haagbeuk (Niederländisch), Avenbok, Vitbok

Herkunft: Europa, Türkei, Iran • **Höhe:** 15-24 m • **Stammdurchmesser:** 0,9-1,2 m • **Durchschnittliches Trockengewicht:** 750 kg/m³ • **Spezifisches Gewicht:** 0,75

Gesundheitsrisiken: Hautreizungen

HICKORY

Carya spp. (Juglandaceae)

C. ovata ▶

BESCHREIBUNG

Es gibt vier verschiedene Hickory-Arten, die kommerziell gehandelt werden, ihr Holz gleicht sich weitgehend. Das helle Splintholz ist deutlich vom Kernholz abgegrenzt und wird als „Weißes Hickory“ verkauft. Das Kernholz ist braun bis rötlich braun und gelangt als „Rotes Hickory“ auf den Markt. Das Holz ist meist gerade gemasert, kann aber auch wellig oder unregelmäßig sein. Die Struktur ist grob, und das Holz glänzt matt.

EIGENSCHAFTEN

Hickory ist ein zähes und sehr dichtes Holz mit hoher Biegsteifigkeit und Druckfestigkeit und geringer Verformbarkeit. Es ist außerordentlich schlagfest und eignet sich gut zum Dampfbiegen. Das Holz ist schwierig zu bearbeiten, vor allem mit Handwerkzeug. Es hat eine mäßig bis stark abstumpfende Wirkung auf Werkzeugschneiden. Beim Nageln muss vorgebohrt werden. Hickory ist schwierig zu verleimen. Das Holz lässt sich gut schleifen, drechseln, beizen und polieren.

TROCKNUNG UND STEHVERMÖGEN

Hickory trocknet relativ schnell, dabei ist sorgfältig vorzugehen. Hohe Schwundmaße, Werfen und Verziehen können Probleme bereiten. Das Stehvermögen ist sehr gut.

HALTBARKEIT

Das Holz ist anfällig für Fäulnis und nicht haltbar. Es kann von Bockkäfern und von Prachtkäfern angegriffen werden, das Splintholz vom Splintholzkäfer. Es ist mäßig gut mit Holzschutzmittel zu behandeln.

VERWENDUNG

Hickory wird für die Stiele von schlagenden Werkzeugen (Äxte, Hämmer und ähnliches) verwendet. Außerdem werden daraus Möbel, Leitern, Geigenbögen, Klaviertasten, Sportgeräte, Griffe, Fahrzeugteile und Fußböden hergestellt.

Syn.: *Hicoria* • **Andere Bezeichnungen:** Hickory, Pignut hickory *(C. glabra)*, Mockernut hickory *(C. tomentosa)*, Shellbark hickory *(C. laciniosa)*, Shagbark hickory, Scalybark hickory *(C. ovata)*

Herkunft: Kanada und USA • **Höhe:** 15-30 m • **Stammdurchmesser:** 0,8 m • **Durchschnittliches Trockengewicht:** 820 kg/m^3 • **Spezifisches Gewicht:** 0,82

Gesundheitsrisiken: Keine spezifischen Reaktionen bekannt. Zu beachten sind allerdings die allgemeinen Gesundheitsgefahren, die durch das Einatmen von Holzstäuben entstehen können.

▲ Pyramidenmaserung

PEKANNUSS

Carya illinoensis (Juglandaceae)

BESCHREIBUNG

Das Kernholz zeigt eine sanfte, mittelbraune bis rosa-rötliche Färbung mit braunen Obertönen. Der Splint ist blass cremefarbig. Der Faserverlauf ist dicht und meist gerade, kann aber auch gewellt oder unregelmäßig sein. Die Textur ist mittelfein bis grob. Die verschiedenen Hickory- und Pekannussbaumarten sind eng verwandt und werden oft verwechselt. Unterscheiden lassen sich die Arten anhand ihrer Mikrostruktur: Pekanarten haben im Frühholz Parenchymbänder, „echte" Hickoryarten zeigen dieses Merkmal nicht. Echtes Hickoryholz ist schwerer und wird als etwas hochwertiger betrachtet.

EIGENSCHAFTEN

Das Holz ist gering verformbar, sehr schlagfest, druckfest und biegsteif. Es eignet sich hervorragend zum Dampfbiegen. Es empfiehlt sich besonders für Zwecke, bei denen es auf Elastizität und Widerstandsfähigkeit ankommt. Wegen seiner Härte wirkt es mäßig bis stark abstumpfend auf Werkzeugschneiden. Es ist schwierig mit der Hand zu bearbeiten, lässt sich jedoch gut mit Maschinen verarbeiten und drechseln. Beim Nageln und Schrauben sollte man vorbohren, um Reißen zu vermeiden. Das Holz hält Nägel jedoch gut. Die Verleimbarkeit ist zufriedenstellend. Pekannuss lässt sich gut schleifen, beizen und polieren.

TROCKNUNG UND STEHVERMÖGEN

Pekannuss ist gut künstlich zu trocknen, die natürliche Trocknung geht schnell. Das Holz schwindet stark, meist geht die Trocknung jedoch schnell und führt nur zu geringen Qualitätseinbußen. Bei natürlicher Trocknung kann es zum Verziehen und Werfen kommen. Die Standfestigkeit ist gut.

HALTBARKEIT

Pekannuss ist nicht haltbar und gering widerstandsfähig gegenüber Kernfäule. Es ist sehr schwer mit Holzschutzmitteln zu behandeln.

VERWENDUNG

Möbelbau, Stuhlbau, Werkzeuggriffe, Drechselarbeiten, Sportgeräte, Leitersprossen, Fußbodenbeläge, dekorative Furniere und Sperrholz. Herstellung von Holzkohle. Nüsse sind essbar.

Andere Bezeichnungen: Faux hickory, Pecan hickory, Pecan nut, Pecan tree, Sweet pecan. Verwandte Arten sind: Water hickory *(C. aquatica)*, Bitternut hickory *(C. cardiformis)*, Scrub ickory *(C. floridana)*, Nutmeg hickory *(C. myristicoeformis)*, Sand hickory *(C. pallida)* und Texas hickory *(C. texona)*

Herkunft: Mittlerer Westen bis Osten der USA, Mexiko • **Höhe:** 30-43 m • **Stammdurchmesser:** bis 2 m • **Durchschnittliches Trockengewicht:** 750 kg/m³ • **Spezifisches Gewicht:** 0,75

Gesundheitsrisiken: Keine spezifischen Reaktionen bekannt. Zu beachten sind allerdings die allgemeinen Gesundheitsgefahren, die durch das Einatmen von Holzstäuben entstehen können.

Wormy chestnut (vom Kastanienkrebs befallenes Holz) ▲

AMERIKANISCHE KASTANIE

Castanea dentata (Fagaceae)

BESCHREIBUNG

Das Kernholz ist graubraun bis braun und kann nachdunkeln. Die breiten Jahresringe können bei bestimmten Schnittlagen interessante Maserbilder erzeugen. Das Holz ist oft durch den Befall mit Kastanienkrebs geschädigt (löchrig). Das schmale Splintholz ist weißlich bis hellbraun. Der Faserverlauf ist normalerweise gerade, kann aber auch drehwüchsig sein. Das Holz der Amerikanischen Kastanie ist von mäßig grober bis grober Struktur. Es ähnelt etwas dem Holz der Eiche, aber ohne dessen charakteristische Spiegel.

EIGENSCHAFTEN

Amerikanische Kastanie ist sehr wenig schlagfest und von sehr hoher Verformbarkeit. Das Holz ist wenig biegesteif, von mittlerer Druckfestigkeit und lässt sich mäßig gut dampfbiegen. Es ist relativ schwierig zu hobeln und zu sägen, lässt sich aber sonst gut bearbeiten, sowohl mit Handwerkzeug als auch mit Maschinen. Beim Nageln und Schrauben muss vorgebohrt werden. Das Holz ist gut zu verleimen. Es wirkt nur wenig abstumpfend auf Werkzeugschneiden. Bei Kontakt mit eisenhaltigen Materialien kann es verblauen. Das Holz lässt sich gut beizen und auf Hochglanz polieren.

TROCKNUNG UND STEHVERMÖGEN

Die Trocknung ist langsam und schwierig, das Holz tendiert dazu, ungleichmäßig zu trocknen, was zu Zellschwund und -kollaps führen kann. Verfärbungen durch eisenhaltige Metalle können Probleme verursachen.

HALTBARKEIT

Amerikanische Kastanie ist von Natur aus sehr widerstandsfähig gegenüber Fäulnis. Das haltbare Kernholz ist nur schwer mit Holzschutzmittel zu behandeln. Das Splintholz kann vom Gemeinen Nagekäfer und vom Splintholzkäfer angegriffen werden.

VERWENDUNG

Das Holz wird zu Fässern, Särgen, Pfosten, Möbeln, Eisenbahnschwellen und Handgriffen verarbeitet und im Innenausbau verwendet. Vom Kastanienkrebs befallene Partien werden wegen ihres wurmstichigen Aussehens zu dekorativen Furnieren und zu Bilderrahmen verarbeitet.

Andere Bezeichnungen: American chestnut, Chestnut, Wormy chestnut

Herkunft: Östliche USA und südliches Ontario (Kanada) • **Höhe:** 6 m • **Stammdurchmesser:** Vor der fast vollständigen Vernichtung der Bestände in den USA durch den Kastanienkrebs im Jahr 1904 konnten die Bäume eine Höhe von 18-30 m und einen Stammdurchmesser von 0,6 bis 1,2 m erreichen. • **Durchschnittliches Trockengewicht:** 480 kg/m³ • **Spezifisches Gewicht:** 0,48

Gesundheitsrisiken: Keine spezifischen Reaktionen bekannt. Zu beachten sind allerdings die allgemeinen Gesundheitsgefahren, die durch das Einatmen von Holzstäuben entstehen können.

MARONE

Castanea sativa (Fagaceae)

BESCHREIBUNG

Das gelblich braune Kernholz ähnelt dem Eichenholz, hat jedoch feinere Markstrahlen. Das schmale Splintholz ist blass und deutlich vom Kernholz unterschieden. Normalerweise ist der Faserverlauf gerade, aber auch Drehwuchs ist nicht selten. Die Holzstruktur ist grob. Ältere Bäume weisen oft Ring- oder Kernrisse auf.

EIGENSCHAFTEN

Das Holz der Esskastanie ist mittel druckfest, weist eine sehr geringe Schlagfestigkeit und sehr hohe Verformbarkeit auf. Es eignet sich gut zum Dampfbiegen. Berührung mit Eisen kann zum Verblauen führen, im Gegenzug kann der Säuregehalt des Holzes bei Metallen zu Korrosionserscheinungen führen. Das Holz lässt sich mit Handwerkzeug wie mit Maschinen gut bearbeiten und hat nur eine gering abstumpfende Wirkung auf Werkzeugschnei-den. Esskastanie lässt sich gut schrauben, nageln, verleimen, lackieren und beizen. Das Holz kann zu hoher Oberflächengüte poliert werden.

TROCKNUNG UND STEHVERMÖGEN

Esskastanie ist schwierig zu trocknen. Die Trocknung ist langwierig und kann zu hohen Qualitätseinbußen führen, die sich unter anderem in Zellschwund, Zellkollaps und Gebieten mit hoher Restfeuchtigkeit äußern. Das Stehvermögen ist gut.

HALTBARKEIT

Das Splintholz wird leicht vom Gemeinen Nagekäfer und vom Splintholzkäfer angegriffen. Das Kernholz ist haltbar, jedoch nur sehr schlecht mit Holzschutzmittel zu behandeln. In manchen Gebieten wird verbautes Splint- und Kernholz vom Pochkäfer angegriffen.

VERWENDUNG

Esskastanie wird gelegentlich als Ersatz für Eiche bei der Herstellung von Möbeln, Einbauküchen, Särgen, Fässern, Pfosten, Regenschirmgriffen und Küchengerätschaften verwendet. Ausgesuchte Stämme werden zu dekorativen Furnieren gemessert.

◄ Teller aus gemaserter Marone

Andere Bezeichnungen: Esskastanie, Edelkastanie, European chestnut, Sweet chestnut, Spanish chestnut, Châtaignier (Französisch), Tamme kastanje (Niederländisch)

Herkunft: Europa, vor allem im Mittelmeergebiet und in Südwesteuropa • **Höhe:** 30-50 m • **Stammdurchmesser:** 1,5 m • **Durchschnittliches Trockengewicht:** 540 kg/m³ • **Spezifisches Gewicht:** 0,54

Gesundheitsrisiken: Dermatitis, unter Umständen durch Rindenflechten verursacht

BOHNENBAUM

Castanospermum australe (Leguminosae)

BESCHREIBUNG

Das Splintholz ist weiß bis gelblich und das Kernholz mittel- bis schokoladenbraun, gelegentlich mit dunkleren Streifen. Im Alter kann es bis zu einer schwarzen Färbung nachdunkeln. Der Faserverlauf ist meist gerade, kann aber auch leicht wechseldrehwüchsig sein. Die Holzstruktur ist mittel bis grob, das Holz fühlt sich ölig an. Im Radialschnitt zeigt sich eine ansprechende Streifung.

EIGENSCHAFTEN

Das Holz des Bohnenbaums ist hart und schwer. Die mechanischen Eigenschaften sind als mittelgut zu bewerten, mit Ausnahme der Schlagfestigkeit, die wegen der Sprödigkeit des Holzes gering ist. Die Eignung zum Dampfbiegen ist gering. Wegen des hohen Mineralstoffgehalts hat es eine mäßig abstumpfende Wirkung auf Werkzeugschneiden. Das Hobeln und Profilieren kann schwierig sein: Hellere Stellen können krümelig ausbrechen, wenn die Werkzeuge nicht sehr gut geschärft sind. Der Ölgehalt des Holzes kann beim Verleimen zu unterschiedlichen Ergebnissen führen. Das Holz lässt sich zufriedenstellend nageln und schrauben, es ist sehr gut zu beizen und polieren. Der elektrische Widerstand des Bohnenbaumholzes ist sehr hoch.

TROCKNUNG UND STEHVERMÖGEN

Bohnenbaumholz ist schwierig zu trocknen. Wenn nicht sehr sorgfältig vorgegangen wird, kann es zu Zellschwund und -kollaps kommen. Vor der künstlichen Trocknung sollte das Holz sehr langsam luftgetrocknet werden. Das Stehvermögen ist mittel.

HALTBARKEIT

Das Kernholz ist von Natur aus haltbar, aber das Splintholz wird leicht von Splintholzkäfern angegriffen. Das Splintholz ist mäßig gut, das Kernholz jedoch nur sehr schlecht oder überhaupt nicht mit Holzschutzmittel zu behandeln.

VERWENDUNG

In Australien ist das Holz des Bohnenbaums ein begehrtes Material für die Kunsttischlerei. Es wird außerdem zur Herstellung von Büromöbeln, elektrischen Geräten und Tischlerplatten verwendet. Es eignet sich als Material zum Drechseln und Schnitzen, als Furnier und für Einlegearbeiten.

Andere Bezeichnungen: Australische Kastanie, Blackbean, Beantree, Moreton Bay bean, Moreton Bay chestnut

Herkunft: Östliches Australien; wird auch in den USA in Plantagen angebaut. Wird in Indien, Malaysia und Sri Lanka als Ziergehölz und wegen seiner essbaren Nüsse angepflanzt • **Höhe:** 37 m • **Stammdurchmesser:** 1,0-1,2 m • **Durchschnittliches Trockengewicht:** 700 kg/m³ • **Spezifisches Gewicht:** 0,70

Gesundheitsrisiken: Dermatitis und Reizungen der Nase, Augen, Achseln, Genitalien und des Halses

CEDRO

Cedrela fissilis (Meliaceae)

BESCHREIBUNG

Die Art ist ein Laubbaum und gehört zu der Familie, der auch das Mahagoni *(Swietenia macrophylla)* angehört, ist also keine Zedernart (Zedern sind Nadelhölzer). Die Vulgärnamen, die „Cedar“ oder „Zeder“ enthalten, rühren vermutlich vom Zederndufts des Holzsaftes her, der sich an der Oberfläche als klebrig-öliges Harz zeigen kann. Die Färbung ist variabel, rangiert aber normalerweise von hellrosabraun bis dunkelrötlichbraun. Der Faserverlauf kann gerade oder leicht wechseldrehwüchsig sein, die Struktur ist relativ grob.

EIGENSCHAFTEN

Die mechanischen Eigenschaften sind als mittelgut zu bewerten. Die Eignung zum Dampfbiegen ist mäßig gut. Unter der Voraussetzung, dass mit scharfen Werkzeugen gearbeitet wird, um wollige Oberflächen zu vermeiden, lässt sich das Holz mit Handwerkzeug wie mit Maschinen gut bearbeiten. Das Holz hält Nägel und Schrauben gut, die Verleimbarkeit ist zufriedenstellend. Das Beizen und Polieren kann wegen des Harzgehaltes etwas problematisch sein, die erreichbare Oberflächenqualität ist jedoch gut.

TROCKNUNG UND STEHVERMÖGEN

Das Holz trocknet schnell. Es kann zu geringfügiger Oberflächenrissbildung und Verziehen kommen. Das Stehvermögen ist gut.

HALTBARKEIT

Das haltbare Holz ist Termiten gegenüber widerstandsfähig, dem Splintholzkäfer gegenüber jedoch nicht. Das Splintholz nimmt im Gegensatz zum Kernholz Holzschutzmittel an.

VERWENDUNG

Cedro wird in der Kunsttischlerei, im Boots- und Orgelbau verwendet, es dient zur Herstellung von Zigarrenkästen, dekorativen Furnieren, Sperrholz und Innenlagen von Paneelen.

Andere Bezeichnungen: Spanische Zeder, South American cedar, Brazilian cedar, Peruvian cedar, Cigar-box cedar, Cedro batata, Cedro rosa, Cedro vermelho

Herkunft: Mittel- und Südamerika außer Chile • **Höhe:** 20-30 m • **Stammdurchmesser:** 0,6-0,9 m • **Durchschnittliches Trockengewicht:** 480 kg/m³, größere Abweichungen sind jedoch möglich. • **Spezifisches Gewicht:** 0,48

Gesundheitsrisiken: Dermatitis, unter Umständen Reizungen der Nase und des Halses, Dermatitis, Asthma, Hautpusteln, Entzündungen der Augenlider

Riegelmaserung um einen Ast ▲

ZEDER

Cedrus libani (Pinaceae)

BESCHREIBUNG

Das Kernholz ist warm braun gefärbt. Das dunklere und dichtere Spätholz ist deutlich vom blasseren Frühholz unterschieden. Das schmale Splintholz ist weißlich. Der Faserverlauf ist normalerweise gerade. Die Struktur dieses leichten und weichen Holzes ist mittel bis fein. Rindeneinwüchse kommen häufiger vor, und die Außenbereiche der Jahresringe können gewellt oder geriegelt sein. Das Holz hat einen charakteristischen Geruch, der an Weihrauch erinnert. Es gibt eine Vielzahl anderer Holzarten, die als „Zeder" bezeichnet werden, aber mit der echten Zeder nicht verwandt sind.

EIGENSCHAFTEN

Zedernholz ist spröde und weich, seine mechanischen Eigenschaften sind schwach. Es ist keine gute Wahl für das Dampfbiegen, da es bei diesem Vorgang Harz absondert. Das Holz lässt sich mit Handwerkzeug wie mit Maschinen gut bearbeiten und hat nur eine sehr gering abstumpfende Wirkung auf Werkzeugschneiden. Es lässt sich gut schrauben, nageln, beizen, lackieren und polieren. Größere Äste können bei der Verarbeitung Schwierigkeiten bereiten.

TROCKNUNG UND STEHVERMÖGEN

Das Holz ist leicht zu trocknen, auch wenn es eine leichte Tendenz hat, sich zu werfen. Das Stehvermögen ist mäßig gut.

HALTBARKEIT

Zeder ist ein haltbares Holz, das jedoch von Kernholz- und Bockkäfern angegriffen werden kann. Das Splintholz ist mäßig gut, das Kernholz jedoch nicht mit Holzschutzmittel zu behandeln.

VERWENDUNG

Zedernholz wird in der Tischlerei, als Baukonstruktionsholz, für Tore, Zäune und Gartenmöbel verwendet. Ausgesuchte Stämme werden auch zu dekorativen Furnieren für Paneele und Sperrholz gemessert.

Gedrechselte Schale ►

Andere Bezeichnungen: Cedar of Libanon, True cedar, Cédre du Liban (Französisch), Libanonceder (Niederländisch)

Herkunft: Naher Osten, Großbritannien und USA • **Höhe:** 24 m • **Stammdurchmesser:** 0,9 m. Sehr alte Bäume können einen Stammdurchmesser von bis zu 12 m erreichen • **Durchschnittliches Trockengewicht:** 560 kg/m³ • **Spezifisches Gewicht:** 0,56

Gesundheitsrisiken: Atemprobleme, Rhinitis, Beklemmungsgefühle in der Brust

KAPOKBAUM

Ceiba pentandra (Bombacaceae)

BESCHREIBUNG

Das Splintholz ist nicht deutlich vom Kernholz unterschieden, das weißlich, blassbraun oder rosabraun gefärbt ist und oft graue oder gelbliche Streifen aufweist. Der Faserverlauf ist wechseldrehwüchsig und kann unregelmäßig sein. Die Struktur ist grob, und das Holz glänzt schwach. Das Holz des Kapokbaumes ist sehr weich, es ist nur unwesentlich stärker als Balsaholz (Ochroma pyramidale), obwohl es doppelt so schwer ist.

EIGENSCHAFTEN

Die mechanischen Eigenschaften sind im Verhältnis zum Gewicht des Holzes schwach. Unter der Voraussetzung, dass mit scharfen Werkzeugen gearbeitet wird, um wollige Oberflächen zu vermeiden, lässt sich das Holz mit Handwerkzeug wie mit Maschinen gut bearbeiten. Kapokbaumholz hält Schrauben und Nägel nicht sehr gut, es lässt sich aber gut verleimen und schleifen.

TROCKNUNG UND STEHVERMÖGEN

Das Holz ist gut und leicht zu trocknen, die Trocknung sollte jedoch sofort nach dem Fällen vorgenommen werden, um Pilzbefall und Verfärbungen zu vermeiden.

HALTBARKEIT

Das Holz ist nicht haltbar, es ist anfällig für Fäulnispilze und für Schadinsekten. Das Holz nimmt Holzschutzmittel an.

VERWENDUNG

Kapokbaumholz wird zur Herstellung von Sperrholz, Sperrholzinnenlagen, Verpackungen (Kisten und Kästen), Möbeln und Holzzellstoff verwendet. Aus den Samen wird Kapok gewonnen, eine Faser, die zu Isolationsmaterial, Polsterungen und der Füllung von Schwimmwesten und Rettungsgürteln verarbeitet wird.

Andere Bezeichnungen: Ceiba, Baumwollbaum, Bonga, Kapok tree, Silk-cottontree, White silk-cottontree, Pochota, Fromager, Sumauma, Fuma

Herkunft: Westafrika, Malaysia, Indonesien, Mexiko, Brasilien • **Höhe:** 60 m • **Stammdurchmesser:** 2 m • **Durchschnittliches Trockengewicht:** 260 kg/m³ • **Spezifisches Gewicht:** 0,26

Gesundheitsrisiken: Keine spezifischen Reaktionen bekannt. Zu beachten sind allerdings die allgemeinen Gesundheitsgefahren, die durch das Einatmen von Holzstäuben entstehen können.

ZÜRGELBAUM

Celtis occidentalis (Ulmaceae)

BESCHREIBUNG

Das breite Splintholz des Zürgelbaumes variiert von hellgelb bis gräulich oder grünlich Gelb. Es ist häufig durch blaue Saftflecken verfärbt. Das gelblichgraue bis hellbraune Kernholz weist gelbe Streifen auf und unterscheidet sich nicht deutlich vom Splintholz. Dem Holz wird oft eine Ähnlichkeit mit Esche und Ulme nachgesagt. Der Faserverlauf ist manchmal gerade, kann aber auch unregelmäßig oder wechseldrehwüchsig sein. Die Struktur ist fein und ebenmäßig.

EIGENSCHAFTEN

Zürgelbaumholz ist mäßig hart. Es ist ein schweres Holz, das leicht verformbar und sehr schlagfest ist. Zürgelbaum ist mittel biegesteif, kann aber gut bis sehr gut dampfgebogen werden. Das Holz lässt sich mit Handwerkzeug wie mit Maschinen gut bearbeiten, hat aber eine mittlere abstumpfende Wirkung auf Werkzeugschneiden. Vor dem Schrauben oder Nageln sollte man vorbohren. Das Holz lässt sich gut verleimen, beizen und polieren.

TROCKNUNG UND STEHVERMÖGEN

Das Holz lässt sich gut und mit nur geringen Qualitätseinbußen trocknen. Trockenes Holz kann instabil werden. Das Holz arbeitet mittelstark.

HALTBARKEIT

Zürgelbaumholz hat nur geringe oder keine Widerstandsfähigkeit gegenüber Pilzen und anderen holzzerstörenden Organismen. Es ist anfällig für Insektenbefall, besonders durch Bock- und Prachtkäferarten.

VERWENDUNG

Zürgelbaumholz wird zu Möbeln, Küchenmöbeln, Türen, Profilleisten, Fässern, Kisten und Kästen, landwirtschaftlichen Geräten, Sportgeräten, Sperrholz und dekorativen Furnieren verarbeitet.

Andere Bezeichnungen: Amerikanischer Zürgelbaum, Abendländischer Zürgelbaum, Hackberry, Bastard elm, Nettletree, Hacktree, Hoop ash. Sugarberry *(C. laevigata)* wird auch als Hackberry bezeichnet, und die beiden Arten werden ohne strikte Trennung gehandelt.

Herkunft: Kanada und USA • **Höhe:** 25 m • **Stammdurchmesser:** 0,5-0,9 m, der Baum kann jedoch höher und stärker werden. • **Durchschnittliches Trockengewicht:** 640 kg/m³ • **Spezifisches Gewicht:** 0,64

Gesundheitsrisiken: Keine spezifischen Reaktionen bekannt. Zu beachten sind allerdings die allgemeinen Gesundheitsgefahren, die durch das Einatmen von Holzstäuben entstehen können.

COACHWOOD

Ceratopetalum apetalum (Cunonaceae)

BESCHREIBUNG

Coachwood hat ein hellbraunes bis rosa-braunes Splintholz. Das vom Splintholz nicht deutlich zu unterscheidende Kernholz ist etwas dunkler. Das Holz ist dicht- und gerademaserig, die Struktur fein und ebenmäßig. Es besitzt schmale Markstrahlen, die im Radialschnitt ein ansprechendes Maserbild ergeben.

EIGENSCHAFTEN

Es ist sehr druckfest, mittel schlagfest und biegesteif und von mittlerer Verformbarkeit. Es lässt sich gut dampfbiegen. Das Holz lässt sich mit Handwerkzeug wie mit Maschinen leidlich gut bearbeiten. Die erreichbare Oberflächengüte ist hoch. Vor dem Nageln sollte vorgebohrt werden. Das Holz tendiert dazu, an Werkzeugaustrittsöffnungen auszureißen (beim Bohren zum Beispiel). Coachwood ist gut zu verleimen und beizen und lässt sich auf Hochglanz polieren.

TROCKNUNG UND STEHVERMÖGEN

Da die natürliche Trockengeschwindigkeit relativ hoch ist, sollte Coachwood langsam und sorgfältig getrocknet werden, damit es nicht reißt oder sich wirft. Das Holz arbeitet mittelstark.

HALTBARKEIT

Das Kernholz ist nicht haltbar, und das Splintholz wird leicht von Splintholzkäfern angegriffen. Das Holz nimmt Holzschutzmittel an.

VERWENDUNG

Wegen seiner ansprechenden gefleckten Maserung und seiner feinen Struktur wird Coachwood bei der Herstellung von Paneelen, hochwertigen Möbeln und in der Kunsttischlerei verwendet. Darüber hinaus wird es auch zu dekorativen Furnieren gemessert, zu Gewehrschäften, Musikinstrumenten, Fußböden und Sperrholzmittellagen verarbeitet. Auch im Bootsbau und in der Drechselei findet es Verwendung.

Andere Bezeichnungen: Scented satinwood. Nicht zu verwechseln mit *C. succirubrum*, das als Papua-Neuguinea-Coachwood oder Satin sycamore bezeichnet wird.

Herkunft: Östliches Australien • **Höhe:** 18-24 m • **Stammdurchmesser:** 0,5-0,75 m • **Durchschnittliches Trockengewicht:** 630 kg/m³ • **Spezifisches Gewicht:** 0,63

Gesundheitsrisiken: Kann zu Dermatitis führen

LAWSONS SCHEINZYPRESSE

Chamaecyparis lawsoniana (Cupressaceae)

BESCHREIBUNG

Das Kernholz ist gelblich weiß bis hellgelb, kann jedoch auch ins Rosabräunliche hinüberspielen. Das schmale Splintholz ist meist nicht deutlich vom Kernholz unterschieden. Normalerweise ist das Holz nicht sehr harzreich, gelegentlich sondert es jedoch ein orangegelbliches Harz ab. Lawsons Scheinzypresse ist dicht- und geradefaserig, die Struktur fein und ebenmäßig. Nach dem Einschnitt hat es einen an Ingwer erinnernden Geruch. Im Gegensatz zu den englischen Vulgärnamen ist sie keine echte Zedernart.

EIGENSCHAFTEN

Das Holz ist gut verformbar, von geringer Schlagfestigkeit, mittlerer Druckfestigkeit und Biegesteifigkeit. Es eignet sich kaum zum Dampfbiegen. Das Holz lässt sich mit Handwerkzeug wie mit Maschinen leicht bearbeiten, und es ist gut und leicht zu hobeln. Darüber hinaus eignet es sich auch sehr gut zum Drechseln und Profilieren. Nägel und Schrauben werden gut gehalten, die Verleimbarkeit ist sehr gut. Das Holz lässt sich gut polieren und ohne Schwierigkeiten beizen.

TROCKNUNG UND STEHVERMÖGEN

Das Holz lässt sich einfach, mit nur geringen Qualitätseinbußen trocknen. Es kann frisch eingeschnitten künstlich getrocknet werden.

HALTBARKEIT

Lawsons Scheinzypresse ist besonders widerstandsfähig gegenüber Fäulnis. Auch gegen die ätzenden Eigenschaften von Batteriesäure ist es weitgehend resistent. Bockhornkäfer können das Holz schädigen. Das Splintholz nimmt Holzschutzmittel an, im Gegensatz zum Kernholz, bei dem das etwas schwierig ist.

VERWENDUNG

Das Holz wird im Bootsbau verwendet, auch für die Herstellung von Kanus und Paddeln. Es werden auch Möbel und Verandafußböden daraus hergestellt. Neben dem Einsatz im Baugewerbe (unter anderem als Verschalung) wird es auch in Bergwerken verbaut. Ausgesuchte astreiche Stücke werden zu dekorativen Paneelen verarbeitet.

Andere Bezeichnungen: Port Orford Cedar, Lawson cypress, Oregon cedar, Port Orford white cedar, White cedar

Herkunft: USA: nördliches Kalifornien und Oregon. Der Baum wird inzwischen auch in Neuseeland und Großbritannien angepflanzt • **Höhe:** 21-61 m • **Stammdurchmesser:** 0,8-1,2 m • **Durchschnittliches Trockengewicht:** 485 kg/m³ • **Spezifisches Gewicht:** 0,48

Gesundheitsrisiken: Dermatitis, Reizungen der Augen und Atmungsorgane, heftige Ohrenschmerzen, Schwindelgefühle, Magenkrämpfe. Außerdem gibt das frisch verarbeitete Holz einen scharfen Geruch ab. Das längere Einatmen des verursachenden Stoffes kann zu Nierenproblemen führen

WEISSE SCHEINZYPRESSE

Chamaecyparis thyoides (Cupressaceae)

BESCHREIBUNG

Die Weiße Scheinzypresse hat schmales, weißliches Splintholz, das Kernholz ist hellbraun, oft mit einem leichten Rosa- oder Rotton. Das Holz hat einen charakteristischen zedernähnlichen Duft (auch wenn es keine echte Zedernart ist) und schmeckt würzig und leicht bitter. Der Faserverlauf ist gerade und regelmäßig, und die Struktur des Holzes ist meist fein.

TROCKNUNG UND STEHVERMÖGEN

Das Holz ist einfach und ohne größere Qualitätseinbußen zu trocknen. Lediglich bei stärkeren Querschnitten muss sorgfältig vorgegangen werden, um Trocknungsfehler wie Zellschwund und -kollaps zu vermeiden. Es hat ein sehr gutes Stehvermögen.

HALTBARKEIT

Das Holz ist sehr haltbar und ist von Natur aus widerstandsfähig gegenüber Fäulniserregern und holzschädigenden Insekten. Das Kernholz lässt sich nicht mit Holzschutzmittel behandeln.

EIGENSCHAFTEN

Das Holz der Weißen Scheinzypresse ist weich und schwach, die Verformbarkeit ist hoch, die Schlagfestigkeit mittel. Auch die Biegesteifigkeit und Druckfestigkeit liegen im mittleren Bereich, während die Eignung zum Dampfbiegen gering ist. Wenn man mit scharfem Werkzeug arbeitet, ist das Holz gut zu bearbeiten. Der abstumpfende Effekt auf Werkzeugschneiden ist minimal, Nägel und Schrauben werden gut gehalten. Weiße Scheinzypresse lässt sich gut beizen und lackieren, auch die Eignung zum Polieren ist gut.

VERWENDUNG

Weiße Scheinzypresse ist wenig anfällig für Witterungseinflüsse und wird deshalb für die Außenverkleidung von Gebäuden verwendet (vor allem in Form von Schindeln). Außerdem werden Zaunpfähle, Eisenbahnschwellen, Fachwerkhäuser, Bauteile für Außenverkleidungen, Kanus, Fässer, Kisten und Kästen daraus hergestellt. Die frühen amerikanischen Siedler verwendeten es gerne für den Bau ihrer Blockhäuser.

Andere Bezeichnungen: Southern white cedar, Atlantic white cedar, White cedar, False cypress, Chilopsis

Herkunft: Östliche USA • **Höhe:** 15-27 m • **Stammdurchmesser:** 0,5-0,6 m • **Durchschnittliches Trockengewicht:** 370 kg/m³ • **Spezifisches Gewicht:** 0,37

Gesundheitsrisiken: Kann gelegentlich zu Hautreizungen führen.

GREENHEART

Chlorocardium rodiaei (Lauraceae)

BESCHREIBUNG

Die Farbe des Kernholzes kann stark variieren, von gelbgrün über helloliv, dunkeloliv oder gelblich braun bis hin zu dunkelbraun oder schwarz. Der Faserverlauf ist gerade oder wechseldrehwüchsig, die Struktur fein und ebenmäßig. Das Splintholz ist hellgelb oder grünlich und nicht sehr deutlich vom Kernholz unterschieden.

EIGENSCHAFTEN

Greenheart ist ein außerordentlich schweres und dichtes Holz. Es zeichnet sich durch hohe Biegsteifigkeit, Druckfestigkeit, Schlagfestigkeit und geringe Verformbarkeit aus. Es soll angeblich doppelt so hart wie Eiche *(Quercus ssp.)* sein. Das Holz ist wegen seiner Härte und des Wechseldrehwuchses schwierig zu bearbeiten. Beim Nageln und Schrauben muss vorgebohrt werden. Die Verleimbarkeit ist unterschiedlich, meist aber gut. Bei der maschinellen Bearbeitung können aus dem Hirnholz giftige Splitter herausbrechen. Die abstumpfende Wirkung auf Werkzeugschneiden ist mäßig bis hoch, und für das Hobeln empfiehlt sich ein reduzierter Schnittwinkel. Es lässt sich gut auf Hochglanz polieren. Der Säuregehalt des Holzes kann bei Eisenmetallen zu leichten Korrosionsschäden führen.

TROCKNUNG UND STEHVERMÖGEN

Greenheart trocknet langsam, es können deutliche Qualitätseinbußen auftreten, vor allem bei stärkeren Querschnitten: Es kann zu Oberflächen, Hirn- und Kernrissen kommen.

HALTBARKEIT

Greenheart ist sehr haltbar und widerstandsfähig gegenüber Kernholzkäfern und Bohrmuscheln. Es eignet sich für die Verwendung in Seewasser. Das Holz nimmt Holzschutzmittel nicht an.

VERWENDUNG

Greenheart ist ein wichtiges Holz für den Schiffsbau und andere Wasserbauarten. Man stellt Schleusentore, Hafenkais und -gebäude, industrielle Fußböden, Weberschiffchen und Chemikalienbottiche daraus her. Es wird auch zu Griffstücken für Billardstöcke und Angelruten gedrechselt.

Syn.: *Ocotea rodiaei, Nectandra rodiaei* • **Andere Bezeichnungen:** Demerara greenheart, Demerara, Viruviru; auch nach Farbe: yellow, brown, black, white greenheart

Herkunft: Guyana, Surinam, Brasilien, Venezuela und einige Inseln in der Karibik • **Höhe:** 23-38 m • **Stammdurchmesser:** 0,9 m • **Durchschnittliches Trockengewicht:** 1030 kg/m³ • **Spezifisches Gewicht:** 1,03

Gesundheitsrisiken: Herzbeschwerden und Beschwerden der Verdauungsorgane, schwere Reizungen des Halses. Die Splitter des Holzes sind giftig. Sensibilisator

OSTINDISCHES SATINHOLZ

Chloroxylon swietenia (Rutaceae)

BESCHREIBUNG

Das Kernholz ist hellgelb bis glänzend gold-gelb und reift zu einem goldbraunen Ton mit dunkleren Streifen heran. Kern- und Splintholz sind nicht deutlich unterschieden. Der Faserverlauf ist eng wechseldrehwüchsig und unregelmäßig, die Struktur fein, eng und ebenmäßig. Das Holz hat einen deutlichen Satinglanz. Der Faserverlauf ergibt ansprechende Maserbilder, unter anderem Bänderungen, Riegelungen, geflammte und gemaserte Texturen.

EIGENSCHAFTEN

Ostindisches Satinholz ist ein hartes, schweres und dichtes Holz, es ist sehr druckfest und biegesteif, wenig schlagfest und von mittlerer Verformbarkeit. Das Holz ist etwas schwierig zu bearbeiten, sowohl mit Handwerkzeug als auch mit Maschinen. Es hat eine mäßig abstumpfende Wirkung auf Werkzeugschneiden. Beim Hobeln von radialgeschnittenem Holz kann es leicht zu Faserausrissen kommen. Es ist schwierig zu sägen, schleifen, fräsen, bohren, profilieren, stemmen, verleimen und schnitzen. Vor dem Schrauben oder Nageln sollte man vorbohren. Es ist jedoch leicht zu drechseln. Ostindisches Satinholz lässt sich gut beizen. Das Holz kann nach Porenfüllung zu hoher Oberflächengüte poliert werden.

TROCKNUNG UND STEHVERMÖGEN

Die Bäume werden vor dem Fällen meist geringelt und so stehend vorgetrocknet, da so Qualitätseinbußen reduziert werden. Das Holz kann zu Oberflächenrissen und in gewissem Maß zum Werfen und Verziehen neigen. Das Holz arbeitet wenig.

HALTBARKEIT

Das Kernholz ist haltbar und sehr widerstandsfähig gegen Pilzbefall, aber nicht gegenüber Termiten, Bohrmuscheln und Käfern. Das Holz nimmt Holzschutzmittel nur sehr schwer an.

VERWENDUNG

Ostindisches Satinholz wird vor allem für die Herstellung hochwertiger Möbel, in der Kunsttischlerei, Drechselei und für Einlegarbeiten verwendet. Man stellt auch Werkzeuggriffe, Bankeinrichtungen, Webspulen und dekorative Furniere daraus her.

Andere Bezeichnungen: Ostindisches Seidenholz, Zitronenholz, Ceylon satinwood, East Indian satinwood, Billu, Burutu, Behra, Mutirai

Herkunft: Indien und Sri Lanka • **Höhe:** 14-15 m • **Stammdurchmesser:** 0,3 m, kann aber stärker werden • **Durchschnittliches Trockengewicht:** 980 kg/m³ • **Spezifisches Gewicht:** 0,98

Gesundheitsrisiken: Dermatitis, Reizungen der Nase, Kopfschmerzen und Schwellungen des Skrotums

ZIRICOTE

Cordia dodecandra (Boraginaceae)

BESCHREIBUNG

Das bräunlich gelbe Splintholz ist deutlich vom rotbraunen, unregelmäßig gestreiften Kernholz abgegrenzt. Die dunklen Markierungen können im Winkel zur Wuchsachse des Baumes auftreten, was zu einem interessanten und ansprechenden Maserbild führt. Der Faserverlauf ist gerade oder wechseldrehwüchsig. Die Struktur ist mittelfein, und das Holz weist einen mittleren Glanz auf.

EIGENSCHAFTEN

Ziricote ist ein hartes, dichtes Holz mit guter Biegesteifigkeit. Das Holz lässt sich mit Handwerkzeug wie mit Maschinen gut bearbeiten und ist gut zu sägen, hobeln, drechseln, schnitzen, stemmen, bohren, profilieren und verleimen. Es ist sehr gut zu schleifen und nageln, kann zu einer hohen Oberflächengüte gebracht und auf Hochglanz poliert werden.

Gedrechselte Schale ▶

TROCKNUNG UND STEHVERMÖGEN

Das Holz trocknet langsam und ist relativ schwierig zu trocknen. Es tendiert dazu, Oberflächen- und Hirnrisse zu entwickeln. Das Stehvermögen ist gut.

HALTBARKEIT

Ziricote ist mäßig haltbar und widerstandsfähig gegenüber Fäulnispilzen und Schadinsekten.

VERWENDUNG

Wegen seines dekorativen Aussehens wird Ziricote in der Kunsttischlerei und für die Herstellung hochwertiger Möbel verwendet sowie für Schmuckgegenstände, als Drechselholz, für Paneele und Decklagen für Sperrholz. Man stellt auch Gewehrschäfte, Fußböden, Küchen- und Büromöbel sowie Boote daraus her.

Andere Bezeichnungen: Ziracote, Zircote, Sericote, Siricote, Canalete, Peterebi, Laurel

Herkunft: Belize, Guatemala und Mexiko • **Höhe:** 20-28 m, oft aber deutlich kleiner • **Stammdurchmesser:** 0,75 m • **Durchschnittliches Trockengewicht:** 650 bis 850 kg/m³, kann aber auch schwerer sein. • **Spezifisches Gewicht:** 0,65-0,85

Gesundheitsrisiken: Ziricote kann bei Menschen zu Reaktionen führen, die auf andere Holzarten sensitiv reagieren, vor allem auf solche der Palisander-Familie, auf Cocobolo und Makassar-Ebenholz.

FREIJÓ

Cordia goeldiana (Boraginaceae)

BESCHREIBUNG

Das Kernholz zeigt eine gewisse Ähnlichkeit mit Teakholz (Tectona grandis). Es ist gold- bis dunkelbraun, gelegentlich mit dunkleren Streifen. Im Radialschnitt verursachen hellere und dunklere Markstreifen eine kontrastreiche Zeichnung. Der Faserverlauf ist gerade, die Struktur ebenmäßig und mittelfein. Bei guter Beleuchtung kann Freijó einen goldenen Glanz zeigen.

EIGENSCHAFTEN

Freijó ist ein schweres, dichtes Holz, das in allen mechanischen Eigenschaften als mittelgut zu bewerten ist, mit der Ausnahme der Eignung zu Dampfbiegen, die gering ist. Das Holz lässt sich gut sägen, beim Hobeln sollte man allerdings auf scharfe Werkzeugschneiden achten. Das Holz lässt sich mit Handwerkzeug gut bearbeiten und zufriedenstellend nageln und schrauben, wobei man allerdings vorbohren sollte, um das Spalten des Holzes zu vermeiden. Das Holz lässt sich meist gut verleimen und nach Anwendung eines Porenfüllers auch gut beizen und polieren. Es widersteht Witterungseinflüssen ähnlich gut wie Teakholz.

TROCKNUNG UND STEHVERMÖGEN

Das Holz lässt sich sowohl gut künstlich als auch gut lufttrocknen. Das Stehvermögen ist gut.

HALTBARKEIT

Freijó ist ein haltbares Holz mit hoher Widerstandsfähigkeit gegenüber fäulniserregenden Pilzen (Pörlingsarten). Das Splintholz wird leicht von Splintholzkäfern angegriffen.

VERWENDUNG

Freijó ist ein ansprechendes Holz, das für Möbel, Kunsttischlereiarbeiten, Paneele, dekorative Furniere, im Bootsbau und für die Herstellung von Fässern verwendet wird. Es wird auch zu Fußböden (einschließlich Parkett) und Sperrholz verarbeitet sowie im Wasserbau eingesetzt.

Andere Bezeichnungen: Cordia wood, Jenny wood (USA), Frei Jorge (Brasilien)

Herkunft: Brasilien (Amazonasbecken) • **Höhe:** 12-18 m • **Stammdurchmesser:** 0,45-0,60 m • **Durchschnittliches Trockengewicht:** 590 kg/m³ • **Spezifisches Gewicht:** 0,59

Gesundheitsrisiken: Könnte zu Hautempfindlichkeiten führen

BLUMEN-HARTRIEGEL

Cornus florida (Cornaceae)

BESCHREIBUNG

Das Splintholz, aus dem der größte Teil des Baumes besteht, ist breit und weiß bis rosa-braun gefärbt. Das Kernholz ist, falls vorhanden, gelblich oder dunkelbraun und bildet nur einen dünnen inneren Kern. Blumen-Hartriegel hat sehr kompakte, wechseldrehwüchsige Fasern und eine feine und ebenmäßige Struktur.

EIGENSCHAFTEN

Blumen-Hartriegel ist ein hartes und schweres Holz mit sehr hoher Biegesteifigkeit und Druckfestigkeit. Trotz der Härte lässt es sich wegen seiner Feinmaserigkeit gut sägen, drechseln und hobeln. Es ist gut zu verleimen und kann auf Glanz poliert werden, den es auch bei schwerer Beanspruchung beibehält.

TROCKNUNG UND STEHVERMÖGEN

Blumen-Hartriegel trocknet eher langsam. Bei der Trocknung muss sorgfältig vorgegangen werden, um Qualitätseinbußen (Verziehen oder kleinere Risse) zu vermeiden. Das Holz arbeitet stark.

HALTBARKEIT

Das Splintholz ist nicht haltbar, es ist anfällig für Fäulniserreger.

VERWENDUNG

Blumen-Hartriegel wird kommerziell vor allem für die Herstellung von Weberschiffchen genutzt. Man stellt auch Holzklüpfel, Spulen, Golfschläger-Köpfe, Werkzeuggriffe, Maschinenlager, Holzkohle für Schießpulver und Sportartikel daraus her.

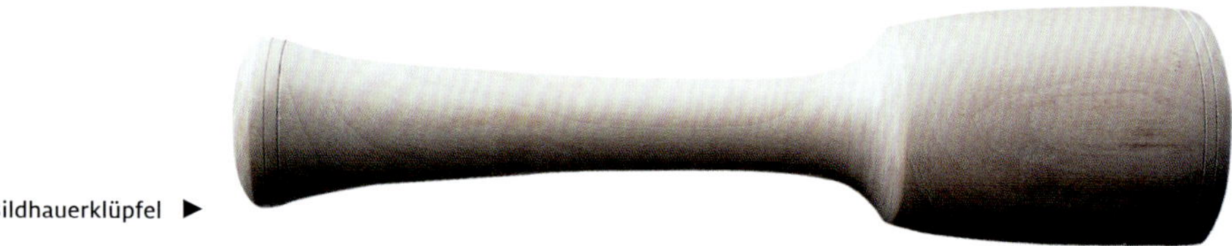

Bildhauerklüpfel ▶

Andere Bezeichnungen: Dogwood, Boxwood, Bunchberry, Flowering dogwood, Florida dogwood, Cornel, Arrow wood

Herkunft: Kanada und USA • **Höhe:** 9 m • **Stammdurchmesser:** 0,2 m • **Durchschnittliches Trockengewicht:** 820 kg/m³ • **Spezifisches Gewicht:** 0,82

Gesundheitsrisiken: Keine spezifischen Reaktionen bekannt. Zu beachten sind allerdings die allgemeinen Gesundheitsgefahren, die durch das Einatmen von Holzstäuben entstehen können.

ZITRONENEUKALYPTUS

Corymbia citriodora und ***C. maculata*** (Myrtaceae)

BESCHREIBUNG

Der Splint kann bis zu 50 mm stark sein und ist normalerweise weiß. Das Kernholz variiert von hellbraun bis zu einem dunklen Rotbraun, der Faserverlauf ist gerade oder gewellt, manchmal führt dies zu einer Riegelmaserung. Die Textur ist variabel und mäßig grob. Harzgallen kommen recht häufig vor. Die Oberfläche fühlt sich fettig an.

TROCKNUNG UND STEHVERMÖGEN

Die Trocknung verläuft zufriedenstellend, es kann jedoch zu Problemen wegen Oberflächenrissen und Zellkollaps kommen. Das Holz ist mäßig standfest.

HALTBARKEIT

Das Kernholz ist haltbar bis mäßig haltbar, der Splint ist jedoch anfällig für den Splintholzkäfer. Das Splintholz nimmt Holzschutzmittel auf, das Kernholz jedoch nicht.

EIGENSCHAFTEN

Diese beiden Eukalyptusverwandten sind sehr hart, dicht und widerstandsfähig. Material mit geradem Faserverlauf lässt sich gut Dampfbiegen. Trotz seiner Härte ist das Holz relativ leicht zu bearbeiten und stumpft Werkzeugschneiden nur mäßig ab.

Beim Hobeln lassen sich glatte Oberflächen erzielen, drehwüchsiges Holz kann jedoch zu Faserausrissen führen. Das Holz lässt sich gut drechseln, fräsen, bohren, schrauben, schleifen und beizen. Beim Nageln kann es zu Rissen kommen. Die Verleimbarkeit ist zufriedenstellend. Das Holz lässt sich zu hohem Glanz polieren.

VERWENDUNG

Hochwertige Möbel, Innenausbau, Drechselarbeiten, Fußböden für den Innen- und Außenbereich einschließlich Parkett, Bootsbau, Werkzeuggriffe, Klüpfelköpfe, Außenverschalungen, Sportgeräte, Fahrzeugbau, Bugholz, Weinfässer, Leitersprossen und Sperrholz.

Syn.: *Eucalyptus citriodora, Eucalyptus maculata* • **Andere Bezeichnungen:** Lemon eucalyptus, Lemon-scented gum *(C. citriodora)*, Spotted gum, Spotted iron gum *(C. maculata)*

Herkunft: Ostaustralien, wird in Indien, Südafrika und Fidschi auch in Plantagen angebaut • **Höhe:** 40 m • **Stammdurchmesser:** 1,5 m • **Durchschnittliches Trockengewicht:** 990 kg/m³ • **Spezifisches Gewicht:** 0,99

Gesundheitsrisiken: Dermatitis

RIMU

Dacrydium cupressinum (Podocarpaceae)

BESCHREIBUNG

Der Kernholz ist rötlich braun bis gelb mit unregelmäßigen dunklen Streifen, die unter Lichteinfluß verblassen können. Rimu ist ein geradefaseriges Holz mit feiner, ebenmäßiger und einheitlicher Struktur, das mäßig glänzt. Das getrocknete Kernholz zeigt oft eine sehr ansprechende Zeichnung, die von der reichen Pigmentierung des Holzes herrührt. Das Splintholz ist heller gefärbt als das Kernholz.

EIGENSCHAFTEN

Rimu ist sehr wenig schlagfest und von geringer Biegesteifigkeit. Das Holz ist mittel druckfest und weist eine sehr hohe Verformbarkeit auf. Es eignet sich kaum zum Dampfbiegen. Das Holz lässt sich mit Handwerkzeug wie mit Maschinen gut bearbeiten und hat nur eine gering abstumpfende Wirkung auf Werkzeugschneiden. Schrauben werden gut gehalten, die Verleimbarkeit ist gut. Es lässt sich gut hobeln, bohren, drechseln und schleifen. Vor dem Nageln sollte man vorbohren. Das Holz lässt sich gut beizen und polieren, besonders wenn man natürliche Oberflächenmittel verwendet.

TROCKNUNG UND STEHVERMÖGEN

Rimu lässt sich sowohl natürlich als auch künstlich relativ gut trocknen, es tendiert nur ein wenig dazu, Oberflächenrisse auszubilden. Das Holz arbeitet mittelstark.

HALTBARKEIT

Das Kernholz ist bei überirdischer Verwendung dauerhaft, das Splintholz ist nicht dauerhaft. Das Splintholz nimmt Holzschutzmittel an. Das Kernholz nimmt Holzschutzmittel nicht an, dies ist aber bei den üblichen Verwendungszwecken des Holzes normalerweise kein Problem.

VERWENDUNG

Rimu wird zur Herstellung von hochwertigen Möbeln verwendet, für Fußböden, Paneele, Zierleisten und tragende Bauteile. Es wird zu Sperrholz geschält, und ausgesuchte Stämme werden zu Furnieren für architektonische Zwecke gemessert.

Andere Bezeichnungen: Rimu-Baum, Red pine

Herkunft: Neuseeland • **Höhe:** 24-30 m • **Stammdurchmesser:** 2 m • **Durchschnittliches Trockengewicht:** 530 kg/m³ • **Spezifisches Gewicht:** 0,53

Gesundheitsrisiken: Der Holzstaub kann irritierend auf Augen und Nase wirken

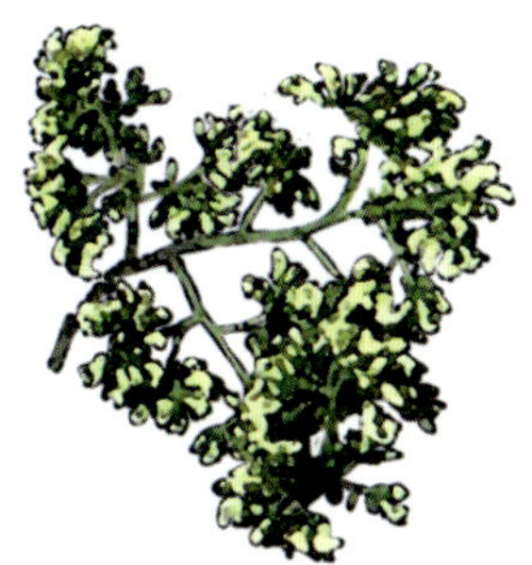

KÖNIGSHOLZ

Dalbergia cearensis (Leguminosae)

BESCHREIBUNG

Der Kernholz kann in verschiedenen Farben vorkommen, mit einem tief violettbraunen Hintergrund. Es kann fast bis ins Schwarze hineinspielen, mit dunkelvioletten, violettbraunen, schwarzen und manchmal auch gelben Streifen. Das Kernholz ist hochglänzend, hat eine außerordentlich einheitliche Struktur und glatte Oberfläche. Das deutlich zu unterscheidende Splintholz ist fast weiß, wird aber fast immer vor dem Export entfernt.

EIGENSCHAFTEN

Königsholz ist außerordentlich schwer und dicht. Das Holz ist zäh und in allen mechanischen Eigenschaften hoch zu bewerten, wird aber fast nur zu dekorativen Zwecken verwendet, da nur kleine Stücke erhältlich sind. Wegen seiner Dichte und der wachsähnlich wirkenden Holzeigenschaften lässt sich eine sehr hohe Oberflächengüte erreichen. Es hält Schrauben und Nägel gut, sollte aber vorgebohrt werden. Beim Verleimen ist sorgfältiges Arbeiten notwendig. Das Holz lässt sich mit Handwerkzeug wie mit Maschinen gut bearbeiten, hat jedoch eine mäßig abstumpfende Wirkung auf Werkzeugschneiden.

Kasten aus Königsholz und gedämpfter Birne *(Pyrus communis)* ▲

TROCKNUNG UND STEHVERMÖGEN

Das Holz kann bei Lufttrocknung reißen, falls nicht sorgfältig gearbeitet wird. Die Ergebnisse bei künstlicher Trocknung sind gut und ohne Qualitätseinbußen. Das Stehvermögen ist gut.

HALTBARKEIT

Königsholz ist haltbar, jedoch nur sehr schlecht mit Holzschutzmittel zu behandeln.

VERWENDUNG

Königsholz wird von Möbelrestauratoren benötigt, da es als Bois violet in Möbeln der Georgianischen, Louis-Quatorze- und Louis-Quinze-Stile häufig verwendet wurde. Weitere Verwendungen: Furniere, Drechselarbeiten, Einlegebänder, Schmuck.

Andere Bezeichnungen: Kingwood, Violete (Brasilien), Violetta, Violet wood (USA), Bois violet (Französisch)

Herkunft: Südamerika; vor allem Brasilien • **Höhe:** 15-30 m • **Stammdurchmesser:** 0,1-0,2 m • **Durchschnittliches Trockengewicht:** 1200 kg/m³ • **Spezifisches Gewicht:** 1,2

Gesundheitsrisiken: Augen- und Hautirritationen

BAHIA-ROSENHOLZ

Dalbergia frutescens und verwandte Arten (Leguminosae)

BESCHREIBUNG

Das Splintholz ist sattgelb. Das Kernholz ist besonders ansprechend und zeigt eine mehrfarbige gestreifte Maserung mit unterschiedlichen Rosa-, Rosenrot- bis Violettönen auf einem strohfarbenen Hintergrund. Die Farben verblassen beim Altern des Hol-zes etwas. Der Faserverlauf variiert von gerade bis wechseldrehwüchsig, kann auch unregelmäßig sein. Die Holzstruktur ist fein, und das Holz glänzt stark. Bahia-Rosenholz ist eine sehr schöne und begehrte Holzart.

EIGENSCHAFTEN

Bahia-Rosenholz ist ein hartes, schweres und dichtes Holz, das schwierig zu bearbeiten ist und zum Splittern neigen kann. Es hat eine sehr stark abstumpfende Wirkung auf Werkzeugschneiden. Beim Hobeln von radialgeschnittenem Holz oder solchem mit unregelmäßigem Faserverlauf sollte der Schnittwinkel reduziert werden. Beim Nageln und Schrauben muss vorgebohrt werden. Das Holz ist gut zu verleimen. Bahia-Rosenholz kann zu einer hohen Oberflächengüte gebracht und auf Hochglanz poliert werden.

TROCKNUNG UND STEHVERMÖGEN

Das Holz ist ohne Schwierigkeiten zu trocknen, es besteht nur ein sehr geringes Risiko des Werfens oder Reißens. Das Stehvermögen ist gut.

HALTBARKEIT

Das Holz ist nicht haltbar, aber in gewissem Maß widerstandsfähig gegenüber Insekten und Pilzbefall. Das Holz nimmt Holzschutzmittel nur sehr schwer an.

VERWENDUNG

Bahia Rosenholz ist eines der klassischen Hölzer der Kunsttischlerei. Es wird für Einlege- und Marketeriearbeiten verwendet, in der Restaurierung von Antiquitäten, für hochwertige Möbel, für Drechselarbeiten und Schmuckschatullen. Es wird auch zu dekorativen Furnieren gemessert.

◄ Gedrechselte Büchse

Andere Bezeichnungen: Brazilian Tulipwood, Pau rosa, Bois de rose, Pinkwood, Pau de fuso, Jacaranda rosa. Nicht aufgrund des englischen Vulgärnamens mit American tulipwood oder American whitewood *(Liriodendron tulipifera)* verwechseln, die Arten sind nicht verwandt.

Herkunft: Vor allem Nordostbrasilien, auch Kolumbien, Guyana und Venezuela • **Abmessungen:** Der Baum ist klein mit einem unregelmäßigen Stamm. Das Holz wird in Rohlingen von 0,6-1,2 m Länge und 50-200 mm Durchmesser verkauft • **Durchschnittliches Trockengewicht:** 960 kg/m^3 • **Spezifisches Gewicht:** 0,96

Gesundheitsrisiken: Dermatitis, Asthma; Sensibilisator

OSTINDISCHER PALISANDER

Dalbergia latifolia (Leguminosae)

BESCHREIBUNG

Das Kernholz variiert von rosenfarben bis tiefbraun und weist dunklere, purpurschwarze Linien auf, die ihm ein sehr ansprechendes Maserbild verleihen. Das Holz ist eng wechseldrehwüchsig gemasert. Die Struktur ist mittelfein und ebenmäßig, und das Holz weist einen matten bis mittleren Glanz auf. Im Radialschnitt kann sich eine sehr schöne gebänderte Textur zeigen. Das Splintholz ist gelblich weiß, oft mit einem leichten Purpurton, und deutlich vom Kernholz unterschieden. Holz aus kommerziellem Plantagenanbau wird als Sonokeling vermarktet.

EIGENSCHAFTEN

Ostindischer Palisander ist schwer, sehr druckfest und biegesteif, mittel schlagfest und von hoher Verformbarkeit. Das Holz ist wegen seiner Härte (es ist 2½ mal härter als Eichenholz) sowohl mit Handwerkzeug als auch mit Maschinen schwierig zu bearbeiten. Kalkablagerungen im Holz können das Sägen und andere Verarbeitungsverfahren sehr schwierig machen und die Werkzeugschneiden schnell und stark abstumpfen lassen. Beim Fräsen sollte man langsame Geschwindigkeiten wählen. Das Bohren kann problematisch sein. Schrauben werden gut gehalten, die Verleimbarkeit ist gut. Es lässt sich gut drechseln und schleifen, aber das Nageln ist schwierig. Das Holz kann nach Porenfüllung zu hoher Oberflächengüte poliert oder gewachst werden.

TROCKNUNG UND STEHVERMÖGEN

Ostindischer Palisander trocknet verhältnismäßig schnell mit geringen Qualitätseinbußen. Falls man es jedoch zu schnell trocknen lässt, kann es zu Oberflächen- und Hirnrissen kommen. Das Holz arbeitet wenig.

HALTBARKEIT

Das Kernholz ist haltbar und sehr widerstandsfähig gegen Pilzbefall und Termiten. Es ist schwierig mit Holzschutzmittel zu behandeln. Das Splintholz wird leicht von Splintholzkäfern angegriffen.

VERWENDUNG

Ostindischer Palisander wird in der Kunsttischlerei und bei der Herstellung hochwertiger Möbel eingesetzt, man stellt Musikinstrumente (unter anderem Orgelpfeifen und Geigenbögen) daraus her, Drechselarbeiten, Bank- und Ladeneinrichtungen, Büro- und Küchenmöbel, Spulen und Drechselarbeiten. Es wird auch zu dekorativen Furnieren gemessert.

◀ Pembroke table: Mahogani *(Swietenia macrophylla)* mit rechtwinklig angeordneten Einlegebändern aus Ostindischem Palisander

Andere Bezeichnungen: Ostindisches Rosenholz, Indian rosewood, Bombay blackwood, East Indian rosewood, Indian palisander, Java palisander, Malabar, Shisham, Biti, Eravadi, Kalaruk

Herkunft: Indien • **Höhe:** 30 m • **Stammdurchmesser:** 0,75 m; kann jedoch stärker werden • **Durchschnittliches Trockengewicht:** 850 kg/m³ • **Spezifisches Gewicht:** 0,85

Gesundheitsrisiken: Dermatitis, Atemwegsprobleme, Asthma; Sensibilisator

GRENADILL

Dalbergia melanoxylon (Leguminosae)

BESCHREIBUNG

Obwohl Grenadill manchmal als Ebenholz bezeichnet wird, gehört es doch in die Verwandtschaft der Rosenhölzer (die echten Ebenhölzer gehören zur Gattung Diospyros). Das schmale Splintholz ist gelblich weiß gefärbt, im Gegensatz zum dunklen, violett-braunen, schwarz gestreiften Kernholz. Der Faserverlauf ist meist gerade, kann aber auch unregelmäßig sein. Das Holz fühlt sich etwas ölig an, die Struktur ist außerordentlich fein und ebenmaßig. Es ist sehr schwer und hart.

EIGENSCHAFTEN

Grenadill weist in allen mechanischen Eigenschaften sehr gute Werte auf, wird aber wegen seines Gewichtes und seiner Dichte normalerweise nicht dampfgebogen. Grenadill wirkt sehr stark abstumpfend auf Werkzeugschneiden; zur Bearbeitung sollten hartmetallbesetz-te Werkzeuge verwendet werden. Grenadill ist schwierig zu bearbeiten, lässt sich jedoch gut drechseln. Beim Nageln und Schrauben sollte vorgebohrt werden. Man kann in Grenadill fast genausogut wie in Metall Gewinde einschneiden. Es lässt sich einigermaßen gut verleimen, gut beizen und sehr gut auf Hochglanz polieren.

TROCKNUNG UND STEHVERMÖGEN

Grenadill trocknet sehr langsam, es kann zwei bis drei Jahre dauern, bis es darrtrocken ist. Es wird als Stamm oder Stammabschnitt vorgetrocknet, dann zu Rohlingen verarbeitet, deren Hirnseiten beschichtet werden. Dergestalt wird die Trocknung dann unter Dach zu Ende geführt. Es kann dennoch zu Problemen mit Hirn- und Kernrissen kommen.

HALTBARKEIT

Das Holz nimmt Holzschutzmittel nicht an. Es ist sehr haltbar. Das Splintholz wird leicht von Splintholzkäfern angegriffen.

VERWENDUNG

Grenadill wird im Instrumentenbau verwendet (unter anderem auch für die Spielpfeifen an Dudelsäcken und für Klaviertasten), für Schachfiguren, Handgriffe, dekorative Drechselarbeiten, Polizeischlagstöcke, Einlegearbeiten und im Holzbau.

◀ Schale aus Kern- und Splintholz

Andere Bezeichnungen: Afrikanisches Grenadill, Afrikanische Grenadilla, Senegal-Ebenholz, Mozambique ebony, Mpingo (Tansania), African grenadillo, Pau

Herkunft: Östliches Afrika • **Höhe:** 4,5-6 m • **Stammdurchmesser:** Selten mehr als 0,3 m • **Durchschnittliches Trockengewicht:** 1200 kg/m^3 • **Spezifisches Gewicht:** 1,2

Gesundheitsrisiken: Niesen, Asthma, Bindehautentzündungen, akute Dermatitis

PALISANDER

Dalbergia nigra (Leguminosae)

BESCHREIBUNG

Das Kernholz des Palisanders ist schokoladen- bis violettbraun gefärbt und weist oft unregelmäßige schwarze und goldbraune Streifen auf. Typisch ist ein gerader Faserverlauf, er kann aber auch gewellt sein. Die Struktur ist mittel bis grob. Das Holz glänzt mittelstark und fühlt sich körnig und zugleich ölig an. Palisander ist eine besonders schöne und sehr begehrte Holzart.

EIGENSCHAFTEN

Palisander weist in allen mechanischen Eigenschaften hohe Werte auf. Da es auch hoch verformbar ist, eignet es sich sehr gut zum Dampfbiegen. Wegen seiner Härte ist es ein schwer zu bearbeitendes Holz und stumpft Werkzeugschneiden stark ab. Je nach verwendetem Rohmaterial kann das Hobeln, Bohren, Profilieren, Stemmen, Drechseln und Schleifen mehr oder weniger schwierig sein. Das Verleimen kann wegen der Dichte und des Ölgehaltes des Holzes Probleme bereiten. Beim Schrauben und Nageln sollte vorgebohrt werden. Bei sorgfältiger Arbeit kann das Holz auf Hochglanz poliert werden.

TROCKNUNG UND STEHVERMÖGEN

Palisander trocknet langsam und neigt manchmal zu (Oberflächen-)Rissen. Bei künstlicher Trocknung treten jedoch nur geringe Qualitätseinbußen auf. Es hat ein sehr gutes Stehvermögen.

HALTBARKEIT

Das Kernholz ist gegenüber Pilz- und Insektenbefall sehr widerstandsfähig. Wegen der Verwendungszwecke ist es normalerweise nicht notwendig, Palisander mit Holzschutzmittel zu behandeln.

VERWENDUNG

Palisander ist eine der weltweit begehrtesten Holzarten. Es wird für hochwertige Möbel und in der Kunsttischlerei verwendet, für den Laden- und Bankenausbau, im Instrumentenbau (für Klaviertasten, Konzertgitarren und Geigenbögen zum Beispiel), für Weberschiffchen, als Drechsel-, Bildhauer- und Schnitzholz. Es wird auch zu dekorativen Furnieren gemessert, die in der Kunsttischlerei, Marketerie und für Paneele verwendet werden.

◄ Tisch mit schwenkbarer Platte, Palisander mit Einlegearbeiten aus Westindischem Satinholz

Andere Bezeichnungen: Rio Palisander, Brazilian rosewood, Rio rosewood, Bahia rosewood, Jacarandá, Jacarandá da Bahia, Jacarandá do Brasil, Jacarandá caviûna

Herkunft: Brasilien • **Höhe:** 38 m • **Stammdurchmesser:** 1-1,2 m • **Durchschnittliches Trockengewicht:** 850 kg/m³ • **Spezifisches Gewicht:** 0,85

Gesundheitsrisiken: Holzstaub kann Dermatitis, Hautreizungen und Atemwegsprobleme verursachen

COCOBOLO 

Dalbergia retusa (Leguminosae)

BESCHREIBUNG

Cocobolo ist ein optisch sehr ansprechendes Holz. Frisch eingeschnitten zeigt es ein sattes Rot mit orangefarbenen und gelben Gebieten und Streifen. Unter Lufteinfluss dunkelt es zu einem tiefen Rot oder Orangerot mit schwarzen und purpurnen Markierungen nach. Es ist ein sehr schweres, hartes und dichtes Holz mit geradem Faserverlauf, der manchmal auch wechseldrehwüchsig oder unregelmäßig sein kann. Die Struktur ist meist fein und ebenmäßig. Das deutlich abgegrenzte Splintholz ist fast weiß.

EIGENSCHAFTEN

Das Holz ist hart, zäh und widerstandsfähig. Alle mechanischen Eigenschaften sind gut. Es lässt sich sowohl mit Handwerkzeug als auch mit Maschinen leidlich gut bearbeiten, das Werkzeug muss aber scharf gehalten werden. Cocobolo hat eine mäßig abstumpfende Wirkung auf Werkzeugschneiden. Die im Holz enthaltenen Öle machen es schwierig zu verleimen, es kann aber zufriedenstellend genagelt und geschraubt werden. Die Oberflächengüte ist bei gehobeltem, gedrechseltem, profiliertem und gestemmtem Holz sehr gut. Cocobolo kann gebeizt und zu hoher Güte poliert werden.

TROCKNUNG UND STEHVERMÖGEN

Das Holz trocknet sehr langsam und sollte vor der künstlichen Trocknung an der Luft vorgetrocknet werden. Es hat eine starke Neigung, während des Trocknens zu reißen. Da der Ölgehalt den Feuchtigkeitsaustausch des Holzes mit der Luft reduziert, arbeitet Cocobolo sehr wenig.

HALTBARKEIT

Das Kernholz nimmt Holzschutzmittel nicht an. Es ist sehr haltbar.

VERWENDUNG

Cocobolo wird zu Besteckgriffen, Polizeischlagstöcken, Schachfiguren, sehr dekorativen Furnieren, Holzschmuck und Einlegearbeiten verarbeitet. Es dient als Ausgangsmaterial für hochwertige Möbel, Drechsel- und Kunsttischlereiarbeiten.

▼ Schale aus Cocobolo-Kernholz

Andere Bezeichnungen: Granadillo, Nicaraguan rosewood, Pau preto, Caviuna, Nambar, Cocobolo prieto, Palo negro

Herkunft: Pazifikküste Zentralamerikas • **Höhe:** 13-18 m • **Stammdurchmesser:** 0,5-0,6 m • **Durchschnittliches Trockengewicht:** 1100 kg/m³ • **Spezifisches Gewicht:** 1,10

Gesundheitsrisiken: Sensibilisator; Hautreizungen durch den Holzstaub; Dermatitis, Bindehautentzündungen, Übelkeit, Bronchialasthma und Reizungen des Halses und der Nase, „pfeifender" Atem, Beengungsgefühle in der Brust, Kopfschmerzen

HONDURAS-PALISANDER

Dalbergia stevensonii (Leguminosae)

BESCHREIBUNG

Das Kernholz variiert von Rosabraun bis Purpurbräunlich mit unregelmäßigen helleren und dunkleren Bändern. Der Faserverlauf ist gerade bis leicht wellig, die Struktur mittelfein bis fein. Das Holz glänzt matt bis mittelstark. Das Splintholz ist deutlich vom Kernholz unterscheidbar und frisch eingeschnitten blass, dunkelt aber sehr schnell zu einem Gelbton nach. Honduras-Palisander ist sehr ansprechend und eine sehr begehrte Holzart.

EIGENSCHAFTEN

Das Holz ist zäher und dichter als Rio-Palisander *(D. nigra)*, wird aber meist für Gegenstände verwendet, bei denen es nicht so sehr auf die Stärke ankommt. Das Holz ist mit Handwerkzeugen nicht leicht zu bearbeiten, die Bearbeitung mit Maschinen ist aber zufriedenstellend. Es stumpft Werkzeugschneiden mäßig stark ab, bei wechseldrehwüchsigem oder Holz mit welligem Faserverlauf ist eine Verringerung des Schnittwinkels zu empfehlen. Beim Nageln ist vorbohren zu empfehlen, und die Ergebnisse beim Verleimen variieren je nach Ölgehalt des Holzes. Es lässt sich gut drechseln und gut auf Glanz polieren.

TROCKNUNG UND STEHVERMÖGEN

Das Holz trocknet sehr langsam und neigt zum Reißen, kann aber ohne große Qualitätseinbußen künstlich getrocknet werden. Es arbeitet nur wenig.

HALTBARKEIT

Das Kernholz ist sehr haltbar und nicht mit Holzschutzmittel zu behandeln, das Splintholz ist dagegen überhaupt nicht haltbar, aber mit Holzschutzmittel behandelbar.

VERWENDUNG

Hochwertige Tischlerarbeiten, Musikinstrumentenbau, Paneelen, Geschäftseinrichtungen, Billardtische, Drechselarbeiten, Furniere, Marketerie.

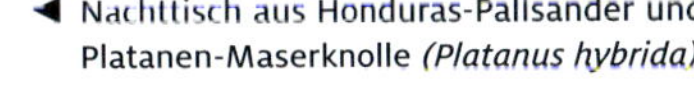

◄ Nachttisch aus Honduras-Palisander und Platanen-Maserknolle *(Platanus hybrida)*

Andere Bezeichnungen: Honduras-Rosenholz, Honduras rosewood, Nogaed, Palisandro de Honduras

Herkunft: Belize • **Höhe:** 15-30 m • **Stammdurchmesser:** 0,9 m • **Durchschnittliches Trockengewicht:** 960 kg/m³ • **Spezifisches Gewicht:** 0,96

Gesundheitsrisiken: Dermatitis und Asthma

◀ D. ebenum

MAKASSAR-EBENHOLZ

Diospyros celebica (Ebenaceae)

BESCHREIBUNG

Das Kernholz ist schwarz mit rötlichen oder braunen Streifen, die manchmal auch grau-braun, hellbraun oder gelblich braun sein können. Der Faserverlauf ist gerade, kann aber auch wellig oder unregelmäßig sein. Die Struktur ist fein und verleiht dem Holz einen deutlichen Metallglanz.

EIGENSCHAFTEN

Es ist sehr schwer, sehr dicht und sehr hart. Das schwarze Kernholz ist meist spröde. Wegen dieser Sprödigkeit und der Härte des Holzes ist Makassar-Ebenholz mit Handwerkzeug wie mit Maschinen sehr schwierig zu bearbeiten. Es stumpft Werkzeugschneiden relativ stark ab, vor dem Schrauben oder Nageln muss vorgebohrt werden. Die Verleimbarkeit ist zufriedenstellend bis schwierig, das Holz lässt sich jedoch gut drechseln und kann zu hoher Oberflächengüte gebracht werden.

TROCKNUNG UND STEHVERMÖGEN

Das Holz sollte langsam getrocknet werden, die Bäume werden manchmal zwei Jahre vor dem Fällen geringelt, um das Trocknen zu erleichtert. Es können sich schmale, tiefe und lange Risse entwickeln, und schnelles Trocknen kann zu Oberflächen- und Hirnrissen führen.

HALTBARKEIT

Das Kernholz ist anfällig für Bockkäfer, ist aber von Natur aus sehr widerstandsfähig gegenüber Fäulniserregern. Das Holz nimmt Holzschutzmittel nicht an.

VERWENDUNG

Kunsttischlerei, Billardstöcke, Einlegearbeiten, Schnitzarbeiten, Griffbretter und andere Teile von Musikinstrumenten, Furniere, Werkzeuggriffe, Drechselarbeiten und Bürstenrücken.

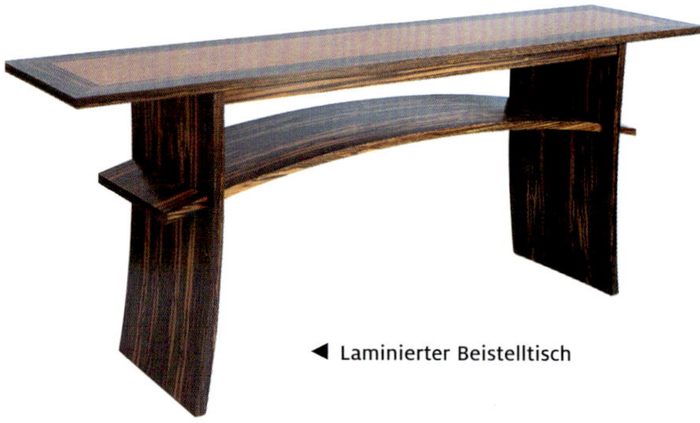

◀ Laminierter Beistelltisch

Syn.: *D. macassar* • **Andere Bezeichnungen:** Macassar ebony, Coromandel, Calamander wood, Indian ebony, Camagon, Tendu, Temru, Timbruni, Tunki. *D. tomentosa, D. marmorata, D. melanoxylon* und *D. ebenum* sind ähnliche Arten mit leicht abweichenden Merkmalen.

Herkunft: Sri Lanka, Südindien, Indonesien und Philippinen • **Höhe:** 15 m • **Stammdurchmesser:** 0,4 m • **Durchschnittliches Trockengewicht:** 1090 kg/m³ • **Spezifisches Gewicht:** 1,09

Gesundheitsrisiken: Holzstaub kann akute Dermatitis, Bindehautentzündungen und Niesen verursachen; eventuell ein Haut-Sensibilisator

D. mespiliformis ▲

AFRIKANISCHES EBENHOLZ

Diospyros* spp.**, vor allem ***D. crassiflora (Ebenaceae)

BESCHREIBUNG

Die afrikanischen Ebenholzarten kommen meist nur als kurze Kernholzrohlinge in den Handel. D. crassiflora ist die schwärzeste dieser Holzarten, und selbst sie kann noch graue Partien aufweisen. Andere Ebenholzarten haben häufiger schwarz und braun gestreiftes Kernholz. Das Holz aller dieser Arten ist sehr dicht und hart, der Faserverlauf kann gerade bis leicht wechseldrehwüchsig sein, die Struktur ist sehr fein und ebenmäßig.

EIGENSCHAFTEN

Das sehr dichte Holz ist sehr druckfest und biegesteif, sehr schlagfest und von geringer Verformbarkeit. Es lässt sich gut dampfbiegen. Afrikanisches Ebenholz ist mit Handwerkzeug wie mit Maschinen sehr schwierig zu bearbeiten. Es stumpft Werkzeugschneiden sehr stark ab, ist aber gut mit der Ziehklinge zu bearbeiten. Beim Schrauben und Nageln sollte vorgebohrt werden. Das Holz ist gut zu verleimen. Es kann zu sehr hoher Oberflächengüte gebracht werden.

TROCKNUNG UND STEHVERMÖGEN

Das Holz lässt sich relativ schnell und gut lufttrocknen, lediglich kleinere Oberflächenrisse können dabei auftreten. Es hat ein sehr gutes Stehvermögen.

HALTBARKEIT

Das Kernholz ist sehr haltbar und nicht mit Holzschutzmittel zu behandeln, was aber bei den üblichen Verwendungszwecken auch nicht nötig ist.

VERWENDUNG

Afrikanisches Ebenholz ist ein begehrtes Schnitz- und Bildhauerholz, es wird auch für hochwertige Drechselarbeiten, zur Herstellung von Besteckgriffen, Türgriffen, Klavier- und Orgeltasten, Dudelsackstimmpfeifen, Griffbretter für Gitarren und anderen Bestandteilen von Musikinstrumenten verarbeitet. Auch als Einlege- und Marketerieholz wird es verwendet. Traditionell wurde Afrikanisches Ebenholz für Parallel-Lineale und andere Navigations-Zeicheninstrumente verwendet.

◄ Parallel-Lineale, das kleinere (1937) stammt von der Londoner Firma Harling

Andere Bezeichnungen: African ebony, Ébène (Französisch). Wird oft nach dem Herkunftsland benannt: Kamerun-, Gabun-, Madagaskar-, Nigerianisches Ebenholz. „Ebenholz" dient als Bezeichnung für alle Diospyros-Arten.

Herkunft: Kamerun, Ghana, Nigeria und Kongo • **Höhe:** 15-18 m • **Stammdurchmesser:** 0,6 m • **Durchschnittliches Trockengewicht:** 1030 kg/m³ • **Spezifisches Gewicht:** 1,03

Gesundheitsrisiken: Holzstaub kann akute Dermatitis, Bindehautentzündungen, Hautreizungen und Niesen verursachen; eventuell ein Haut-Sensibilisator

PERSIMMON

Diospyros virginiana (Ebenaceae)

BESCHREIBUNG

Persimmon besteht hauptsächlich aus dem sehr breiten Splintholz, das Kernholz bildet nur einen sehr schmalen inneren Kern. Das Splintholz ist nach dem Einschnitt cremig-weiß bis weiß und dunkelt dann zu einem gelblichen oder grauen Braun nach. Kommerziell genutzt wird vor allem das Splintholz. Das Kernholz ist schwarz, braun oder mehrfarbig, es kann auch braune oder orange-braune Streifen aufweisen. Der Faserverlauf ist relativ gerade und dicht, die Struktur fein und ebenmäßig.

EIGENSCHAFTEN

Das Holz ist sehr dicht, hart, elastisch, zäh und strapazierfähig, sehr druckfest und biegesteif, von mittlerer Verformbarkeit. Es kann mit Handwerkzeug bearbeitet werden, solange dieses scharf gehalten wird, und hat eine mäßig abstumpfende Wirkung auf Werkzeugschneiden. Beim maschinellen Hobeln sollte der Schnittwinkel verringert werden, es lässt sich aber eine sehr glatte Oberfläche erreichen. Das Holz lässt sich gut drechseln, bohren und stemmen, sollte aber vor dem Nageln und Schrauben vorgebohrt werden. Das Verleimen ist problematisch, und insgesamt ist das Holz eher schwierig zu bearbeiten.

TROCKNUNG UND STEHVERMÖGEN

Das Trocknen von Persimmon kann schwierig sein, es können beträchtliche Schwundmaße auftreten. Andere typische Trocknungsfehler sind Hirn- und Oberflächenrisse und braune Verfärbungen. Das Holz arbeitet stark.

HALTBARKEIT

Das schmale Kernholz ist haltbar und nicht mit Holzschutzmittel zu behandeln. Das Splintholz wird leicht von Splintholzkäfern und von einer amerikanische Pilzart *(Cephalosporium diospyri)* angegriffen.

VERWENDUNG

Persimmon wird für die Herstellung von Weberschiffchen, Schuhleisten, Golfschlägerköpfen, Musikinstrumenten und Stiele von Schlagwerkzeugen (z.B. Hämmer und Äxte) verwendet. Man stellt auch Möbel, Fußböden, Drechselarbeiten und dekorative Furniere daraus her.

Andere Bezeichnungen: Helles Ebenholz, American ebony, Common persimmon, Bara-bara, Boa-wood, Butterwood, Possum wood, Virginia date palm, White ebony

Herkunft: USA • **Höhe:** 24-37 m • **Stammdurchmesser:** 0,3-0,6 m • **Durchschnittliches Trockengewicht:** 830 kg/m³ • **Spezifisches Gewicht:** 0,83

Gesundheitsrisiken: Das Kernholz und der Holzstaub können Dermatitis verursachen

MOVINGUI

Distemonanthus benthamianus (Leguminosae)

BESCHREIBUNG

Das blassgelbe Splintholz ist nicht deutlich vom Kernholz unterschieden, das farblich von Zitronengelb bis Goldbraun variieren kann und manchmal dunklere Streifen aufweist. Der Faserverlauf ist manchmal wellig und oft unregelmäßig und wechseldrehwüchsig, die Struktur mittelfein bis fein. Im Radialschnitt zeigt sich ein sehr ansprechendes, gestreiftes und geflecktes Maserbild. Das Holz kann Silikate enthalten. Die Holzoberfläche ist glänzend.

EIGENSCHAFTEN

Movingui ist ein hartes und dichtes Holz von mittlerer Biegesteifigkeit. Es lässt sich gut dampfbiegen. Es ist in Faserrichtung druckfest, sonst sehr druckfest. Die Verformbarkeit ist hoch, die Schlagfestigkeit gering. Wegen des Silikatgehaltes des Holzes kann es schwierig zu schneiden sein und Werkzeugschneiden stark abstumpfen. Sägeblätter können verharzen. Nach Porenfüllung lässt sich eine gute Oberfläche erzielen. Vor dem Nageln sollte man vorbohren. Die Verleimbarkeit ist gut. Schrauben werden zufriedenstellend gehalten. Es ist nicht für die Verwendung in Feuchträumen (z.B. Küchen) geeignet, da der gelbe Farbstoff in den Poren wasserlöslich ist und zu Verfärbungen führen kann.

TROCKNUNG UND STEHVERMÖGEN

Movingui trocknet recht schnell, die Trocknung muss sorgfältig durchgeführt werden, vor Sonnenlicht und starken Winden geschützt, sonst kann es zum Werfen und Reißen kommen. Das Stehvermögen ist gut, das Holz arbeitet nur sehr wenig.

HALTBARKEIT

Das Holz ist mäßig haltbar. Das Kernholz lässt sich nicht mit Holzschutzmittel behandeln.

VERWENDUNG

Movingui wird im Außenbau und Schiffsbau verwendet. Man stellt Fensterrahmen und Türen daraus her, Fußböden (auch Sporthallenfußböden), Eisenbahnwaggons und Sperrholz. Die Stämme können auch zu dekorativen Furnieren gemessert werden.

Andere Bezeichnungen: Afrikanisches Zitronenholz, Ayan, Nigerian satinwood (Großbritannien und USA), Movingui (Frankreich, Großbritannien), Ayanran (Nigeria), Barre, Eyen, Bonsamdua

Herkunft: Tropisches Westafrika • **Höhe:** 27-38 m • **Stammdurchmesser:** 0,75 m • **Durchschnittliches Trockengewicht:** 680 kg/m³ • **Spezifisches Gewicht:** 0,68

Gesundheitsrisiken: Dermatitis

JELUTONG 

Dyera costulata und ***D. lowii*** (Apocynaceae)

BESCHREIBUNG

Das Kernholz ist fast weiß, dunkelt aber zu einem cremigen Weiß- oder blassen Strohton nach. Pilzbefall (der bei Bäumen häufig vorkommt, die der Latexgewinnung dienten) kann zu Verfärbungen führen. Das Splintholz ist wie das Kernholz gefärbt, von dem es nicht deutlich zu unterscheiden ist. Der Faserverlauf ist meist gerade, die Struktur fein und ebenmäßig, das Holz glänzt schwach. Latexkanäle treten in Gruppen auf, die 0,6-0,9 m auseinander liegen. Sie werden aber meist beim Zuschnitt entfernt. Aus dem Latex wird Kaugummi hergestellt.

EIGENSCHAFTEN

Jelutong ist ein eher leichtes Laubholz, es ist von mittlerer Dichte, wenig biegesteif und druckfest und von hoher Verformbarkeit. Das Holz eignet sich nicht gut zum Dampfbiegen. Jelutong ist mit Handwerkzeug wie mit Maschinen gut zu bearbeiten. Es stumpft Werkzeugschneiden kaum ab. Werkzeuge sollten stets scharf gehalten werden. Es lässt sich gut schrauben, nageln, schleifen, hobeln, polieren und verleimen. Die Beiz- und Lackierbarkeit ist sehr gut.

TROCKNUNG UND STEHVERMÖGEN

Das Holz trocknet leicht und schnell mit geringen Qualitätseinbußen, auch wenn es eine geringfügige Tendenz zum Werfen und Reißen gibt. Es arbeitet nur wenig.

HALTBARKEIT

Das Holz ist nicht haltbar. Das Kernholz ist wenig widerstandsfähig gegen Fäulniserreger und kann Saftflecken aufweisen. Es wird sehr leicht von Splintholzkäfern und Termiten angegriffen. Jelutong ist imprägnierbar und leicht mit Holzschutzmittel zu behandeln.

VERWENDUNG

Jelutong wird als Bildhauer- und Schnitzholz verwendet, für Architekturmodelle und im technischen Modellbau, für Bilderrahmen, Zeichenbretter, Zündhölzer, Batterie-Separatoren und Kunsthandwerksartikel. Das Holz dient auch als Deckfurnier, Mittellage für Tischlerplatten, Sperrholz und zur Herstellung von Türblättern.

◄ Geschnitzter Schmetterling

Andere Bezeichnungen: Jelutong burkit, Jelutong paya

Herkunft: Brunei, Indonesien und Malaysia • **Höhe:** 60 m • **Stammdurchmesser:** 0,6-0,9 m • **Durchschnittliches Trockengewicht:** 460 kg/m³ • **Spezifisches Gewicht:** 0,46

Gesundheitsrisiken: Kontaktallergien möglich

AUSTRALISCHER NUSSBAUM

Endiandra palmerstonii (Lauraceae)

BESCHREIBUNG

Das Kernholz variiert von Hellrosabraun bis Dunkelbraun mit rosa, graugrünen, purpur-schwarzen oder schwarzen Streifen. Der Faserverlauf ist wechseldrehwüchsig und unregelmäßig, manchmal auch wellig. Die Struktur ist mittelfein und ebenmäßig, das Holz glänzt deutlich. Das Holz kann ein sehr ansprechendes gefeldertes Maserbild aufweisen. Es wird mit dem europäischen Nussbaum (Juglia regans) verglichen, mit dem es jedoch nicht verwandt ist. Das hellbraune Splintholz kann 70-100 mm stark sein.

EIGENSCHAFTEN

Australischer Nussbaum besitzt dichtes und schweres Holz, das sich sehr gut zur Wärmedämmung eignet. Es ist sehr druckfest und verformbar, mittel biegesteif und wenig schlagfest. Die Eignung zum Dampfbiegen ist mäßig. Das Holz ist sehr silikathaltig, was die Bearbeitung schwierig macht; beim Hobeln und Sägen sollte man hartmetallbesetzte Werkzeuge verwenden. Australischer Nussbaum hat eine schnelle und starke abstumpfende Wirkung auf Werkzeugschneiden. Es lässt sich zufriedenstellend schrauben, nageln und drechseln, gut verleimen und lackieren und sehr gut beizen. Die erreichbare Oberflächengüte ist hoch, und das Holz kann auf Hochglanz poliert werden.

Kommode mit Detailarbeiten aus Riegelahorn (*Acer pseudoplatanus*) und Abalone

TROCKNUNG UND STEHVERMÖGEN

Das Holz trocknet an der Luft relativ schnell, neigt aber zu Hirnrissen. Bei künstlicher Trocknung dünneren Materials kann es zum Werfen kommen, stärkere Abmessungen sind am besten zu trocknen, wenn sie riftgeschnitten sind, da dies die Neigung zum Reißen vermindert. Das Holz arbeitet mittelstark.

HALTBARKEIT

Das Holz ist nicht haltbar und kann von Kernholzkäfern angegriffen werden. Das Kernholz ist schwierig mit Holzschutzmittel zu behandeln, das Splintholz ist jedoch imprägnierbar.

VERWENDUNG

Australischer Nussbaum wird in der Kunsttischlerei und für die Herstellung hochwertiger Möbel, Laden- und Bankeneinrichtungen verwendet, zu Fußböden und Wärmedämmungsbrettern verarbeitet. Außerdem wird das Holz auch zu dekorativen Furnieren für Marketeriearbeiten und Paneele sowie zu Deckfurnieren für Sperrholz verarbeitet.

Andere Bezeichnungen: Queensland walnut, Australian walnut, Black walnut, Oriental wood, Walnut bean, Australian laurel

Herkunft: Queensland, Australien • **Höhe:** 37-43 m • **Stammdurchmesser:** 1,8 m • **Durchschnittliches Trockengewicht:** 680 kg/m³ • **Spezifisches Gewicht:** 0,68

Gesundheitsrisiken: Keine bekannt

TIAMA

Entandrophragma angolense (Meliaceae)

BESCHREIBUNG

Das Kernholz ist einförmig, stumpf rotbraun oder manchmal auch rosabraun gefärbt. Unter Lichteinfluß dunkelt es zu einem tieferen Rotbraun nach. Tiama weist einen mäßig wechseldrehwüchsigen oder verschränkten Faserver-lauf auf, die Holzstruktur ist recht ebenmäßig, das Holz glänzt matt. Das Holz kann größere Mengen an Harz enthalten. Das Splintholz variiert von Creme bis Blassrosa.

EIGENSCHAFTEN

Tiama ist ein mitteldichtes Holz, das wenig biegesteif und schlagfest und mittel druckfest und von hoher Verformbarkeit ist. Es eignet sich wenig zum Dampfbiegen. Tiama lässt sich gut mit Handwerkzeug bearbeiten, lediglich bei Wechseldrehwuchs zeigt sich eine gewisse Tendenz zum Faserausriss. Tiama hat eine mäßig abstumpfende Wirkung auf Werkzeugschneiden. Es lässt sich zufriedenstellend schrauben und nageln, gut beizen, polieren und lackieren.

TROCKNUNG UND STEHVERMÖGEN

Tiama trocknet langsam, aber recht einfach. Bei zu schneller Trocknung kann es reißen. Das Holz arbeitet wenig bis mittelstark.

HALTBARKEIT

Das Kernholz nimmt Holzschutzmittel nicht an. Es ist mäßig resistent gegen Fäulniserreger. Das Splintholz wird leicht von Splintholzkäfern angegriffen.

VERWENDUNG

Tiama wird zu Möbeln, Parkettfußböden, Ladeneinrichtungen, Särgen, Büromöbeln und Sperrholz verarbeitet. Es wird im Innenausbau verwendet und auch zu dekorativen Furnieren gemessert. Es kann als Ersatzholz für Mahagoni eingesetzt werden.

Andere Bezeichnungen: Gedu Nohor, Abeubegne, Dongomanguila, Edinam, Entandrophragma mahogany, Lifaki, Vovo

Herkunft: West-, Zentral- und Ostafrika • **Höhe:** 48 m • **Stammdurchmesser:** 1,2-2 m • **Durchschnittliches Trockengewicht:** 540 kg/m³ • **Spezifisches Gewicht:** 0,54

Gesundheitsrisiken: Dermatitis

SAPELLI

Entandrophragma cylindricum (Meliaceae)

BESCHREIBUNG

Das frisch eingeschnittene Kernholz ist rosa gefärbt, dunkelt aber zu einem Rotbraun oder Purpurbraun nach. Das deutlich abgegrenzte Splintholz ist weiß bis blassgelb. Der Faserverlauf ist mäßig wechseldrehwüchsig oder gewellt, die Holzstruktur mäßig fein, das Holz glänzt deutlich goldfarben. Sapelli kann eine Vielzahl ansprechender Maserbilder aufweisen: Bänder, Streifen und gefelderte Maserungen im Radialschnitt; und geriegelte, gewellte oder gespiegelte Texturen bei anderen Schnitten.

EIGENSCHAFTEN

Sapelli ist mittel schlagfest und biegesteif und hoch druckfest und verformbar. Die Eignung zum Dampfbiegen ist gering. Es ist mit Handwerkzeug wie mit Maschinen gut zu bearbeiten. Es stumpft Werkzeugschneiden mäßig stark ab. Sapelli ist leicht zu hobeln und profilieren, Wechseldrehwuchs kann allerdings zu Faserausrissen führen, falls der Schnittwinkel nicht verringert wird. Es lässt sich gut bohren, fräsen, schrauben, nageln, hobeln und polieren. Es ist sehr gut zu schleifen und lässt sich recht gut verleimen. Es kann sehr gut auf Hochglanz poliert werden.

TROCKNUNG UND STEHVERMÖGEN

Das Holz trocknet sehr schnell und neigt zum Verziehen, bei riftgeschnittenem Material ist dies allerdings weniger problematisch. Das Holz arbeitet mittelstark.

HALTBARKEIT

Das Kernholz ist mäßig haltbar. Es kann von Kernholzkäfern und Bohrmuscheln angegrif-fen werden. Es lässt sich nicht mit Holzschutz-mittel behandeln. Das Splintholz wird leicht von Splintholzkäfern angegriffen. Es ist etwas schwierig mit Holzschutzmittel zu behandeln.

VERWENDUNG

Sapelli wird in der Möbelherstellung und Kunsttischlerei verwendet, für die Herstellung von Türen, Treppen, Fensterrahmen, Booten, Musikinstrumenten, Fußböden, Büro- und Küchenmöbeln und Sportartikeln. Es wird auch für die Sperrholzherstellung zu Furnieren geschält, und ausgesuchte Stämme werden zu dekorativen Furnieren für Marketerie- und Kunsttischlereiarbeiten sowie für Paneele gemessert.

Andere Bezeichnungen: Sapele, Scented mahogany, Sapele mahogany, Aboudikro, Penkra, Sapelewood

Herkunft: West-, Zentral- und Ostafrika • **Höhe:** 45 m • **Stammdurchmesser:** 1,2-1,8 m • **Durchschnittliches Trockengewicht:** 620 kg/m³ • **Spezifisches Gewicht:** 0,62

Gesundheitsrisiken: Hautreizungen und Niesen

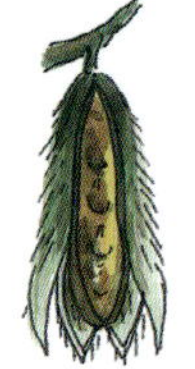

SIPO

Entandrophragma utile (Meliaceae)

BESCHREIBUNG

Das hellbraune Splintholz kann bis zu 50 mm stark sein und ist deutlich vom Kernholz unterschieden. Das frisch eingeschnittene Kernholz ist rosabraun gefärbt, dunkelt aber zu einem tiefen Rotbraun nach. Der Faserverlauf ist meist großflächig wechseldrehwüchsig, die Struktur mittelfein. Das Holz glänzt. Im Radialschnitt können sich unregelmäßige breite Streifen- oder Bändertexturen zeigen.

EIGENSCHAFTEN

Sipo ist ein dichtes Holz, sehr druckfest und verformbar, mittel biegesteif und wenig schlagfest. Die Eignung zum Dampfbiegen ist gering. Es ist mit Handwerkzeug wie mit Maschinen gut zu bearbeiten. Es stumpft Werkzeugschneiden mäßig stark ab. Bei riftgeschnittenem, wechseldrehwüchsigem Holz ist eine Verrin-gerung des Schnittwinkels zu empfehlen. Sipo ist gut zu verleimen, drechseln, fräsen, stemmen, schnitzen, nageln, schrauben und beizen. Nach Porenfüllung kann das Holz zu sehr hoher Oberflächengüte poliert werden.

TROCKNUNG UND STEHVERMÖGEN

Bei mäßig schneller Trocknung sind die Qualitätseinbußen minimal, bei zu schneller Trocknung kann es jedoch zum Verziehen kommen. Das Holz arbeitet mittelstark.

HALTBARKEIT

Das Kernholz ist haltbar und widerstandsfähig gegenüber Fäulniserregern, während das Splintholz leicht von Splintholzkäfern angegriffen wird. Das Kernholz nimmt Holzschutzmittel nicht an.

VERWENDUNG

Sipo wird in der Möbelherstellung und Kunsttischlerei verwendet, im Innen- und Außenausbau, für die Herstellung von Booten, Fensterrahmen, Musikinstrumenten, Büro- und Küchenmöbeln, Drechselarbeiten und Sportartikeln. Es wird auch für Sperrholzfurniere geschält und zu dekorativen Furnieren gemessert.

Andere Bezeichnungen: Utile, Assié, Abebay, Efuodwe, Liboyo, Kisi-kosi, Afau-konkonti

Herkunft: West-, Zentral- und Ostafrika • **Höhe:** 45-60 m • **Stammdurchmesser:** 0,8-1,8 m • **Durchschnittliches Trockengewicht:** 660 kg/m³ • **Spezifisches Gewicht:** 0,66

Gesundheitsrisiken: Hautreizungen

GUANACASTE

Enterolobium cyclocarpum (Leguminosae)

BESCHREIBUNG

Das Kernholz variiert von Blassbraun bis zu einem dunklen Walnussbraun mit dunklen, mehrfarbigen Streifen und einem leichten Grünton. Gelegentlich kommt auch eine leichte Rottönung vor. Das fast weiße Splintholz ist deutlich vom Kernholz unterschieden. Der Faserverlauf ist in der Regel wechseldrehwüchsig, die Struktur mittelfein bis grob. Die Holzoberfläche glänzt. Zwieselungen und dickere Astgabeln zeigen oft eine sehr auffällige Pyramidenmaserung.

EIGENSCHAFTEN

Das Holz weist in allen mechanischen Eigenschaften nur geringe Werte auf. Es eignet sich kaum zum Dampfbiegen. Es lässt sich mit Handwerkzeug wie mit Maschinen gut bearbeiten, aber beim Hobeln können Faserausrisse oder hochgestellte Fasern zu Problemen führen. Zug- oder Druckholz kann zu einer wolligen Oberfläche führen. Das Holz hat eine mäßig abstumpfende Wirkung auf Werkzeugschneiden. Es lässt sich gut nageln, schrauben, verleimen und polieren.

TROCKNUNG UND STEHVERMÖGEN

Das Holz trocknet relativ schnell und leicht. Es hat eine leichte Neigung, während des Trocknens zu reißen oder sich zu werfen. Das Holz arbeitet mittelstark.

HALTBARKEIT

Das Kernholz ist widerstandsfähig gegenüber Termiten und Fäulnispilzen. Guanacaste ist in Süßwasser sehr haltbar. Das Holz nimmt Holzschutzmittel an.

VERWENDUNG

Guanacaste wird im technischen Modellbau verwendet und zu Möbeln (auch Büromöbeln und rustikalen Möbeln), Möbelteilen, Gewehrschäften, Kanus, Wassertrögen und Schwimmern für Fischerei-Netze verarbeitet. Man stellt außerdem Profilleisten, Innenlagen für Tischlerplatten und Verpackungskisten daraus her. Zwieselungen werden zu dekorativen Furnieren gemessert.

Andere Bezeichnungen: Affenseife, Elefantenohr, Ohrenfruchtbaum, Guanacaste, Conocaste, Kelobra, Perota, Rain tree, Jenisero, Orejo, Timbo, Carocaro, Eartree

Herkunft: Mexiko, Mittelamerika, Karibik, Venezuela, Guyana und Brasilien • **Höhe:** 18-30 m • **Stammdurchmesser:** 0,9-1,8 m • **Durchschnittliches Trockengewicht:** 340 kg/m³ • **Spezifisches Gewicht:** 0,34

Gesundheitsrisiken: Der Holzstaub kann Schleimhautreizungen und Allergien auslösen

Die Gattung

EUCALYPTUS
EUKALYPTEN

▲ Gefleckte Rinde, die sich in Streifen lost, ist ein Merkmal vieler Eukalyptusarten.

Diese große und interessante Gattung umfasst 700 bis 800 Arten, die vor allem in Australien heimisch sind. Einige wenige Arten kommen jedoch auch in Neuguinea und Indonesien vor. Als Neophyten gibt es Eukalyptusarten inzwischen in verschiedenen Teilen der Welt, zu nennen wären Kalifornien, Brasilien, Marokko, Portugal, Südafrika und Israel.

Es gibt keinen anderen Kontinent, der so von einer Baumgattung bestimmt wird, wie das in Australien mit dem Eukalyptus der Fall ist. Viele Eukalyptusarten werden im Englischen als gum trees bezeichnet, andere gebräuchliche Namen für verschiedene Arten im Herkunftsland Australien sind stringybark, mallee, box, ironbark und ash. Im Deutschen werden sie auch als Blaugummibäume bezeichnet.

Die erste schriftliche Erwähnung der Gattung stammt vermutlich aus dem Bericht über die Forschungsreise des Abel Tasman im Jahre 1642, als eine Landpartie auf Tasmanien (das nach dem Forscher benannt ist) Bäume vorfand, die Harz ausschieden und sich dadurch auszeichneten, dass die niedrigsten Äste in 18 m Höhe vom Stamm ausgingen. Der Erforscher Dampier landet im späteren New South Wales und bezeichnete die dort vorgefundenen Bäume als „Drachen-Bäume“ – sie schieden Harz aus und waren von riesenhaftem Wuchs. 1770 schrieb Captain James Cook, der britische Seemann und Entdecker, von zwei Arten Harz und verglich die Bäume mit „Harz-Drachen“. Auf den Kanarischen Inseln und Madeira gibt es eine Baumart, die Harz ausscheidet und als Drachenbaum *(Dracaena draco)* bezeichnet wird. Beide Entdecker sahen sich in ihrer Namensgebung vermutlich dadurch inspiriert.

Der berühmte Botaniker Joseph Banks begleitete Cook auf seiner Reise und sammelte viele Pflanzen. Der Gattungsname Eucalyptus wurde von dem französischen Botaniker Charles Louis L'Heritier de Brutelle vergeben, der die von Banks gesammelten Pflanzen einige Jahre später in England sah.

Der Name bedeutet „gut bedeckt“ und bezieht sich auf den typisch haubenartig geschlossenen Blütenkelch.

Ausgewachsene Eukalypten haben oft lange, dünne Blätter und Stängel, einige Arten wachsen zu sehr großen Exemplaren heran. Vermutlich der größte nachgewiesene Baum – höher als der Mammutbaum *(Sequoiadendron giganteum)* oder die Sequoie *(Sequoia sempervirens)* – war ein Riesen-Eukalyptus *(E. regnans)*, der 1872 mit einer Höhe von 132,5m in Watts River im australischen Bundesstaat Victoria gemessen wurde. Die höchste Sequoie, der Dyerville Giant in Kalifornien, war 113,4m hoch, bevor er 1991 umstürzte.

► Schale aus Tasmanian Oak *(E. delegatensis, E. obliqua* oder *E. regnans)*

▲ Beistelltisch mit Schubladen aus Jarrah *(E. marginata)* und Zuckerahorn *(Acer saccharum oder A. nigrum).*

Die verschiedenen Eukalyptusarten können in sehr unterschiedlichen Klimagebieten gedeihen, von trocken bis sehr feucht. Manche sind frostbeständig, während andere durch niedrige Temperaturen geschädigt werden. Eukalyptusbäume erholen sich nach Waldbränden sehr schnell wieder, sie sind auch Meister darin, sich auf Kosten anderer Pflanzen zu versorgen. Ihre Überlebenskünste werden jedoch durch die Temperatur eingeschränkt, da die meisten Arten nur Temperaturen bis hinab zu -3 bis -5° C ertragen. Die widerstandsfähigste Art ist der Schnee-Eukalyptus *(E. pauciflora ssp. niphophila)*, der Temperaturen bis zu -18° C erträgt. Wenn es um das Überleben des Menschen in einem Eukalyptuswald geht, sollte man davon Abstand nehmen, sein Zelt unter einem Baum aufzuschlagen, da die Eukalypten dazu neigen, beim Wachsen ohne Vorwarnung Äste abzuwerfen.

Einige Eukalyptusharze haben nachweislich heilende medizinische Wirkungen. So ist das Eukalyptusöl, das aus den frischen Blättern und Zweigspitzen des auch in anderen warmen Klimagebieten verbreiteten Blauen Eukalyptus' *(E. globolus)* destilliert wird, sehr begehrt.

▼ Bank in Wellenform aus Tasmanian Oak

In der traditionellen Heilkunde der australischen Aborigines werden Salben mit Eukalyptusöl zur Wundheilung und Behandlung von Pilzbefall verwendet, und Aufgüsse aus Eukalyptusblättern werden zur Fiebersenkung eingesetzt. Eukalyptusöl ist antiseptisch, antibakteriell und wirkt schleimlösend, weshalb es oft in Hustenmedikamenten verwendet wird. In größeren Mengen ist es jedoch hochgiftig. Pflanzenfressende Beuteltiere wie der Koalabär und einige Possums (Beutelsäuger) sind gegenüber dem Toxin relativ tolerant, suchen zur Ernährung jedoch Arten aus, die weniger giftig sind.

Man sollte beachten, dass einige Arten, die einst zu den Eukalypten zählten, inzwischen der neuen Gattung Corymbia zugeordnet werden. Dazu gehören die beiden Arten, die als Spotted Gum *(Zitronen-Eukalyptus, Corymbia citriodora und C. maculata)* vermarketet werden, wie auch der Flowering Gum *(C. ficifolia)*.

Maserknolle ▲

ROTER EUKALYPTUS

Eucalyptus camaldulensis (Myrtaceae)

BESCHREIBUNG

Das Kernholz variiert von Rosa bis rötlich braun und ist deutlich vom helleren Splintholz unterschieden. Der Faserverlauf ist wechseldrehwüchsig und häufig wellig, im Radialschnitt kann sich eine geriegelte oder gewellte Textur zeigen. Roter Eukalyptus hat eine feine und ebenmäßige Struktur, allerdings können Harzkanäle auftreten.

EIGENSCHAFTEN

Das Holz ist hart und mittelschwer, die mechanischen Eigenschaften sind sehr gut. Es eignet sich allerdings wegen Harzaustritten nicht zum Dampfbiegen. Harzgallen und Wechseldrehwuchs können die Bearbeitung schwierig machen. Beim maschinellen Hobeln ist eine Verringerung des Schnittwinkels zu empfehlen. Das Holz ist schwierig zu bohren, schleifen und stemmen. Es hält Schrauben gut, vor dem Nageln sollte man vorbohren. Das Verleimen kann problematisch sein. Oberflächen benötigen meist eine gewisse Vorbehandlung. Das Holz kann auf Hochglanz poliert werden.

TROCKNUNG UND STEHVERMÖGEN

Bei sorgfältigem Vorgehen trocknet Roter Eukalyptus gut, Probleme können aber wegen starkem Schwinden in Längsrichtung und durch Verziehen auftreten, das durch Harzgallen verursacht werden kann. Es arbeitet nur wenig.

HALTBARKEIT

Das Kernholz ist haltbar und sehr widerstandsfahig gegen Termiten, es lässt sich nicht mit Holzschutzmittel behandeln. Das Splintholz kann von Splintholzkäfern angegriffen werden. Es lässt sich mit Holzschutzmittel behandeln.

VERWENDUNG

Einsatz für schwere Bauaufgaben, im Wasser-, Treppen- und Schiffsbau. Herstellung von Schwellen- und Grubenholz und Fußböden (für den Wohnbereich wie für industrielle Verwendung). Es kann auch zu dekorativen Furnieren gemessert werden.

◄ Gedrechselte Schale

Syn.: *E. rostrata* • **Andere Bezeichnungen:** Red river gum, Murray red gum, Riverred gum, River gum, Queensland blue gum

Herkunft: Australien; wird auch in Ägypten, Israel, Portugal, Südafrika und Spanien in Plantagen angebaut. • **Höhe:** 20 m, kann aber bis zu 35 m hoch werden. • **Stammdurchmesser:** 2 m • **Durchschnittliches Trockengewicht:** 825 kg/m³ • **Spezifisches Gewicht:** 0,82

Gesundheitsrisiken: Keine spezifischen Reaktionen bekannt. Zu beachten sind allerdings die allgemeinen Gesundheitsgefahren, die durch das Einatmen von Holzstäuben entstehen können.

▲ *E.* obliqua

▲ Maserknolle ▲▲ Riegelmaserung

TASMANIAN OAK

Eucalyptus delegatensis*, *E. obliqua* und *E. regnans (Myrtaceae)

BESCHREIBUNG

Das Kernholz ist blassgraugelb bis blassbraun mit einem leichten Rosaton, das schmale, hellere Splintholz ist nicht deutlich vom Kernholz unterschieden. Der Faserverlauf ist meist gerade, kann aber auch wellig oder wechseldrehwüchsig sein. Die Holzstruktur ist grob, offen und ebenmäßig, häufig mit deutlich erkennbaren Jahresringen. Harzgallen kommen häufiger vor. Botanisch gehören die Arten weder zu den Eichen noch zu den Eschen.

EIGENSCHAFTEN

Das Holz ist sehr druckfest, mittel schlagfest, biegesteif und verformbar. E. obliqua lässt sich mäßig gut dampfbiegen, die anderen beiden Arten nur schlecht. Tasmanian Oak kann mit Handwerkzeug und Maschinen zufriedenstellend bearbeitet werden, solange das Werkzeug scharf gehalten wird, und hat eine mäßig abstumpfende Wirkung auf Werkzeugschneiden. Es lässt sich recht gut hobeln und zufriedenstellend profilieren, bohren, drechseln, fräsen und schnitzen. Es lässt sich gut schleifen, beizen, verleimen und polieren. Vor dem Nageln sollte man vorbohren.

TROCKNUNG UND STEHVERMÖGEN

Das Holz trocknet leicht und relativ schnell, es kann aber bei mangelnder Sorgfalt Qualitätseinbußen erleiden, die sich als Verziehen, Oberflächen- und Kernrisse sowie Zellkollaps äußern können. Das Holz arbeitet mittelstark.

HALTBARKEIT

Das Kernholz ist mäßig haltbar, während das Splintholz leicht vom Splintholzkäfer angegriffen wird. Das Splintholz nimmt im Gegensatz zum Kernholz Holzschutzmittel an.

VERWENDUNG

Fahrzeug-, Innen- und Außenausbau, Möbel, Paneele, Fußböden, Fässer, Kisten, Verschalungen, Sperrholz, Handgriffen, Holzzellstoff, dekorative Furnieren.

◀ Gedrechselte Büchse in *E. regnans* Maserknolle

Andere Bezeichnungen: Alpine ash, White-top oder Gum-top stringybark, Woollybutt *(E. delegatensis)*; Messmate stringybark, Brown-top stringybark *(E. obliqua)*; Stringy gum, Swamp gum, Victorian ash *(E. regnans)*. Diese drei verwandten Arten werden auch in Deutschland als „Tasmanian Oak" gehandelt.

Herkunft: Südöstliches Australien und Tasmanien • **Höhe:** 60-90 m • **Stammdurchmesser:** 1-2 m • **Durchschnittliches Trockengewicht:** 620-780 kg/m³, je nach Art • **Spezifisches Gewicht:** 0,62-0,78

Gesundheitsrisiken: Dermatitis, Asthma, Niesen. Reizungen von Augen, Nase und Hals

KARRI 

Eucalyptus diversicolor (Myrtaceae)

BESCHREIBUNG

Das Kernholz ist gleichmäßig rötlich braun, das Splintholz blasser. Karri ist wechseldrehwüchsig, im Radialschnitt zeigt sich das als gestreifte Textur. Die Holzstruktur ist ebenmäßig und mäßig grob. Das Holz (wenn auch nicht der Baum) ähnelt im Aussehen Jarrah-Eukalyptus *(E. marginata)*.

EIGENSCHAFTEN

Karri weist in allen mechanischen Eigenschaften gute Werte auf. Die Eignung zum Dampfbiegen ist mäßig gut. Es ist schwierig mit Handwerkzeug zu bearbeiten. Auch mit Maschinen ist die Bearbeitung relativ schwierig, da der Wechseldrehwuchs Werkzeugschneiden recht stark abstumpft. Vor dem Schrauben oder Nageln ist Vorbohren zwingend notwendig. Das Holz kann beim Drechseln, Bohren und Schleifen Probleme bereiten, und für das maschinelle Hobeln empfiehlt sich eine Verringerung des Schnittwinkels. Es kann zufriedenstellend verleimt werden, und nach Porenfüllung lässt sich eine sehr hohe Oberflächengüte erreichen.

TROCKNUNG UND STEHVERMÖGEN

Das Trocknen von Karri ist sehr schwierig, es empfiehlt sich eine teilweise Vortrockung vor dem künstlichen Trocknen. Stärkere Querschnitte können tiefe Risse aufweisen, auch im Tangentialschnitt kann es zu starkem Reißen kommen. Kleinere Querschnitte neigen zum Werfen. Es hat ein sehr geringes Stehvermögen.

HALTBARKEIT

Das Kernholz ist haltbar, nicht anfällig für Fäulniserreger und nimmt Holzschutzmittel nicht an. Das Splintholz lässt sich mit Holzschutzmittel behandeln. Es ist widerstandsfähig gegen Befall durch Splintholzkäfer.

VERWENDUNG

Aus Karri werden Fußbodenbeläge, Paneele und schwere Möbelstücke gefertigt. Man stellt auch Bau-, Schwellen- und Grubenholz, Pfosten und Wasserbauelemente (soweit sie oberhalb der Wasserlinie liegen) daraus her. Karri wird auch für Sperrholzfurniere geschält und zu dekorativen Furnieren für die Kunsttischlerei und zur Herstellung von Paneelen gemessert.

Andere Bezeichnungen: keine

Herkunft: Südwestaustralien; wird auch in Südafrika angebaut. • **Höhe:** 45-60 m • **Stammdurchmesser:** 1,8-3 m • **Durchschnittliches Trockengewicht:** 880 kg/m³ • **Spezifisches Gewicht:** 0,88

Gesundheitsrisiken: Keine spezifischen Reaktionen bekannt. Zu beachten sind allerdings die allgemeinen Gesundheitsgefahren, die durch das Einatmen von Holzstäuben entstehen können.

ROSE GUM

Eucalyptus grandis (Myrtaceae)

BESCHREIBUNG

Das Kernholz kann blass rosa bis rot-braun gefärbt sein. Das Splintholz ist meist blasser und oft nicht deutlich vom Kernholz unterschieden. Das Holz hat gleichmäßige, aber etwas grobe Fasern, die meist glatt oder leicht wechselwüchsig sind. Das Maserbild ist nicht auffällig.

EIGENSCHAFTEN

Das Holz ist mittelhart. Es lässt sich gut bearbeiten und ergibt beim Drechseln eine gute, glatte Oberfläche. Schrauben und Nägel lassen sich ohne Schwierigkeiten anbringen. Es ist zufriedenstellend zu verleimen und leicht zu lackieren, beizen und polieren.

TROCKNUNG UND STEHVERMÖGEN

Das Holz ist sowohl technisch als auch natürlich zufriedenstellend zu trocknen. Die Anfangsstadien der Trocknung müssen jedoch sorgfältig durchgeführt werden, um Oberflächenrisse und Zellkollaps zu vermeiden.

HALTBARKEIT

Rose Gum ist im Außenbereich mäßig widerstandsfähig gegen Fäulnis, wenn Frischluftzutritt gewährleistet ist. Es sollte nicht im Boden verarbeitet werden. Das Splintholz wird nicht vom Splintholzkäfer befallen.

VERWENDUNG

Hochwertige Möbel, Innenausbau, Drechsel- und Schnitzarbeiten, Bootsbau, Leichtbauwände, Bodenbeläge im Innen- und Außenbereich, Dachtraufen und Ortgänge, Außenverkleidungen, Bootsruder, Rundstangen, Obstkisten und Bausperrholz.

Andere Bezeichnungen: Flooded gum, Scrub gum

Herkunft: New South Wales, Queensland, Australien. Wird auch in Plantagen in Brasilien, Südamerika und Malaysia angebaut • **Höhe:** 45-55 m • **Stammdurchmesser:** 1-2 m • **Durchschnittliches Trockengewicht:** 800 kg/m³ • **Spezifisches Gewicht:** 0,80

Gesundheitsrisiken: Keine bekannt

JARRAH

Eucalyptus marginata (Myrtaceae)

BESCHREIBUNG

Das Kernholz ist satt bräunlich rot und weist manchmal auf dem Hirnholz kurze, dunkelbraune, radial verlaufende Flecken, manchmal im Tangentialschnitt bootsförmige Flecken auf. Das Holz hat oft schwarze Streifen, und gelegentlich kommen Rindeneinschlüsse vor. Die Holzfärbung kann mäßig bis stark variieren, und das Holz dunkelt zu einem satten Mahagonirot nach. Der Faserverlauf ist oft wechseldrehwüchsig oder gewellt, die Holzstruktur ebenmäßig und mäßig grob. Harzkanäle und -gallen kommen häufig vor. Das deutlich unterschiedene Splintholz ist meist blassgelb, kann aber nachdunkeln. Das Holz ähnelt im Aussehen Karri *(E. diversicolor)*.

EIGENSCHAFTEN

Das dichte, harte und schwere Holz ist mittel biegesteif und sehr druckfest. Die Eignung zum Dampfbiegen ist zufriedenstellend. Jarrah ist mit Handwerkzeug recht schwierig zu bearbeiten, und wenn es mit Maschinen bearbeitet wird, stumpft es die Werkzeugschneiden mäßig stark ab. Der Schnittwinkel des Dicktenhobels sollte bei Holz mit unregelmäßigem Faserverlauf verringert werden, um Faserausrisse zu vermeiden. Vor dem Schrauben oder Nageln sollte man vorbohren. Jarrah lässt sich gut drechseln und verleimen und sehr gut polieren.

TROCKNUNG UND STEHVERMÖGEN

Jarrah muss sorgfältig getrocknet werden, es empfiehlt sich eine teilweise Vortrocknung vor dem künstlichen Trocknen. Breitere Querschnitte können beim Trocknen reißen oder sich werfen, es kann auch zu Zellkollaps kommen. Das Holz arbeitet mittelstark.

HALTBARKEIT

Das Kernholz ist außerordentlich haltbar und widerstandsfähig gegen Termiten und Bohrmuscheln; es zeichnet sich auch durch seine Feuerbeständigkeit aus. Das Splintholz nimmt im Gegensatz zum Kernholz Holzschutzmittel an.

VERWENDUNG

Jarrah wird im Schiffs- und Wasserbau verwendet, zu Werkzeuggriffen, Möbeln, Veranda-Belägen und Veranden, Chemikalienbottichen, Fußböden (einschließlich Parkett), Schwellenholz, Schindeln und Hausverkleidungen verarbeitet. Jarrah wird auch zu dekorativen Furnieren für die Kunsttischlerei und zur Herstellung von Paneelen gemessert. Jarrah-Maserknollen sind ein begehrtes Holz für künstlerische Drechselarbeiten.

◀ Rechteckiger Teller aus Jarrah-Maserknolle

Andere Bezeichnungen: Swan Rivermahagony

Herkunft: Südwestaustralien • **Höhe:** 30-45 m • **Stammdurchmesser:** 0,9-1,8 m • **Durchschnittliches Trockengewicht:** 800 kg/m³ • **Spezifisches Gewicht:** 0,80

Gesundheitsrisiken: Reizungen von Nase, Hals und Augen

TALLOWWOOD

Eucalyptus microcorys (Myrtaceae)

BESCHREIBUNG

Das Kernholz variiert farblich von blass bis dunkel gelblich Braun, das fast weiße Splintholz ist deutlich davon unterschieden. Die Holzfasern sind mäßig grob und drehwüchsig. Wie der englische Name schon andeutet, fühlt sich Tallowwood wächsern an und kann ausgesprochen glatt sein. Der Gehalt an Wachsen und Ölen verleiht dem Holz einen typischen Glanz. Das Holz zeichnet sich weder durch markante Jahresringe noch Maserung aus, es ist meist frei von Harzgängen.

EIGENSCHAFTEN

Tallowwood ist ein dichtes, schweres, hartes und widerstandsfähiges Holz, das aber wegen seines natürlichen Ölgehaltes recht gut zu bearbeiten ist, auch wenn es stark abstumpfend auf Werkzeugschneiden wirken kann. Es lässt sich gut maschinell verarbeiten und drechseln, Nägel und Schrauben werden gut gehalten, beim Nageln sollte man jedoch umsichtig arbeiten, um Einreißen zu vermeiden. Wegen des „fettigen" Charakters des Holzes kann das Verleimen schwierig sein. Eine Vorbehandlung mit zehnprozentiger Natriumhydroxidlösung soll die Haftung verbessern. Tallowwood nimmt Lacke, Polituren und Beizen gut an, aber man sollte über gute Kenntnisse der verschiedenen Oberflächenmittel verfügen, wenn man mit diesem ungewöhnlichen Holz arbeitet. Es kann zu einer recht hohen Güte poliert werden.

TROCKNUNG UND STEHVERMÖGEN

Sowohl technisch als auch natürlich ist das Holz zufriedenstellend zu trocknen und zeigt kaum Neigung zu Oberflächenrissen. Das Stehvermögen ist normal.

HALTBARKEIT

Das Holz ist auch bei Bodenkontakt und in feuchten Umgebungen ohne Frischluftzufuhr extrem haltbar und fäulnisbeständig. Brücken aus Tallowwood haben wegen der Inhaltsstoffe des Holzes eine außerordentlich hohe Lebensdauer. Das Splintholz kann vom Splintholzkäfer angegriffen werden. Es lässt sich im Gegensatz zum Kernholz gut mit Holzschutzmitteln behandeln.

VERWENDUNG

Innenausbau, Gartenmöbel, Drechselarbeiten, Bootsbau, Terrassenböden, Außenverkleidungen, Zäune, Werkzeugstiele, Croquetschläger, Brückenbau, Hafenbau und Sperrholz.

Andere Bezeichnungen: Australian tallowwood

Herkunft: Küste von New South Wales und Queensland, Australien • **Höhe:** 25–60 m • **Stammdurchmesser:** 1–2 m • **Durchschnittliches Trockengewicht:** 1000 kg/m^3 • **Spezifisches Gewicht:** 1,00

Gesundheitsrisiken: Keine spezifischen Reaktionen bekannt. Zu beachten sind allerdings die allgemeinen Gesundheitsgefahren, die durch das Einatmen von Holzstäuben entstehen können.

BLACKBUTT

Eucalyptus pilularis (Myrtaceae)

BESCHREIBUNG

Das Kernholz ist blassbraun und zeigt manchmal, vor allem nach dem Einschnitt, einen leichten Rosaton. Das Splintholz kann vom Kernholz fast ununterscheidbar sein, ist jedoch blasser gefärbt. Der Faserverlauf ist normalerweise gerade, kann aber auch unregelmäßig sein. Die Textur ist gleichmäßig und mittelfein, allerdings kommen häufig Harzgänge vor. Das Holz kann sich manchmal fettig anfühlen und auch so aussehen.

EIGENSCHAFTEN

Blackbutt ist ein hartes und dichtes Holz, das für Druckfestigkeit, Biegesteifigkeit und Verformbarkeit gute Werte aufweist. Allerdings ist es nicht sehr gut zum Dampfbiegen geeignet. Das Holz wirkt mäßig abstumpfend auf Werkzeugschneiden. Beim Nageln und Schrauben empfiehlt es sich, vorzubohren, da Blackbutt leicht einreißt. Das Verleimen kann problematisch sein, auf frisch bearbeiteten Oberflächen hält der Leim jedoch besser. Das Holz lässt sich recht gut beizen und polieren, beim Lackieren treten jedoch wegen der hohen Konzentrationen von Inhaltsstoffen häufig schlechte Ergebnisse auf, die auf Oberflächenrisse und -verfärbungen zurückzuführen sind.

TROCKNUNG UND STEHVERMÖGEN

Technische wie auch natürliche Trocknung lassen sich effektiv durchführen, allerdings sollte man vor der technischen Trocknung eine natürliche Trocknung durchführen. Junges Holz hat eine leicht Neigung zum Zellkollaps in der Nähe des Marks, und insgesamt neigt das Holz während des Trocknens zum Reißen.

HALTBARKEIT

Wenn es nicht mit dem Boden in Berührung kommt, ist Blackbutt sehr haltbar. Im Boden ist es mittelmäßig fäulnisresistent. Das Splintholz wird nicht vom Splintholzkäfer befallen. Das Splintholz lässt sich im Gegensatz zum Kernholz gut mit Holzschutzmitteln behandeln.

VERWENDUNG

Hochwertige Möbel, Gartenmöbel, Innenausbau, Drechselarbeiten, Bootsbau, Parkett; Böden für den Innen- und Außenbereich, Außenverkleidungen, Leichtbauelemente für den Innenausbau, Zäune, Fahrzeugbau. Aus Blackbutt werden auch Hartfaserplatten und Bausperrholz hergestellt.

Andere Bezeichnungen: Pink blackbutt. Verwandt mit dem Western Australian blackbutt oder Yarri *(E. patens)*, New England blackbutt *(E. andrewsii)* (New England bezieht sich hier auf Australien, nicht die USA) und Dundas blackbutt *(E. dundas)*

Herkunft: New South Wales und südliches Queensland, Australien; wird auch in Plantagen in Neuseeland angebaut. • **Höhe:** 35-60 m • **Stammdurchmesser:** 1-2 m • **Durchschnittliches Trockengewicht:** 930 kg/m³ • **Spezifisches Gewicht:** 0,93

Gesundheitsrisiken: Keine spezifischen Reaktionen bekannt. Zu beachten sind allerdings die allgemeinen Gesundheitsgefahren, die durch das Einatmen von Holzstäuben entstehen können.

HARZ-EUKALYPTUS

Eucalyptus resinifera (Myrtaceae)

BESCHREIBUNG

Das Splintholz ist deutlich vom Kernholz unterschieden und blasscreme gefärbt. Das Kernholz ist rot bis dunkelrot. Der Faserverlauf ist leicht wechseldrehwüchsig, die Holzstruktur ebenmäßig und mittelfein bis grob. Der Wechseldrehwuchs kann zu ansprechenden Riegeltexturen führen. Im Gegensatz zu den englischen Vulgärnamen handelt es sich nicht um eine echte Mahagoniart.

EIGENSCHAFTEN

Das Holz ist steif, sehr hart, zäh und strapazierfähig. Es ist mit Handwerkzeug wie mit Maschinen gut zu bearbeiten. Es stumpft Werkzeugschneiden mäßig stark ab. Beim Hobeln empfiehlt sich eine Verringerung des Schnittwinkels, um Faserausrisse zu vermeiden. Nageln kann zum Spalten des Holzes führen, es empfiehlt sich also vorzubohren. Harz-Eukalyptus lässt sich gut schleifen, beizen, lackieren und polieren und recht gut verleimen.

TROCKNUNG UND STEHVERMÖGEN

Das Holz trocknet langsam und ohne nennenswerte Qualitätseinbußen. Es hat ein recht gutes Stehvermögen.

HALTBARKEIT

Das Splintholz kann von Splintholzkäfern angegriffen werden. Es lässt sich mit Holzschutzmittel behandeln. Das Kernholz ist haltbar, aber nicht mit Holzschutzmittel behandelbar.

VERWENDUNG

Harz-Eukalyptus wird für schwere Bauaufgaben und im Haus-, Boots- und Fahrzeugbau verwendet, man stellt Fußbodenbeläge für den Innen- und Außenbereich daraus her. Bau-Sperrholz, Hausverkleidungen, Möbel, Schwellenholz, Paneele und Drechselarbeiten werden ebenfalls daraus gefertigt.

Andere Bezeichnungen: Australian red mahagany, Red mahogany eucalyptus, Red mahogany, Red stringybark, Red messmate

Herkunft: Östliches Australien • **Höhe:** 45 m • **Stammdurchmesser:** 1–1,5 m • **Durchschnittliches Trockengewicht:** 960 kg/m³ • **Spezifisches Gewicht:** 0,96

Gesundheitsrisiken: Keine spezifischen Reaktionen bekannt. Zu beachten sind allerdings die allgemeinen Gesundheitsgefahren, die durch das Einatmen von Holzstäuben entstehen können.

SYDNEY BLUE GUM

Eucalyptus saligna (Myrtaceae)

BESCHREIBUNG

Das Kernholz ist meist rosa bis dunkelrot, bei Bäumen aus Sekundärbewuchs kann es jedoch auch blass strohgelb mit rosa Glanzlichtern sein. Das Splintholz ist meist blasser und deutlich vom Kernholz unterschieden. Das Holz dunkelt im Laufe der Zeit nach, wobei die Farben an Ausdruckskraft verlieren. Der Faserverlauf ist meist gerade, kann aber auch wechseldrehwüchsig sein und schöne Maserbilder liefern. Die Textur ist mäßig grob und gleichmäßig. Harzgänge kommen häufig vor.

EIGENSCHAFTEN

Sydney Blue Gum ist ein hartes, schweres, zähes und widerstandsfähiges Holz, das sich recht gut dampfbiegen lässt. Es lässt sich dennoch verhältnismäßig leicht mit Handwerkzeug und Maschinen bearbeiten. Es ist gut zu leimen, nageln und schrauben. Das Holz nimmt die meisten Oberflächenmittel gut an und kann zu Hochglanz poliert werden.

TROCKNUNG UND STEHVERMÖGEN

Sydney Blue Gum ist schwierig zu trocknen und neigt zu Oberflächenrissen. Das Holz ist mäßig standfest.

HALTBARKEIT

Das Kernholz ist mäßig haltbar, der Splint kann vom Splintholzkäfer angegriffen werden.

VERWENDUNG

Möbelbau, Fußböden, Paneele, Bootsbau, Bausperrholz und andere Bauaufgaben.

Andere Bezeichnungen: Blue gum

Herkunft: New South Wales, Queensland, Australien. In den USA, Neuseeland, Südafrika, Teilen von Asien und Hawaii eingeführt. • **Höhe:** 50 m • **Stammdurchmesser:** 2 m • **Durchschnittliches Trockengewicht:** 900 kg/m³ • **Spezifisches Gewicht:** 0,90

Gesundheitsrisiken: Allergische Kontaktekzeme; Reizungen der Nase und des Halses

Die Gattung

FAGUS BUCHEN

Zur Gattung der Buchen gehören lediglich etwa zehn Arten, die in Nordamerika, Europa und Asien vorkommen. Die Rotbuche *(F. sylvatica)* wird oft als dekorative, schattenspendende Bepflanzung verwendet, kommt aber auch beim Bau von Gebrauchsmöbeln und im Innenausbau zum Einsatz, wie das auch für die weitgehend ähnliche Amerikanische Buche *(F. grandifolia)* gilt.

▲ Junge Buchen werfen oft ihre Blätter im Herbst nicht ab.

Ausgewachsene Buchen können 30 m hoch werden, deutlich größere Höhen kommen gelegentlich auch vor. Die Bäume können bis zu 300 Jahre alt werden, bei „geschneitelten" Exemplaren („Kopfbuchen") können es auch 400 Jahre sein.

Die Buche liefert eines der stärksten Hölzer der nördlichen gemäßigten Zonen, allerdings erreicht es wegen der geringen Länge der Holzfasern nicht die Zugfestigkeit etwa der Eschen *(Fraxinus* spp.*)*.

Es ist jedoch ein dichtes und hartes Holz. Die Trocknung von Buchenholz kann wegen seiner Neigung zum Reißen und Verziehen, die von den hohen Schwundwerten herrühren, etwas problematisch sein. Da es sich gut zum Drechseln und Dampfbiegen eignet, wird es seit alters her als Material für Werkzeuggriffe, Möbel, Sport- und Küchengeräte verwendet. Holzkohle aus Buchenholz eignet sich angeblich besonders gut für die Herstellung von Schwarzpulver.

Die Scheinbuche aus Australien, Neuseeland und Südamerika gehören einer anderen, jedoch verwandten Art an.

▲ Ein Bugholzstuhl von Michael Thonet (1796-1871)

Ein „Grüner Mann" in ▲ Miniaturausführung (Originalgröße)

▲ Ein klassizistischer Beistelltisch aus versporter Buche.

AMERIKANISCHE BUCHE

Fagus grandifolia (Fagaceae)

BESCHREIBUNG

Das sehr schmale Splintholz ist fast weiß, das Kernholz kann weißlich mit einem leichten Rotton oder hell- bis rötlich braun sein. Amerikanische Buche ist grober und etwas schwerer als die europäische Rotbuche *(F. sylvatica)*. Der Faserverlauf ist gerade, manchmal wechseldrehwüchsig, die Holzstruktur fein und ebenmäßig. Die deutlich zu erkennenden Markstrahlen ergeben im Radialschnitt charakteristische Flecken. Das Holz glänzt silbrig.

EIGENSCHAFTEN

Amerikanische Buche ist ausgezeichnet zum Dampfbiegen geeignet. Es ist sehr druck-, mittel schlagfest und von mittlerer Verformbarkeit. Es ist ein ausgezeichnetes Drechselholz, lässt sich gut mit Handwerkzeug wie mit Maschinen bearbeiten, hat allerdings die Neigung beim Sägen zu klemmen und beim Bohren und Ablängen zu „brennen". Es lässt sich gut verleimen und nageln, gut beizen und polieren.

TROCKNUNG UND STEHVERMÖGEN

Die Trocknung muss sorgfältig durchgeführt werden, da das Holz schnell trocknet und die Neigung hat, zu reißen und sich zu werfen. Es können hohe Schwundmaße auftreten und es kann auch zu Verfärbungen des Holzes kommen. Je nach Luftfeuchtigkeit kann es zu mäßigem Arbeiten des Holzes kommen.

HALTBARKEIT

Das Holz ist nicht haltbar, es nimmt Holzschutzmittel an. Das Kernholz wird leicht vom Gemeinen Nagekäfer angegriffen.

VERWENDUNG

Das Holz wird in der Kunsttischlerei, im Fahrzeug- und Innenausbau und der Möbelherstellung verwendet. Man stellt Fußböden, Bürstenrücken, Werkzeuggriffe, Haushaltsgeräte, Lebensmittelbehälter und Fässer sowie Drechselarbeiten und Furniere daraus her.

Andere Bezeichnungen: American beech, Beech

Herkunft: Östliches Kanada und USA • **Höhe:** 45 m • **Stammdurchmesser:** 1,2 m • **Durchschnittliches Trockengewicht:** 740 kg/m³ • **Spezifisches Gewicht:** 0,74

Gesundheitsrisiken: Dermatitis, Reizungen der Augen, Abnahme der Lungenfunktion, in seltenen Fällen auch Nasenhöhlenkarzinome

ROTBUCHE

Fagus sylvatica (Fagaceae)

BESCHREIBUNG

Das Splintholz ist schwer vom Kernholz zu unterscheiden. Die Farbe variiert von Weißlich bis zu einem sehr blassen Braun und kann zu einem blassen rosabraunen Ton nachdunkeln. Gedämpftes Holz kann einen tieferen rötlich braunen Farbton annehmen. Gelegentlich hat das Holz ein dunkelrotes Herz oder dunklere Adern. Der Faserverlauf ist gerade, die Struktur fein und ebenmäßig mit charakteristischen Flecken. Im Radialschnitt kann sich eine ansprechende Textur mit breiten Markstrahlen zeigen.

EIGENSCHAFTEN

Rotbuche eignet sich sehr gut zum Dampfbiegen. Das Holz ist mittel biegesteif und sehr druckfest. Nicht fachgerecht getrocknete Rotbuche kann beim Sägen klemmen, beim Ablängen „verbrennen" und beim Hobeln Probleme verursachen. Ansonsten ist es mit Handwerkzeug mäßig gut zu bearbeiten. Es stumpft Werkzeugschneiden mäßig stark ab. Vor dem Nageln sollte man vorbohren. Rotbuche ist gut zu verleimen und beizen, die erreichbare Oberflächengüte ist sehr hoch. Es ist ein sehr gutes Drechselholz.

TROCKNUNG UND STEHVERMÖGEN

Rotbuche trocknet recht schnell, kann aber reißen, sich werfen und stark schwinden. Sowohl bei natürlicher als auch bei künstlicher Trocknung muss sorgfältig gearbeitet werden.

HALTBARKEIT

Buche ist nicht haltbar und kann vom Gemeinen Nagekäfer sowie vom Pochkäfer angegriffen werden. Das Splintholz ist anfällig für Bockkäfer.

VERWENDUNG

Vollholz- und furnierte Möbel (Schreibtische, Stühle und Bänke, auch Bugholzmöbel) und für hochwertige Innenausbauaufgaben. Werkzeuge und Werkzeuggriffe, Hobelbänke, Musikinstrumente, Küchengeräte, Spielwaren, Weberschiffchen, Fußböden, Sperrholz, Drechselarbeiten und dekorative Furniere.

▲ Auf Gehrung gearbeitete Schachtel aus versporter Rotbuche

◄ Profilhobel verschiedener Hersteller aus dem 19. Jahrhundert, an denen man die Markstrahlen bei radialgeschnittenem Holz erkennen kann.

Andere Bezeichnungen: Buche, European beech; Hêtre (Französisch); wird auch nach Herkunft benannt: Englische, Dänische, Französische, Rumänische Buche

Herkunft: Mitteleuropa u. Großbritannien; auch westliches Asien • **Höhe:** 30 m • **Stammdurchmesser:** 1,2 m • **Durchschnittliches Trockengewicht:** 720 kg/m³ • **Spezifisches Gewicht:** 0,72

Gesundheitsrisiken: Dermatitis, Reizungen der Augen, Abnahme der Lungenfunktion, in seltenen Fällen auch Nasenhöhlenkarzinome

▲ F. brayleyana, Radialschnitt

F. pimenteliana ▲

QUEENSLAND MAPLE

Flindersia brayleyana und ***F. pimenteliana*** (Rutaceae)

BESCHREIBUNG

Das Kernholz ist rosabraun und dunkelt zu einem mittelbraunen Ton nach. Der Faserverlauf kann gerade sein, ist aber meist wechseldrehwüchsig und kann auch gewellt oder gekräuselt sein, was zu einer Vielzahl interessanter Maserbilder führt. Die Holzstruktur ist mittelfein und ebenmäßig, das Holz weist einen natürlichen Seidenglanz auf. Im Gegensatz zu den englischen Vulgärnamen ist es keine echte Ahornart.

EIGENSCHAFTEN

Das Holz ist hoch verformbar, von geringer Schlagfestigkeit, mittlerer Druckfestigkeit und Biegesteifigkeit. Das Holz eignet sich nicht zum Dampfbiegen. Es ist mit Handwerkzeug wie mit Maschinen gut zu bearbeiten. Es stumpft Werkzeugschneiden mäßig stark ab. Beim Hobeln von wechseldrehwüchsigem Holz ist eine Verringerung des Schnittwinkels zu empfehlen. Queensland Maple lasst sich gut drechseln, verleimen, schleifen, schrauben und nageln. Es kann mit Ammoniak geräuchert werden, um die Färbung zu vertiefen. Es lässt sich zu hoher Güte polieren.

TROCKNUNG UND STEHVERMÖGEN

Das Holz ist schwierig zu trocknen, da es dazu neigt, sich zu verziehen und hohe Schwundmaße aufweist. Bei breiteren Querschnitten kann es zu Zellkollaps und zum Verziehen kommen. Das Holz arbeitet mittelstark.

HALTBARKEIT

Das Kernholz ist von Natur aus mäßig widerstandsfähig gegen Fäulniserreger und Insektenbefall. Das Holz nimmt Holzschutzmittel nicht an.

VERWENDUNG

In Australien ist Queensland Maple ein begehrtes Holz für die Kunsttischlerei und den hochwertigen Innenausbau. Es wird auch im Bootsbau und für Bauaufgaben verwendet. Man stellt Gewehrschäfte, Büromöbel, Sperrholz, Ruder und Drechselarbeiten daraus her. Ausgesuchte Stämme werden zu dekorativen Furnieren gemessert, die Vogelaugen-, gestreifte, geriegelte, gefleckte oder gefelderte Texturen aufweisen können.

Andere Bezeichnungen: Australian maple, Flindersia, Maple silkwood, Silkwood

Herkunft: Australien (nördliches Queensland); Papua Neuguinea • **Höhe:** 30 m oder mehr • **Stammdurchmesser:** 0,9-1,2 m • **Durchschnittliches Trockengewicht:** 550 kg/m³, kann aber schwerer sein. • **Spezifisches Gewicht:** 0,55

Gesundheitsrisiken: Dermatitis

▲ F. bourjotiana

SILVER ASH

Flindersia schottiana, F. bourjotiana, F. pubescens (Rutaceae)

BESCHREIBUNG

Diese drei Flindersia-Arten haben ähnliche Eigenschaften und kommen alle als „Silver Ash" in den Handel. Das Splintholz ist nicht deutlich vom Kernholz unterschieden, das farblich von fast weiß bis blassgelb variieren kann und manchmal auch grausilbrig ist. Der Faserverlauf ist meist gerade, kann aber auch leicht wechseldrehwüchsig oder gewellt sein. Die Holzstruktur ist ebenmäßig und mittelgrob. Das Holz weist einen natürlichen Glanz auf. Das Maserbild ist meist schlicht. Im Gegensatz zu den englischen Vulgärnamen ist Silver Ash keine echte Eschenart.

EIGENSCHAFTEN

Das Holz ist zäh und elastisch, wenig schlagfest, mittel druckfest und biegesteif und von hoher Verformbarkeit. Es eignet sich sehr gut zum Dampfbiegen. Silver Ash ist mit Handwerkzeug wie mit Maschinen gut zu bearbeiten. Es stumpft Werkzeugschneiden kaum ab. Riftgeschnittenes Material sollte maschinell mit verringertem Schnittwinkel gehobelt und profiliert werden, um Faserausrisse zu vermeiden. Das Holz lässt sich gut verleimen, schrauben und nageln und gut auf Hochglanz polieren.

TROCKNUNG UND STEHVERMÖGEN

Das Holz trocknet langsam und neigt etwas zum Verziehen, kann aber ohne große Qualitätseinbußen natürlich oder künstlich getrocknet werden. Es arbeitet nur wenig.

HALTBARKEIT

Das Kernholz ist oberirdisch haltbar und nimmt Holzschutzmittel nicht an. Im Gegensatz dazu kann das Splintholz mit Holzschutzmittel behandelt werden, ist aber anfällig für Splintholzkäfer.

VERWENDUNG

Das Holz wird in der Möbelherstellung, im Innenausbau und im Bootsbau verwendet. Man stellt Sportgeräte, Fußböden, Musikinstrumente, Profilleisten, Lebensmittelbehälter, Drechsel- und Schnitzarbeiten daraus her. Es wird auch für Sperrholzfurniere geschält und zu dekorativen Furnieren gemessert.

Andere Bezeichnungen: Bumpy ash, Cudgerie, Southern silver ash, Dumpy ash *(F. schottiana)*; Queensland silver ash *(F. bourjotiana)*; Northern silver ash *(F. pubescens)*

Herkunft: Australien (New South Wales und Queensland); Papua Neuguinea • **Höhe:** 35 m • **Stammdurchmesser:** 1 m • **Durchschnittliches Trockengewicht:** 560 kg/m³ • **Spezifisches Gewicht:** 0,56

Gesundheitsrisiken: Keine spezifischen Reaktionen bekannt. Zu beachten sind allerdings die allgemeinen Gesundheitsgefahren, die durch das Einatmen von Holzstäuben entstehen können.

Die Gattung

FRAXINUS
ESCHEN

Zur Gattung Fraxinus gehören etwa 70 Arten, die in Mittel- und Nordamerika, in Europa und Asien heimisch sind. Die typische Lebenserwartung einer Esche beträgt etwa 200 Jahre, sie können aber auch wesentlich älter werden. Die Gemeine Esche *(F. excelsior)* kann im Alter von 45 Jahren Höhen von 18-35 m erreichen.

Wegen seiner Stärke, seiner hohen Schlagfestigkeit und des geraden Faserverlaufs wird Eschenholz oft zu Griffen und Stielen von schlagenden Werkzeugen, Baseballschlägern und anderen Sportgeräten und zu Möbeln verarbeitet und im Innenausbau verwendet. In der Vergangenheit wurde Esche oft als Material für die Felgen von Holzrädern, für Ruder, Zauntore und Spazierstöcke verwendet. Der Stab eines Schäfers sollte angeblich aus Eschenholz bestehen. Im Altenglischen lautete die Bezeichnung für Speer „cesc", was als „asch" ausgesprochen wurde – „Ash" ist auch die englische Bezeichnung für die Esche. Tatsächlich wurden die Speere damals auch aus jungen Eschenschösslingen hergestellt.

Vor der Entwicklung von Leichtmetalllegierungen wurde Eschenholz für den Bau von Kutschen und später auch von Kraftwagen und Flugzeugen verwendet, da es belastbar und dennoch relativ leicht ist. Auch heute wird es gelegentlich noch zu diesen Zwecken herangezogen. Der berühmte Leichtgewichtsbomber de Havilland Mosquito aus dem Zweiten Weltkrieg wurde aus Esche, Sitka-Fichte *(Picea sitchensis)*, Douglasie *(Pseudotsuga menziesii)* und Birke *(Betula* spp.*)* gebaut. Auch heute noch werden die britischen Sportwagen der Marke Morgan mit einem in Handarbeit hergestellten Rahmen aus Esche hergestellt.

Ich arbeite gerne mit Esche, nicht nur wegen seiner Widerstandsfähigkeit, sondern auch wegen der hellen Farbe, der subtilen Maserung und dem unverkennbaren Faserbild.

▲ Gemeine Esche *(F. excelsior)*

Schränkchen aus *F. excelsior* mit Rahmenfüllungen aus riftgeschnittener französischer Eiche *(Quercus petraea)* ▲

Vase aus Riegelesche *(F. excelsior)* ▶

▲ Oliven-Textur

WEISSESCHE

Fraxinus americana und verwandte Arten (Oleaceae)

BESCHREIBUNG

Obwohl sie sich in der Holzstruktur und ihren Eigenschaften ähneln, unterscheiden sich die drei amerikanischen Eschenarten in der Färbung des Holzes. F. nigra ist braungrau und etwas dunkler als die anderen Arten, die meist heller braungrau sind und eine leichte Rottönung aufweisen. Der Faserverlauf ist meist gerade, die Struktur grob und ebenmäßig. Das Holz glänzt. Das schmale Kernholz ist fast weiß.

EIGENSCHAFTEN

Die Eignung zum Dampfbiegen kann unterschiedlich sein, ist aber meist sehr gut. Das Holz ist hart, zäh, wenig biegesteif und verformbar und im Verhältnis zu seinem Gewicht gut belastbar. Die Schlagfestigkeit ist sehr gut. Es ist mit Handwerkzeug wie mit Maschinen gut zu bearbeiten. Es stumpft Werkzeugschneiden mäßig stark ab. Die härteren Arten sollte man vor dem Schrauben oder Nageln vorbohren. Das Holz lässt sich gut polieren, verleimen und beizen.

TROCKNUNG UND STEHVERMÖGEN

Weißesche trocknet relativ schnell mit nur geringen Qualitätseinbußen. Es kann jedoch zu Oberflächenrissen und graubraunen Verfärbungen kommen. Das Holz arbeitet wenig.

HALTBARKEIT

Weißesche ist nicht haltbar. Das Splintholz lässt sich mit Holzschutzmittel behandeln. Es wird leicht vom Gemeinen Nagekäfer und vom Splintholzkäfer angegriffen.

VERWENDUNG

Weißesche wird zur Herstellung von Sportgeräten wie Rudern, Billardstöcken und (Baseball-)Schlägern sowie von Griffen und Stielen von (Garten-)Werkzeugen verwendet, Außerdem werden hochwertige Möbel, Boote und Paddel, Einbauküchen und Inneneinrichtungen daraus hergestellt. Es wird auch zu dekorativen Furnieren verarbeitet.

◄ Kleiderschrank aus Weißesche

Andere Bezeichnungen: *F. americana*: Amerikanische Weißesche; White ash (USA), Canadian ash (GB); *F. pennsylvanica*: Green ash (USA), Red ash (Kanada); *F. nigra*: Black ash, Brown ash (USA)

Herkunft: Kanada und USA • **Höhe:** 25-36 m • **Stammdurchmesser:** 0,6-1,5 m • **Durchschnittliches Trockengewicht:** *F. americana* und *F. pennsylvanica* 660 kg/m^3, *F. nigra* 560 kg/m^3 • **Spezifisches Gewicht:** *F. americana* und *F. pennsylvanica* 0,66, *F. nigra* 0,56

Gesundheitsrisiken: Rhinitis, Abnahme der Lungenfunktion, Asthma

GEMEINE ESCHE

Fraxinus excelsior (Oleaceae)

BESCHREIBUNG

Das Splintholz ist nicht deutlich vom Kernholz unterschieden. Das Holz ist meist creme bis hellbraun gefärbt, das Kernholz ist manchmal dunkelbraun bis schwarz gestreift, ähnelt dann Olivenholz *(Olea europea)* und wird als Olivenesche bezeichnet. Eschenholz ist schwer, zäh, geradfaserig und biegsam, von grober, aber ebenmäßiger Struktur.

EIGENSCHAFTEN

Esche eignet sich hervorragend zum Dampfbiegen. Es ist mittel schlag- und druckfest und von hoher Verformbarkeit. Es ist zäh, spannkräftig und biegsam. Es ist mit Handwerkzeug wie mit Maschinen gut zu bearbeiten. Es stumpft Werkzeugschneiden mäßig stark ab. Vor dem Schrauben oder Nageln sollte man vorbohren. Esche lässt sich gut beizen, sägen und oberflächenbehandeln.

TROCKNUNG UND STEHVERMÖGEN

Die Trocknung muss sorgfältig durchgeführt werden, da das Holz schnell trocknet und die Neigung hat, zu reißen und sich zu werfen. Das Holz arbeitet mittelstark.

HALTBARKEIT

Esche ist nicht haltbar. Das Holz wird leicht vom Gemeinen Nagekäfer und vom Splintholzkäfer angegriffen. Der lebende Baum kann vom Bockkäfer angegriffen werden.

VERWENDUNG

Eschenholz wird zu Sportgeräten (wie Badminton-, Polo- oder Cricket-Schlägern), Rudern und Booten verarbeitet. Es wird auch in der Möbelherstellung und in der Kunsttischlerei eingesetzt, man verwendet es als Drechselholz und stellt Werkzeugstiele, Paneele und dekorative Furniere daraus her. Es ist ein traditionelles Material in der Stellmacherei und Wagnerei. Olivenesche ist begehrt für künstlerische und dekorative Arbeiten.

Geschnitzter Hecht ▼

Andere Bezeichnungen: European ash, Common Ash, Frêne (Französisch), Gewone es (Niederländisch). Meist wird nach der Herkunft unterschieden: Englische, Französische, Polnische Esche usw.

Herkunft: Europa, Nordafrika, westliches Asien • **Höhe:** 25-35 m • **Stammdurchmesser:** 0,6-1,5 m • **Durchschnittliches Trockengewicht:** 710 kg/m³ • **Spezifisches Gewicht:** 0,71

Gesundheitsrisiken: Rhinitis, Abnahme der Lungenfunktion, Asthma

MANDSCHURISCHE ESCHE

Fraxinus mandschurica (Oleaceae)

BESCHREIBUNG

Die Farbe variiert von einem Strohton bis zu Hellbraun. Der Faserverlauf ist meist gerade, kann aber auch wellig oder gekräuselt sein, was zu einer ansprechenden und ungewöhnlichen Pommelé-Textur oder zu geriegelten, geflammten, gefelderten und Masertexturen führen kann Manche Stämme sind zur Hälfte so gemasert und zur Hälfte schlicht. Wie andere Eschenarten auch, hat die Mandschurische Esche eine grobe Holzstruktur.

EIGENSCHAFTEN

Es ist mittel druckfest und hoch verformbar, mittel schlagfest. Die Eignung zum Dampfbiegen ist sehr gut. Mandschurische Esche ist mit Handwerkzeug wie mit Maschinen gut zu bearbeiten. Es stumpft Werkzeugschneiden mäßig stark ab. Solange mit scharfem Werkzeug gearbeitet wird, lässt es sich gut hobeln. Vor dem Schrauben oder Nageln sollte man vorbohren. Das Holz lässt sich gut verleimen, zufriedenstellend beizen und kann gut auf Hochglanz poliert werden.

TROCKNUNG UND STEHVERMÖGEN

Das Holz trocknet recht schnell mit geringen Qualitätsverlusten. Es arbeitet mäßig.

HALTBARKEIT

Mandschurische Esche ist nicht haltbar und nicht widerstandsfähig gegen Fäulniserreger und Termiten. Das Splintholz nimmt Holzschutzmittel an, das Kernholz nur mäßig gut.

VERWENDUNG

Mandschurische Esche wird in der Möbelherstellung und Kunsttischlerei verwendet. Man stellt Fußböden, Sperrholz und Werkzeuggriffe daraus her. Ausgesuchtes Holz wird für Sportgeräte wie Ski, Billardstöcke, (Badminton- und Baseball-)Schläger verwendet. Besonders schön gemaserte Stämme werden zu hochwertigen Furnieren gemessert, die als Paneele oder in der Kunsttischlerei Verwendung finden.

Andere Bezeichnungen: Japanese ash, Tamo

Herkunft: Japan, südöstliches Asien • **Höhe:** 15 m • **Stammdurchmesser:** 0,3-0,6 m • **Durchschnittliches Trockengewicht:** 690 kg/m^3 • **Spezifisches Gewicht:** 0,69

Gesundheitsrisiken: Der Staub kann die Lungenfunktion beeinträchtigen

▲ G. bancanus

RAMIN 

Gonystylus macropyllum und ***G. bancanus*** (Gonystylaceae)

BESCHREIBUNG

Sowohl Splint- als auch Kernholz weisen einen blassen Strohton oder ein cremiges Braun auf. Der Faserverlauf ist gerade bis leicht wechseldrehwüchsig. Die Struktur ist mäßig fein und ebenmäßig, das Holz wirkt eher schlicht und unauffällig, kein Glanz oder auffällige Maserung.

EIGENSCHAFTEN

Ramin ist mäßig hart und schwer. Das Holz ist mittelgut verformbar, von geringer Schlagfestigkeit, hoher Druckfestigkeit und Biegesteifigkeit. Die Eignung zum Dampfbiegen ist gering. Es ist mit Handwerkzeug wie mit Maschinen recht gut zu bearbeiten. Es stumpft Werkzeugschneiden mäßig stark ab. Es lässt sich mäßig gut hobeln, kann beim Nageln spalten, falls nicht vorgebohrt wird, ist aber gut zu verleimen, beizen und lackieren. Nach Porenfüllung kann Ramin zufriedenstellend poliert werden.

TROCKNUNG UND STEHVERMÖGEN

Es ist leicht und mit nur geringen Qualitätseinbußen zu trocknen, sollte aber nach dem Zuschneiden sofort mit Holzschutzmittel behandelt werden, um Verfärbungen durch Pilzbefall zu vermeiden. Beim Trocknen können Oberflächen- und Hirnrisse oder leichtes Verziehen auftreten. Das Stehvermögen ist gering.

HALTBARKEIT

Ramin ist wenig oder überhaupt nicht widerstandsfähig gegenüber Fäulniserregern. Das Splintholz wird vom Splintholzkäfer und von Termiten angegriffen. Das Holz nimmt Holzschutzmittel gut an.

VERWENDUNG

Ramin wird zu Möbeln und Ladeneinrichtungen, Fußböden, Spielwaren, Profilleisten für Bilderrahmen, Sperrholz und dekorativen Furnieren verarbeitet. Es dient als Drechsel-, Schnitz- und Dübelholz und wird im Innenausbau verwendet.

Andere Bezeichnungen: Ramin telur, Melawis, Lanutan-bagyo

Herkunft: Sarawak, Malaysien, südöstliches Asien • **Höhe:** 24 m • **Stammdurchmesser:** 0,6 m • **Durchschnittliches Trockengewicht:** 660 kg/m³ • **Spezifisches Gewicht:** 0,66

Gesundheitsrisiken: Atembeschwerden, Husen, Zittern, Schwitzen und Erschöpfung. Spitze Rindenfasern können Hautreizungen und Dermatitis verursachen

AGBA

Gossweilerodendron balsamiferum (Leguminosae)

BESCHREIBUNG

Das Kernholz ist beim Einschnitt gelblich bis rosabraun, dunkelt jedoch zu einem Ziegelrot nach. Der Faserverlauf ist meist gerade oder leicht wellig, kann aber manchmal auch wechseldrehwüchsig sein. Das Holz hat eine feine und ebenmäßige Struktur. Es glänzt stark und hat gewisse Ähnlichkeiten mit Mahagoni *(Swietenia macrophylla)*. Im Radialschnitt kann sich gelegentlich eine breit gestreifte Textur zeigen. Harzgallen kommen recht häufig vor.

EIGENSCHAFTEN

Es ist wenig schlagfest und biegesteif, mittel druckfest und von hoher Verformbarkeit. Bei stärkeren Stämmen kann es zu ausgedehnter Kernspödigkeit („brittleheart") kommen. Agba stumpft Werkzeugschneiden kaum ab, aber das Verharzen von Werkzeugen kann zum Problem werden. Das Holz lässt sich zufriedenstellend nageln, gut verleimen und schrauben. Nach Porenfüllung kann das Holz gut poliert und zu einer glänzenden Oberfläche gebracht werden.

TROCKNUNG UND STEHVERMÖGEN

Das Holz trocknet relativ leicht. Es hat eine leichte Neigung, während des Trocknens zu reißen oder sich zu werfen. Es kann zu Harz- oder Oleoresin-Austritten kommen. Nach dem Trocknen ist das Stehvermögen gut.

HALTBARKEIT

Das Splintholz wird vom Gemeinen Nagekäfer angegriffen, das Kernholz ist jedoch haltbar. Das Splintholz nimmt Holzschutzmittel zufriedenstellend an, das Kernholz nicht.

VERWENDUNG

Agba wird im Boots-, Innen- und Außenaus-bau verwendet. Man stellt Fußböden, Möbel, LKW-Ladeflächen, Särge, Drechselarbeiten und Sperrholz für den Wasserbau daraus her. Ausgesuchte Hölzer werden zu Furnieren verarbeitet. Agba ist wegen des Geruches des Harzes nicht für Gegenstände geeignet, die mit Lebensmitteln in Berührung kommen.

Andere Bezeichnungen: Nigerian cedar, Tola, Tola branca, N'tola, White tola, Egba, Emongi

Herkunft: Regenwälder Westafrikas • **Höhe:** 60 m • **Stammdurchmesser:** 2 m • **Durchschnittliches Trockengewicht:** 520 kg/m³ • **Spezifisches Gewicht:** 0,52

Gesundheitsrisiken: Dermatitis

MARACAIBO-BUCHSBAUM 

Gossypiospermum praecox (Flacourtiaceae)

BESCHREIBUNG

Das Kernholz ist nicht vom Splintholz unterschieden und kann farblich von fast Weiß bis Zitronengelb variieren. Der Faserverlauf ist meist gerade, die Struktur sehr fein und dicht, ebenmäßig und eher nichtssagend. Das Holz glänzt stark. Im Gegensatz zu den Vulgärnamen ist er keine echte Buchsbaumart.

EIGENSCHAFTEN

Wegen der Art von Gegenständen, die aus dem Holz hergestellt werden, und der geringen Abmessungen der Rohlinge sind Aussagen über die mechanischen Eigenschaften nicht zu erhalten. Man sagt ihm allerdings eine gute Eignung zum Dampfbiegen nach. Obwohl das Holz sehr dicht ist, lässt es sich mit Handwerkzeugen wie mit Maschinen leicht bearbeiten. Es hat eine mäßig abstumpfende Wirkung auf Werkzeugschneiden. Das Holz lässt sich gut drechseln, schnitzen, verleimen und kann gut auf Hochglanz poliert werden.

TROCKNUNG UND STEHVERMÖGEN

Maracaibo-Buchsbaum trocknet langsam, Lufttrocknung ist relativ schwierig. Es kann zum Reißen kommen, und unter feuchten Bedingungen gelagert, kann es verblauen. Vor dem Trocknen sollte man das Rohholz der Länge nach halbieren oder auf Maß schneiden. Es arbeitet nur wenig.

HALTBARKEIT

Das Holz ist recht haltbar, aber nur wenig widerstandsfähig gegenüber Termiten und Fäulniserregern. Das Splintholz wird leicht vom Gemeinen Nagekäfer angegriffen. Das Kernholz nimmt Holzschutzmittel nicht an.

VERWENDUNG

Maracaibo-Buchsbaum wird zu Holzblasinstrumenten, Klaviertasten, Schachfiguren, Messergriffen, Einlegbändern und Weberschiffchen verarbeitet. Es dient als Holzschnitt-, Schnitz- und Marketerie-Holz. In der Kunsttischlerei wird es auch als dekoratives Furnier verwendet.

Syn.: *Casearia praecox* • **Andere Bezeichnungen:** Maracaibo boxwood, Zapatero, Palo blanco, Agracejo. Wird auch nach Herkunft benannt: Kolumbianischer, Venezolanischer, Westindischer Buchsbaum.

Herkunft: Venezuela, Kolumbien, Dominikanische Republik • **Höhe:** Maximal 30 m • **Stammdurchmesser:** 0,2-0,4 m • **Durchschnittliches Trockengewicht:** 850 kg/m³ • **Spezifisches Gewicht:** 0,85

Gesundheitsrisiken: Keine spezifischen Reaktionen bekannt. Zu beachten sind allerdings die allgemeinen Gesundheitsgefahren, die durch das Einatmen von Holzstäuben entstehen können

POCKHOLZ

Guaiacum officinale und verwandte Arten (Zygophyllaceae)

BESCHREIBUNG

Das Kernholz ist dunkelgrünlich braun oder fast schwarz gefärbt. Der Faserverlauf ist stark wechseldrehwüchsig und unregelmäßig, die Holzstruktur sehr fein. Da der Gewichtsanteil des Guayak-Harzes am Holz etwa 30 % beträgt, fühlt sich das Holz ölig oder wachsig an. Das Splintholz ist deutlich vom Kernholz unterschieden und blassgelb gefärbt.

EIGENSCHAFTEN

Pockholz weist in allen mechanischen Eigenschaften sehr hohe Werte auf. Das Kernholz ist außerordentlich hart, dicht und schwer, das Splintholz ist deutlich weniger hart. Das Holz eignet sich nicht zum Dampfbiegen. Das Holz ist mit Handwerkzeugen sehr schwierig zu bearbeiten, die maschinelle Verarbeitung (vor allem das Sägen) ist ebenfalls schwierig. Beim maschinellen Hobeln neigt es dazu, auf den Hobelmessern zu „reiten". Es stumpft Werkzeugschneiden mäßig stark ab. Wegen des hohen Ölgehaltes kann das Schleifen und Verleimen problematisch sein, das Holz kann jedoch zu hoher Oberflächengüte poliert werden.

TROCKNUNG UND STEHVERMÖGEN

Pockholz ist eher schwierig zu trocknen, die Trocknung muss sehr sorgfältig durchgeführt werden, die Hirnflächen sollten entsprechend geschützt werden. Typische Trocknungsfehler sind Innen- und Hirnrisse. Das Stehvermögen ist mäßig.

HALTBARKEIT

Das Kernholz ist von Natur aus sehr widerstandsfähig gegen Fäulniserreger und benötigt normalerweise keine Behandlung mit Holzschutzmittel. Frisches Holz kann jedoch von Bockhornkäfern angegriffen werden.

VERWENDUNG

Pockholz wird zu Lagern für Schiffschrauben verarbeitet, da seine Lebensdauer wegen der selbstschmierenden Eigenschaften dreimal höher als die von Stahl oder Bronze ist. Es wird auch für andere Maschinenteile verwendet, zu Seilzugrollen, Rädern, Klüpfelköpfen, Textilverarbeitungszubehör und Bowlingkugeln.

◄ Holzklüpfel, der rechte stammt aus dem Jahr 1921

Andere Bezeichnungen: Lignum vitae, Franzosenholzbaum, Guayacán, Palo santo, Guayacán negro, Ironwood. Die wichtigste Handelsart ist zur Zeit *G. sanctum*, da die Vorräte an *G. officinale* gering sind.

Herkunft: Mittelamerika, Karibik, Venezuela, Kolumbien • **Höhe:** 6 m • **Stammdurchmesser:** 0,3 m • **Durchschnittliches Trockengewicht:** 1230 kg/m³ • **Spezifisches Gewicht:** 1,2

Gesundheitsrisiken: Dermatitis

G. thompsonii

BOSSÉ

Guarea cedrata (Meliaceae)

BESCHREIBUNG

Das frisch eingeschnittene Kernholz ist blass rosabraun gefärbt, dunkelt aber nach. Das Splintholz ist heller. Der Faserverlauf ist meist gerade, kann aber auch gekräuselt oder gewellt sein. Im Tangentialschnitt ist manchmal eine ansprechende, kleingefelderte Textur zu sehen Die Holzstruktur ist fein. Das Holz kann Silikate enthalten.

EIGENSCHAFTEN

Das Holz ist mitteldicht, von geringer Schlagfestigkeit und eignet sich gut zum Dampfbie-gen. Es ist sehr abriebfest und hat eine mäßig abstumpfende Wirkung auf Werkzeugschneiden. Bossé lässt sich gut nageln und schrauben. Es lässt sich recht gut mit Handwerkzeug bearbeiten. Die Oberflächen können bei mangelnder Sorgfalt wollig werden. Die Oberflächenbehandlung ist gut, allerdings kann es zu Harzaustritten kommen, falls in warmen Umgebungen poliert wird. Das Verleimen ist normalerweise unproblematisch, Harzgallen können sich dabei jedoch negativ auswirken.

TROCKNUNG UND STEHVERMÖGEN

Das Holz trocknet schnell mit geringen Qualitätseinbußen, auch wenn es eine geringfügige Neigung zum Werfen und Reißen besizt. Das Holz arbeitet sehr wenig.

HALTBARKEIT

Das Splintholz nimmt Holzschutzmittel an, das Kernholz ist haltbar und nimmt Holzschutzmittel nicht an.

VERWENDUNG

Bossé wird zu Möbeln und Möbelteilen, Ladeneinrichtungen, Gewehrschäften, dekorativen Furnieren und Wasserbau-Sperrholz verarbeitet. Auch im Boots- und Wasserbau wird es eingesetzt.

Andere Bezeichnungen: Guarea, Bosasa, White guarea, Obobo nofua, Scented guarea. *G. thompsonii* wird auch als (dunkles) Bossé gehandelt und besitzt ähnliche Eigenschaften.

Herkunft: Tropisches Westafrika und Uganda • **Höhe:** 48 m • **Stammdurchmesser:** 1,5 m • **Durchschnittliches Trockengewicht:** 580 kg/m³ • **Spezifisches Gewicht:** 0,58

Gesundheitsrisiken: Reizungen der Haut und Schleimhäute, Dermatitis, Asthma, Übelkeit, Kopfschmerzen und Sehstörungen

BUBINGA

Guibourtia demeusei und verwandte Arten (Leguminosae)

BESCHREIBUNG

Das Kernholz ist mittelrotbraun und weist eine hellere rote bis purpurne Äderung auf. Das Splintholz ist normalerweise grauweiß, elfenbeinfarben, oder elfenbeinfarben gestreift, manchmal auch bräunlich weiß. Der Faserverlauf ist meist gerade oder wechseldrehwüchsig, die Jahresringe sind deutlich zu erkennen. Das Holz weist feine Poren auf, die ein rötliches Harz enthalten können. Die Holzstruktur ist recht grob, aber ebenmäßig, die Schnittflächen können stark glänzen.

EIGENSCHAFTEN

Es kann zu Problemen mit Harzaustritten kommen. Das Holz eignet sich kaum zum Dampfbiegen. Bubinga lässt sich mit Handwerkzeug wie mit Maschinen gut bearbeiten, allerdings kann es beim Hobeln oder Profilieren bei unregelmäßigem Faserverlauf zu Faserausrissen kommen, weshalb sich eine Verringerung des Schnittwinkels empfiehlt. Wegen des Silikatgehalts hat Bubinga eine mäßig bis stark abstumpfende Wirkung auf Werkzeugschneiden. Beim Nageln und Schrauben ist Vorbohren erforderlich, beim Verleimen können Harzgallen Probleme verursachen. Das Holz kann gut gebeizt und zu hoher Güte geschliffen und poliert werden.

TROCKNUNG UND STEHVERMÖGEN

Bubinga lässt sich gut und mit nur geringen Qualitätseinbußen trocknen, der Harzgehalt kann allerdings zu Problemen führen. Langsames Trocknen vermeidet Verziehen und Reißen. Es hat ein gutes Stehvermögen.

HALTBARKEIT

Bubinga kann vom Gemeinen Nagekäfer angegriffen werden. Es ist mäßig widerstandsfähig gegen Bohrmuscheln. Das Kernholz nimmt Holzschutzmittel nicht an, das Splintholz mäßig gut.

VERWENDUNG

Furniere, Drechselholz, Boots- und Möbelbau.

◀ Ausstellungs-Tischchen

Andere Bezeichnungen: Afrikanisches Rosenholz, African rosewood, Akume, Kevasingo (bei Furnieren), Essingang, Buvenga, Ovang, Waka, Okweni

Herkunft: Zentralafrika und tropisches westliches Zentralafrika • **Höhe:** 21 m • **Stammdurchmesser:** 1,2 m • **Durchschnittliches Trockengewicht:** 880 kg/m³ • **Spezifisches Gewicht:** 0,88

Gesundheitsrisiken: Dermatitis und Hautveränderungen

OVANGKOL 

Guibourtia ehie (Leguminosae)

BESCHREIBUNG

Das Kernholz variiert von gelblich Braun bis Schokoladenbraun und ist grau bis fast schwarz gestreift. Der Faserverlauf kann gerade bis wechseldrehwüchsig sein. Die Holzstruktur ist mäßig grob, das Holz zeigt manchmal eine ansprechende Textur. Das etwa 100 mm starke Splintholz ist deutlich vom Kernholz unterschieden und gelblich weiß gefärbt.

EIGENSCHAFTEN

Ovangkol weist in allen mechanischen Eigenschaften mittlere Werte auf, lediglich zum Dampfbiegen ist die Eignung gering. Es ist mit Handwerkzeug recht gut zu bearbeiten. Es stumpft Werkzeugschneiden wegen des Silikatgehalts allerdings mäßig stark ab. Obwohl es sich gut hobeln lässt, sollte riftgeschnittenes Holz mit verringertem Schnittwinkel gehobelt werden. Das Holz lässt sich gut verleimen, nageln, schrauben und beizen und kann gut auf Hochglanz poliert werden. Bei Berührung mit eisenhaltigen Metallverbindungen kann es zu Verfärbungen kommen.

TROCKNUNG UND STEHVERMÖGEN

Ovangkol trocknet normalerweise schnell und mit nur geringen Qualitätseinbußen. Es ist jedoch schwierig, das Holz künstlich zu trocknen. Das Holz arbeitet mittelstark.

HALTBARKEIT

Das Kernholz ist mäßig haltbar, normalerweise widerstandsfähig gegen Termiten und schwierig mit Holzschutzmittel zu behandeln. Das Splintholz ist gut mit Holzschutzmittel zu behandeln.

VERWENDUNG

Ovangkol wird in der Kunsttischlerei und im hochwertigen Innenausbau verwendet, man stellt Ladeneinrichtungen, Werkzeuggriffe, Drechselarbeiten und Paneele daraus her. Es wird auch zu dekorativen Furnieren gemessert.

Andere Bezeichnungen: Ovéngkol, Amazakoué, Anokye, Ehie, Hyeduanini

Herkunft: Gabun, Ghana, Elfenbeinküste, Nigeria • **Höhe:** 30-45 m • **Stammdurchmesser:** 0,6-0,9 m • **Durchschnittliches Trockengewicht:** 800 kg/m³ • **Spezifisches Gewicht:** 0,80

Gesundheitsrisiken: Keine spezifischen Reaktionen bekannt. Zu beachten sind allerdings die allgemeinen Gesundheitsgefahren, die durch das Einatmen von Holzstäuben entstehen können

MENGKULANG

Heritiera javanica und verwandte Arten (Sterculiaceae)

BESCHREIBUNG

Das Kernholz variiert von fast Weiß (nach dem Einschnitt) über Blassorangebraun, bläulich Rosa, Rot, Rotbraun bis hin zu einem tiefen Goldbraun. Im Längsschnitt können sich dunklere Streifen, im Radialschnitt rote Flecken zeigen (diese rühren von den verhältnismäßig großen Markstrahlen her). Der Faserverlauf ist gerade bis stark wechseldrehwüchsig und ergibt manchmal ein geriegeltes oder geflecktes Maserbild. Das Holz glänzt oft, die Struktur ist ebenmäßig und recht grob. Das Holz fühlt sich ölig an. Das Splintholz ist blass und oft nicht deutlich vom Kernholz unterschieden.

EIGENSCHAFTEN

Das dichte und schwere Holz ist mittel druckfest und biegesteif und von mittlerer Verformbarkeit. Es ist sehr druckfest, eignet sich jedoch nicht zum Dampfbiegen. Kleine Silikatablagerungen und der Wechseldrehwuchs geben dem Holz eine stark abstumpfende Wirkung auf Werkzeugschneiden. Beim Sägen sollten hartmetallbesetzte Blätter eingesetzt werden. Das Hobeln, Drechseln, Stemmen und Profilieren ist schwierig. Mengkulang ist mit Handwerkzeugen schwierig zu bearbeiten, beim Nageln und Schrauben muss vorgebohrt werden. Es lässt sich zufriedenstellend verleimen, und nach Porenfüllung gut beizen, polieren und lackieren.

TROCKNUNG UND STEHVERMÖGEN

Mengkulang trocknet gut und schnell mit nur geringen Qualitätseinbußen. Es kann jedoch zu Oberflächenrissen und gelegentlich auch zum Werfen und Verziehen kommen. Mengkulang arbeitet nur wenig.

HALTBARKEIT

Das Holz ist nicht haltbar und gegenüber Fäulniserregen nur wenig widerstandsfähig. Es kann von Termiten und Bohrmuscheln angegriffen werden. Das Kernholz nimmt Holzschutzmittel kaum an, das Splintholz mäßig gut.

VERWENDUNG

Mengkulang wird zu Möbeln und Küchenmöbeln, Paneelen und Fußböden (einschließlich Parkett) verarbeitet. Es wird im Innenaus- und im Bootsbau verwendet. Man stellt Schwellen- und Grubenholz daraus her. Es wird auch für Sperrholzfurniere geschält und zu dekorativen Furnieren gemessert.

Andere Bezeichnungen: Kembang, Chöböch, Huynh, Chopwoch, Dongtchem

Herkunft: Myanmar (Burma), Indonesien, Malaysia, Philippinen • **Höhe:** 30-45 m • **Stammdurchmesser:** 0,6-1,2 m • **Durchschnittliches Trockengewicht:** 720 kg/m^3 • **Spezifisches Gewicht:** 0,72

Gesundheitsrisiken: Keine spezifischen Reaktionen bekannt. Zu beachten sind allerdings die allgemeinen Gesundheitsgefahren, die durch das Einatmen von Holzstäuben entstehen können

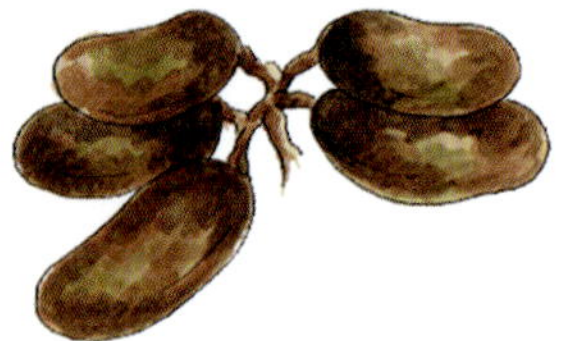

COURBARIL

Hymenaea courbaril (Leguminosae)

BESCHREIBUNG

Das fast weiße, graue oder rosa Splintholz ist deutlich vom Kernholz unterschieden. Das frisch eingeschnittene Kernholz kann farblich von Lachsrosa bis Orangebraun variieren, dunkelt aber zu einem rotgrauen bis rot-braunen Ton nach, der oft dunklere Streifen aufweist. Der Faserverlauf ist vorwiegend wechseldrehwüchsig, die Struktur mittelfein bis grob.

EIGENSCHAFTEN

Das Holz ist sehr hart, zäh und strapazierfähig. Es lässt sich gut dampfbiegen. Wegen seiner Härte ist die Bearbeitung von Coubaril einigermaßen schwierig. Es hat eine mäßig abstumpfende Wirkung auf Werkzeugschneiden. Wegen des wechseldrehwüchsigen Faserverlaufes ist eine Verringerung des Schnittwinkels zu empfehlen, um eine hohe Oberflächengüte zu erreichen. Es ist schwierig zu nageln. Beim Schrauben sollte vorgebohrt werden. Das Holz lässt sich zufriedenstellend verleimen, gut beizen und zu einer zufriedenstellenden Oberflächengüte bringen, nicht jedoch auf Hochglanz polieren.

TROCKNUNG UND STEHVERMÖGEN

Coubaril trocknet mäßig schnell bis schnell, was unter Umständen zu Verschalung, Oberflächenrissen und zum Werfen des Holzes führen kann. Verringerte Trocknungsgeschwindigkeiten können helfen, diese Trocknungsfehler zu vermeiden. Das Holz arbeitet wenig.

HALTBARKEIT

Das Kernholz ist mäßig haltbar und sehr widerstandsfähig gegenüber Termiten. Das Kernholz nimmt Holzschutzmittel kaum an, das Splintholz mäßig gut.

VERWENDUNG

Das Holz wird in der Möbelherstellung, im Bootsbau, der Kunsttischlerei und der Drechselei verwendet. Man stellt Werkzeuggriffe, Industrie- und Parkettfußböden daraus her, Schwellenholz, Küchenmöbel und Sportgeräte.

Andere Bezeichnungen: Locust, West Indian locust, Jutaby, Jatobá, Alga, Algarrobo, Copal, Jatai vermelho

Herkunft: Karibik, Süd- und Mittelamerika • **Höhe:** 30 m • **Stammdurchmesser:** 0,6-1,2 m • **Durchschnittliches Trockengewicht:** 910 kg/m³ • **Spezifisches Gewicht:** 0,91

Gesundheitsrisiken: Hautreizungen

STECHPALME

***Ilex* spp.** (Aquifoliaceae)

BESCHREIBUNG

Das sehr breite Splintholz ist normalerweise heller als das Kernholz, das von Weiß bis Elfenbeinfarben variiert. Der Faserverlauf ist unregelmäßig und dicht, die Struktur sehr fein und ebenmäßig. Die Textur ist normalerweise schlicht.

EIGENSCHAFTEN

Das Holz ist zäh, schwer und hart. Es weist in allen mechanischen Eigenschaften gute Werte auf. Es wird normalerweise nicht zum Dampfbiegen verwendet, da nur kleine Abmessungen erhältlich sind. Der unregelmäßige Faserverlauf macht das Hobeln und Sägen schwierig. Werkzeugschneiden sollten stets sehr scharf gehalten und mit verringertem Schnittwinkel eingesetzt werden. Das Holz hat eine mäßig abstumpfende Wirkung auf Werkzeugschneiden. Es lässt sich gut drechseln, schnitzen, schrauben, schleifen, beizen, verleimen und polieren.

TROCKNUNG UND STEHVERMÖGEN

Ilex sollte im Winter gefällt werden, damit sich das weiße Holz nicht verfärbt. Es ist nicht leicht zu trocknen, bei Stammware können Hirnrisse auftreten. Die Trocknungsergebnisse sind besser, wenn man kleine Abmessungen trocknet und sie während des Trocknens beschwert. Das Stehvermögen ist gering.

HALTBARKEIT

Ilex ist wenig oder überhaupt nicht widerstandsfähig gegen Insekten und Fäulniserreger. Es lässt sich mit Holzschutzmittel behandeln, wegen der Verwendungszwecke ist dies normalerweise jedoch nicht notwendig.

VERWENDUNG

Ilex wird als Drechsel- und Schnitzholz verwendet, für Holzschnitte, Handgriffe, Einlegebänder, Klavier- und Orgeltasten und Marketeriearbeiten. Ilex wird oft als Alternativholz für Buchsbaum *(Buxus sempervirens)* verwendet, schwarz gebeizt auch als Alternative zu Ebenholz *(Diospyros* spp.).

◀ Kommode mit Schubladen aus Ilex, Korpus aus Westindischem Satinholz *(Zanthoxylum flavum)*

Büchse in Tränenform ▶

Andere Bezeichnungen: Stechpalme, Gewöhnliche Stechpalme, Ilex, European holly *(I. aquifolium)*, Amerikanische Stechpalme, American holly *(I. opaca)*, Houx (Französisch). Es gibt weltweit eine Vielzahl von Ilex-Arten.

Herkunft: Europa und westliches Asien *(I. aquifolium)*, USA *(I. opaca)* • **Höhe:** 12-21 m • **Stammdurchmesser:** 0,3-0,6 m • **Durchschnittliches Trockengewicht:** 800 kg/m³ • **Spezifisches Gewicht:** 0,80

Gesundheitsrisiken: Keine spezifischen Reaktionen bekannt. Zu beachten sind allerdings die allgemeinen Gesundheitsgefahren, die durch das Einatmen von Holzstäuben entstehen können

MERBAU 

Intsia bijuga und ***I. palembanica*** (Leguminosae)

BESCHREIBUNG

Das frisch eingeschnittene Kernholz ist gelblich bis orangebraun gefärbt, dunkelt aber zu einem Braun oder dunklen Rotbraun nach. Die Färbung kann mäßig bis stark variieren. Der Faserverlauf kann gerade, gewellt oder wechseldrehwüchsig sein. Im Radialschnitt kann sich eine gebänderte Textur zeigen. Die Struktur ist ebenmäßig und recht grob. Das Holz fühlt sich ölig an. Die Holzoberfläche kann glänzend sein. In Hohlräumen der Gefäße kommen gelbe Ablagerungen vor, die Kleidung und Stoffe verfärben. Das Splintholz ist deutlich vom Kernholz unterschieden und weißgrau bis gelblich braun gefärbt.

EIGENSCHAFTEN

Merbau ist mäßig dicht und schwer, das Holz ist mittel schlagfest und biegesteif und von mittlerer Verformbarkeit. Es ist sehr druckfest und eignet sich nur mäßig zum Dampfbiegen. Es ist mit Handwerkzeug gut zu bearbeiten, stumpft Werkzeugschneiden jedoch sehr stark ab. Beim Sägen sollten Hartmetallblätter eingesetzt werden. Wegen des Harzgehaltes kann es aber auch dann schwierig sein. Der Schnittwinkel sollte beim Hobeln von riftgeschnittenem Holz verringert werden, um Faserausrisse zu vermeiden. Es lässt sich gut drechseln, bohren, stemmen, verleimen, beizen und lackieren. Beim Nageln und Schrauben muss vorgebohrt werden. Die Schleifbarkeit ist zufriedenstellend.

TROCKNUNG UND STEHVERMÖGEN

Merbau lässt sich gut und mit nur geringen Qualitätseinbußen trocknen. Hirnrisse können durch entsprechende Versiegelung vermieden werden. Das Holz arbeitet nur wenig.

HALTBARKEIT

Das Kernholz nimmt Holzschutzmittel nicht an. Es ist haltbar. Das Splintholz ist gut mit Holzschutzmittel zu behandeln. Es ist anfällig für Schadinsekten.

VERWENDUNG

Das Holz wird in der Möbelherstellung (einschließlich Küchen- und Büromöbel), im Bootsbau und der Kunsttischlerei verwendet. Man stellt Werkzeuggriffe, Fußböden (auch Parkett) und Schwellenholz daraus her. Interessant gemaserte Stämme werden auch zu dekorativen Furnieren gemessert.

Syn. für: *I. palembanica: I. bakeri* • **Andere Bezeichnungen:** Hintzy, Ipil, Mirabow, Kubok, Lumpho, Zolt, Kwila, Vesi

Herkunft: Madagaskar, Philippinen, Indonesien, Indien, Malaysia, Australien, Vietnam und viele Inseln im westlichen Pazifik • **Höhe:** 40 m • **Stammdurchmesser:** 1,5 m • **Durchschnittliches Trockengewicht:** 900 kg/m³ • **Spezifisches Gewicht:** 0,90

Gesundheitsrisiken: Dermatitis und Rhinitis. Der Holzstaub kann reizend wirken

BUTTERNUSS

Juglans cinerea (Juglandaceae

BESCHREIBUNG

Das Kernholz ist hellbraun, häufig von Rottönen oder dunkelbraunen Streifen durchsetzt. Das etwa 25 mm starke Splintholz ist weiß bis hellgraubräunlich gefärbt. Butternuss ist in der Regel geradefaserig, die Holzstruktur ist mittelfein bis grob, aber weich. Das Holz weist einen Satinglanz auf.

EIGENSCHAFTEN

Das Holz ist mäßig biegesteif und hoch verformbar. Es lässt sich sowohl mit Handwerkzeug als auch mit Maschinen gut bearbeiten. Beim Hobeln sollten die Werkzeugschneiden sehr scharf sein, um gute Resultate zu erhalten. Es lässt sich gut nageln, schrauben und verleimen. Das Holz kann gut gebeizt und zu hoher Güte poliert werden.

TROCKNUNG UND STEHVERMÖGEN

Butternuss trocknet langsam mit nur geringen Schwindmaßen und Qualitätseinbußen. Das Stehvermögen ist relativ gut. Es sollte vor der künstlichen Trocknung an der Luft vorgetrocknet werden.

HALTBARKEIT

Butternuss ist kaum oder überhaupt nicht widerstandsfähig gegenüber Fäulniserregern. Es wird leicht vom Gemeinen Nagekäfer angegriffen. Das Splintholz nimmt Holzschutzmittel an, das Kernholz nur mäßig gut.

VERWENDUNG

Butternuss wird im Innenausbau und Bootsbau verwendet, es dient zur Herstellung von Möbeln (auch Büromöbeln), Kisten und Kästen und Paneelen. Es wird auch zu dekorativen Furnieren gemessert. Butternuss ist ein ausgesprochen gutes Schnitzholz.

Andere Bezeichnungen: Butternut, White walnut, Oilnut, Nogal, Nogal blanco, Nuez meca

Herkunft: Kanada und USA • **Höhe:** 12-21 m • **Stammdurchmesser:** 0,3-0,6 m • **Durchschnittliches Trockengewicht:** 450 kg/m^3 • **Spezifisches Gewicht:** 0,45

Gesundheitsrisiken: Reizungen von Haut und Augen

AMERIKANISCHER NUSSBAUM

Juglans nigra (Juglandaceae)

BESCHREIBUNG

Das Kernholz variiert von Hellgraubraun über Dunkelschokoladenbraun bis Purpurschwarz. Das Splintholz ist weißlich bis gelblich braun, kann aber gebeizt oder gedämpft werden, um es so dem Kernholz farblich anzupassen. Der Faserverlauf ist meist gerade, kann aber auch wellig oder gekräuselt sein. Die Holzstruktur ist meist grob und offen. Der stumpfe Glanz des Holzes entwickelt sich im Laufe der Zeit zu einem helleren Glanz (Alterspatina). Maserknollen, Wurzelholz und Zwieselungen können sehr ansprechende gefleckte, gewellte oder gekräuselte Texturen hervorbringen.

EIGENSCHAFTEN

Das harte und zähe Holz ist mäßig druckfest und biegesteif und hoch verformbar. Die Eignung zum Dampfbiegen ist gut. Es ist mit Handwerkzeug wie mit Maschinen gut zu bearbeiten. Es stumpft Werkzeugschneiden mäßig stark ab. Meist ist es gut zu hobeln, unregelmäßiger Faserverlauf kann zu Problemen führen. Es lässt sich gut drechseln, schnitzen, stemmen, nageln, schrauben, schleifen und lackieren. Die Verleimbarkeit ist zufriedenstellend. Es ist leicht zu beizen und polieren, wobei sich eine hohe Oberflächengüte erreichen lässt.

◀ Stehpult

◀ Kasten für Schachfiguren

TROCKNUNG UND STEHVERMÖGEN

Langsame Trocknung, dabei muss sorgfältig vorgegangen werden, um Qualitätseinbußen zu vermeiden. Zu den Trocknungsfehlern gehören zum Beispiel: Risse, Verfärbungen (durch eisenhaltige Metalle), Ringschäle, Zellschwund und -kollaps. Das Holz arbeitet nur wenig.

HALTBARKEIT

Das Holz ist sehr haltbar, nicht anfällig für Fäulniserreger und nimmt Holzschutzmittel nicht an. Das Splintholz wird leicht von Splintholzkäfern angegriffen. Es kann mit Holzschutzmittel behandelt werden.

VERWENDUNG

Kunsttischlerei, Möbel- und Innen- und Bootsbau, Musikinstrumente, Drechslerei, Schnitzerei, Sportgeräte, Regenschirmgriffe, Gewehrschäfte- und Kolben, Furniere. Der Baum trägt essbare Nüsse.

Andere Bezeichnungen: Schwarze Walnuss, Schwarznuss, American walnut, American black walnut, Eastern black walnut, Gunwood, Walnut, Virgina walnut

Herkunft: Kanada und USA • **Höhe:** 21-27 m • **Stammdurchmesser:** 0,6-1,2 m • **Durchschnittliches Trockengewicht:** 640 kg/m³ • **Spezifisches Gewicht:** 0,64

Gesundheitsrisiken: Reizungen von Haut und Augen

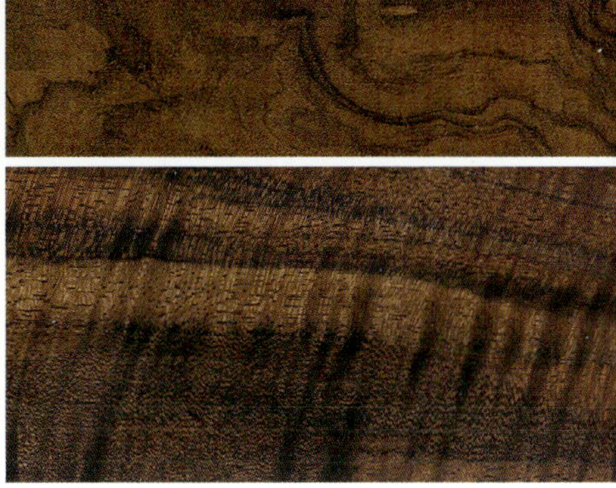

▲ Riegelmaserung ▲▲ Maserknolle

EUROPÄISCHER NUSSBAUM

Juglans regia (Juglandaceae)

BESCHREIBUNG

Die Färbung des Kernholzes ist unterschiedlich, meist aber graubraun mit unregelmäßigen dunklen Streifen. Das Splintholz ist heller und deutlich vom Kernholz unterschieden. Der Faserverlauf ist normalerweise gerade, kann aber auch wellig sein. Die Holzstruktur ist grob. Ein klar abgegrenzter mittlerer Kern kann manchmal sehr schöne Maserbilder hervorbringen. Zwieselungen, Maserknollen und Wurzelholz können ansprechende Texturen liefern.

EIGENSCHAFTEN

Es ist sehr druckfest und hoch verformbar, mittel schlagfest und biegesteif. Die Eignung zum Dampfbiegen ist sehr gut. Es ist mit Handwerkzeug wie mit Maschinen gut zu bearbeiten. Es stumpft Werkzeugschneiden mäßig stark ab. Es lässt sich gut hobeln und ergibt hohe Oberflächengüten. Nussbaumholz ist gut zu drechseln, schnitzen, nageln, schrauben und schleifen und zufriedenstellend zu profilieren, bohren, stemmen, fräsen und verleimen. Es kann sehr gut gebeizt werden, aber das Oberflächenmittel sollte UV-Schutz gewähren, um Verblassen des Holzes zu vermeiden. Das Holz kann auf Hochglanz poliert werden.

TROCKNUNG UND STEHVERMÖGEN

Europäischer Nussbaum trocknet gut, aber langsam. Bei zu schnellem Trocknen kann es in stärkeren Abmessungen zu Zellkollaps kommen. Das Holz arbeitet mittelstark.

HALTBARKEIT

Das Kernholz ist mäßig haltbar, während das Splintholz leicht vom Gemeinen Nagekäfer und Splintholzkäfer angegriffen wird. Das Splintholz nimmt im Gegensatz zum Kernholz Holzschutzmittel an.

VERWENDUNG

Europäischer Nussbaum ist ein begehrtes Holz für die Kunsttischlerei, für Gewehrschäfte und -kolben. Es wird für hochwertige Möbel, La-den- und Bankeneinrichtungen und die Innenausstattung von Luxusautomobilen verwendet. Man stellt auch Drechsel- und Schnitzarbeiten sowie Sportartikel daraus her. Schön gemasertes Holz wird auch zu dekorativen Furnieren gemessert, die in der Kunsttischlerei, Marketerie und für Paneele verwendet werden.

In Lebensgröße geschnitzter Zaunkönig ▶

Andere Bezeichnungen: Gemeiner Nussbaum, Welschnuss, European walnut, Noyer (Französisch). Wird meist nach Herkunft bezeichnet: Persischer, Französischer, Schwarzmeer Nussbaum usw.

Herkunft: Europa, Turkei, südwestliches Asien • **Höhe:** 30 m • **Stammdurchmesser:** 0,6-0,9 m, kann aber auch stärker werden • **Durchschnittliches Trockengewicht:** 640 kg/m³ • **Spezifisches Gewicht:** 0,64

Gesundheitsrisiken: Dermatitis, Reizungen der Nase, der Augen und des Halses, Nasenhöhlenkarzinome

VIRGINISCHER WACHOLDER

Juniperus virginiana (Cupressaceae)

BESCHREIBUNG

Das Kernholz ist hellrot, rosenrot oder purpur, dunkelt aber zu einem stumpfen Rot oder rötlich braunen Ton nach. Es kann kleine Äste enthalten. Das Splintholz ist weißlich bis hellcremig. Der Faserverlauf ist gerade, dicht und gleichmäßig, die Struktur fein. Das Holz strömt einen charakteristischen Zederndüft aus, obwohl es keine echte Zedernart ist.

EIGENSCHAFTEN

Es ist wenig schlagfest, mittel druckfest und biegesteif und von hoher Verformbarkeit. Es eignet sich kaum zum Dampfbiegen. Es ist mit Handwerkzeug wie mit Maschinen gut zu bearbeiten. Es stumpft Werkzeugschneiden nur wenig ab. Astreiches und deshalb dekoratives Material erfordert sehr scharfe Werkzeuge, um eine gute Oberfläche zu erzielen. Das Holz kann gut verleimt und gebeizt und zu hoher Güte poliert werden. Beim Nageln kann das Holz reißen.

TROCKNUNG UND STEHVERMÖGEN

Die Trocknung ist nicht schwierig, um Hirnrisse und feine Oberflächenrisse zu vermeiden, sollte es jedoch relativ langsam durchgeführt werden.

HALTBARKEIT

Das Holz ist haltbar und von Natur aus sehr widerstandsfähig gegen Fäulniserreger und Insektenbefall.

VERWENDUNG

Virginischer Wacholder wird zu Bleistiften, Zigarrenkistchen, Särgen, Möbeln und Truhen verarbeitet. Es wird im Schiffsbau eingesetzt und bei der Herstellung von hölzernen Fundamenten. Ausgesuchte Stämme werden zu Paneelen und Furnieren verarbeitet. Aus den Spänen und Holzschnitzeln werden ätherische Öle gewonnen.

Andere Bezeichnungen: Rotzeder, Bleistiftzeder, Virginian pencil cedar, Pencil cedar, Eastern red cedar, Juniper, Red cedar, Savin

Herkunft: Kanada und USA • **Höhe:** 12-18 m • **Stammdurchmesser:** 0,3-0,6 m • **Durchschnittliches Trockengewicht:** 530 kg/m^3 • **Spezifisches Gewicht:** 0,53

Gesundheitsrisiken: Kann möglicherweise Dermatitis und Atmungsbeschwerden verursachen

KHAYA

Khaya ivorensis und verwandte Arten (Meliaceae)

BESCHREIBUNG

Nach dem Einschnitt ist das Holz meist hellrosabraun und dunkelt dann zu einem tiefen Rotton nach, der oft einen Purpurhauch aufweist. Der Faserverlauf kann gerade sein, typisch ist aber Wechseldrehwuchs, der dann im Radialschnitt eine gestreifte oder gefelderte Textur verursacht. Pyramiden- und Wirbelmaserungen kommen oft vor. Die Holzstruktur ist unterschiedlich, oft mäßig grob, das Holz weist einen deutlichen goldenen Glanz auf. Das Splintholz ist cremeweiß bis gelblich und nicht immer deutlich vom Kernholz unterschieden.

EIGENSCHAFTEN

Khaya ist mittel druckfest, gering biegesteif, sehr gering schlagfest und von sehr hoher Verformbarkeit. Es ist meist leicht mit Handwerkzeug zu bearbeiten. Es stumpft Werkzeugschneiden mäßig stark ab, bei wechseldrehwüchsigem Faserverlauf kann es beim Hobeln zu Faserausrissen oder wolligen Oberflächen kommen. Khaya ist zufriedenstellend zu drechseln, schleifen, bohren, verleimen und nageln. Beschläge und Verbindungsmittel sollten keine Eisenverbindungen enthalten, um Verfärbungen zu vermeiden. Es lässt sich sehr gut beizen und polieren.

TROCKNUNG UND STEHVERMÖGEN

Das Holz trocknet schnell und mit geringen Qualitätseinbußen. Reaktionsholz kann jedoch zu starkem Verziehen führen. Khaya arbeitet nur wenig.

HALTBARKEIT

Lebendes Holz und Stammware kann von Pracht- und Bockkäfern angegriffen werden. Das Kernholz ist mäßig widerstandsfähig gegen Fäulniserreger, das Splintholz wird leicht vom Gemeinen Nagekäfer und Splintholzkäfer angegriffen. Das Kernholz nimmt Holzschutzmittel nicht an, das Splintholz mäßig gut.

VERWENDUNG

Tischlerarbeiten, wird auch für Speerholzfurniere geschält, zu dekorativen Furnieren gemessert.

◀ gedrechselte Büchse

Andere Bezeichnungen: Afrikanischer Mahagoni, African mahogany, Akuk, Bandoro, Bisselon, Eri kiree, Ogwango, Undianunu, N'gollon, Zaminguila, Oganwo, Acajou. Wird auch nach der Herkunft benannt: Nigeria-, Benin-, Senegal-Mahagoni usw. Als „Afrikanisches Mahagoni" werden auch andere Khaya-Arten gehandelt: *Kanotheca, K. grandifoliola, K. senegalensis* und *K. nyasica*

Herkunft: Tropische Gebiete von West-, Zentral- und Ostafrika • **Höhe:** 33-43 m • **Stammdurchmesser:** 1,8 m • **Durchschnittliches Trockengewicht:** 530kg/m³ • **Spezifisches Gewicht:** 0,53

Gesundheitsrisiken: Dermatitis, vor allem des Gesichts, der Unterarme und des Handrückens, Atemprobleme, Rhinitis, Nasenhöhlenkarzinome

REWAREWA

Knightia excelsa (Proteaceae)

BESCHREIBUNG

Das Kernholz von Rewarewa ist dunkelrot mit deutlichen Markstrahlen. Der Faserverlauf des glänzenden Holzes ist unregelmäßig, die Struktur fein. Da die Stämme oft krumm sind, kann die Maserung verzerrt sein. Im Tangentialschnitt kann sich ein geflecktes Maserbild zeigen, im Radialschnitt aufgrund der auffallenden Markstrahlen manchmal ausdrucksstarke Texturen.

EIGENSCHAFTEN

Rewarewa ist hart und belastbar, sehr druckfest und schlagfest, mittel biegesteif und wenig verformbar. Die Eignung zum Dampfbiegen ist gering. Es ist mit Handwerkzeug wie mit Maschinen gut zu bearbeiten. Es stumpft Werkzeugschneiden mäßig stark ab. Beim Nageln sollte vorgebohrt werden. Das Holz ist zufriedenstellend zu verleimen. Schrauben werden gut gehalten. Deckende Oberflächenbehandlungen sind nicht zu empfehlen, weil sie das interessante Maserbild beeinträchtigen. Mit etwas Sorgfalt kann das Holz zu sehr hoher Oberflächengüte gebracht werden.

TROCKNUNG UND STEHVERMÖGEN

Rewarewa ist schwierig zu trocknen. Schwarzkernigkeit kann zu Zellkollaps, Verzug und starkem Schwinden führen. Das Holz arbeitet stark.

HALTBARKEIT

Rewarewa ist nicht haltbar. Das Splintholz nimmt im Gegensatz zum Kernholz Holzschutzmittel an.

VERWENDUNG

Rewarewa wird für hochwertige Möbel, für den Innenausbau, Profilleisten, Fußböden, Schalen und Handgriffe verwendet. Es findet auch in der Kunsttischlerei, Drechselei und bei Einlegearbeiten Verwendung. Es wird auch für Sperrholzdeckfurniere geschält. Ausgesuchte Stämme werden zu dekorativen Furnieren gemessert, die in der Kunsttischlerei, Marketerie und für Paneele verwendet werden. Imprägniertes Holz wird als Schwellenholz, für Verandaböden, Tore und Holzfundamente benutzt.

Andere Bezeichnungen: Neuseeland-Geißblatt, New Zealand honeysuckle

Herkunft: Neuseeland • **Höhe:** 30 m • **Stammdurchmesser:** maximal 1 m • **Durchschnittliches Trockengewicht:** 735 kg/m³ • **Spezifisches Gewicht:** 0,73

Gesundheitsrisiken: Keine spezifischen Reaktionen bekannt. Zu beachten sind allerdings die allgemeinen Gesundheitsgefahren, die durch das Einatmen von Holzstäuben entstehen können.

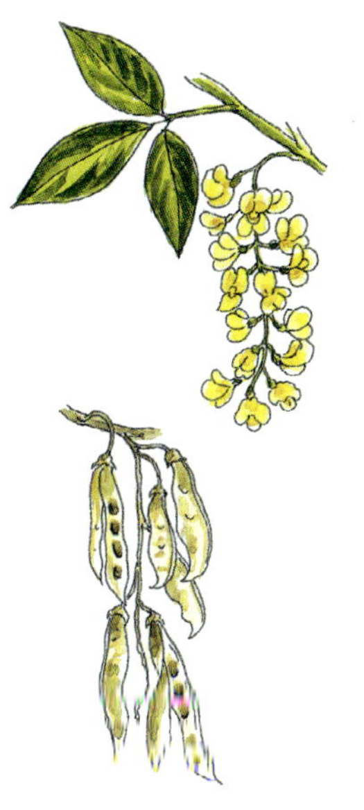

GOLDREGEN

Laburnum anagyroides (Leguminosae)

BESCHREIBUNG

Frisch eingeschnittenes Kernholz ist leuchtend gelb mit einem leichten Grünton, dunkelt aber zu einem Goldbraun und dann einem tiefen Braun nach. Das schmale, fast weiße Splintholz ist deutlich vom Kernholz unterschieden. Der Faserverlauf ist in der Regel gerade, die Struktur ziemlich fein. Die Holzoberfläche glänzt. Im Tangentialschnitt ist die Textur gefladert, im Radialschnitt ansprechend gefleckt. Es kommt üblicherweise nur in kleinen Abmessungen in den Handel.

EIGENSCHAFTEN

Goldregen ist hart und dicht, aber mit Handwerkzeug wie mit Maschinen gut zu bearbeiten. Es ist gut zu drechseln, und wird zu hochwertigen Furnieren gemessert, vor allem im Radialschnitt, wodurch sich dann die sogenannten Goldregen-„Austern" ergeben. Die erreichbare Oberflächengüte ist hoch. Da Goldregen normalerweise in kleinen Abmessungen verwendet wird, sind die anderen mechanischen Eigenschaften nicht von Belang.

TROCKNUNG UND STEHVERMÖGEN

Goldregen trocknet gut, allerdings sollte man dabei langsam vorgehen, um (Hirn-)Risse zu vermeiden. Das Holz arbeitet wenig.

HALTBARKEIT

Das Holz ist haltbar, allerdings kann das Splintholz von Insekten angegriffen werden.

VERWENDUNG

Goldregen ist ein ausgezeichnetes Drechselholz. Es wird auch in der Herstellung von Musikinstrumenten verwendet, für Messergriffe und Dekorgegenstände. Es wird auch zu Furnieren und Einlegeholz gemessert, unter anderem zu Austernfurnier.

◄ Spazierstock mit Eichhörnchen

Andere Bezeichnungen: Bohnenbaum, Kleebaum, Golden Chain, Laburnum, Aubour (Französisch)

Herkunft: Mittel- und Südeuropa • **Höhe:** 6-9 m • **Stammdurchmesser:** 0,3 m • **Durchschnittliches Trockengewicht:** 820 kg/m³ • **Spezifisches Gewicht:** 0,82

Gesundheitsrisiken: Die Samen sind für Tiere und Menschen hochgiftig. Goldregen enthält das Toxin Cytisin (mit dem Toxin der Eibe, dem Taxin verwandt). Cytisin kann tödlich wirken, wenn es verzehrt oder in größeren Dosierungen absorbiert wird. In kleineren Mengen (etwa durch Einatmung von Holzstaub bei der Bearbeitung des Holzes) kann es zu Übelkeit, Erbrechen und Kopfschmerzen führen.

HUON PINE

Lagarostrobos franklinii (Podocarpaceae)

BESCHREIBUNG

Das schmale, blasse Splintholz ist nicht deutlich vom Kernholz unterschieden, das farblich von hellcreme bis gold- oder gelblich Braun variiert. Der Faserverlauf ist meist gerade, die Struktur fein und ebenmäßig, die Jahresringe liegen dicht beieinander. Das Holz kann eine ansprechende Vogelaugenmaserung zeigen. Im Gegensatz zu den englischen Vulgärnamen ist Dacrydium franklinii keine echte Kiefernart.

EIGENSCHAFTEN

Es ist wenig schlagfest, mittel druckfest und von hoher Verformbarkeit. Es eignet sich gut zum Dampfbiegen. Huon Pine ist mit Handwerkzeug wie mit Maschinen gut zu bearbeiten. Es stumpft Werkzeugschneiden kaum ab. Beim Schrauben und Nageln sollte vorgebohrt werden. Das Holz ist zufriedenstellend zu verleimen. Es kann auf Hochglanz poliert werden und erreicht auch sonst eine hohe Oberflächengüte.

TROCKNUNG UND STEHVERMÖGEN

Das Holz ist gut zu trocknen. Es hat eine leichte Neigung zu Oberflächenrissen.

HALTBARKEIT

Das Holz ist sehr haltbar, vor allem wegen des Gehaltes an Methyl-Eugenol-Öl, und ist widerstandsfähig gegen Insektenbefall. Das Holz nimmt Holzschutzmittel an.

VERWENDUNG

Das Angebot an Huon Pine ist beschränkt, der Einschlag wird kontrolliert. Es wird als eines der besten Hölzer für den Bootsbau betrachtet und auch für die Möbelherstellung, hochwertigen Innenausbau und die Herstellung von dekorativen Furnieren verwendet.

Syn.: Dacrydium frankliniiAndere Bezeichnungen: White pine, Macquarie pine

Herkunft: Tasmanien • **Höhe:** 20 30 m • **Stammdurchmesser:** 1 m •
Durchschnittliches Trockengewicht: 520 kg/m³ • **Spezifisches Gewicht:** 0,52

Gesundheitsrisiken: Für die Houn Pine selbst sind keine Reaktionen bekannt geworden, aber für andere Hölzer der Gattung Dacrydium gibt es Hinweise auf Reizungen der Augen, der Nase und des Halses.

LÄRCHE

Larix decidua (Pinaceae)

BESCHREIBUNG

Das Kernholz ist blassrot bis ziegelrot und hat deutlich zu erkennende Jahresringe, bei denen Früh- und Spätholz gut zu unterscheiden sind. Es enthält meist harte Äste, die sich während des Trocknens lockern können. Der Faserverlauf ist meist gerade, es gibt jedoch auch einzelne Stämme mit Drehwuchs. Die Struktur ist fein und ebenmäßig.

EIGENSCHAFTEN

Es ist wenig schlagfest, mittel druckfest und biegesteif und von hoher Verformbarkeit. Die Eignung zum Dampfbiegen ist mäßig. Es ist mit Handwerkzeug recht gut zu bearbeiten. Es kann Werkzeugschneiden wegen der harten Äste allerdings stark abstumpfen. Mit Maschinen ist es im allgemeinen gut zu bearbeiten, allerdings können lose Äste zu Problemen führen, und die Härte der Äste kann zu ungleichmäßigem Verschleiß der Werkzeugschneiden führen. Vor dem Schrauben oder Nageln ist Vorbohren notwendig. Es lässt sich gut beizen und lackieren. Es wird als verschleißfester und haltbarer als andere Nadelhölzer betrachtet.

TROCKNUNG UND STEHVERMÖGEN

Das Holz trocknet recht schnell, kann aber zum Reißen neigen. Beim Trocknen können Äste sich lockern und zerfallen. Das Harz kann zu Problemen führen, falls das Holz nicht fachgerecht getrocknet wurde. Nach dem Trocknen ist das Stehvermögen hoch.

HALTBARKEIT

Obwohl Lärche haltbarer ist als die meisten Nadelhölzer, ist es immer noch ein nur mäßig haltbares Holz. Es ist anfällig für Schadinsekten. Das Kernholz nimmt Holzschutzmittel schlecht an, das Splintholz mäßig gut.

VERWENDUNG

Lärche wird zu Fenster- und Türrahmen, zu Fußboden, Treppen, Pfosten, Zäunen und Schindeln verarbeitet und im Boots- und Schiffsbau eingesetzt. Es wird auch zu dekorativen Furnieren gemessert.

Syn.: *L. europaea* • **Andere Bezeichnungen:** European larch, Méléze (Französisch), Europese lork (Niederlandisch)

Herkunft: Europa einschließlich Großbritannien, auch Neuseeland • **Höhe:** 21 m • **Stammdurchmesser:** 0,6 m • **Durchschnittliches Trockengewicht:** 590 kg/m³ • **Spezifisches Gewicht:** 0,59

Gesundheitsrisiken: Nesselausschlag, Dermatitis (eventuell durch Rindenflechten verursacht), Reizungen der Atemwege

JAPANISCHE LÄRCHE

Larix kaempferi (Pinaceae)

BESCHREIBUNG

Das Kernholz ist rötlich braun mit deutlich zu erkennenden Jahresringen. Das Holz ist harzreich und geradefaserig, die Struktur fein bis mittelgrob.

EIGENSCHAFTEN

Japanische Lärche ist mittel druckfest, von durchschnittlichem Gewicht und durchschnittlicher Dichte. Obwohl es relativ biegesteif ist, eignet es sich kaum zum Dampfbiegen. Nach fachgerechter Trocknung ähneln seine Eigenschaften denen der Europäischen Lärche *(L. decidua)*. Es ist mit Handwerkzeug recht gut zu bearbeiten, Äste können allerdings Probleme bereiten. Beim Hobeln sollte sehr scharfes Werkzeug verwendet werden, um das Ausreißen und Zerbröseln des weichen Frühholzes zu vermeiden. Japanische Lärche lässt sich gut profilieren, bohren, drechseln, fräsen, lackieren und schnitzen. Vor dem Nageln sollte man vorbohren.

TROCKNUNG UND STEHVERMÖGEN

Bei zu schneller Trocknung kann es reißen oder sich werfen. Langsame künstliche Trocknung ist zu empfehlen. Es arbeitet nur sehr wenig.

HALTBARKEIT

Japanische Lärche ist von Natur aus mäßig widerstandsfähig gegenüber Fäulniserregern. Es wird leicht vom Kernholzkäfer angegriffen.

VERWENDUNG

Japanische Lärche wird im Boots-, Schiffs-, Haus- und Brückenbau eingesetzt und zu Möbeln (auch Büromöbeln und rustikalen Möbeln) verarbeitet.

Syn.: *L. leptolepis* • **Andere Bezeichnungen:** Japanese larch, Red larch, Karamatsu

Herkunft: Japan; auch Europa einschließlich Großbritannien • **Höhe:** 20 m • **Stammdurchmesser:** 0,3-0,6 m • **Durchschnittliches Trockengewicht:** 530 kg/m³ • **Spezifisches Gewicht:** 0,53

Gesundheitsrisiken: Bei den Arten der Gattung Larix kann es zu Hautreizungen, Nesselausschlägen und Hautläsionen kommen.

WESTAMERIKANISCHE LÄRCHE

Larix occidentalis (Pinaceae)

BESCHREIBUNG

Das Splintholz ist schmal und fast weiß bis blassstrohgelb, das Kernholz ist rötlich bis graubraun. Typisch ist ein gerader Faserverlauf. Die Struktur ist grob. Die Jahresringe sind sehr schmal. Das Holz ist etwas harzreich, sieht deutlich ölig aus und fühlt sich auch so an.

EIGENSCHAFTEN

Westamerikanische Lärche ist eine der stärkeren, schwereren und härteren Nadelholzarten. Es ist sehr druckfest und biegesteif. Die Verformbarkeit ist gering. Es lässt sich recht gut bearbeiten, beim Hobeln kann die faserige Struktur allerdings zu Problemen führen. Das Holz ist gut zu profilieren, drechseln, stemmen, fräsen und bohren und sehr gut zu verleimen. Beim Schrauben ist Vorbohren zu empfehlen, und beim Nageln sollte man entweder vorbohren oder abgestumpfte Nägel verwenden. Die Oberfläche muss vor dem Lackieren gut grundiert werden.

TROCKNUNG UND STEHVERMÖGEN

Das Holz ist gut zu trocknen, allerdings schwindet es meist stark, und es kann auch zum Werfen und Reißen kommen. Außerdem können Ringschäle und Harzaustritt vorkommen. Es hat ein gutes Stehvermögen.

HALTBARKEIT

Das Kernholz ist mäßig widerstandsfähig gegenüber Fäulniserregern, muss aber bei fäulnisgefährdeten Umweltbedingungen mit Holzschutzmittel behandelt werden.

VERWENDUNG

Westamerikanische Lärche wird vor allem im Baugewerbe verwendet, man stellt aber auch Fußböden, Kisten, Paletten, Fässer, Sperrholz, Leimholz, Telefonmasten, Mittellagen für Tischlerplatten, Paneele, Fenster und Furniere daraus her.

Andere Bezeichnungen: Western larch, Tamarack, Western tamarack, Hackmatack, Montana larch, Mountain larch. Wird auch als Douglas fir-larch gehandelt, und gilt als Austauschholz für die Douglasie *(Pseudotsuga menziesii)*

Herkunft: Westliches Kanada und USA • **Höhe:** 24-46 m • **Stammdurchmesser:** 0,5-0,9 m • **Durchschnittliches Trockengewicht:** 480 kg/m³ • **Spezifisches Gewicht:** 0,48

Gesundheitsrisiken: Die Arbeit mit allen Lärchen- und Kiefernarten kann allergische Bronchialasthma, Rhinitis und Dermatitis verursachen

PUKATEA

Laurelia novae-zelandiae (Atherospermataceae)

BESCHREIBUNG

Das Kernholz ist einheitlich stumpf graubraun, oft mit einem leichten Grünton, manchmal mit Streifen. Der Faserverlauf ist in der Regel gerade, die Struktur fein und ebenmäßig. Das Holz glänzt wolkig-silbrig. Pukatea zeigt deutliche Jahresringe, und die Markstrahlen können im Radialschnitt zu einer ansprechend gefleckten Textur führen.

EIGENSCHAFTEN

Das Holz ist für seine Dichte verhältnismäßig stark, es ist treffend als „Leichtgewicht"-Hartholz bezeichnet worden. Pukatea ist sehr weich und kann durch Hobeln, Fräsen oder Profilieren leicht zu einer hohen Oberflächengüte gebracht werden, unter der Voraussetzung, dass es gut getrocknet worden ist. Es lässt sich gut nageln, sägen und schrauben und nimmt Lacke und andere Oberflächenmittel gut an.

TROCKNUNG UND STEHVERMÖGEN

Das Holz trocknet gut und ohne große Qualitätseinbußen, bei einsetzender Fäulnis neigt diese allerdings dazu, sich auszubreiten.

HALTBARKEIT

Das Kernholz ist oberirdisch haltbar, bei unterirdischer Verwendung ist es aber fäulnisanfällig. Das Splintholz ist wenig oder überhaupt nicht widerstandsfähig gegen Fäulniserreger. Sowohl Kern- als auch Splintholz sind recht leicht mit Holzschutzmitteln zu behandeln.

VERWENDUNG

Pukatea wird im Boots- und Hausbau verwendet, man stellt Fußböden, Verkleidungen und Clogs daraus her. Pukatea war traditionell das Holz, das die Maoris für den Bau ihrer Kanus verwendeten.

Andere Bezeichnungen: keine

Herkunft: Neuseeland • **Höhe:** 30 m • **Stammdurchmesser:** 0,6-0,9 m, manchmal aber auch stärker • **Durchschnittliches Trockengewicht:** 430 kg/m³ • **Spezifisches Gewicht:** 0,43

Gesundheitsrisiken: Keine spezifischen Reaktionen bekannt. Zu beachten sind allerdings die allgemeinen Gesundheitsgefahren, die durch das Einatmen von Holzstäuben entstehen können.

AMERIKANISCHER AMBERBAUM

Liquidambar styraciflua (Hamamelidaceae)

BESCHREIBUNG

Das Kernholz ist rötlich braun, häufig mit dunkleren Streifen und meist ausdrucksstark gemasert. Das Splintholz ist dagegen rosa-weißlich und weist oft blaue Saftverfärbungen auf. Im Normalfall ist der Faserverlauf unregelmäßig und die Holzstruktur fein und ebenmäßig. Das Holz glänzt seidig. Im Radialschnitt zeigt sich oft ein ansprechendes geflecktes Maserbild.

EIGENSCHAFTEN

Die mechanischen Eigenschaften sind alle als mittelgut zu bewerten. Lediglich die Eignung zum Dampfbiegen ist sehr gering. Amerikanischer Amberbaum ist mit Handwerkzeug wie mit Maschinen gut zu bearbeiten. Es stumpft Werkzeugschneiden kaum ab. Das Holz lässt sich gut verleimen, nageln, schrauben, schleifen und beizen und kann gut auf Hochglanz poliert werden.

TROCKNUNG UND STEHVERMÖGEN

Es trocknet schnell und hat eine deutliche Neigung, sich zu verziehen und werfen; falls nicht sorgfältig getrocknet wird, kann es auch stark schwinden und reißen. Das Holz arbeitet mittelstark.

HALTBARKEIT

Das Holz ist nicht haltbar. Es ist anfällig für Schadinsekten. Das Splintholz ist gut mit Holzschutzmittel zu behandeln, das Kernholz nur mäßig gut.

VERWENDUNG

Amerikanischer Amberbaum wird im Innenausbau, in der Möbelherstellung, Drechselei und Kunsttischlerei verwendet. Man stellt Profilleisten, Türen, Paneele, Fässer, Fußböden und Schwellenholz daraus her. Es wird auch für Sperrholzfurniere geschält und zu dekorativen Furnieren gemessert.

Andere Bezeichnungen: Satin-Nuss, American sweet gum, American red gum, Bilstead red gum, Liquidambar, Sap gum, Satin walnut, Hazel pine

Herkunft: USA und Mittelamerika • **Höhe:** 30-45 m • **Stammdurchmesser:** 0,9-1,2 m • **Durchschnittliches Trockengewicht:** 560 kg/m³ • **Spezifisches Gewicht:** 0,56

Gesundheitsrisiken: Dermatitis

AMERIKANISCHER TULPENBAUM

Liriodendron tulipifera (Magnoliaceae)

BESCHREIBUNG

Das breite Splintholz ist cremigweiß und weist Streifen auf. Das Kernholz ist olivgrün bis braun oder hellgelb bis lederfarben oder auch grünlich braun, oft mit blauen, purpurnen, dunkelgrünen und schwarzen Streifen durchsetzt. Nach dem Einschnitt ist das Holz hellgelb bis braun, dunkelt aber zu einem Grünton nach. Der Faserverlauf ist meist gerade, die Struktur fein und ebenmäßig, manchmal zeigt es eine ansprechend geperlte Textur.

EIGENSCHAFTEN

Das Holz ist wenig schlagfest und biegesteif, mittel druckfest und von hoher Verformbarkeit. Die Eignung zum Dampfbiegen ist mittelgut. Es ist mit Handwerkzeug wie mit Maschinen leicht zu bearbeiten. Es lässt sich gut bohren, stemmen, hobeln, beizen, lackieren und polieren. Es lässt sich nicht gut schleifen oder profilieren, aber es ist ein sehr gutes Schnitz- und Drechselholz. Es lässt sich sehr gut verleimen. Amerikanischer Tulpenbaum ist leicht zu nageln, allerdings halten Nägel nur mäßig gut.

TROCKNUNG UND STEHVERMÖGEN

Das Holz ist mit nur geringen Qualitätseinbußen luftzutrocken, die Eignung zum künstlichen Trocknen ist sehr gut, hierbei treten keine Qualitätseinbußen auf. Falls zu langsam getrocknet wird, kann es zum Verblauen und zu Schimmelbefall kommen. Das Holz arbeitet wenig.

HALTBARKEIT

Das Holz ist nicht haltbar, es ist anfällig für Fäulnispilze und für Schadinsekten. Das Splintholz wird vom Gemeinen Nagekäfer angegriffen, lässt sich jedoch mit Holzschutzmittel behandeln. Das Kernholz lässt sich nicht mit Holzschutzmittel behandeln.

VERWENDUNG

Das Holz wird in der Möbelherstellung und im Innenausbau verwendet, als Schnitz- und Bildhauerholz, es wird zu Fässern, Paletten, Kisten, Türen, Sperrholz, Mittellagen für Tischlerplatten und Holzzellstoff verarbeitet. Ausgesuchte Stämme werden zu dekorativen Furnieren gemessert, die in der Kunsttischlerei und Marketerie verwendet werden.

Andere Bezeichnungen: Amerikanisches Whitewood, American tulipwood, Canary whitewood, Canary wood, Canoe wood, Poplar, Saddletree, Tulipwood, Tulip tree, White poplar, Whitewood Yellow poplar. Weder mit Bahia-Rosenholz *(Dalbergia frutescens)* verwandt, das im Englischen auch als „tulipwood" bezeichnet wird, noch mit der Fichte *(Picea abies)*, die als „whitewood" bezeichnet wird.

Herkunft: Östliches Kanada und östliche USA • **Höhe:** 24-37 m • **Stammdurchmesser:** 0,6-0,9 m • **Durchschnittliches Trockengewicht:** 510 kg/m³ • **Spezifisches Gewicht:** 0,51

Gesundheitsrisiken: Dermatitis

MANGEAO

Litsea calicaris (Lauraceae)

BESCHREIBUNG

Das Kernholz variiert von Silbrigcremefarben bis Blassbraun und zeigt im Tangentialschnitt dunklere Gefäßlinien. Der Faserverlauf ist gerade, die Struktur fein und ebenmäßig. Das Holz glänzt stumpf und kann manchmal ansprechende Maserbilder zeigen.

EIGENSCHAFTEN

Mangeao ist zäh und elastisch, sehr schlagfest, mittel druckfest und biegesteif und von hoher Verformbarkeit. Es eignet sich sehr gut zum Dampfbiegen. Es ist mit Handwerkzeug wie mit Maschinen gut zu bearbeiten. Es stumpft Werkzeugschneiden kaum ab. Für eine gute Oberfläche sind scharfe Werkzeuge erforderlich. Es lässt sich gut hobeln, schleifen, verleimen, nageln, schrauben, drechseln, beizen und polieren.

TROCKNUNG UND STEHVERMÖGEN

Mangeao trocknet in der Regel gut und ohne Qualitätsverluste. Es arbeitet nur wenig.

HALTBARKEIT

Das Holz ist haltbar und widerstandsfähig gegenüber Insekten und Pilzen. Das Splintholz nimmt Holzschutzmittel an.

VERWENDUNG

Mangeao wird in der Drechselei, im Boots- und Fahrzeugbau verwendet, man stellt Griffe, hochbelastbare Fußböden, Tore, Gewehrschäfte, Verandaböden, Gruben- und Schwellenholz daraus her. Es wird auch zu Sperrholz verarbeitet und zu sehr dekorativen Furnieren gemessert.

Andere Bezeichnungen: Tangeao

Herkunft: Neuseeland • **Höhe:** 30-43 m • **Stammdurchmesser:** 1 m • **Durchschnittliches Trockengewicht:** 640 kg/m³ • **Spezifisches Gewicht:** 0,64

Gesundheitsrisiken: Keine spezifischen Reaktionen bekannt. Zu beachten sind allerdings die allgemeinen Gesundheitsgefahren, die durch das Einatmen von Holzstäuben entstehen können.

BOLLYWOOD

Litsea glutinosa*, *L. leefeana und ***L. reticulata*** (Lauraceae)

BESCHREIBUNG

Das Kernholz variiert von Blassstrohfarben bis Blassbraun, gelegentlich zeigt es auch Rosa-, Gelb- oder Grautöne. Das schmale Splintholz ist ähnlich gefärbt, manchmal auch blasser als das Kernholz. Der Faserverlauf ist oft wechseldrehwüchsig oder gewellt, die Holzstruktur ebenmäßig und mäßig grob.

EIGENSCHAFTEN

Bollywood ist ein mitteldichtes Holz und mit Handwerkzeug wie mit Maschinen gut zu bearbeiten. Es stumpft Werkzeugschneiden nur wenig ab. Bei Wechseldrehwuchs ist eine Verringerung des Schnittwinkels beim Hobeln ratsam. Normalerweise ist die erreichbare Oberflächenqualität gut. Das Holz ist gut zu nageln, schrauben und verleimen. Es lässt sich gut beizen, lackieren und polieren.

TROCKNUNG UND STEHVERMÖGEN

Bollywood trocknet in der Regel gut mit nur geringen Qualitätseinbußen. Das Stehvermögen ist mäßig.

HALTBARKEIT

Das Kernholz ist mäßig haltbar. Das Splintholz kann von Splintholzkäfern angegriffen werden. Das Splintholz nimmt im Gegensatz zum Kernholz Holzschutzmittel an.

VERWENDUNG

Bollywood wird in der Möbelherstellung, im Bootsbau, Innenausbau und der Drechselei verwendet. Man stellt Fässer, Ruder, Jalousien, Bilderrahmen, Sperrholz und Schablonen daraus her.

Andere Bezeichnungen: Bollygum, Bolly beech, Brown beech, Brown bollywood, Soft bollygum, Queensland sycamore

Herkunft: Australien (New South Wales und Queensland) • **Höhe:** 25-40 m • **Stammdurchmesser:** 1,5 m • **Durchschnittliches Trockengewicht:** 510 kg/m³ • **Spezifisches Gewicht:** 0,51

Gesundheitsrisiken: Hautreizungen

AZOBÉ

Lophira alata (Ochnaceae)

BESCHREIBUNG

Das blassrosa gefärbte Splintholz ist deutlich vom Kernholz unterschieden, welches dunkelrot oder tief schokoladenbraun gefärbt ist und purpurne Glanzlichter zeigen kann. Weiße Ablagerungen in den Poren verleihen dem Aussehen des Holzes noch zusätzliches Interesse. Der Faserverlauf ist normalerweise wechseldrehwüchsig, die Struktur grob und uneinheitlich.

EIGENSCHAFTEN

Azobé ist ein außerordentlich hartes und dichtes Holz. Es ist sehr schlagfest und außerordentlich druckfest und biegesteif, von geringer Verformbarkeit. Es eignet sich kaum zum Dampfbiegen. Azobé ist mit Handwerkzeug sehr schwierig zu bearbeiten. Mit Maschinen lässt es sich jedoch bearbeiten. Es stumpft Werkzeugschneiden sehr stark ab. Das Holz lässt sich zufriedenstellend verleimen und beizen. Beim Schrauben und Nageln ist Vorbohren zwingend erforderlich.

TROCKNUNG UND STEHVERMÖGEN

Es trocknet sehr langsam und kann stark reißen (Hirn- und Oberflächenrisse) und sich verziehen. Das Stehvermögen ist gering.

HALTBARKEIT

Das Kernholz nimmt Holzschutzmittel nicht an. Es ist sehr haltbar und widerstandsfähig gegen Fäulniserreger. Azobé ist witterungsbeständig und widerstandsfähig gegen Säuren.

VERWENDUNG

Das Holz wird für schwere Bauaufgaben herangezogen, im Brücken-, Wasser- und Fahrzeugbau verwendet. Man stellt Fußböden (auch für den Außenbereich und Parkettfußböden) und Schwellenholz daraus her.

Andere Bezeichnungen: Ekki, Aba, Akoura, Bakundu, Bongossi, Eba, Kaku, Hendui, Red ironwood

Herkunft: Tropisches Westafrika • **Höhe:** 50 m • **Stammdurchmesser:** 1,5 m • **Durchschnittliches Trockengewicht:** 1025 kg/m³ • **Spezifisches Gewicht:** 1,02

Gesundheitsrisiken: Dermatitis und Juckreiz

DIBÉTOU

Lovoa trichilioides (Meliaceae)

BESCHREIBUNG

Das lederfarbene oder blassbraune Splintholz ist vom Kernholz durch eine schmale Übergangszone getrennt. Das Kernholz ist bronzefarben oder goldbraun und von schwarzen Harzkanälen geezeichnet. Der Faserverlauf ist in der Regel wechseldrehwüchsig, kann aber auch gerade sein. Die Struktur ist fein und ebenmäßig mit deutlichen Jahresringen. Die Holzoberfläche glänzt. Im Radialschnitt kann sich eine sehr ansprechende gebänderte Textur zeigen, in der sich hellere und dunklere Partien abwechseln. Im Gegensatz zu den englischen und französischen Vulgärnamen ist Dibétou keine echte Nussbaumart.

EIGENSCHAFTEN

Es ist mittel druckfest und biegesteif, hoch verformbar und wenig schlagfest. Die Eignung zum Dampfbiegen ist mäßig. Es lässt sich mit Handwerkzeug wie mit Maschinen gut bearbeiten und stumpft Werkzeugschneiden nur gering ab. In der Regel lässt es sich gut hobeln, allerdings kann Wechseldrehwuchs zu Faserausrissen führen, so dass sich ein verringerter Schnittwinkel empfiehlt. Vor dem Schrauben oder Nageln sollte man vorbohren. Dibétou ist gut zu profilieren, bohren, drechseln, fräsen und verleimen und zufriedenstellend zu beizen. Vor dem Lackieren oder Polieren sollte man die Poren füllen.

TROCKNUNG UND STEHVERMÖGEN

Das Holz trocknet gut und recht schnell mit geringen Qualitätsverlusten. Es kann in gewissem Maße zum Verziehen kommen, und schon vorhandene Risse können sich ausdehnen. Ringschäle im Kernholzbereich kommt recht häufig vor und kann zum Reißen des Holzes führen. Dibétou arbeitet nur wenig.

HALTBARKEIT

Das Kernholz ist mäßig haltbar und widerstandsfähig, aber anfällig für Termiten. Das Splintholz wird leicht vom Splintholzkäfer angegriffen. Das Kernholz nimmt Holzschutzmittel nicht an, das Splintholz mäßig gut.

VERWENDUNG

Dibétou wird in der Kunsttischlerei und der Herstellung von Möbeln verwendet, man stellt Billardtische, Gewehrschäfte, Drechselarbeiten, Küchen- und Büromöbel, Fußböden und dekorative Furniere daraus her.

Andere Bezeichnungen: African walnut, Benin walnut, Nigerian golden walnut, Ghana walnut, Alona wood, Bibolo, Congowood, Eyan, Lovoa, Nivero noy, Noyer d'Afrique, Dibetou (Französisch)

Herkunft: Tropisches Westafrika • **Höhe:** 45 m • **Stammdurchmesser:** 1,2 m • **Durchschnittliches Trockengewicht:** 560 kg/m³ • **Spezifisches Gewicht:** 0,56

Gesundheitsrisiken: Reizungen der Schleimhäute und Verdauungsorgane, Nasenhöhlenkarzinome

JACARANDÁ PARDO

Machaerium villosum (Leguminosae)

BESCHREIBUNG

Das Kernholz ist rosabraun bis violettbraun. Der Faserverlauf kann gerade bis gewellt sein. Die Holzstruktur ist grob und faserig. Das Holz ähnelt im Aussehen Rio Palisander *(Dalbergia nigra)*, das Holz ist aber weniger ausdrucksvoll gemasert und etwas heller.

EIGENSCHAFTEN

Jacarandá Pardo weist in allen mechanischen Eigenschaften gute Werte auf, es eignet sich allerdings nur mäßig zum Dampfbiegen. Es ist relativ schwer zu bearbeiten und stumpft Werkzeugschneiden stark ab. Beim Hobeln oder Profilieren von riftgeschnittenem Holz ist eine Verringerung des Schnittwinkels auf 20° zu empfehlen, um Faserausrisse zu vermeiden.

TROCKNUNG UND STEHVERMÖGEN

Die Lufttrocknung verläuft langsam. Das Holz kann zu Oberflächenrissen neigen.

HALTBARKEIT

Das Kernholz nimmt Holzschutzmittel nicht an. Es ist sehr haltbar und widerstandsfähig gegen Fäulniserreger.

VERWENDUNG

Jacarandá Pardo wird bei der Herstellung von Musikinstrumenten, Möbeln, Profilleisten, dekorativen Furnieren, Besteckgriffen und in der Kunsttischlerei eingesetzt.

Andere Bezeichnungen: Jacarandá amarello, Jacarandá do cerrado, Jacarandá escuro, Jacarandá do mato, Jacarandá paulista, Jacarandá pedra, Jacarandá roxo

Herkunft: Brasilien • **Höhe:** 15-30 m • **Stammdurchmesser:** 0,3-0,6 m • **Durchschnittliches Trockengewicht:** 850 kg/m³ • **Spezifisches Gewicht:** 0,85

Gesundheitsrisiken: Allergisches Kontaktekzem und allergische Symptome

OSAGEDORN

Maclura pomifera (Moraceae)

BESCHREIBUNG

Das frisch eingeschnitte Kernholz variiert von grünlich gelb oder goldgelb bis hellorange. Es dunkelt zu einem Rostbraun mit dunkleren rötlichen Streifen nach. Das Splintholz ist hellgelb und deutlich vom Kernholz unterschieden. Der Faserverlauf ist dicht und gerade, die Struktur eher grob.

EIGENSCHAFTEN

Osagedorn ist ein zähes, schweres, sehr hartes und widerstandsfähiges Holz, das in allen mechanischen Eigenschaften hohe Werte aufweist. Wegen seiner Härte ist es ausgesprochen schwierig zu bearbeiten, das Werkzeug muss häufig nachgeschärft werden. Osagedorn ist schwierig zu nageln, lässt sich aber gut verleimen und schrauben und nimmt Oberflächenmittel gut an.

TROCKNUNG UND STEHVERMÖGEN

Das Holz ist gut zu trocknen und hat ein hohes Stehvermögen.

HALTBARKEIT

Osagedorn ist sehr widerstandsfähig gegen Fäulniserreger, es ist das haltbarste der nordamerikanischen Hölzer. Als (Zaun-)Pfosten oder Pfahl kann es fast unbegrenzt halten.

VERWENDUNG

Osagedorn wird zu Pfosten und Pfäh-len verarbeitet, zu Isolatoren, Tabakspfeifen, Maschinenteilen, Drechselarbeiten, Schwellenholz und Färbemitteln. In der Vergangenheit wurde es auch zu Radnaben und -felgen verarbeitet; die nordamerikanischen Ureinwohner stellten daraus ihre Bögen her.

◀ Gedrechselte Büchse aus M. aurantiaca und Violettem Rosenholz *(Dalbergia luvelli)*

Andere Bezeichnungen: Osage-orange, Bow wood, Bodare, Bodark, Bois d'arc, Hedge, Hedge apple, Horse apple, Naranjo chino, Mock-orange, Osage

Herkunft: USA • **Höhe:** 15 m • **Stammdurchmesser:** 0,6 m • **Durchschnittliches Trockengewicht:** 760 kg/m³ • **Spezifisches Gewicht:** 0,76

Gesundheitsrisiken: Der Holzsaft kann Dermatitis verursachen

MAGNOLIE

Magnolia grandiflora (Magnoliaceae)

BESCHREIBUNG

Das Kernholz ist strohfarben bis grünlich beige und hat oft dunkelpurpurne Streifen, die von Mineralablagerungen herrühren. Es gibt auch feinere und hellere Linien. Der Faserverlauf ist gerade, die Struktur einheitlich fein und geschlossen, das Holz glänzt seidig. Das Splintholz ist gelblichweiß.

EIGENSCHAFTEN

Magnolienholz ist von mittlerer Dichte, Härte und Verformbarkeit. Die Schlagfestigkeit ist gut. Es ist wenig biegesteif, lässt sich jedoch gut dampfbiegen. Es ist mit Handwerkzeug wie mit Maschinen leicht zu bearbeiten. Beim Hobeln lässt sich leicht eine glatte Oberfläche erreichen, und es lässt sich sehr gut drechseln. Es hat nur eine gering abstumpfende Wirkung auf Werkzeugschneiden. Das Holz ist gut zu bohren und fräsen, aber das Schleifen, Profilieren und Stemmen ist nicht so einfach. Magnolie eignet sich hervorragend zum Beizen, Polieren und Lackieren. Beim Schrauben und Nageln sollte vorgebohrt werden.

TROCKNUNG UND STEHVERMÖGEN

Beim Lufttrocknen kann es zu starkem tangentialen Schwinden kommen, verbunden mit der Neigung, zu reißen und sich zu werfen. Es lässt sich gut und mit nur geringen Qualitätseinbußen künstlich trocknen. Es arbeitet nur wenig.

HALTBARKEIT

Magnolie ist kaum widerstandsfähig gegenüber Fäulniserregern. Das Splintholz wird leicht vom Gemeinen Nagekäfer angegriffen. Das Splintholz nimmt im Gegensatz zum Kernholz leicht Holzschutzmittel an.

VERWENDUNG

Magnolie wird zu Büro-, Küchen- und anderen Möbeln verarbeitet, im Innenausbau verwen-det, man stellt Jalousien, Dübelholz, Fässer und Kisten, Profilleisten, Gießformen, Drechselarbeiten und Holzzellstoff daraus her. Es wird auch zu dekorativen Furnieren gemessert, die in der Kunsttischlerei, Marketerie und für Paneele verwendet werden.

Andere Bezeichnungen: Immergrüne Magnolie, Großblütige Magnolie, Magnolia, Evergreen magnolia, Southern magnolia, Cucumber wood, Black lin, Bat tree, Mountain magnolia, Sweet magnolia, Big laurel, Bullbay

Herkunft: USA; wird auch in Europa kultiviert • **Höhe:** 18-24 m • **Stammdurchmesser:** 0,6-0,9 m • **Durchschnittliches Trockengewicht:** 560 kg/m³ • **Spezifisches Gewicht:** 0,56

Gesundheitsrisiken: Keine spezifischen Reaktionen bekannt. Zu beachten sind allerdings die allgemeinen Gesundheitsgefahren, die durch das Einatmen von Holzstäuben entstehen können.

APFELBAUM

Malus sylvestris (Rosaceae)

BESCHREIBUNG

Das Kernholz ist rosabräunlich und etwas spröde. Der Faserverlauf ist meist gerade, kann aber auch drehwüchsig oder verwachsen sein, die Struktur fein und ebenmäßig. Die Maserung ist nicht so fein wie bei Birnholz *(Pyrus communis)*.

EIGENSCHAFTEN

Apfelholz lässt sich wegen seiner Sprödigkeit nicht gut biegen. Es ist von mittlerer Stärke, dicht und schwer. Es hat eine mäßig abstumpfende Wirkung auf Werkzeugschneiden. Es ist mit Handwerkzeug wie mit Maschinen gut zu bearbeiten, lässt sich gut sägen und zu einer sehr hohen Oberflächengüte bringen. Apfelholz lässt sich mit guten Ergebnissen hobeln, bei unregelmäßig gewachsenem Holz muss jedoch sorgfältig vorgegangen werden, um Faserausrisse zu vermeiden. Es lässt sich gut beizen.

TROCKNUNG UND STEHVERMÖGEN

Das Trocknen kann schwierig sein. Es trocknet langsam und kann sich bei Lufttrocknung verziehen. Es lässt sich gut und mit nur geringen Qualitätseinbußen künstlich trocknen. Das Holz arbeitet nur wenig.

HALTBARKEIT

Das Holz ist nicht haltbar und nimmt Holzschutzmittel an.

VERWENDUNG

Apfelholz wird zu dekorativen Furnieren und Werkzeugteilen (etwa Klüpfelköpfen und Sägegriffen) verarbeitet. Es dient auch als Schnitz- und Drechselholz.

◀ Schüssel mit Baumkante

Syn.: *M. pumila, Pyrus malus* • **Andere Bezeichnungen:** Pommier (Französisch). Die verschiedenen Holzapfelbaumarten (Malus ssp.) sind sich vom Holz her sehr ähnlich.

Herkunft: Europa und südwestliches Asien • **Höhe:** 8-10 m • **Stammdurchmesser:** 0,3-0,6 m • **Durchschnittliches Trockengewicht:** 700 kg/m³ • **Spezifisches Gewicht:** 0,70

Gesundheitsrisiken: Keine spezifischen Reaktionen bekannt. Zu beachten sind allerdings die allgemeinen Gesundheitsgefahren, die durch das Einatmen von Holzstäuben entstehen können.

BÉTE

BESCHREIBUNG

Das Kernholz variiert von gelblich Braun bis Dunkelgraubraun oder Hellmalvenfarbig. Es kann auch einen Purpurton aufweisen, der heller oder dunkler gebändert sein kann. Der Faserverlauf ist normalerweise gerade, die Holzstruktur fein bis mittelgrob und ebenmäßig. Die Oberfläche glänzt schwach bis mittelstark. Das deutlich vom Kernholz unterschiedene Splintholz ist meist weiß.

EIGENSCHAFTEN

Béte ist sehr biegesteif und druckfest, hoch verformbar und von mittlerer Schlagfestigkeit. Es ist ein hartes, dichtes und schweres Holz. Astfreies Holz lässt sich gut dampfbiegen. Das Holz ist mit Handwerkzeug wie mit Maschinen gut zu bearbeiten. Es hat eine leicht bis mittelstark abstumpfende Wirkung auf Werkzeugschneiden. Béte lässt sich gut sägen, hobeln, drechseln, profilieren, fräsen, schnitzen, verleimen, nageln, schrauben und schleifen. Es ist auch gut zu beizen und polieren.

TROCKNUNG UND STEHVERMÖGEN

Das Holz trocknet recht leicht und schnell, Äste können aber zum Reißen führen, und vorhandene Risse können sich ausdehnen. Das Holz arbeitet mittelstark.

HALTBARKEIT

Das Kernholz ist haltbar und widerstandsfähig gegen Insekten (es kann jedoch von Kernholzkäfern angegriffen werden). Es lässt sich nicht mit Holzschutzmittel behandeln. Das Splintholz lässt sich mit Holzschutzmittel behandeln.

VERWENDUNG

Béte wird häufig als Ersatzholz für Amerikanischen Nussbaum *(Juglans nigra)* verwendet. Es wird in der Kunsttischlerei und in der Herstellung hochwertiger Möbel eingesetzt. Man stellt Musikinstrumente (einschließlich Klaviere), Innenausstattungen und Armaturen für Automobile, Kuchenmöbel, Profilleisten und Weberschiffchen daraus her. Außerdem wird es im Boots- und Fahrzeugbau verwendet. Das Holz wird auch zu dekorativen Furnieren gemessert und zu Sperrholz verarbeitet.

Andere Bezeichnungen: Mansonia, Prono, Bété, Koul, Ofun

Herkunft: Westafrika • **Höhe:** 30-36 m • **Stammdurchmesser:** 0,6-1 m • **Durchschnittliches Trockengewicht:** 590 kg/m³ • **Spezifisches Gewicht:** 0,59

Gesundheitsrisiken: Splitter können zu Entzündungen führen. Der Holzstaub kann Nasenbluten, Niesen, Hautreizungen, Asthma, Atembeschwerden, Kopfschmerzen, Übelkeit, Erbrechen und Herzbeschwerden verursachen. Die Rinde enthält Mansonin, ein giftiges Herzglykosid

EISENHOLZBAUM

Metrosideros robusta (Myrtaceae

BESCHREIBUNG

Eisenholz variiert farblich von rötlich braun bis Schokoladenbraun. Der Faserverlauf ist normalerweise gerade, kann aber auch wellig oder wechseldrehwüchsig sein. Die Holzstruktur ist fein und ebenmäßig. Wegen der Wuchsweise des Baumes kann das Holz unregelmäßig gewachsen sein, was zu besonders ansprechenden Maserbildern führt.

EIGENSCHAFTEN

Eisenholz ist ein außerordentlich zähes, hartes, schweres und robustes Holz. Es ist gering verformbar, hoch druckfest und biegesteif und von mittlerer Schlagfestigkeit. Die Eignung zum Dampfbiegen ist mittel. Es setzt schneidenden Bearbeitungsweisen hohen Widerstand entgegen und hat eine mittelstark abstumpfende Wirkung auf Werkzeugschneiden. Beim maschinellen Hobeln ist ein stark verringerter Schnittwinkel zu empfehlen, um Faserausrisse zu vermeiden. Das Holz lässt sich zufriedenstellend beizen und polieren und gut verleimen, das Nageln und Schrauben kann jedoch schwierig sein.

TROCKNUNG UND STEHVERMÖGEN

Eisenholz ist schwierig zu trocknen, es kann zu hohen Schwindmaßen kommen. Es sollte durch Lufttrocknung teilgetrocknet werden, bevor man es künstlich trocknet. Das Holz arbeitet stark.

HALTBARKEIT

Das Kernholz ist sehr haltbar und lässt sich nicht mit Holzschutzmittel behandeln. Das Splintholz ist widerstandsfähig gegen Splintholzkäfer und lässt sich mit Holzschutzmittel behandeln.

VERWENDUNG

Eisenholz wird im Haus-, Schiffs- und Brückenbau verwendet, man stellt Sportgeräte, Maschinenbetten, dekorative Drechselwaren und Schwellenholz daraus her. Es wird auch zu dekorativen Furnieren gemessert.

Andere Bezeichnungen: Nordinsel-Eisenholzbaum, Rata, Northern rata, New Zealand ironwood. Eng verwandt sind die Arten M. excelsa *(Pohutikawa-Eisenholzbaum)* und M. umbellata *(Südinsel-Eisenholzbaum)*.

Herkunft: Neuseeland • **Höhe:** 25 m • **Stammdurchmesser:** 2,5 m • **Durchschnittliches Trockengewicht:** 800 kg/m³, kann aber stark variieren. • **Spezifisches Gewicht:** 0,80

Gesundheitsrisiken: Der Holzstaub kann Nase und Augen reizen

ZEBRANO

Microberlinia brazzavillensis **und** ***M. bisulcata*** (Leguminosae)

BESCHREIBUNG

Das Splintholz ist normalerweise weißlich gefärbt, während das Kernholz hellgoldgelb oder blassbraun ist und schmale dunklere Streifen oder Adern zeigt, die von Dunkelbraun bis fast Schwarz variieren. Diese Adern verleihen dem Holz sein zebragestreiftes Aussehen, das auch namengebend ist. Der Faserverlauf ist normalerweise wechseldrehwüchsig oder gewellt, die Holzstruktur mittelgrob bis grob. Das Holz glänzt stark. Wechseldrehwüchsiges Holz, bei dem sich harte und weiche Fasern abwechseln, kann ein ansprechend gebändertes Maserbild ergeben.

EIGENSCHAFTEN

Zebrano ist ein hartes, dichtes und schweres Holz mit hohen Werten in allen mechanischen Eigenschaften. Es ist sehr wenig verformbar und eignet sich nicht zum Dampfbiegen. Es lässt sich gut mit Handwerkzeug bearbeiten, und auch die meisten maschinellen Bearbeitungsgänge sind gut zu bewältigen. Das Hobeln kann jedoch schwierig sein, da es zu starken Faserausrissen kommen kann, zu empfehlen ist also eine abschließende schleifende Oberflächenbehandlung. Das Holz ist gut zu fräsen, bohren, profilieren und stemmen. Bei hinreichender Sorgfalt lässt es sich zufriedenstellend verleimen. Vor dem Schrauben oder Nageln sollte man vorbohren. Bei Verwendung einer klaren Grundierung lässt sich Zebrano sehr gut polieren.

Gedrechselte Büchse aus Zebrano und Stechpalme (*Ilex aquifolium*) ►

TROCKNUNG UND STEHVERMÖGEN

Zebrano ist schwierig zu trocknen. Bei mangelnder Sorgfalt kann es zu Oberflächen- und Kernrissen und zum Werfen kommen. Das Holz arbeitet nur wenig.

HALTBARKEIT

Das Kernholz ist nicht haltbar und kann von Schadinsekten angegriffen werden. Es lässt sich im Gegensatz zum Splintholz nicht mit Holzschutzmittel behandeln.

VERWENDUNG

Zebrano wird hauptsächlich zu dekorativen Furnieren verarbeitet, die meist von riftgeschnittenem Holz gemessert werden, um das Wölben der Furniere zu vermindern. Diese Furniere werden in der Kunsttischlerei, bei der Herstellung von Paneelen, Marketerie- und Einlegearbeiten verwendet. Zebrano dient auch als Drechsel- und Bildhauerholz, es wird zu Möbeln, Bürstenrücken, Handgriffen und dekorativem Sperrholz verarbeitet und im Bootsbau verwendet.

Andere Bezeichnungen: African zebrawood, Allen ele, Zingana, Ele, Amouk, Okwen

Herkunft: Westafrika, besonders Kamerun, Kongo und Gabun • **Höhe:** 45 m • **Stammdurchmesser:** 1,2-1,5 m • **Durchschnittliches Trockengewicht:** 740 kg/m³ • **Spezifisches Gewicht:** 0,74

Gesundheitsrisiken: Haut- und Augenreizungen, Asthma, Atembeschwerden; Sensibilisator

IROKO

Milicia excelsa und ***M. regia*** (Moracea)

BESCHREIBUNG

Das gelblich weiße Splintholz ist deutlich vom orange-goldenen Kernholz unterschieden. Im Holz sind meist größere, von dunklerem Holz umgebene Kalkablagerungen vorzufinden. Gelbgefärbte Streifen weicheren Gewebes formen Zickzackmuster, und im Tangentialschnitt sind hellere Gefäßstreifen zu erkennen. Das Holz ist mäßig wechseldrehwüchsig, die Struktur ist ebenmäßig und relativ grob, das Holz glänzt schwach. Iroko wird oft als Ersatzholz für Teak *(Tectona grandis)* verwendet.

EIGENSCHAFTEN

Iroko ist sehr wenig schlagfest und von sehr hoher Verformbarkeit. Es ist mittel biegesteif, von mittlerer Dichte und Druckfestigkeit und lässt sich mäßig gut dampfbiegen. Das Holz lässt sich mit Handwerkzeug zufriedenstellend bearbeiten, hat jedoch eine mittlere bis starke abstumpfende Wirkung auf Werkzeugschneiden. Beim Hobeln, Drechseln und Profilieren sind die Ergebnisse meist gut. Der Wechseldrehwuchs kann zu Faserausrissen führen, und die Mineralablagerungen können Werkzeugschneiden sehr schnell stumpf werden lassen. Iroko lässt sich gut schrauben, nageln und verleimen, und zufriedenstellend lackieren und beizen. Das Holz kann nach Porenfüllung zu hoher Oberflächengüte poliert werden.

TROCKNUNG UND STEHVERMÖGEN

Das Holz lässt sich gut und relativ schnell mit nur geringen Qualitätseinbußen trocknen. Es kann zu geringfügiger Oberflächenrissbildung und Verziehen kommen. Das Stehvermögen ist gut.

HALTBARKEIT

Obwohl das Kernholz von Natur aus gegen Fäulnis sehr widerstandsfähig ist, kann es von Trockenholzinsekten angegriffen werden, das Splintholz von Splintholzkäfern. Das Kernholz ist nur sehr schlecht mit Holzschutzmitteln zu behandeln, was im Normalfall jedoch auch nicht notwendig ist.

VERWENDUNG

Iroko wird im Boots-, und Schiffs- und Innenausbau verwendet, für Bauaufgaben im Außenbereich, Kaianlagen und andere Wasserbau-aufgaben, als industrieller Fußbodenbelag, Parkettfußboden, im Möbelbau, als Schnitz- und Drechselholz und für die Herstellung von Profilleisten. Darüber hinaus stellt man auch Sperrholz, Wandpaneele und dekorative Furniere aus Iroko her.

Geschnitzte Schale ▶

Syn.: *Chlorophora excelsa, C. regia* • **Andere Bezeichnungen:** Kambala, Lusanga, Mokongo, Moreira, Rokko, Tule, Intule, Odum

Herkunft: Ost- und Westafrika • **Höhe:** 50 m • **Stammdurchmesser:** 3 m • **Durchschnittliches Trockengewicht:** 640 kg/m³ • **Spezifisches Gewicht:** 0,64

Gesundheitsrisiken: Dermatitis, Furunkulose, Asthma, Nesselausschlag, Ödeme der Augenlider, Atembeschwerden, Niesen und Schwindelgefühle

WENGÉ

Millettia laurentii (Leguminosae)

BESCHREIBUNG

Das Splintholz ist weißlich oder blassgelb und deutlich vom Kernholz unterschieden, das dunkelbraun gefärbt und mit dichten, schmalen, fast schwarzen Adern und weißen Linien durchsetzt ist. Diese Farbgebung verleiht dem Holz ein sehr ansprechendes Aussehen. Der Faserverlauf ist ziemlich gerade, die Holzstruktur mittelgrob bis grob. Das Holz glänzt etwas.

EIGENSCHAFTEN

Wengé ist ein dichtes und schweres Holz, das sehr abriebfest ist. Es ist sehr schlagfest und biegesteif, mittel druckfest und verformbar, die Eignung zum Dampfbiegen ist gering. Es lässt sich mit Handwerkzeug wie mit Maschinen gut bearbeiten und hat eine mittelstark abstumpfende Wirkung auf Werkzeugschneiden. Beim Nageln muss vorgebohrt werden, und das Verleimen und Polieren kann sich wegen der Harzzellen im Holz schwierig gestalten. Wengé muss langsam gesägt werden, lässt sich aber recht gut hobeln. Es ist ein gutes Drechselholz und lässt sich zufriedenstellend schleifen. Nach Porenfüllung kann man eine zufriedenstellende Oberflächengüte erreichen.

TROCKNUNG UND STEHVERMÖGEN

Das Holz trocknet langsam, und die Trocknung ist relativ schwierig. Wengé neigt sehr stark zu Oberflächenrissen und hat auch eine leichte Neigung, sich zu verziehen. Das Holz arbeitet nur wenig.

HALTBARKEIT

Das Holz ist haltbar und widerstandsfähig gegenüber Pilz- und Termitenbefall. Das Splintholz nimmt im Gegensatz zum Kernholz Holzschutzmittel an.

VERWENDUNG

Aus Wengé werden Fußböden, Möbel, Drechsel- und Schnitzarbeiten, Geigenbögen und Boote hergestellt. Es wird auch für Bauaufgaben im Innen- und Außenbereich eingesetzt. Dekorative Furniere werden für Kunsttischlerei und Marketeriearbeiten verwendet.

◄ Gedrechselte Schale

▼ Kommode aus Wengé und wildblumigen Ahorn (*Acer* sp.) mit Schubladengriffen aus Malachit

Andere Bezeichnungen: Awoung, Bokonge, Dikela, Mibotu, Nson-so, Palissandre du Congo, Tshikalakala

Herkunft: Kongo, Kamerun, Gabun, Tansania und Mozambique • **Höhe:** 15-18 m • **Stammdurchmesser:** 0,75-1 m • **Durchschnittliches Trockengewicht:** 880 kg/m³ • **Spezifisches Gewicht:** 0,88

Gesundheitsrisiken: Dermatitis, Schwindel, Schläfrigkeit, Sehstörungen, Magenkrämpfe; Holzsplitter führen zu Entzündungen. Reizungen der Augen, der Haut und der Atemwege

PANGA PANGA

Millettia stuhlmannii (Leguminosae)

BESCHREIBUNG

Das Kernholz ist schokoladenbraun mit abwechselnden helleren und dunkleren Streifen; es kann aber auch dunkelbraun bis fast schwarz mit einer Bänderung aus weißem Gewebe sein. Das blassgelbe Splintholz ist deutlich vom Kernholz unterschieden. Der Faserverlauf ist meist gerade, die Struktur grob und uneinheitlich. Das Holz zeigt oft eine Maserung, die an das Gefieder eines Rebhuhns erinnert. Es hat eine starke Ähnlichkeit mit Wengé *(M. laurentii)*.

EIGENSCHAFTEN

Panga Panga ist dicht und schwer, sehr zug- und schlagfest, sehr biegesteif und von mittlerer Druckfestigkeit und Verformbarkeit. Es ist sehr abriebfest, die Eignung zum Dampfbiegen ist gering. Panga Panga ist ein schwer zu bearbeitendes Holz und hat eine mittelstark bis stark abstumpfende Wirkung auf Werkzeugschneiden. Es ist schwierig zu sägen, und beim Hobeln und Profilieren empfiehlt sich eine Verringerung des Schnittwinkels. Es lässt sich gut drechseln und polieren, aber die meisten anderen Bearbeitungsweisen gestalten sich schwierig. Vor dem Schrauben oder Nageln sollte man vorbohren. Die Verleimbarkeit kann durch den Harzgehalt des Holzes beeinträchtigt werden.

TROCKNUNG UND STEHVERMÖGEN

Das Holz trocknet langsam mit nur sehr geringen Qualitätseinbußen, allerdings muss sorgfältig vorgegangen werden, um Oberflächenrisse zu vermeiden. Es hat ein gutes Stehvermögen.

HALTBARKEIT

Das Kernholz ist sehr haltbar und widerstandsfähig gegenüber Pilz- und Insektenbefall. Es lässt sich kaum mit Holzschutzmittel behandeln. Das Splintholz lässt sich mäßig gut mit Holzschutzmittel behandeln.

VERWENDUNG

Panga Panga wird zu Fußböden, Paneelen, Möbeln (auch Büromöbeln), Musikinstrumente und dekorativen Furnieren verarbeitet. Es wird auch im Boots-, Innen- und Außenausbau verwendet.

Andere Bezeichnungen: Partridgewood, Jambiré, Messara

Herkunft: Ostafrika • **Höhe:** 18 m • **Stammdurchmesser:** 0,5–0,8 m •
Durchschnittliches Trockengewicht: 800 kg/m³ • **Spezifisches Gewicht:** 0,80

Gesundheitsrisiken: Obwohl es nur wenige Berichte über Reaktionen gibt, ist Panga Panga ein enger Verwandter der Art Wengé. Für diese sind Risiken bekannt, die auf ähnliche Weise auch für Panga Pange zutreffen können (siehe vorhergehende Seite)

ABURA

Mitragyna ciliata (now Hallea ledermannii) (Rubiaceae)

BESCHREIBUNG

Der größte Teil des Baumes besteht aus orangebraun bis rosa gefärbtem Splintholz. Das Kernholz, das manchmal schwammig sein kann, ist rötlich braun mit dunkleren Streifen. Der Faserverlauf ist meist gerade, kann aber auch wechseldrehwüchsig oder spiralenförmig sein; die Holzstruktur ist im allgemeinen fein und ebenmäßig. Harzadern können sich als dunkle Streifen abzeichnen.

EIGENSCHAFTEN

Abura ist mitteldicht, gering biegesteif und von hoher Verformbarkeit. Die Druckfestigkeit ist mittel, die Schlagfestigkeit gering. Das Holz ist gut zu bearbeiten, hat aber eine mittelstark bis stark abstumpfende Wirkung auf Werkzeugschneiden. Beim Nageln ist Vorbohren zu empfehlen. Das Holz hält Nägel gut, ist gut zu verleimen und zu schrauben. Abura lässt sich gut beizen. Die erreichbare Oberflächengüte ist hoch.

TROCKNUNG UND STEHVERMÖGEN

Abura ist gut luft- und künstlich zu trocknen, solange beim Zuschnitt schon vorhandene Risse ausgeschnitten werden. Das Holz arbeitet wenig.

HALTBARKEIT

Abura wird leicht vom Gemeinen Nagekäfer und vom Splintholzkäfer angegriffen. Das Kernholz ist nicht haltbar und lässt sich mit Holzschutzmittel behandeln.

VERWENDUNG

Abura wird im Innenausbau, in der Kunsttischlerei, im Modell- und Fahrzeugbau verwendet. Man stellt Profilleisten, Fußböden und Sperrholz daraus her. Wegen seine Widerstandsfähigkeit gegenüber Säuren wird es auch zu Batteriegehäusen und Laborbedarf verarbeitet. Ausgesuchte Stämme werden zu Furnier gemessert.

Andere Bezeichnungen: Bahia, Eliom (Kamerun), Elomom (Gabun), Subaha (Ghana), Baya, M'boy, Vuku

Herkunft: Tropisches Westafrika • **Höhe:** 30 m • **Stammdurchmesser:** 1–1,5 m • **Durchschnittliches Trockengewicht:** 560 kg/m³ • **Spezifisches Gewicht:** 0,56

Gesundheitsrisiken: Erbrechen, Übelkeit, Schwindel, Reizungen der Augen; scharfe Splitter können schwierig zu entfernen sein

BILINGA

Nauclea diderrichii (Rubiaceae)

BESCHREIBUNG

Das Splintholz ist etwa 50 mm stark und cremigweiß, rosa, blassgelb oder grau gefärbt. Es ist deutlich vom Kernholz unterschieden. Das Kernholz ist nach dem Einschnitt goldgelb und dunkelt zu einem kupfrig glänzenden Orangebraun nach. Der Faserverlauf ist normalerweise wechseldrehwüchsig oder unregelmäßig, die Holzstruktur mittelgrob bis grob. Das Holz glänzt mittelstark bis stark. Bilinga ist ein ansprechendes Holz, das im Radialschnitt gebänderte oder geflammte Texturen zeigen kann.

EIGENSCHAFTEN

Bilinga ist mittel biegesteif und verformbar, gering schlagfest, sehr druckfest. Es eignet sich kaum zum Dampfbiegen. Es lässt sich mit Handwerkzeug wie mit Maschinen recht gut bearbeiten und hat eine mittelstark abstumpfende Wirkung auf Werkzeugschneiden. Das Holz lässt sich verhältnismäßig gut hobeln, bei riftgeschnittenem Material sollte allerdings der Schnittwinkel reduziert werden, um Faserausrisse zu vermeiden. Es lässt sich recht gut profilieren, stemmen und lackieren und recht leicht drechseln und schleifen. Beim Nageln und Schrauben ist Vorbohren zu empfehlen. Das Holz ist zufriedenstellend zu verleimen. Nach Porenfüllung lässt sich eine hohe Oberflächengüte erreichen.

TROCKNUNG UND STEHVERMÖGEN

Riftgeschnittenes Holz ist gut zu trocknen, tangential geschnittenes kann Kern- und Oberflächenrisse und Verziehen erleiden. Das Holz arbeitet nur wenig.

HALTBARKEIT

Das Kernholz ist sehr haltbar, aber das Splintholz wird leicht vom Splintholzkäfer angegriffen. Das Splintholz nimmt Holzschutzmittel an, das Kernholz nur mäßig gut.

VERWENDUNG

Bilinga wird im Boots-, Fahrzeug-, Laden- und Außenbau verwendet. Man stellt Möbel (auch Büromöbel), Fußböden, Drechselarbeiten und Furniere für Paneele daraus her. Außerdem wird es im Wasserbau für Hafengebäude, Docks, Piere und anderes verwendet.

Syn.: *Sarcocephalus diderrichii* • **Andere Bezeichnungen:** Opepe, Akondoc, Aloma, Badi, Engolo, Kusia, Kusiaba, Linzi, N'gulu, Maza, Opepi

Herkunft: Äquatoriales Westafrika • **Höhe:** 50 m • **Stammdurchmesser:** 1,5 m • **Durchschnittliches Trockengewicht:** 740 kg/m^3 • **Spezifisches Gewicht:** 0,74

Gesundheitsrisiken: Dermatitis, Schleimhautreizungen, Schwindel, Sehstörungen, Nasenbluten und Blutspucken

MYRTEN-SÜDBUCHE

Nothofagus cunninghamii (Fagaceae)

BESCHREIBUNG

Das Kernholz ist rosa bis rötlich braun gefärbt, zwischen dem Kernholz und dem schmalen weißen Splintholz liegt eine farbliche Übergangszone. Normalerweise ist der Faserverlauf gerade oder leicht wechseldrehwüchsig; es kann manchmal auch leicht wellig sein, was im Radialschnitt zu ansprechenden Texturen führt. Die Holzstruktur ist fein und ebenmäßig. Das Holz glänzt in der Regel. Es ist weder eine echte Myrten- noch eine Buchen-Art.

EIGENSCHAFTEN

Das Holz der Myrten-Südbuche ist dicht und mäßig hart, mittel biegesteif und verformbar, wenig schlagfest und sehr druckfest; die Eignung zum Dampfbiegen ist sehr gut. Es lässt sich mit Handwerkzeug wie mit Maschinen gut bearbeiten und hat eine mittelstark abstumpfende Wirkung auf Werkzeugschneiden. Bei Schnitten quer zur Faser und beim Bohren kann es zum „Verbrennen" des Holzes kommen. Ansonsten lässt es sich gut hobeln, bohren, profilieren, fräsen, stemmen, schnitzen, beizen und polieren, nageln, schrauben und schleifen. Die Verleimbarkeit ist zufriedenstellend.

TROCKNUNG UND STEHVERMÖGEN

Die Trocknung kann problematisch sein. Das äußere, hellere Holz ist leicht zu trocknen, aber das eigentliche Kernholz muss sehr sorgfältig getrocknet werden, da es sonst zu Oberflächenrissen und Zellkollaps kommen kann. Das Holz arbeitet nur wenig.

HALTBARKEIT

Das Kernholz ist nicht haltbar und ist bei Bodenkontakt sehr anfällig für Fäulniserreger. Das Splintholz wird leicht von Splintholzkäfern angegriffen. Das Splintholz nimmt Holzschutzmittel an, das Kernholz nicht.

VERWENDUNG

Das Holz wird im Möbel- und Fahrzeugbau, Innenausbau und in der Kunsttischlerei eingesetzt. Man stellt Fußböden, Küchenmöbel, Profilleisten, Lebensmittelbehälter, Bürstenrücken, Werkzeuggriffe und Sperrholz daraus her. Es wird auch zu dekorativen Furnieren gemessert.

Andere Bezeichnungen: Myrten-Scheinbuche, Tasmanische Scheinbuche, Tasmanian Myrtle, Tasmanian beech, Australian nothofagus, Myrtle beech, Mountain beech

Herkunft: Tasmanien und Australien (Victoria) • **Höhe:** 30-40 m und höher • **Stammdurchmesser:** 0,9-1,5 m • **Durchschnittliches Trockengewicht:** 720 kg/m³ • **Spezifisches Gewicht:** 0,72

Gesundheitsrisiken: Reizungen der Schleimhäute

ROTE SCHEINBUCHE

Nothofagus fusca (Fagaceae)

BESCHREIBUNG

Das Kernholz variiert von Blassrosa bis Tiefrot, während das Splintholz blasscremigweiß gefärbt ist. Der Faserverlauf ist normalerweise gerade, kann gelegentlich aber auch gekräuselt sein. Die Struktur ist fein und ebenmäßig. Es ist keine echte Buchenart.

EIGENSCHAFTEN

In der Regel ist das Holz von mittlerer Verformbarkeit und Schlagfestigkeit und mittel biegesteif und druckfest, die Eignung zum Dampfbiegen ist gut; diese Werte können aber auch je nach geographischer Herkunft des Holzes deutlich schlechter sein. Es lässt sich mit Handwerkzeug wie mit Maschinen gut bearbeiten und hat eine leicht bis mäßig abstumpfende Wirkung auf Werkzeugschneiden. Beim maschinellen Hobeln von riftgeschnittenem Material mit unregelmäßigem Faserverlauf ist ein verringerter Schnittwinkel zu empfehlen. Das Holz ist gut zu verleimen und beizen und kann zu hoher Oberflächengüte gebracht werden.

TROCKNUNG UND STEHVERMÖGEN

Das Holz ist schwierig zu trocken, da es langsam und ungleichmäßig trocknet und zum Verziehen und Reißen neigt. Falls frisches Holz künstlich getrocknet wird, kann es zu Zellkollaps kommen. Das Holz arbeitet nur wenig.

HALTBARKEIT

Das Kernholz ist sehr haltbar, wird aber leicht vom Splintholzkäfer und Gemeinen Nagekäfer angegriffen. Das Splintholz nimmt Holzschutzmittel an, das Kernholz nicht.

VERWENDUNG

Das Holz wird im Möbel-, Fahrzeug-, Brücken- und Bootsbau verwendet und zu Fußböden (auch für den Außenbereich), Weberschiffchen, Drechselarbeiten und Werkzeuggriffen verarbeitet. Es wird auch zu dekorativen Furnieren gemessert und für Sperrholzfurniere geschält.

Andere Bezeichnungen: Red beech, Silver beech (siehe nächsten Eintrag)

Herkunft: Neuseeland • **Höhe:** 30 m • **Stammdurchmesser:** 2-3 m • **Durchschnittliches Trockengewicht:** 670 kg/m³ • **Spezifisches Gewicht:** 0,67

Gesundheitsrisiken: Keine spezifischen Reaktionen bekannt. Zu beachten sind allerdings die allgemeinen Gesundheitsgefahren, die durch das Einatmen von Holzstäuben entstehen können.

SILBERNE SCHEINBUCHE

Nothofagus menziesii und ***N. truncata*** (Fagaceae)

BESCHREIBUNG

Diese Nothofagus-Arten werden als „silver beech" gehandelt. Ihre Eigenschaften sind ähnlich, sie unterscheiden sich jedoch im Gewicht. Auch die Rote Scheinbuche *(N. fusca)* wird manchmal als „silver beech" gehandelt. Das Kernholz variiert von Weiß über Lachsrosa bis Rosabräunlich, das Splintholz ist weiß gefärbt. Es gibt eine Zwischenzone zwischen Splint- und Kernholz, die meist als Splintholz betrachtet wird. Der Faserverlauf ist meist gerade, kann aber auch gewellt sein. Die Struktur ist fein und ebenmäßig. Nothofagus-Arten sind Schein- oder Südbuchen, keine echten Buchen.

EIGENSCHAFTEN

Das Holz der Silbernen Scheinbuche ist wenig schlagfest und hoch verformbar, mittel druckfest und biegesteif, die Eignung zum Dampfbiegen ist gut. Es lässt sich mit Handwerkzeug wie mit Maschinen gut bearbeiten, beim Hobeln von riftgeschnittenem Holz ist jedoch eine Verringerung des Schnittwinkels zu empfehlen. *N. truncata* kann wegen seines Silikatgehaltes eine mittelstark abstumpfende Wirkung auf Werkzeugschneiden zeigen. Beide Arten lassen sich gut nageln, schrauben, verleimen und beizen und können zu sehr hoher Oberflächengüte poliert werden.

TROCKNUNG UND STEHVERMÖGEN

Das Holz ist relativ leicht zu trocknen: Es kann zu Hirnrissen kommen, aber die Neigung zum Verziehen ist in der Regel gering. Stärkere Querschnitte können wegen zurückgehaltener Restfeuchte Probleme bereiten. Das Holz arbeitet nur wenig.

HALTBARKEIT

Mit der Ausnahme von N. truncata ist das Holz nicht haltbar, es wird leicht vom Splintholzkäfer und Gemeinen Nagekäfer angegriffen.

VERWENDUNG

Das Holz wird zu Möbeln, Drechselarbeiten, Fußböden, Webstühlen, Gewehrschäften, Werkzeuggriffen, Dübelholz, Lebensmittelbehältern und Küchengeräten verarbeitet und im Boots-, Brücken- und Fahrzeugbau eingesetzt. Es wird auch zu dekorativen Furnieren gemessert und für Sperrholzfurniere geschält.

Andere Bezeichnungen: Neuseeländische Silbersüdbuche, Silver beech, Southland beech *(N. menziesii)*; Hard beech, Clinker beech *(N. truncata)*

Herkunft: Neuseeland • **Höhe:** 30 m • **Stammdurchmesser:** 0,6-1,5 m • **Durchschnittliches Trockengewicht:** Je nach Art zwischen 475 kg/m³ und 770 kg/m³ • **Spezifisches Gewicht:** 0,47 bis 0,77

Gesundheitsrisiken: Keine spezifischen Reaktionen bekannt. Zu beachten sind allerdings die allgemeinen Gesundheitsgefahren, die durch das Einatmen von Holzstäuben entstehen können.

WALD-TUPELOBAUM

Nyssa sylvatica (Nyssaceae)

BESCHREIBUNG

Das Kernholz variiert von blass créme-grau-braun oder gelblich lohfarben bis hin zu einem sanften Braun. Das breite Splintholz ist heller gefärbt und manchmal gelblich cremefarben. Der Faserverlauf ist dicht und wechselwüchsig mit gleichmäßiger Textur. Riftgeschnittenes Holz zeigt ein typisches Maserbild. Weder Geruch noch Geschmack sind besonders auffallend.

EIGENSCHAFTEN

Dies ist ein zähes, mäßig hartes und schweres Holz von geringer Biegesteifigkeit und Schlagfestigkeit, das sich nicht sehr zum Dampfbiegen eignet. Wegen des Wechseldrehwuchses kann es schwierig zu bearbeiten sein, allerdings lässt es sich zu einer glatten, glänzenden Oberfläche bearbeiten. Es ist bekannt dafür, dass es schwierig mit Handwerkzeug zu spalten ist. Vor dem Nageln oder Schrauben sollte man vorbohren. Die Verleimbarkeit ist noch zufriedenstellend. Mit Öl behandelte Oberflächen können beträchtlich nachdunkeln.

TROCKNUNG UND STEHVERMÖGEN

Bei der Trocknung muss sehr sorgfältig gearbeitet werden, um Werfen und Verziehen zu vermeiden.

HALTBARKEIT

Das Holz ist kaum fäulnisbeständig.

VERWENDUNG

Preiswerte Möbel, Möbelteile, Kiste, Kästen, Körbe, Böttcherarbeiten, Lebensmittelbehälter, Industrieböden, Walzen, Gewehrkolben, Bahnschwellen, Holzfaserbrei.

Andere Bezeichnungen: Black gum, Black tupelo, Bowl gum, Pepperidge, Sour gum, Swamp black gum, Swamp tupelo, Tupelo, Tupelo gum, Wild pear tree, Yellow gum Dies ist eine der fünf in den USA vorkommenden Nyssa-Arten

Herkunft: Östliche und südöstliche USA • **Höhe:** bis 30 m • **Stammdurchmesser:** 0,6-1,2m • **Durchschnittliches Trockengewicht:** 500 kg/m³ • **Spezifisches Gewicht:** 0,50

Gesundheitsrisiken: Keine spezifischen Reaktionen bekannt. Zu beachten sind allerdings die allgemeinen Gesundheitsgefahren, die durch das Einatmen von Holzstäuben entstehen können.

▲ Radialschnitt

BALSA

Ochroma pyramidale **(Bombacaceae)**

BESCHREIBUNG

Das Splintholz ist der kommerziell verwertbare Teil des Baumes, seine Färbung variiert von Haferfarben bis Weiß. Es kann auch eine leichte Rosa- oder Gelbtönung aufweisen. Bei stärkeren Stämmen ist das innere Kernholz blassbraun gefärbt. Der Faserverlauf ist gerade, die Struktur mittelfein, das Holz kann glänzen. Das Trockengewicht kann von 40 bis 340 kg/m³ variieren.

EIGENSCHAFTEN

Balsa ist das schwächste, weichste und leichteste aller Handelshölzer. Es eignet sich nicht zum Dampfbiegen. Seine isolierenden Eigenschaften (Wärme, Geräusch und Schwingungen) sind sehr gut, außerdem ist die Auftriebskraft sehr hoch (balsa ist das spanische Wort für „Floß"). Obwohl es im Verhältnis zu seinem Gewicht stark ist, kann es nicht gebogen werden, ohne einzuknicken. Es ist mit dünnen, scharfen Werkzeugen gut zu bearbeiten, hält allerdings Nägel und Schrauben nicht sehr gut, sollte also besser verleimt werden. Es kann gebeizt, lackiert und poliert werden, ist stark absorbierend.

◄ Modell einer Werkzeugtruhe für einen Möbeltischler

TROCKNUNG UND STEHVERMÖGEN

Frisch eingeschlagenes Balsa enthält 200-400 % Feuchtigkeit. Es ist ein sehr schwer zu trocknendes Holz, das möglichst bald nach dem Fällen weiterverarbeitet werden sollte. Um Reißen und Werfen zu verringern, ist künstliche Trocknung der Lufttrocknung vorzuziehen. Schlecht durchgeführte künstliche Trocknung kann zum Braunwerden und Verschalen des Holzes führen. Es hat ein gutes Stehvermögen.

HALTBARKEIT

Balsa ist anfällig für Schadinsekten und nicht haltbar. Das Holz nimmt Holzschutzmittel an.

VERWENDUNG

Wärmedämmung in Kühlanlagen und Kühlschiffen, es dient auch als Auftriebsmittel in Bojen, Schwimmwesten, Seerettungsflößen und -inseln. Es ist wegen seines geringen Gewichtes ein begehrtes Modellbauholz, wird auch als Mittellage für leichtmetallbedeckte Platten im Flugzeugbau verwendet.

Syn.: *O. lagopus* • **Andere Bezeichnungen:** Guano, Cuano (Puerto Rico und Honduras), lanero (Kuba), Topa (Peru), Polak (Belize und Nicaragua), Tami (Bolivien), Catillo (Nicaragua)

Herkunft: Ecuador, Karibik, Mittelamerika und tropisches Südamerika; auch Indien und Indonesien • **Höhe:** 24 m • **Stammdurchmesser:** 0,75 m • **Durchschnittliches Trockengewicht:** 160 kg/m³ • **Spezifisches Gewicht:** 0,16

Gesundheitsrisiken: Keine spezifischen Reaktionen bekannt. Zu beachten sind allerdings die allgemeinen Gesundheitsgefahren, die durch das Einatmen von Holzstäuben entstehen können.

STINKHOLZ

Ocotea bullata (Lauraceae)

BESCHREIBUNG

Das Kernholz variiert von strahlend Gelb über gelblich Braun oder Grün und Schokoladen-braun oder rötlich Braun bis hin zu fast Schwarz. Das Splintholz geht allmählich in das Kernholz über. Der Faserverlauf ist gerade bis wechseldrehwüchsig oder spiralig, die Holzstruktur ist ebenmäßig und mittelfein. Das Holz glänzt von Natur aus stark. Die schmalen Markstrahlen können zu einer feingebänderten Textur führen. Je heller das Holz ist, desto geringer ist sein Gewicht. Stinkholz trägt seinen Namen wegen des unangenehmen Geruchs, den frisch eingeschnittenes Holz ausströmt. Dieser lässt aber während des Trocknens nach.

EIGENSCHAFTEN

Das Holz ist hart und kräftig, sehr schlagfest, mittel druckfest, biegesteif und verformbar. Das Holz eignet sich nicht zum Dampfbiegen. In der Regel ist es einfach zu bearbeiten, dies hängt aber von der Dichte des fraglichen Materials ab. Stinkholz hat eine stark abstumpfende Wirkung auf Werkzeugschneiden. Beim Nageln und Schrauben ist Vorbohren zu empfehlen. Es ist gut zu verleimen. Um eine glatte Oberfläche zu erreichen, muss geschliffen und mit der Ziehklinge gearbeitet werden, danach lässt sich das Holz auf Hochglanz polieren.

TROCKNUNG UND STEHVERMÖGEN

Dunkleres Holz trocknet sehr langsam, die Trocknung ist schwierig. Stärkere Querschnitte neigen zum ungleichmäßigen Schwinden und zum Zellkollaps. Helleres Holz trocknet relativ schnell mit nur geringen Qualitätseinbußen.

HALTBARKEIT

Stinkholz ist nicht haltbar und nicht widerstandsfähig gegenüber Termiten, wird allerdings nicht von Pilzen befallen. Das Splintholz nimmt Holzschutzmittel an, das Kernholz nicht.

VERWENDUNG

Das Holz ist sehr begehrt als Material für Möbel, Kunsttischlerei, Drechselarbeiten, leichtere Fußböden, Fahrzeugaufbauten, Leitern und Werkzeuggriffe. Ausgesuchte Stämme werden auch zu dekorativen Furnieren gemessert.

Andere Bezeichnungen: Stinkwood, Cape olive, Cape laurel, Stinkhout, Umnukane

Herkunft: Südafrika • **Höhe:** 18-24 m • **Stammdurchmesser:** 1-1,5 m • **Durchschnittliches Trockengewicht:** 680-800 kg/m³ • **Spezifisches Gewicht:** 0,68 bis 0,80

Gesundheitsrisiken: Der Holzstaub kann reizend auf die Nase wirken

OLIVE

Olea europaea (Oleaceae)

BESCHREIBUNG

Das Holz des Olivenbaums ist sehr ansprechend. Das Kernholz ist normalerweise lederfarben, hellbraun oder gelblich braun und kann schwarz, grau oder braun gestreift sein. Das goldene oder cremigweiße, oft gestreifte Splintholz ist deutlich vom Kernholz unterschieden. Der Faserverlauf ist leicht wechseldrehwüchsig. Die Struktur ist fein und ebenmäßig. Die Jahresringe sind deutlich zu sehen, und im Tangentialschnitt kann die Maserung in Ansätzen zu erkennen sein. Olivenholz ist wegen der knorrigen Wuchsweise des Baumes meist nur in kleineren Abmessungen zu bekommen. Im wesentlichen handelt es sich bei dem Holz um ein Nebenprodukt der Olivenölherstellung.

EIGENSCHAFTEN

Olivenholz ist hart, kräftig und schwer. Das Holz ist abnutzungs- und abriebfest. Wegen seiner Wechseldrehwüchsigkeit und des knorrigen Wuchses ist es nicht besonders gut mit Handwerkzeug zu bearbeiten. Es hat eine mäßig abstumpfende Wirkung auf Werkzeugschneiden. Es lässt sich jedoch gut hobeln, stemmen und drechseln. Wegen seines natürlichen wachsähnlichen Glanzes lässt es sich zu hoher Oberflächengüte polieren.

TROCKNUNG UND STEHVERMÖGEN

Das Holz trocknet sehr langsam, es neigt zum Werfen und Reißen.

HALTBARKEIT

Olivenholz ist mäßig haltbar und in gewissem Maße gegen Pilzbefall widerstandsfähig. Es kann aber von Termiten angegriffen werden. Das Splintholz nimmt Holzschutzmittel an, das Kernholz nicht.

VERWENDUNG

Wegen der geringen verfügbaren Abmessungen wird Olivenholz für (gedrechselte) Dekorationsgegenstände, Schmuckkästen, Handgriffe und ähnliches verwendet. Man stellt auch Möbel, Furniere und Einlegearbeiten daraus her.

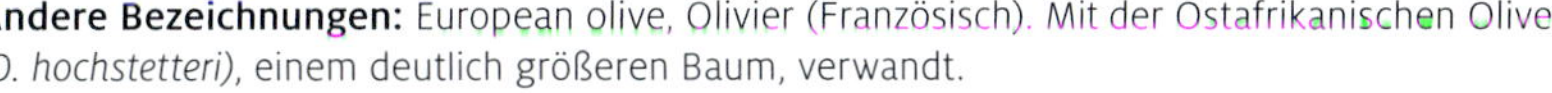

Andere Bezeichnungen: European olive, Olivier (Französisch). Mit der Ostafrikanischen Olive *(O. hochstetteri)*, einem deutlich größeren Baum, verwandt.

Herkunft: Mittelmeergebiet, Naher Osten und Nordafrika • **Höhe:** Maximal 8 m • **Stammdurchmesser:** 0,3 m; kann aber auch bis zu 0,9 m stark werden • **Durchschnittliches Trockengewicht:** 800 kg/m³ • **Spezifisches Gewicht:** 0,80

Gesundheitsrisiken: Der Holzstaub kann reizend auf die Augen, Haut und Atmungsorgane wirken

OSTAFRIKANISCHE OLIVE

Olea hochstetteri und ***O. welwitschii*** (Oleaceae)

BESCHREIBUNG

Das Kernholz ist normalerweise blassbraun, hat jedoch unregelmäßige Markierungen und Streifen, die von Braun über Grau bis hin zu Schwarz variieren und dem Holz ein marmoriertes Aussehen geben können. Der Faserverlauf meist gerade, manchmal auch leicht wechseldrehwüchsig. Die Struktur ist fein und ebenmäßig. Das Splintholz ist blassgelb.

EIGENSCHAFTEN

Das Holz ist sehr hart, dicht abriebfest, und kräftig. Die Eignung zum Dampfbiegen ist mäßig. Es ist sehr biegesteif, druck- und schlagfest und gering verformbar. Es lässt sich mit Handwerkzeug nur schwer bearbeiten, und der Wechseldrehwuchs kann auch bei maschineller Bearbeitung Probleme bereiten. Es hat eine mittelstark abstumpfende Wirkung auf Werkzeugschneiden. Beim maschinellen Hobeln sollte der Schnittwinkel verringert werden, es kann aber dennoch zu Vibrationen kommen. Beim Profilieren kann das Material „rupfen". Vor dem Schrauben oder Nageln sollte man vorbohren. Es lässt sich gut schnitzen, schleifen und lackieren und sehr gut beizen und polieren. Es ist ein außerordentlich gutes Drechselholz.

TROCKNUNG UND STEHVERMÖGEN

Ostafrikanische Olive trocknet langsam; es neigt zum Reißen und bei zu schneller Trocknung kann es zu Zellkollaps kommen. Künstliche Trocknung ist zu empfehlen. Das Stehvermögen ist gering.

HALTBARKEIT

Das Kernholz ist von Natur aus wenig widerstandsfähig gegenüber Fäulnispilzen, es ist auch anfällig für Termiten. Das Splintholz nimmt im Gegensatz zum Kernholz Holzschutzmittel an.

VERWENDUNG

Das Holz wird zu haltbaren und ansprechenden Fußböden, zu Möbeln (auch Küchen- und Büromöbeln), Ladeneinrichtungen und Drechselarbeiten verarbeitet. Man stellt auch Paneele, Werkzeuggriffe, Parkettfußboden und Bildhauerwerke daraus her. Es wird auch zu dekorativen Furnieren gemessert.

Andere Bezeichnungen: Olive, Loliondo, Olivewood, Ironwood, Musharagi, Olmasi

Herkunft: Kamerun, Kongo, Äthiopien, Guinea, Elfenbeinküste, Kenia, Sierra Leone, Sudan, Tansania, Uganda, Sambia • **Höhe:** 24-30 m • **Stammdurchmesser:** 0,6-0,9 m • **Durchschnittliches Trockengewicht:** 890 kg/m³ • **Spezifisches Gewicht:** 0,89

Gesundheitsrisiken: Der Holzstaub kann reizend auf die Augen, Haut, Nase und Lungen wirken

WÜSTENEISENHOLZ

Olneya tesota (Fabaceae)

BESCHREIBUNG

Wie der englische Name schon nahelegt, ist dieses schöne Holz sehr hart, schwer und dicht. Das Kernholz kann von einem satten honigfarbenem Gold-orange bis hin zu einem fast purpurnen Schwarz variieren, das mit goldenen orange-roten Flecken durchsetzt ist. Das Splintholz ist schmal und creme-weiß. Leider dunkelt das Holz unter Lichteinfluss zu einem gleichmäßigen Dunkelbraun nach. Das Holz hat sehr feine, dichte Fasern. Es ist recht spröde. In den Handel gelangt es oft als kleinere Ast- oder Stammabschnitte, die auch Risse oder Wurmlöcher aufweisen können. Der Baum kann bis zu 1500 Jahre alt werden.

EIGENSCHAFTEN

Da das Holz extrem dicht und feinfaserig ist, fällt die Bearbeitung schwer. Andererseits nimmt es beim Schnitzen und Drechseln auch feinste Details an. Mit Geduld und einem sehr feinen Schleifmittel (bis hin zu einer Körnung von 1000) kann es zu einer vorzüglichen Oberflächenqualität gebracht werden. Für die Bearbeitung von Wüsteneisenholz sind sehr scharfe Werkzeuge notwendig. Vor dem Schrauben sollte man vorbohren. Wenn das Holz richtig getrocknet wird, schrumpfen die Poren und schließen sich, so dass die Holzöle eingeschlossen werden. Dadurch kann die Behandlung mit Beizen und Ölen sehr schwierig werden, was jedoch durch die natürliche Farbe und den Glanz des Holzes wettgemacht wird.

TROCKNUNG UND STEHVERMÖGEN

Das Holz ist schwierig zu trocknen und neigt zur Ausbildung von Rissen, die an der Oberfläche jedoch nicht immer sichtbar sind. Nach dem Trocknen ist es sehr standfest, arbeitet und verzieht sich nicht.

HALTBARKEIT

Das Holz ist sehr haltbar. Es ist fast unmöglich, es mit Holzschutzmitteln zu behandeln.

VERWENDUNG

Möbel, Schnitzereien, dekorative Drechselarbeiten, Messergriffe, Polizeischlagstöcke. Aus Wüsteneisenholz werden die traditionell geschnitzten Tierdarstellungen der Seri-Indianer der Sonora-Wüste in Arizona hergegestellt. Aus dem Holz wird auch Holzkohle gebrannt.

Andere Bezeichnungen: Arizona ironwood, Desert ironwood, Palo-de-hierro (Spanisch), Palo-de-fierro, Palo fierro (Portuguisisch), Tesota

Herkunft: Sonora-Wüste in Arizona und Mexiko • **Höhe:** bis 10 m • **Stammdurchmesser:** 0,6 m • **Durchschnittliches Trockengewicht:** 860 kg/m³ • **Spezifisches Gewicht:** 0,86

Gesundheitsrisiken: Reizstoffe. Der außerordentlich feine Sägestaub ist unangenehm und soll Hautreizungen, Niesen und Schnupfen-Symptome verursachen.

PEROBA JAUNE

Paratecoma peroba (Bignoniaceae)

BESCHREIBUNG

Das Kernholz kann farblich variieren, ist aber meist hellloliv mit einem leicht Rot-, Grün- oder Gelbton. Häufig kommen auch schwache mehrfarbige Streifen vor. Der Faserverlauf ist normalerweise wechseldrehwüchsig oder gewellt, die Holzstruktur fein und ebenmäßig. Das Holz glänzt ziemlich. Das deutlich vom Kernholz unterschiedene Splintholz ist weiß oder gelblich.

EIGENSCHAFTEN

Peroba jaune ist hart, schwer und abriebfest, mittel biegesteif und hoch verformbar, gering schlagfest und sehr druckfest. Die Eignung zum Dampfbiegen ist mittelgut. Das Holz ist meist gut zu bearbeiten und hat eine nur leicht abstumpfende Wirkung auf Werkzeugschneiden. Es lässt sich gut hobeln, drechseln, profilieren, bohren, fräsen, schleifen und stemmen. Es ist gut zu verleimen und schrauben. Peroba jaune kann sehr gut gebeizt und auf Hochglanz poliert werden.

TROCKNUNG UND STEHVERMÖGEN

Das Holz trocknet schnell und gut. Es kann zu kleineren Rissen kommen, und unregelmäßiger Faserverlauf kann zum Werfen führen. Das Holz arbeitet mittelstark.

HALTBARKEIT

Das Kernholz ist sehr haltbar und widerstandsfähig gegenüber Fäulniserregern. Es lässt sich nicht mit Holzschutzmittel behandeln.

VERWENDUNG

Das Holz wird in der Möbelherstellung, dem Schiffs- und Fahrzeugbau, der Kunsttischlerei und im Innen- und Außenausbau verwendet. Man stellt Lebensmittelbehälter und hochbelastbare Fußböden einschließlich Parkett und Verandaböden daraus her. Es wird auch zu dekorativen Furnieren gemessert, die bei der Herstellung von Paneelen und in der Marketerie verwendet werden.

Andere Bezeichnungen: White peroba, Ipé peroba, Peroba branca, Peroba de campos, Peroba manchada, Golden peroba, Peroba amarella

Herkunft: Brasilien • **Höhe:** 27-40 m • **Stammdurchmesser:** 1,5 m • **Durchschnittliches Trockengewicht:** 750 kg/m³ • **Spezifisches Gewicht:** 0,75

Gesundheitsrisiken: Der Holzstaub kann Dermatitis und Reizungen der Nase verursachen. Splitter können zu Entzündungen führen

BLAUGLOCKENBAUM

Paulownia fortunei, P. tomentosa und verwandte Arten (Scrophulariaceae)

BESCHREIBUNG

Der Blauglockenbaum ist eine ungeheuer schnell wachsende Baumart und wird oft als „weiches Hartholz" bezeichnet. In den letzten Jahren ist es zu einem wichtigen Plantagenholz geworden. Das Holz ist hell honiggelb bis blond gefärbt, wobei das Kernholz allmählich in den helleren Splint übergeht. Der Faserverlauf ist gerade, die Fasern sind weich und das Holz weist deutliche Jahresringe und einen schönen Glanz auf. Es ist geruchlos. Holz aus Plantagenanbau ist meist ohne Äste. Das Holz wird wegen seiner Textur begehrt, Musikinstrumentenbauer schätzen es wegen seines Tones.

EIGENSCHAFTEN

Das Holz ist für sein Gewicht sehr stabil, für ein Laubholz aber relativ weich. Daher und wegen dem geringen Silikat- und Harzgehalt lässt es sich sowohl mit Maschinen als auch mit Handwerkzeugen leicht bearbeiten. Es ist gut zu nageln und schrauben und neigt kaum zum Reißen. Allerdings hält es Nägel nicht sehr gut, man sollte also zusätzlich Leim anbringen. Das Holz lässt sich sehr gut und mit geringen Trocknungszeiten verleimen. Es lässt sich gut schleifen, ölen, beizen und lackieren. Paulownia nimmt schnell Druckstellen an, bei der Verarbeitung sollte man also umsichtig sein. Das Holz ist ein guter Schall- und Wärmeisolierer und deutlich stärker feuerhemmend als die meisten anderen Holzarten.

TROCKNUNG UND STEHVERMÖGEN

Das Holz kann in 30-60 Tagen natürlich getrocknet werden, die technische Trocknung dauert 30-60 Stunden. Dabei kommt es nur zu geringen Qualitätseinbußen, man sollte aber vorsichtig vorgehen, um Verbläuung und Druckstellen auf den Oberflächen zu vermeiden. Das Stehvermögen ist gut.

HALTBARKEIT

Das Holz ist ohne Bodenkontakt fäulnisresistent. Es ist auch gegen Insektenbefall – einschließlich Termitenbefall – resistent.

VERWENDUNG

Hochwertiger Möbel, Innen- und Außenaus-bau, Schnitzereien, Musikinstrumente, Spielzeug, Bootsbau, Särge, Fahrzeugbau, Papierherstellung, Mittellagen für Holzwerkstoffe, Sperrholz und hochwertige Furniere. Es wird in Japan seit Jahrhunderten für zeremonielle Möbel, Musikinstrumente, Holzschuhe und laminierte tragende Balken verwendet.

Andere Bezeichnungen: Paulownia, Kiri, Chinese empress tree, Dragon tree, Princess tree, Foxglove tree

Herkunft: Heimisch in China, Kambodscha, Laos und Vietnam. Wird seit 1000 Jahren auch in Japan und Korea angebaut. Inzwischen auch als Plantagenholz in Australien, Kanada, Neuseeland, Süd- und Mittelamerika und den USA verbreitet • **Höhe:** 40 m, Plantagenbäume sind jedoch kleiner • **Stammdurchmesser:** Maximal 2 m, wenn der Baum vollkommen ausgewachsen ist. • **Durchschnittliches Trockengewicht:** 320 kg/m³ • **Spezifisches Gewicht:** 0,32

Gesundheitsrisiken: Keine spezifischen Reaktionen bekannt. Zu beachten sind allerdings die allgemeinen Gesundheitsgefahren, die durch das Einatmen von Holzstäuben entstehen können.

AMARANTH

Peltogyne porphyrocardia und verwandte Arten (Leguminosae)

BESCHREIBUNG

Das frisch eingeschnittene Kernholz ist strahlend purpurn gefärbt, dunkelt aber zu einem tiefen purpurbräunlichen Ton nach. Bretter und Bohlen können sich farblich unterscheiden, Mineraleinlagerungen können zu ungleichmäßiger Färbung führen. Der Faserverlauf ist normalerweise gerade, kann aber wechseldrehwüchsig, wellig oder unregelmäßig sein. Die Holzstruktur ist mittelfein bis fein. Das Holz glänzt stark. Das weißliche Splintholz ist deutlich vom Kernholz unterschieden.

EIGENSCHAFTEN

Das Holz ist hart, dicht und schwer. Es ist gering verformbar, hoch druckfest und biegesteif und von mittlerer Schlagfestigkeit. Die Eignung zum Dampfbiegen ist mittel. Es ist mit Handwerkzeugen schwer zu bearbeiten, und auch die maschinelle Bearbeitung ist mäßig schwierig. Es hat eine mittelstark bis stark abstumpfende Wirkung auf Werkzeugschneiden. Geringe Vorschubgeschwindigkeiten und verringerte Schnittwinkel sind zu empfehlen. Stumpfes Werkzeug führt zur Erhitzung des Holzes und dadurch zu Harzaustritten. Es lässt sich gut verleimen, wachsen, beizen und polieren und sehr gut drechseln. Es ist nicht leicht zu schleifen. Vor dem Schrauben oder Nageln sollte man vorbohren. Lösemittelhaltige Oberflächenmittel entfärben das Holz unter Umständen, bei Schellack und anderen lösemittelfreien Mitteln geschieht dies nicht.

TROCKNUNG UND STEHVERMÖGEN

Es trocknet in der Regel recht schnell mit nur geringen Qualitätseinbußen, geringfügiges Reißen oder Werfen kann auftreten. Problematisch kann auch der Feuchtigkeitsgehalt im Kern von stärkeren Querschnitten sein. Das Holz arbeitet wenig.

HALTBARKEIT

Das Kernholz ist sehr haltbar und widerstandsfähig gegenüber Fäulniserregern und Termiten. Das Splintholz ist anfällig für Splintholzkäfer. Das Splintholz nimmt Holzschutzmittel an, das Kernholz nicht.

VERWENDUNG

Amaranth wird im Brücken- und Bootsbau verwendet sowie bei schweren Außenbauaufgaben. Man stellt Fußböden, hochwertige Möbel, Verschalungsbret-ter, Fässer, Drechselarbeiten, Billardstöcke, Einlege- und Marketeriearbeiten, Handgriffe und Stiele und dekorative Furniere daraus her.

◄ Gedrechselte Büchse aus *P. venosa*

Andere Bezeichnungen: Amarante, Guarabu, Morado, Nazareno, Pau roxo, Saka, Tananeo, Violetwood

Herkunft: Mittelamerika und nördliches Südamerika • **Höhe:** 30-45 m • **Stammdurchmesser:** 0,6-1,2 m • **Durchschnittliches Trockengewicht:** 860 kg/m³ • **Spezifisches Gewicht:** 0,86

Gesundheitsrisiken: Der Holzstaub kann Reizungen der Nase und Übelkeit verursachen

AFRORMOSIA

Pericopsis elata (Leguminosae)

BESCHREIBUNG

Das Kernholz dunkelt von einem ursprünglich tiefen orangebraunen oder braunen Ton zu einem bräunlichen Gelb mit dunkleren Streifen nach. Das Splintholz ist cremig-braun. Der Faserverlauf ist gerade bis leicht wechseldrehwüchsig, im Radialschnitt kann sich eine gefelderte Textur zeigen. Die Struktur ist mittelfein bis fein. Im Radialschnitt zeigt sich eine geflammte Textur.

EIGENSCHAFTEN

Afrormosia ist schwer und dicht, mittel verformbar und von mittlerer Schlagfestigkeit. Es ist sehr biegesteif und druckfest, kann sich allerdings während des Dampfbiegens verziehen. Es hat eine mittelstark abstumpfende Wirkung auf Werkzeugschneiden, und der Wechseldrehwuchs kann sich bei maschineller Bearbeitung negativ auswirken. Es lässt sich gut mit normalem Werkzeug bearbeiten, beim Hobeln empfiehlt sich jedoch eine Verringerung des Schnittwinkels. Beim Schrauben und Nageln empfiehlt es sich vorzubohren. Afrormosia lässt sich gut verleimen. Die erreichbare Oberflächengüte ist hoch.

TROCKNUNG UND STEHVERMÖGEN

Das Holz trocknet recht langsam, aber relativ gut mit nur geringen Qualitätseinbußen. Das Holz arbeitet wenig.

HALTBARKEIT

Afrormosia ist sehr haltbar und widerstandsfähig gegenüber Pilz- und Termitenbefall. Wegen seines hohen Tanningehaltes kann es bei Berührung mit eisenhaltigen Metallverbindungen zu Verfärbungen kommen. Das Kernholz nimmt Holzschutzmittel nicht an.

VERWENDUNG

Afrormosia wurde ursprünglich als Ersatzholz für Teak *(Tetona grandis)* verwendet. Inzwischen wird es in der Möbelherstellung, Kunsttischlerei, im Wasser- und Bootsbau verwendet, man stellt Parkettfußböden, Treppen und Ladeneinrichtungen daraus her. Als Furnier wird es auch in der Herstellung von Wandpaneelen, Möbeln und Türen verwendet.

◄ Esstisch

Syn.: *Afrormosia elata* • **Andere Bezeichnungen:** Assamela (Frankreich und Elfenbeinküste), Mohole (Niederlande), Ejen (Kamerun), Ayin, Egbi (Nigeria), Kokrodua (Ghana), Ole, Olel pardo, Tento

Herkunft: Westafrika • **Höhe:** 45 m • **Stammdurchmesser:** 1 m • **Durchschnittliches Trockengewicht:** 690 kg/m³ • **Spezifisches Gewicht:** 0,69

Gesundheitsrisiken: Haut- und Augenreizungen; Splitter können sich entzünden; kann das Nervensystem beeinflussen; kann Rhinitis und Asthma verursachen

Ausdrucksvolle Maserung ▲

IMBUIA

Phoebe (jetzt ***Ocotea***) ***porosa*** (Lauraceae)

BESCHREIBUNG

Das Kernholz variiert von gelblich Oliv bis Schokoladenbraun und weist mehrfarbige Streifen und Adern auf. Die Färbung kann sehr unterschiedlich sein. Der Faserverlauf ist normalerweise gerade, kann aber wellig oder gekräuselt sein, was zu ansprechend gebänderten Texturen führt. Das Holz kann Maserknollen aufweisen, auch geapfelte oder gemaserte Texturen kommen vor. Die Holzstruktur ist mittelfein bis fein. Das Holz glänzt von Natur aus stark. Imbuia ist im Aussehen mit Amerikanischem Nussbaum *(Juglans nigra)* verglichen worden.

EIGENSCHAFTEN

Imbuia ist ein recht hartes, dichtes und schweres Holz. Es hat in allen mechanischen Eigenschaften niedrige bis mittlere Werte, die Eignung zum Dampfbiegen ist sehr gering. Es lässt sich mit Handwerkzeug wie mit Maschinen gut bearbeiten, beim Hobeln kann es jedoch zu Faserausrissen kommen, weshalb eine Verringerung des Schnittwinkels zu empfehlen ist. Das Holz lässt sich gut nageln, schrauben und verleimen, und es kann sehr gut gebeizt und poliert werden.

TROCKNUNG UND STEHVERMÖGEN

Imbuia trocknet schnell und neigt zum Werfen, wenn nicht sorgfältig gearbeitet wird. Stärkere Querschnitte neigen zum Zellkollaps. Das Holz arbeitet wenig bis mittelstark.

HALTBARKEIT

Das Kernholz ist haltbar und widerstandsfähig gegenüber Fäulniserregern und den meisten Schadinsekten. Es lässt sich nicht sehr gut mit Holzschutzmittel behandeln. Das Splintholz lässt sich mit Holzschutzmittel behandeln.

VERWENDUNG

In Brasilien ist Imbuia ein begehrtes Holz für die Möbelherstellung und Kunsttischlerei, für Paneele und Ladeneinrichtungen. Es wird auch zu Gewehrschäften, Fußböden, Büro- und Küchenmöbeln, Sportgeräten und hochwertigen dekorativen Furnieren verarbeitet.

◄ Gedrechselte Büchse mit einem Einsatz aus Ahornmaserknolle *(Acer* spp.*)*

Andere Bezeichnungen: Amarela, Brazilian walnut, Canella imbuia, Embuia

Herkunft: Südliches Brasilien • **Höhe:** 40 m • **Stammdurchmesser:** 1,8 m • **Durchschnittliches Trockengewicht:** 660 kg/m³ • **Spezifisches Gewicht:** 0,66

Gesundheitsrisiken: Der Holzstaub kann zu Haut-, Nasen- und Augenreizungen führen

BESCHREIBUNG

Das Kernholz variiert von Blassgelb bis Blassbraun. Das schmale Splintholz ist normalerweise ebenso gefärbt und nicht deutlich vom Kernholz unterschieden. Der Faserverlauf ist gerade, die Holzstruktur fein und ebenmäßig mit deutlichen, dichten Jahresringen. Im Gegensatz zu den englischen Vulgärnamen ist sie keine echte Kiefernart.

EIGENSCHAFTEN

Das Holz ist zäh und kräftig, die Werte sind für alle mechanischen Eigenschaften mittel bis hoch, mit der Ausnahme der Biegesteifigkeit, die nur mäßig ist. Es lässt sich mit Handwerkzeug wie mit Maschinen gut bearbeiten, allerdings kann Reaktionsholz manchmal zu Problemen führen. Es kann gut verleimt, genagelt, geschraubt, gebeizt und lackiert und zu einer verhältnismäßig hohen Oberflächengüte gebracht werden. Es ist widerstandsfähig gegen Säuren und Chemikalien.

TROCKNUNG UND STEHVERMÖGEN

Celery-top-Pine trocknet gut mit geringen Qualitätseinbußen. Das Stehvermögen ist mäßig gut.

HALTBARKEIT

Das Holz ist mäßig haltbar, Kern- wie Splintholz lassen sich mit Holzschutzmittel behandeln.

VERWENDUNG

Das Holz wird im Boots- und Möbelbau verwendet, im Innenausbau, als Drechsel- und Schnitzholz. Man stellt Säure- und Chemikalienfässer, Zäune und Fußböden daraus her. Ausgesuchte Stämme werden auch zu Furnieren gemessert.

Andere Bezeichnungen: keine

Herkunft: Tasmanien • **Höhe:** 30 m • **Stammdurchmesser:** 1 m • **Durchschnittliches Trockengewicht:** 640 kg/m³ • **Spezifisches Gewicht:** 0,64

Gesundheitsrisiken: Keine spezifischen Reaktionen bekannt. Zu beachten sind allerdings die allgemeinen Gesundheitsgefahren, die durch das Einatmen von Holzstäuben entstehen können.

GEMEINE FICHTE

Picea abies (Pinaceae)

BESCHREIBUNG

Die Färbung des Fichtenholzes variiert von fast Weiß bis hin zu einem blassen Gelbbraun. Kern- und Splintholz sind kaum unterschieden. Der Faserverlauf ist meist gerade, die Struktur ist fein, und das Holz glänzt von Natur aus. Der Kontrast zwischen dem helleren Frühholz und dem dunkleren Spätholz lässt die Jahresringe deutlich hervortreten. Im Radialschnitt kann sich eine ansprechende Textur zeigen, die als Haselfichte bezeichnet wird.

EIGENSCHAFTEN

Fichte ist hoch verformbar und gering schlagfest, von mittlerer Druckfestigkeit und Biegesteifigkeit. Es eignet sich kaum zum Dampfbiegen. Es lässt sich mit Handwerkzeug wie mit Maschinen gut und leicht bearbeiten und hat eine nur gering abstumpfende Wirkung auf Werkzeugschneiden – allerdings können Äste die Schneiden beschädigen. Das Holz lässt sich gut hobeln, drechseln, sägen, bohren, profilieren, verleimen, schleifen, nageln, schrauben, beizen und lackieren.

TROCKNUNG UND STEHVERMÖGEN

Fichte trocknet gut und schnell, es muss allerdings sorgfältig gearbeitet werden, um Qualitätseinbußen gering zu halten. Das Holz kann zum Reißen neigen, Äste können sich lockern oder ausfallen, und bei Drehwuchs kann es zum Werfen kommen. Das Holz arbeitet mittelstark.

HALTBARKEIT

Fichte ist nicht haltbar, sie ist nur wenig widerstandsfähig gegen Fäulnispilze, Bock- und Kernholzkäfer und Holzwespen. Das Splintholz wird leicht vom Gemeinen Nagekäfer angegriffen. Das Kernholz nimmt Holzschutzmittel nicht an.

VERWENDUNG

Außer der Nutzung als Weihnachtsbaum wird die Fichte auch in der Zimmerei, im Innenausbau, zur Herstellung von Kisten und Kästen, Fußböden und als Grubenholz eingesetzt. Es wird zu Holzzellstoff, Papier, Furnier und Sperrholz sowie zu Leitersprossen verarbeitet. Ausgesuchtes Material wird riftgeschnitten und zu Resonanzholz für Saiteninstrumente verarbeitet.

◄ Laute aus Haselfichte

Andere Bezeichnungen: Spruce, Baltic whitewood, Common spruce, Fir, Whitewood, Baltic white pine, White deal, Swiss pine, Épicéa (Französisch); auch nach Herkunft: Norwegische Fichte, Russische Fichte usw.

Herkunft: Europa, einschließlich Westrussland; auch Kanada und USA • **Höhe:** 24-36 m • **Stammdurchmesser:** 0,6-1,2 m • **Durchschnittliches Trockengewicht:** 470 kg/m³ • **Spezifisches Gewicht:** 0,47

Gesundheitsrisiken: Atemwegsprobleme. Reizungen der Nase und des Halses, allergisches Bronchialasthma

BESCHREIBUNG

Das cremigweiße bis hellgelbe Splintholz geht allmählich in das Kernholz über, das rosa oder hellrosagelblich bis blassbraun mit einem Purpurton gefärbt ist. Die Farbe dunkelt zu einem silbrigen Braun mit einem leichten Hauch von Rot nach. Der Faserverlauf ist meist gerade, manchmal auch drehwüchsig. Im Radialschnitt wirkt er oft gekräuselt. Die Holzstruktur ist mittelfein bis fein und ebenmäßig. Das Holz glänzt von Natur aus. Das Holz ist nicht harzreich, die Jahresringe sind deutlich zu erkennen.

EIGENSCHAFTEN

Sitkafichte ist im Verhältnis zu seinem Gewicht sehr belastbar, es ist mittel biegesteif, druckfest, schlagfest und verformbar, die Eignung zum Dampfbiegen ist sehr gut. Es lässt sich mit Handwerkzeug wie mit Maschinen gut bearbeiten, vorausgesetzt, die Werkzeuge sind scharf. Es hat nur eine gering abstumpfende Wirkung auf Werkzeugschneiden. Es lässt sich gut hobeln, sägen, profilieren, bohren, schleifen und stemmen und zu einer hohen Oberflächengüte bringen. Es lässt sich sehr gut nageln, schrauben und verleimen und gut beizen, lackieren und polieren.

TROCKNUNG UND STEHVERMÖGEN

Das Holz spricht sowohl auf künstliche als auch auf Lufttrocknung gut an. Falls größere Querschnitte jedoch zu schnell getrocknet werden, kann es zum Werfen und Schüsseln kommen. Bei Material von jüngeren Bäumen kann es auch zu Rissen und aufgestellten Fasern kommen. Es hat ein mäßig gutes Stehvermögen.

HALTBARKEIT

Das Holz ist nicht haltbar, wird leicht vom Kernholz- und Prachtkäfer angegriffen. Das Kernholz nimmt Holzschutzmittel nur schlecht an.

VERWENDUNG

Je nach Güte des Holzes wird Sitka-Fichte für viele verschiedene Zwecke eingesetzt. Es wird im (Holz-)Hausbau als Ständer, Querträger, Balken und Sparren verwendet, man stellt Paletten, Verandafußböden, Leiterholme, Fässer, Ruder und Schiffsmasten daraus her und verwendet es im Bootsbau wie im Innenausbau. Es wird zu Innenlagen für Sperrholz verarbeitet und gemessert, um Holzlaminate für den Segelflugzeug- und Flugzeugbau herzustellen. Es dient vielfach als Ausgangsmaterial für die Papierherstellung, andererseits wird ausgesuchtes Material riftgeschnitten und zu Resonanzholz für Saiteninstrumente verarbeitet.

Andere Bezeichnungen: Sitka spruce, Silver spruce, Tideland spruce, Menzies spruce, Coast spruce, Yellow spruce

Herkunft: Westliches Kanada und USA • **Höhe:** 38-54 m • **Stammdurchmesser:** 0,9-1,8 m • **Durchschnittliches Trockengewicht:** 430 kg/m³ • **Spezifisches Gewicht:** 0,43

Gesundheitsrisiken: Reizungen der Atemwege, allergisches Bronchialasthma, Rhinitis und Dermatitis

Die Gattung

PINUS KIEFERN

▲ Eine Haustür aus dem 19. Jahrhundert während der Restaurierung. Kiefernholz kann sehr dauerhaft sein, wenn es lackiert worden ist

Zur Gattung der Kiefern gehören Bäume und Sträucher, die immergrün, monözisch (männliche und weibliche Blüten sitzen auf der gleichen Pflanze) und harzreich sind. Die Gattung ist die wirtschaftlich bedeutendste der Nadelbäume, ihre Produkte sind Nutzholz, Holzschliff, Sperrholz, Terpentin, Harz, Pfähle, Kiefernzapfen und Weihnachtsbäume.

In den gemäßigten Klimazonen und den Gebirgen der tropischen Zonen der nördlichen Halbkugel kommen 90 bis 100 Kiefernarten vor. Die einzige Kiefernart, die in der südlichen Hemisphäre heimisch ist, ist die Merkuskiefer *(Pinus merkusii)*, die auf Sumatra vorkommt. Allerdings sind auch andere Arten auf der Südhalbkugeln vom Menschen angepflanzt worden, vor allem die Weihrauchkiefer *(P. taeda)* ist hier zu nennen.

Die Kiefern lassen sich nach der Farbe und Stärke des Holzes in zwei Gruppen unterteilen: Die weißen oder weichen Kiefern haben meist Nadeln, die in Bündeln zu fünft stehen, während die harten oder gelben Kiefern Bündel mit zwei oder drei Nadeln haben.

Neben anderen Nadelbäumen sind auch verschiedene Kiefernarten seit langem als Weihnachtsbäume genutzt worden. Die Ursprünge des Weihnachtsbaums reichen angeblich bis ins achte Jahrhundert zurück, als der britische Mönch St. Bonifatius eine Predigt über Christi Geburt vor einer Gruppe germanischer Druiden hielt. Um seine Zuhörer davon zu überzeugen, dass ein bestimmter Eichenbaum nicht heilig und unberührbar sei, fällte er ihn, und im Stürzen riss die Eiche jeden Strauch um, der in seinem Weg stand, bis auf einen Fichtenschössling. Im Bemü-

Dieser alte Geschäftstresen wurde aus verschiedenen Kiefernarten hergestellt, die vermutlich alle aus Amerika stammten. ▶

▲ Die Rinde am oberen Stamm der Waldkiefer *(P. sylvestris)* ist von einem typischen lachsrosa, das hier noch durch das Abendlicht betont wird.

hen, Konvertiten zu gewinnen, bezeichnete St. Bonifatius dieses Symbol des Überlebens als ein Wunder und die Fichte als den Baum des Christkindes. Im 16. Jahrhundert war der Brauch, drinnen und draußen Weihnachtsbäume zu schmücken, schon weit verbreitet. Martin Luther soll den Weihnachtsbaum seiner Familie mit Kerzen geschmückt haben. Als die britische Königin Victoria im Jahr 1840 den deutschen Prinzen Albert heiratete, wurde die deutsche Sitte des Weihnachtsbaumes auch in England populär.

In die USA soll der Brauch in den zwanziger Jahren des 19. Jahrhunderts durch deutsche Einwanderer nach Pennsylvania gebracht worden sein. Heute werden alleine in den USA jedes Jahr mehr als 35 Millionen Weihnachtsbäume geschlagen.

Der angeblich älteste Baum der Welt – Methuselah, eine Langlebige Kiefer *(P. longaeva)* im Inyo National Forest in Kalifornien – ist geschätzte 4700 Jahre alt. Es gab am Wheeler Peak an der Grenze zwischen Utah und Nevada ein noch älteres Exemplar der gleichen Art, das jedoch 1964 von einem übereifrigen Wissenschaftler gefällt wurde. Der Bohrer, mit dem er einen Kern aus dem Baum bohren wollte, um das Alter festzustellen, war anscheinend zerbrochen, worauf er vom US Forestry Service die Genehmigung erhielt, den Baum zu fällen, um die Jahresringe zu zählen. So tötete er das vermutlich älteste Lebewesen der Erde – [illegible] Jahresringe [illegible]

▶ Kiefernholz wird oft als Material für preiswerte Bautischlerarbeiten verwendet.

DREHKIEFER 

Pinus contorta (Pinaceae)

BESCHREIBUNG

Das Splintholz ist schmal, fast weiß bis gelb gefärbt und nicht deutlich vom Kernholz unterschieden. Das Kernholz ist hellgelb bis blassgelblich braun und nur etwas dunkler als das Splintholz. Kleine Äste kommen recht zahlreich vor. Der Faserverlauf ist normalerweise gerade, aber unregelmäßig. Die Holzstruktur ist mittelfein bis fein. Die Jahresringe sind deutlich zu erkennen, und im Tangentialschnitt wirkt die Textur oft gekräuselt.

EIGENSCHAFTEN

Das Holz ist von mäßiger Dichte und Schwere, mittlerer Biegesteifigkeit und geringer Druckfestigkeit. Es lässt sich gut mit Handwerkzeug wie mit Maschinen bearbeiten. Mit sehr scharfem Werkzeug lässt sich beim Hobeln eine außerordentlich gute, saubere Oberfläche erreichen. Drehkiefer ist sehr gut zu profilieren, stemmen, verleimen, bohren, nageln und schrauben. Es lässt sich gut drechseln, beizen, lackieren und polieren.

TROCKNUNG UND STEHVERMÖGEN

Drehkiefer trocknet recht schnell und ohne größere Qualitätseinbußen, es kann lediglich zu geringfügigem Werfen und Reißen kommen. Das Holz arbeitet wenig.

HALTBARKEIT

Das Holz ist nicht sehr haltbar und wenig widerstandsfähig gegenüber Fäulnispilzen und Insekten. Das Splintholz nimmt Holzschutzmittel an. Im Gegensatz dazu ist das Kernholz einigermaßen schwierig zu behandeln.

VERWENDUNG

Drehkiefer wird für schwere Bauaufgaben und die Herstellung von Vieheinfriedungen, Pfosten und Masten, rustikalen Möbeln, Schindeln, Schwellenholz, Kisten und Kästen, Holzzellstoff, Sperrholz, Hartfaserplatten und Spanplatten eingesetzt.

Andere Bezeichnungen: Lodgepole pine, Knotty black pine, Spruce pine, Rocky Mountain lodgepole pine, Black pine, Pin tordu

Herkunft: Kanada, USA, Mexiko; auch Großbritannien und Neuseeland • **Höhe:** 6-24 m • **Stammdurchmesser:** 0,3-0,9 m • **Durchschnittliches Trockengewicht:** 390 kg/m³ • **Spezifisches Gewicht:** 0,39

Gesundheitsrisiken: Allgemein kann die Arbeit mit Kiefer und verwandten Arten zu verringerter Lungenfunktion, allergischem Bronchialasthma, Rhinitis und Dermatitis führen

ZUCKERKIEFER

Pinus lambertiana (Pinaceae)

BESCHREIBUNG

Das Kernholz variiert von Blassbraun bis hin zu einem hellrötlichen Braun; das Splintholz ist fast weiß bis blassgelblich weiß. Der Faserverlauf ist in der Regel gerade und ebenmäßig, die Struktur recht grob und sehr ebenmäßig, sehr kennzeichnend sind die dunkelbraunen Harzkanäle.

EIGENSCHAFTEN

Das Holz ist leicht und weich, insgesamt schwach, von hoher Verformbarkeit und geringer Druck- und Schlagfestigkeit. Es lässt sich mit Handwerkzeug wie mit Maschinen gut bearbeiten und hat eine nur gering abstumpfende Wirkung auf Werkzeugschneiden. Wegen seiner geringen Dichte und ebenmäßigen Struktur ist es außerordentlich leicht zu bearbeiten. Zuckerkiefer lässt sich gut profilieren, drechseln, nageln und schleifen und sehr gut verleimen, stemmen, schrauben und hobeln. Das Holz lässt sich zufriedenstellend beizen, lackieren und polieren, allerdings kann es zwischen dem Harz des Holzes und manchen Oberflächenmitteln zu unerwünschten Wechselwirkungen kommen.

TROCKNUNG UND STEHVERMÖGEN

Das Holz trocknet leicht und problemlos mit nur geringer Neigung zum Reißen und Werfen. Bei feuchtem Holz kann es zu braunen Verfärbungen kommen. Das Stehvermögen ist sehr gut.

HALTBARKEIT

Das Kernholz ist wenig widerstandsfähig gegenüber Fäulniserregern. Es lässt sich nicht gut mit Holzschutzmittel behandeln.

VERWENDUNG

Zuckerkiefer wird als Bauholz eingesetzt, man stellt Türen, Rahmen, Kisten und Kästen, Gieß-ereiformen, Fußböden, Balken, Schindeln, Paneele, Sperrholz, Klaviertasten und Orgelpfeifen daraus her.

Andere Bezeichnungen: Sugar pine, California sugar pine, Big pine, Gigantic pine, Great sugar pine, Shade pine

Herkunft: USA • **Höhe:** 30-50 m • **Stammdurchmesser:** 0,9-1,8 m • **Durchschnittliches Trockengewicht:** 360 kg/m³ • **Spezifisches Gewicht:** 0,36

Gesundheitsrisiken: Allgemein kann die Arbeit mit Kiefer und verwandten Arten zu verringerter Lungenfunktion, allergischem Bronchialasthma, Rhinitis und Dermatitis führen

WESTLICHE WEYMOUTHS-KIEFER

Pinus monticola (Pinaceae)

BESCHREIBUNG

Das Splintholz variiert von fast Weiß bis gelblich Weiß. Das Kernholz ist blassgelb bis rötlich braun und weist Harzkanäle auf, die im Längsschnitt als feine braune Linien zu erkennen sind. Früh- und Spätholz sind nicht deutlich unterschieden. Der Faserverlauf ist gerade, die Struktur ebenmäßig und einheitlich. Das Holz ist oft eher astreich.

EIGENSCHAFTEN

Das Holz der Westlichen Weymouths-Kiefer ist leicht und weich, mäßig schlagfest und verformbar. Die Biegesteifigkeit ist eher gering, die Druckfestigkeit gering. Es lässt sich mit Handwerkzeug wie mit Maschinen gut bearbeiten und hat eine nur gering abstumpfende Wirkung auf Werkzeugschneiden. Es lässt sich beim Hobeln und Profilieren zu einer hohen Oberflächengüte bringen und sehr gut bohren, drechseln und stemmen. Es ist gut zu schleifen, beizen und lackieren und sehr gut zu nageln, schrauben und verleimen.

TROCKNUNG UND STEHVERMÖGEN

Das Holz trocknet leicht und problemlos mit nur geringer Neigung zum Reißen und Werfen. Es arbeitet nur wenig.

HALTBARKEIT

Es ist anfällig für Schadinsekten und nicht haltbar. Das Splintholz nimmt Holzschutzmittel an, im Gegensatz zum Kernholz, das nur mäßig gut zu behandeln ist.

VERWENDUNG

Westliche Weymouths-Kiefer wird im Innenausbau, im Schiffs- und Bootsbau und im Möbelbau verwendet. Es wird zu Fenstern und Türen, zu Regalen, Profilen, Zeichenbrettern, Küchengeräten, Streichhölzern, Verpackungen, Fußböden, Dächern, Holzzellstoff, Spanplatten und Sperrholz verarbeitet. Interessant gemaserte Stücke werden auch zu dekorativen Furnieren gemessert, die bei der Herstellung von Paneelen verwendet werden.

Andere Bezeichnungen: Western white pine, Idaho white pine, Mountain pine, White pine, Silver pine

Herkunft: Westliches Kanada und westliche USA • **Höhe:** 30 m, kann aber auch sehr viel höher werden • **Stammdurchmesser:** 0,9 m • **Durchschnittliches Trockengewicht:** 420 kg/m³ • **Spezifisches Gewicht:** 0,42

Gesundheitsrisiken: Allgemein kann die Arbeit mit Kiefer und verwandten Arten zu verringerter Lungenfunktion, allergischem Bronchialasthma, Rhinitis und Dermatitis führen

SUMPF-KIEFER

Pinus palustris und *P. elliottii* (Pinaceae)

BESCHREIBUNG

Das Splintholz ist unterschiedlich stark und variiert in der Färbung von weißlich bis orange-weiß oder blassgelb. Das Kernholz ist harzhaltig und hellgelb, orange oder rötlich-braun. Früh- und Spätholz sind sehr deutlich in den Jahresringen zu unterscheiden. Der Faserverlauf ist gerade und uneinheitlich, die Holzstruktur mittelfein. Sumpf-Kiefer ist die schwerste im Handel erhältliche Nadelholzart. Sie wird auch im deutschen Sprachraum als „pitch pine" gehandelt, wobei die englische Unterscheidung zwischen schwereren Sorten (pitch pine) und leichteren Sorten (southern pine) meistens entfällt.

XEIGENSCHAFTEN

Sumpf-Kiefer ist sehr biegesteif und druckfest, gering verformbar und von mittlerer Schlagfestigkeit. Das Holz eignet sich wegen des Harzgehaltes nicht zum Dampfbiegen. Das Holz ist mit Handwerkzeug wie mit Maschinen recht gut zu bearbeiten. Es hat eine mittelstark abstumpfende Wirkung auf Werkzeugschneiden, das Harz kann Werkzeuge zusetzen. Es lässt sich recht gut hobeln, profilieren, bohren und drechseln und gut verleimen, nageln, schrauben und schleifen. Die Eignung zum Beizen, Lackieren und Polieren ist zufriedenstellend.

TROCKNUNG UND STEHVERMÖGEN

Sumpf-Kiefer trocknet gut mit geringen Qualitätseinbußen. Das Stehvermögen ist gut.

HALTBARKEIT

Das Holz ist mäßig widerstandsfähig gegen Fäulniserreger und kann von Insekten befallen werden. Das Splintholz nimmt im Gegensatz zum Kernholz Holzschutzmittel an.

VERWENDUNG

Sumpf-Kiefer wird für schwere Bauaufgaben und im Brückenbau eingesetzt, man verwendet es als Schwellen- und Grubenholz, stellt Fußböden, Paletten, Kisten und Kästen, Holzzellstoff, Sperrholz, Hartfaserplatten und Spanplatten daraus her. Aus der Sumpf-Kiefer wird auch Terpentin und Harz gewonnen.

Andere Bezeichnungen: Longleaf pine, Florida pine, Florida longleaf pine, Florida yellow pine, Georgia yellow pine, Heart pine, Pitch pine, Spruce pine *(P. palustris)*; Slash pine, Yellow slash pine *(P. elliottii)*. Wird in den USA oft zusammen mit der Weihrauchkiefer *(P. taeda)* und der Fichtenkiefer *(P. echinata)* als Southern pine oder Southern yellow pine in den Handel gebracht.

Herkunft: Südliche USA • **Höhe:** 24-30 m • **Stammdurchmesser:** 0,6-0,8 m • **Durchschnittliches Trockengewicht:** 670 kg/m³ • **Spezifisches Gewicht:** 0,67

Gesundheitsrisiken: Kann wie alle Kiefernarten zu verringerter Lungenfunktion, allergischem Bronchialasthma, Rhinitis und Dermatitis führen

GELBKIEFER 

Pinus ponderosa (Pinaceae)

BESCHREIBUNG

Das Splintholz ist breit, weißlich bis blassgelb, das Kernholz ist dunkler gefärbt und sehr viel schwerer, es variiert von Tiefgelb bis rötlich Braun oder Orangebraun. Der Faserverlauf ist meist gerade und ebenmäßig. Das Holz weist oft viele Äste, die normalerweise gut verwachsen sind, und dunklere Harzkanäle auf. Manchmal kann eine Vogelaugen-Maserung vorkommen. Die Struktur ist mittelfein und ebenmäßig.

EIGENSCHAFTEN

Gelbkiefer ist mittel biegesteif und druckfest, gering schlagfest und hoch verformbar. Das Holz eignet sich kaum zum Dampfbiegen. Es lässt sich mit Handwerkzeug wie mit Maschinen gut bearbeiten und hat eine nur gering abstumpfende Wirkung auf Werkzeugschneiden. Allerdings kann Harzaustritt manchmal zu Problemen führen. Das Holz lässt sich gut sägen, nageln und schrauben und sehr gut hobeln, drechseln, profilieren, bohren und verleimen. Es lässt sich gut oberflächenbehandeln, wenn auch der Harzgehalt manchmal Vorbehandlungen erfordert.

TROCKNUNG UND STEHVERMÖGEN

Das Holz ist gut zu trocknen, allerdings kann es beim Splintholz zu Verblauung kommen. Das Holz arbeitet mittelstark.

HALTBARKEIT

Gelbkiefer ist nicht haltbar und wenig widerstandsfähig gegenüber Fäulniserregern und Insekten. Das Splintholz nimmt Holzschutzmittel an, das Kernholz nur mäßig gut.

VERWENDUNG

Das Splintholz wird im technischen Modellbau verwendet, das Kernholz wird zu Fensterrahmen, Türen, Küchenmöbeln, Kisten und Kästen, Dübelholz, Möbeln und rustikalen Möbeln verarbeitet. Man setzt es als Bauholz ein, auch für Blockhäuser, und verwendet es als Drechselholz. Ausdrucksvolle Stämme werden zu (Ast-Kiefer-)Paneelen gemessert und zu Furnieren geschält. Entsprechend behandeltes Holz wird zu Telefonmasten, Schwellenholz und Pfosten verarbeitet.

Andere Bezeichnungen: Ponderosa pine, Big pine, Bird's-eye pine, Knotty pine, Western yellow pine, Californian white pine, British Colombia soft pine

Herkunft: Kanada und USA • **Höhe:** 18-40 m • **Stammdurchmesser:** 0,8-1,2 m • **Durchschnittliches Trockengewicht:** 510 kg/m³ • **Spezifisches Gewicht:** 0,51

Gesundheitsrisiken: Allgemein kann die Arbeit mit Kiefer und verwandten Arten zu verringerter Lungenfunktion, allergischem Bronchialasthma, Rhinitis und Dermatitis führen

MONTEREY-KIEFER

Pinus radiata (Pinaceae)

BESCHREIBUNG

Das blass gefärbte Splintholz ist deutlich vom meist rosabraun gefärbten Kernholz unterschieden. Der Faserverlauf des Kernholzes ist in der Regel gerade, kann aber auch drehwüchsig sein. Die Jahresringe sind nicht sehr deutlich zu erkennen, so dasss die Struktur relativ einheitlich und ebenmäßig wirkt. Im Längsschnitt zeigen sich Harzkanäle als feine braune Linien, das Holz kann auch, je nach Herkunft, astreich sein.

EIGENSCHAFTEN

Das Holz ist mäßig druck- und schlagfest, gering biegesteif und hoch verformbar. Es eignet sich nicht zum Dampfbiegen. Es lässt sich mit Handwerkzeug wie mit Maschinen gut bearbeiten und hat eine nur gering abstumpfende Wirkung auf Werkzeugschneiden. Um beim Hobeln eine saubere Oberfläche zu erreichen, sind dünne und scharfe Werkzeugschneiden notwendig. Obwohl es in der Nähe von Ästen zu Rissen kommen kann, lässt sich das Holz gut hobeln, drechseln, profilieren und bohren. Es lässt sich gut nageln, schrauben und beizen und zufriedenstellend verleimen und polieren.

TROCKNUNG UND STEHVERMÖGEN

Das Holz trocknet schnell und gut mit nur geringen Qualitätseinbußen. Bei drehwüchsigem Holz von nicht ausgewachsenen Bäumen kann es zum Verziehen kommen. Das Holz arbeitet mittelstark.

HALTBARKEIT

Das Kernholz ist von Natur aus wenig widerstandsfähig, es kann von Fäulnispilzen, Insekten und anderen Holzschädlingen angegriffen werden. Es nimmt Holzschutzmittel an.

VERWENDUNG

Monterey-Kiefer wird für allgemeine Bauaufgaben, auch für den Blockhausbau eingesetzt. Man stellt Fußböden, Verkleidungen, Kisten und Kästen, Holzzellstoff, Bürstenrücken, Sperrholz und Spanplatten daraus her. Bessere Qualitäten werden auch im Möbel- und Innenausbau verwendet und können zu dekorativen Furnieren gemessert werden.

Andere Bezeichnungen: Radiata pine, Monterey pine, insignis pine

Herkunft: Kalifornien, Australien, Neuseeland, Chile, Südafrika • **Höhe:** 15-30 m • **Stammdurchmesser:** 0,3-0,9 m • **Durchschnittliches Trockengewicht:** 480 kg/m³ • **Spezifisches Gewicht:** 0,48

Gesundheitsrisiken: Allgemein kann die Arbeit mit Kiefer und verwandten Arten zu verringerter Lungenfunktion, allergischem Bronchialasthma, Rhinitis und Dermatitis führen

WEYMOUTHS-KIEFER

Pinus strobus (Pinaceae)

BESCHREIBUNG

Das Kernholz variiert von blassgelb bis hell rötlich-braun; es ist manchmal von Harzkanälen gezeichnet, die sich im Längsschnitt als feine braun Linien zeigen. Der Faserverlauf ist meist gerade und ebenmäßig. Die Jahresringe sind nicht deutlich zu erkennen, die Holzstruktur ist einheitlich mittelfein.

EIGENSCHAFTEN

Das Holz der Weymouths-Kiefer ist leicht und weich, alle mechanischen Eigenschaften sind als gering zu bewerten. Das Holz eignet sich nicht zum Dampfbiegen. Es lässt sich mit Handwerkzeug wie mit Maschinen gut bearbeiten und hat eine nur gering abstumpfende Wirkung auf Werkzeugschneiden. Weymouths-Kiefer ist gut zu hobeln, dabei ist eine saubere Oberfläche erreichbar. Das Holz lässt sich gut profilieren, bohren, fräsen, stemmen, verleimen, schnitzen, nageln und schrauben. Es ist gut zu schleifen, beizen, lackieren und polieren. Unbehandeltes Holz verfärbt sich unter Witterungseinfluss zu einem hellen Grau.

TROCKNUNG UND STEHVERMÖGEN

Das Holz ist leicht und gleichmäßig mit nur geringen Schwindmaßen luftzutrocknen, allerdings kann es zu braunen Verfärbungen und zu Ringschäle kommen. Es hat ein sehr gutes Stehvermögen.

HALTBARKEIT

Das Kernholz ist nicht haltbar und nur mäßig widerstandsfähig gegen Fäulniserreger. Das Splintholz nimmt Holzschutzmittel an, im Gegensatz zum Kernholz, das nur mäßig gut zu behandeln ist.

VERWENDUNG

Das Holz wird im Boots-, Möbel-, hochwertigen Innenausbau und technischen Modellbau eingesetzt. Man stellt Zeichenbretter, Drechselarbeiten, Musikinstrumente, Streichhölzer, Särge, Schindeln, Blockhäuser, rustikale Möbel, hölzerne Haushaltsgegenstände und Furniere daraus her.

Andere Bezeichnungen: Eastern white pine, White pine, Spruce pine, Northern white pine, Quebec pine, Weymouth pine

Herkunft: Östliches Kanada und USA • **Höhe:** 30 m, kann aber auch höher werden. • **Stammdurchmesser:** 0,9-1,2 m • **Durchschnittliches Trockengewicht:** 390 kg/m³ • **Spezifisches Gewicht:** 0,39

Gesundheitsrisiken: Allgemein kann die Arbeit mit Kiefer und verwandten Arten zu verringerter Lungenfunktion, allergischem Bronchialasthma, Rhinitis und Dermatitis führen

KIEFER

Pinus sylvestris (Pinaceae)

BESCHREIBUNG

Diese geographisch weit verbreitete Art unterscheidet sich je nach Herkunft. Das Kernholz ist normalerweise blassrötlich Braun gefärbt und deutlich vom blasseren cremigweißen bis gelben Splintholz unterschieden. Der Kontrast zwischen dem hellen Frühholz und dem dunkleren Spätholz lässt die Jahresringe deutlich hervortreten. Das Holz ist harz- und astreich, seine Struktur kann je nach Herkunft fein oder grob sein.

EIGENSCHAFTEN

Es ist wenig schlagfest, hoch verformbar, gering bis mäßig biegesteif und druckfest; die Eignung zum Dampfbiegen ist sehr gering. Es lässt sich gut mit Handwerkzeug wie mit Maschinen bearbeiten. Kiefer lässt sich gut sägen, hobeln, bohren, drechseln, profilieren, fräsen, schnitzen und schleifen. Die Verleimbarkeit hängt vom Harzgehalt ab; die Eignung zum Beizen, Lackieren und Polieren ist zufriedenstellend.

TROCKNUNG UND STEHVERMÖGEN

Das Holz trocknet gut und schnell, neigt aber zum Verblauen, falls nicht entsprechende Vorsichtsmaßnahmen ergriffen werden. Es arbeitet mittelstark.

HALTBARKEIT

Es ist anfällig für Schadinsekten und nicht haltbar. Das Splintholz nimmt Holzschutzmittel an, das Kernholz nur mäßig gut.

VERWENDUNG

Hochwertiges Material wird im Innenausbau, Möbel- und Fahrzeugbau und als Drechselholz verwendet. Geringere Qualitäten werden als Bau- und Schwellenholz benutzt und zu Telefonmasten und zu Pfosten verarbeitet. Es wird auch zu dekorativen Furnieren gemessert und für Sperrholzfurniere geschält.

Andere Bezeichnungen: Waldkiefer, Föhre, Gemeine Kiefer, Scots pine, Redwood, Red deal, Red pine, Baltic redwood, Norway fir, Scots fir, Yellow deal, Sapin rouge du nord (Französisch), Grove den (Niederländisch); auch nach Herkunft: Finnische Kiefer, Schwedische Kiefer usw.

Herkunft: Europa, einschließlich Russland, Skandinavien und Großbritannien • **Höhe:** 21 m • **Stammdurchmesser:** 0,6 m • **Durchschnittliches Trockengewicht:** 510 kg/m³ • **Spezifisches Gewicht:** 0,51

Gesundheitsrisiken: Allgemein kann die Arbeit mit Kiefer und verwandten Arten zu verringerter Lungenfunktion, allergischem Bronchialasthma, Rhinitis und Dermatitis führen

WEIHRAUCH-KIEFER

Pinus taeda (Pinaceae)

BESCHREIBUNG

Das Kernholz ist rötlich braun und das Splintholz, das breit oder schmal sein kann, ist gelblich weiß. Der Faserverlauf ist gerade, die Textur grob. Das Holz ist harzreich. Zwischen Früh- und Spätholz besteht ein deutlicher Kontrast.

EIGENSCHAFTEN

Weihrauch-Kiefer weist in allen mechanischen Eigenschaften mittlere Werte aus. Im Vergleich mit anderen Nadelhölzern ist es ein sehr kräftiges Holz. Es lässt sich mit Maschinen wie auch mit Handwerkzeug gut bearbeiten, allerdings kann das Harz die Werkzeugschneiden verkleben. Nägel und Schrauben werden gut gehalten, allerdings ist manchmal Vorbohren erforderlich, um Einreißen zu verhindern. Gelegentlich kann austretendes Harz Probleme bereiten, aber normalerweise lässt sich das Holz gut lackieren und beizen. Weihrauch-Kiefer ist sehr abriebfest.

TROCKNUNG UND STEHVERMÖGEN

Während des Trocknens kommt es zu mäßigem Schwinden, aber danach ist das Stehvermögen recht gut.

HALTBARKEIT

Das Holz ist mäßig fäulnisresistent und lässt sich mit Holzschutzmitteln gut behandeln. Auch Druckimprägnierung bereitet keine Probleme.

VERWENDUNG

Möbel, Bootsbau und Holzgeräte. Das Holz wird auch im Hausbau eingesetzt (Träger, Ständer und ähnliches); für Kisten, Fässer und Paletten; und für andere Einsatzzwecke, bei denen es auf geringe Abnutzung ankommt (Holzterrassen, -wege und Bootsstege). Weitere Verwendungszwecke sind Holzschliff und Bausperrholz. Aus den verschiedenen Weihrauch-Kiefern wird darüber hinaus Terpentin, Harz, Teer und Pech gewonnen.

Andere Bezeichnungen: Arkansas pine, Loblolly pine, North Carolina pine, Oldfield pine, Southern yellow pine. Die Weihrauch-Kiefer ist eine von mehreren Kiefernarten, die in den USA als Southern yellow pine gehandelt werden und sich nach dem Einschnitt in der Tat sehr ähneln. Die anderen drei wichtigen Hölzer mit dieser Handelsbezeichnung sind die Shortleaf pine *(P. echinata)*, die Sumpf-Kiefer *(P. palustris)* und die Slash pine *(P. elliottii)*.

Herkunft: Südöstliche USA • **Höhe:** 25-30 m • **Stammdurchmesser:** 0,6-0,9 m • **Durchschnittliches Trockengewicht:** 540 kg/m³ • **Spezifisches Gewicht:** 0,54

Gesundheitsrisiken: Die Arbeit mit allen Kiefernarten kann zu verringerter Lungenfunktion, allergischem Bronchialasthma, Schnupfensymptomen und Dermatitis führen

GEMEINE PLATANE

Platanus hybrida (Platanaceae)

BESCHREIBUNG

Das Kernholz ist hellrötlich braun. Im Radialschnitt können die zahlreichen und sehr klaren Markstrahlen zu einer charakteristischen und ansprechenden Textur führen, die als „lacewood“ bezeichnet wird. Diese Bezeichnung wird allerdings nur für riftgeschnittenes Material verwendet. Der Faserverlauf ist gerade, die Holzstruktur mittelfein bis fein.

EIGENSCHAFTEN

Platane ist hoch verformbar und in allen anderen mechanischen Eigenschaften als mittel zu bewerten. Es eignet sich sehr gut zum Dampfbiegen, lässt sich mit Handwerkzeug wie mit Maschinen gut bearbeiten und hat eine mäßig abstumpfende Wirkung auf Werkzeugschneiden. Beim Hobeln von radialgeschnittenem Material müssen die Werkzeugschneiden stets sehr scharf sein, um das Aussplittern der Markstrahlen zu verhindern, aber ansonsten lässt sich das Holz gut hobeln. Beim Sägen kann es zum Klemmen des Blattes kommen. Das Holz ist ein ausgesprochen gutes Drechselholz. Es lässt sich gut nageln, schrauben, verleimen und beizen. Die Eignung zum Stemmen und Bohren ist zufriedenstellend. Platane lässt sich sehr gut auf Hochglanz polieren.

◄ Bett mit Rahmenfüllungen aus Platanenholz in „Harewood“-Maserung

TROCKNUNG UND STEHVERMÖGEN

Das Holz trocknet recht schnell, es muss aber sorgfältig behandelt werden, um Qualitätseinbußen zu vermeiden, da das Holz zum Reißen und Verziehen neigt. Es arbeitet nur wenig.

HALTBARKEIT

Das Kernholz ist nur wenig widerstandsfähig gegen Fäulniserreger, und das Splintholz wird leicht vom Gemeinen Nagekäfer angegriffen. Das Holz nimmt Holzschutzmittel an.

VERWENDUNG

Kunsttischlerei, Innenausbau, Schnitzereien, Drechselarbeiten, Zigarrenkisten, Einlegearbeiten und Furniere – letztere besonders aus „lacewood“.

Schale aus „lacewood“ ►

Syn.: *P. x acerifolia, P. x hispanica* • **Andere Bezeichnungen:** Bastard-Platane, Ahornblättrige Platane, European plane, London plane, Platane (Französisch). Auch nach Herkunft: Englische Platane, Französische Platane usw. Verwandte Arten: *P. orientalis* in Südosteuropa, Iran und Türkei; *P. occidentalis* (Abendländische Platane), in den USA buttonwood oder sycamore genannt.

Herkunft: Europa • **Höhe:** 30 m • **Stammdurchmesser:** 0,9-1,2 m • **Durchschnittliches Trockengewicht:** 620 kg/m³ • **Spezifisches Gewicht:** 0,62

Gesundheitsrisiken: Keine spezifischen Reaktionen bekannt. Zu beachten sind allerdings die allgemeinen Gesundheitsgefahren, die durch das Einatmen von Holzstäuben entstehen können.

VINHATICO 

Plathymenia reticulata (Leguminosae)

BESCHREIBUNG

Das deutlich vom Kernholz unterschiedene Splintholz ist gelblich weiß. Das Kernholz ist deutlich orangebraun gefärbt und weist dunklere Streifen auf. Das Holz dunkelt zu einem tiefen rötlichen Braun nach. Der Faserverlauf ist gerade bis wechseldrehwüchsig oder gewellt, die Holzstruktur ist ebenmäßig und mäßig fein. Das Holz glänzt seidig.

EIGENSCHAFTEN

Vinhatico ist mittel biegesteif und sehr druckfest, hoch verformbar und von geringer Schlagfestigkeit. Die Eignung zum Dampfbiegen ist mäßig. Es lässt sich mit Handwerkzeug wie mit Maschinen gut bearbeiten, wobei sich saubere Oberflächen leicht erzielen lassen. Allerdings sind, vor allem beim Sägen, scharfe und dünnschneidige Werkzeuge notwendig, um Ausrisse zu vermeiden. Das Holz lässt sich gut hobeln, bohren, stemmen, verleimen, nageln und schrauben. Es kann nach Porenfüllung zu hoher Oberflächengüte poliert werden. Es ist nicht als Drechselholz zu empfehlen.

TROCKNUNG UND STEHVERMÖGEN

Vinhatico trocknet gut mit sehr geringen Qualitätseinbußen. Das Stehvermögen ist gut.

HALTBARKEIT

Vinhatico ist mäßig haltbar und einigermaßen widerstandsfähig gegen Schadinsekten und Pilze. Das Splintholz nimmt Holzschutzmittel an, im Gegensatz zum Kernholz, das nur mäßig gut zu behandeln ist.

VERWENDUNG

Das Holz wird im hochwertigen Innenausbau, in der Möbelherstellung, dem Schiffs-, Boots- und Fahrzeugbau, der Kunsttischlerei und zur Herstellung von Fußböden verwendet. In Brasilien werden die traditionellen Einbaum-Kanus daraus hergestellt. Es wird auch zu dekorativen Furnieren gemessert und für Sperrholzfurniere geschält.

Andere Bezeichnungen: Brazilian mahogany, Amarello, Candela, Yellow wood, Gold wood, Vinhatico castanho, Tatare, Jaruma

Herkunft: Brasilien; auch Argentinien und Kolumbien • **Höhe:** 38 m • **Stammdurchmesser:** 0,9 m • **Durchschnittliches Trockengewicht:** 600 kg/m³ • **Spezifisches Gewicht:** 0,60

Gesundheitsrisiken: Keine spezifischen Reaktionen bekannt. Zu beachten sind allerdings die allgemeinen Gesundheitsgefahren, die durch das Einatmen von Holzstäuben entstehen können.

MACACAUBA

Platymiscium pinnatum und verwandte Arten (Leguminosae)

BESCHREIBUNG

Das Kernholz variiert von strahlend Rot bis Purpurrot oder hellrötlich Braun, jeweils mit feinen, dunkleren, mehrfarbigen roten oder purpurnen Adern. Der Faserverlauf ist wechseldrehwüchsig und unregelmäßig, die Holzstruktur mittelfein und ebenmäßig. Die Holzoberfläche glänzt.

EIGENSCHAFTEN

Macacauba ist ein außerordentlich schweres und dichtes Holz, das mittlere Werte für Biegesteifigkeit, Schlag- und Druckfestigkeit aufweist. Es ist hoch verformbar. Es eignet sich kaum zum Dampfbiegen. Es lässt sich mit Handwerkzeug wie mit Maschinen gut bearbeiten, allerdings kann bei unregelmäßigem Faserverlauf die Bearbeitung Schwierigkeiten bereiten, man benötigt sehr scharfe Werkzeugschneiden. Beim maschinellen Hobeln empfiehlt sich eine Verringerung des Schnittwinkels, um eine saubere Oberfläche zu erzielen. Das Holz ist gut zu nageln, schrauben, verleimen und beizen und kann zu hoher Oberflächengüte gebracht werden.

TROCKNUNG UND STEHVERMÖGEN

Das Holz muss sorgfältig getrocknet werden, um Qualitätseinbußen zu vermeiden. Es neigt beim Trocknen zur Ausbildung von End- und Oberflächenrissen. Macacauba arbeitet nur wenig.

HALTBARKEIT

Das Holz ist haltbar, es lässt sich nicht mit Holzschutzmittel behandeln.

VERWENDUNG

Das Holz wird zur Herstellung hochwertiger Möbel, in der Kunsttischlerei, für schwere Bauaufgaben und im Brückenbau verwendet, man stellt auch Fußböden und Musikinstrumente daraus her. Es wird auch zu dekorativen Furnieren gemessert.

Andere Bezeichnungen: Macacauba preta, Macacauba vermelha, Macacawood, Macacahuba, Nambar, Vencola, Roble colorado. Unter dem Namen „Macacauba" werden verschiedene Platymiscium-Arten gehandelt.

Herkunft: Brasilien, Kolumbien, Guyana, Nicaragua, Peru, Surinam, Trinidad und Tobago, Venezuela • **Höhe:** 24 m • **Stammdurchmesser:** 0,7-1,1 m • **Durchschnittliches Trockengewicht:** 960 kg/m³ • **Spezifisches Gewicht:** 0,96

Gesundheitsrisiken: Keine spezifischen Reaktionen bekannt. Zu beachten sind allerdings die allgemeinen Gesundheitsgefahren, die durch das Einatmen von Holzstäuben entstehen können.

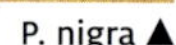

P. nigra ▲

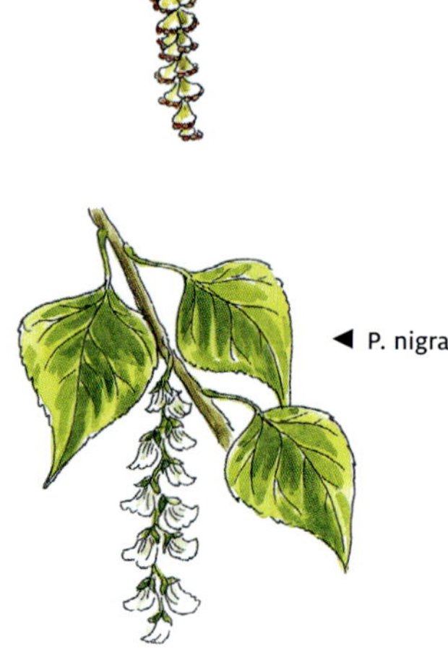

◀ P. nigra

PAPPEL

Populus spp. (Salicaceae)

BESCHREIBUNG

Die Färbung des Pappelholzes kann von fast Weiß über Cremigweiß bis hin zu Grau variieren, machmal kommen auch rosabraune oder sehr blasse braune Partien vor. Der Faserverlauf ist meist gerade, die Struktur ist fein und ebenmäßig, kann aber wollig sein.

EIGENSCHAFTEN

Pappel ist mittel schlagfest, sehr hoch verformbar, gering biegesteif und sehr gering druck-fest; die Eignung zum Dampfbiegen ist gering. Es lässt sich gut mit Handwerkzeug wie mit Maschinen bearbeiten. Es stumpft Werkzeugschneiden nur gering ab, diese sollten stets sehr scharf gehalten werden, um wollige Oberflächen zu vermeiden. Das Holz lässt sich gut verleimen, schrauben und nageln, zufriedenstellend lackieren und polieren. Beim Beizen können die Ergebnisse unterschiedlich ausfallen.

TROCKNUNG UND STEHVERMÖGEN

Es trocknet recht schnell mit geringen Qualitätseinbußen, allerdings können örtlich begrenzte Gebiete erhöhter Restfeuchte auftreten, Äste können zum Reißen des Holzes führen. Das Holz arbeitet mittelstark.

HALTBARKEIT

Pappel ist sehr anfällig für Schadinsekten und nicht haltbar. Das Splintholz nimmt Holzschutzmittel an, im Gegensatz zum Kernholz, das nur mäßig gut zu behandeln ist.

VERWENDUNG

Im Innenausbau und für leichte Bauaufgaben, man stellt Küchengeräte und Lebensmittelbehälter her, Fußböden, Kisten und Kästen, Obstkörbe, Streichhölzer, Holzzellstoff und Sperrholz. Ausdrucksvolle Stämme werden zu Furnieren gemessert.

◀ Obstschale aus Pappel-Maserknolle

Andere Bezeichnungen: Poplar, Peuplier (Französisch). Als „Pappel" werden eine Vielzahl von Arten bezeichnet. Dazu gehören die Schwarzpappel *(P. nigra)*, Bastard-Schwarzpappel oder Kanada-Pappel *(P. canadensis)*, robusta *(P. robusta)*, Espe oder Zitterpappel *(P. tremula)*. Zu den amerikanischen Pappeln zählen die Balsampappel *(P. balsamifera, P. tacamahaca)* und die Amerikanische Espe *(P. tremuloides)*. Auch der Tulpenbaum *(Liriodendron tulipifera)* wird im Englischen als „poplar", also „Pappel" bezeichnet.

Herkunft: Europa und Nordamerika • **Höhe:** 30-35 m • **Stammdurchmesser:** 0,9-1,2 m, kann aber je nach Art variieren. • **Durchschnittliches Trockengewicht:** 450 kg/m³, kann je nach Art variieren. • **Spezifisches Gewicht:** 0,45

Gesundheitsrisiken: Asthma, Dermatitis, Bronchitis, Niesreiz und Reizungen der Augen

KAROLINA-PAPPEL

Populus deltoides und verwandte Arten (Salicaceae)

BESCHREIBUNG

Das weißliche Splintholz geht allmählich in das grauweiße bis graubraune Kernholz über. Der Faserverlauf ist meist gerade, die Struktur ist einheitlich grob und das Holz glänzt matt. Als echte Pappelart ähnelt es in seinen Eigenschaften der Amerikanischen Espe *(P. tremuloides)*.

EIGENSCHAFTEN

Das Holz ist weich, gering schlag- und druckfest und gering biegesteif. Die Eignung zum Dampfbiegen ist recht gut. Es ist in der Regel leicht zu bearbeiten, allerdings muss man sorgfältig vorgehen, um wollige Oberflächen zu vermeiden. Es lässt sich leicht nageln und schrauben, allerdings werden diese Verbindungsmittel nicht sehr gut gehalten. Die Verleimbarkeit ist sehr gut, das Holz kann zu einer zufriedenstellenden Oberflächengüte gebracht werden.

TROCKNUNG UND STEHVERMÖGEN

Karolina-Pappel kann sich sehr stark verziehen, falls der Trocknungsprozeß nicht sorgfältig kontrolliert wird. Es kann auch zu Problemen mit Zellkollaps und Wasseransammlungen im Gewebe kommen. Das Holz arbeitet nur wenig.

HALTBARKEIT

Das Holz ist nur wenig widerstandsfähig gegenüber Fäulniserregern. Es nimmt Holzschutzmittel nur schlecht an.

VERWENDUNG

Das Holz wird im Möbelbau verwendet, und man stellt Profilleisten, Spielzeug, Küchengeräte, Jalousien, Musikinstrumente, Innenlagen für Sperrholz, Verpackungskisten und Holzzellstoff daraus her.

Andere Bezeichnungen: Kanadische Schwarzpappel, Virginische Pappel, Cottonwood, Eastern cottonwood, Eastern poplar, Poplar

Herkunft: Kanada und USA • **Höhe:** 30 m • **Stammdurchmesser:** 0,9-1,2 m • **Durchschnittliches Trockengewicht:** 450 kg/m³ • **Spezifisches Gewicht:** 0,45

Gesundheitsrisiken: Sägestaub kann Dermatitis verursachen

AMERIKANISCHE ESPE

Populus tremuloides (Salicaceae)

BESCHREIBUNG

Das Kernholz variiert von Blassgelb bis Blassbraun. Das schmale Splintholz ist normalerweise ebenso gefärbt und nicht deutlich vom Kernholz unterschieden. Der Faserverlauf ist gerade, die Struktur ist fein und ebenmäßig, kann aber oft wollig sein. Schnittflächen neigen dazu, seidig zu glänzen. Amerikanische Espe ist relativ leicht.

EIGENSCHAFTEN

Das Holz ist zäh, aber nur gering biegesteif, hoch verformbar und von mittlerer Schlagfestigkeit. Das Holz ist mit Handwerkzeug wie mit Maschinen gut zu bearbeiten. Beim Sägen neigt es jedoch zum Reißen und Klemmen. Auch beim Hobeln kann es zu Faserausrissen kommen, deshalb sind sehr scharfe, dünnschneidige Werkzeuge zu empfehlen. Das Holz lässt sich gut nageln, schrauben, verleimen, beizen und polieren, auch wenn es bei wolligen Oberflächen schwierig sein kann, eine saubere Oberfläche zu erhalten. Nach längerer Bewitterung bleicht die Oberfläche zu einem silbrig glänzenden Hellgrau aus.

TROCKNUNG UND STEHVERMÖGEN

Amerikanische Espe ist leicht künstlich und luftzutrocknen. Es muss danach aber sorgfältig gestapelt werden, um Verziehen und Werfen zu vermeiden. Es kann auch zu Problemen mit Zellkollaps und Wasseransammlungen im Gewebe kommen. Das Holz arbeitet wenig.

HALTBARKEIT

Amerikanische Espe ist nicht haltbar und wenig widerstandsfähig gegenüber Fäulniserregern und Insekten. Das Holz nimmt Holzschutzmittel nicht an.

VERWENDUNG

Amerikanische Espe wird zu Lebensmittelbehältern (zum Beispiel Beeren-Körben und Käse-Kisten) verarbeitet, zu Holzzellstoff und Papier, auch zu Kisten und Kästen, Sperrholz, Hartfaserplatten und Spanplatten. Es wird auch im Fahrzeugbau und für allgemeine Tischlereiarbeiten verwendet. Besonders ausdrucksvolles Holz wird für dekorative Furniere verwendet, auch für Marketeriearbeiten.

Andere Bezeichnungen: Canadian aspen, Trembling aspen (Kanada), Quaking aspen (Kanada und USA)

Herkunft: Nördliche USA und Kanada • **Höhe:** 15-24 m • **Stammdurchmesser:** 0,4-0,6 m • **Durchschnittliches Trockengewicht:** 450 kg/m³ • **Spezifisches Gewicht:** 0,45

Gesundheitsrisiken: Asthma, Dermatitis, Bronchitis

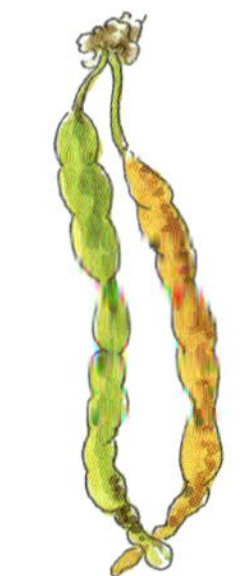

▲ P. juliflora var. velutina

MESQUITEBAUM

Prosopis juliflora (Mimosaceae)

BESCHREIBUNG

Das Kernholz weist einen satten, tiefen gold- bis rötlich braunen Farbton auf, der von dunkleren, welligen Linien durchzogen ist. Der Faserverlauf ist gerade bis wellig, die Struktur offen und mittelfein bis fein. Das Holz ist oft auffallend gezeichnet, auch sehr ansprechende Maserknollen kommen vor. Das bis zu 25 mm breite Splintholz ist blass gelblich weiß gefärbt. Die abgebildet Varietät wird im Englischen als „velvet mesquite" bezeichnet, also als „Samt-Mesquite".

EIGENSCHAFTEN

Das Holz ist hart, zäh und schwer, sehr druckfest und biegesteif. Es ist mittel verformbar und schlagfest, die Eignung zum Dampfbiegen ist mäßig. Das Holz lässt sich mit Handwerkzeug wie mit Maschinen gut bearbeiten und stumpft Werkzeugschneiden nur gering ab. Beim Nageln ist Vorbohren erforderlich. Das Holz lässt sich gut verleimen. Mesquitebaumholz kann zu einer glatten Oberfläche gebracht werden, aber gute Ergebnisse beim Beizen und Polieren sind schwer zu erreichen.

TROCKNUNG UND STEHVERMÖGEN

Das Holz ist gut zu trocknen, kann aber bei Lufttrocknung kleinere Risse entwickeln. Es arbeitet nur wenig.

HALTBARKEIT

Obwohl es ein haltbares Holz ist, ist es doch mäßig anfällig für Termiten. Das Splintholz nimmt im Gegensatz zum Kernholz Holzschutzmittel an.

VERWENDUNG

Das Holz gewinnt an kommerzieller Bedeutung und ist ein beliebtes Material für die Herstellung von Fußböden, Möbeln und dekorativen Drechselarbeiten geworden. Es wird auch als Schwellenholz, Bauholz, im Fahrzeugbau und zur Herstellung von Pfosten und Masten verwendet. Ausgewählte Stämme werden auch zu dekorativen Furnieren gemessert.

Andere Bezeichnungen: Mesquite, Honey locust, Ironwood, Algarroba, Honeypod, Honey mesquite, Texas ironwood

Herkunft: Nord- und Südamerika • **Höhe:** 6-13 m • **Stammdurchmesser:** bis 0,5 m • **Durchschnittliches Trockengewicht:** 800 kg/m³ • **Spezifisches Gewicht:** 0,80

Gesundheitsrisiken: Reizungen der Atemwege, Dermatitis

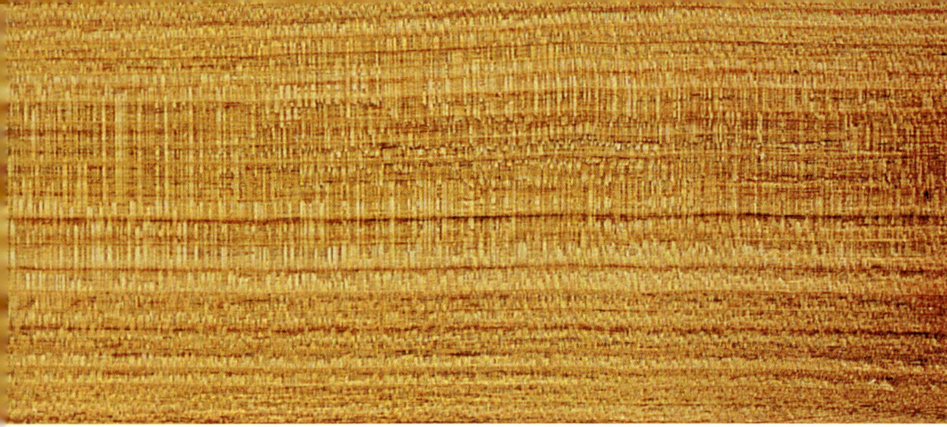

KIRSCHBAUM

Prunus avium (Rosaceae)

BESCHREIBUNG

Das Kernholz ist nach dem Einschnitt satt rötlich braun, dunkelt aber nach und verliert dabei etwas von der Conttönung. Im allgemeinen ist der Faserverlauf gerade, die Holzstruktur ist ebenmäßig und recht fein. Das blassere Splintholz ist deutlich vom Kernholz unterschieden.

EIGENSCHAFTEN

Kirsche eignet sich sehr gut zum Dampfbiegen und ist mittel biegesteif, druck- und schlagfest. Es ist hoch verformbar und von ähnlicher Stärke wie Eichenholz *(Quercus* spp.*)*. Das Holz lässt sich mit Handwerkzeug wie mit Maschinen gut bearbeiten. Es lässt sich gut schrauben, nageln und verleimen, beim maschinellen Hobeln von Material mit unregelmäßigem Faserverlauf ist jedoch eine Verringerung des Schnittwinkels zu empfehlen. Kirschholz kann gut auf Hochglanz poliert werden. Es lässt sich auch gut beizen, allerdings kann es für gute Ergebnisse notwendig sein, die Oberfläche vorher zu entfetten.

TROCKNUNG UND STEHVERMÖGEN

Das Holz trocknet schnell, kann jedoch bei mangelnder Sorgfalt Endrisse entwickeln und sich verziehen. Das Holz arbeitet mittelstark.

HALTBARKEIT

Das Splintholz wird leicht vom Gemeinen Nagekäfer angegriffen, ist aber sehr widerstandsfähig gegenüber Splintholzkäfern. Das Kernholz ist mäßig widerstandsfähig gegenüber Fäulniserregern und recht schwierig mit Holzschutzmittel zu behandeln.

VERWENDUNG

Kirschholz ist ein begehrtes Material für die Möbelherstellung, Kunsttischlerei, Drechselei und Schnitzerei. Es wird auch zu Haushaltsgegenständen, Spielzeug, Gewehrschäften, Musikinstrumenten und dekorativen Furnieren verarbeitet.

◄ Konsolentisch

Andere Bezeichnungen: Vogelkirsche, European cherry, Gean, Wild cherry, Mazzard, Fruit cherry, Kers, Merisier (Französisch), Sweet Cherry

Herkunft: Europa, westliches Asien und Nordafrika • **Höhe:** 18-24 m • **Stammdurchmesser:** 0,6 m • **Durchschnittliches Trockengewicht:** 610 kg/m³ • **Spezifisches Gewicht:** 0,61

Gesundheitsrisiken: Gesundheitsrisiken: Obwohl für den Kirschbaum keine Probleme nachgewiesen sind, kann es beim eng verwandten Amerikanischen Kirschbaum zu Atembeschwerden kommen.

AMERIKANISCHER KIRSCHBAUM

Prunus serotina (Rosaceae)

BESCHREIBUNG

Das Kernholz kann von rötlich Braun zu Tief-rot oder Hellrotbraun variieren. Normalerweise ist es braun gesprenkelt und weist kleine Harz-einschlüsse auf. Zwischen einzelnen Brettern kann es zu deutlichen Farbunterschieden kommen. Das schmale Splintholz ist weißlich bis rötlichbraun, manchmal mit einer Neigung zu cremig-rosa. Der Faserverlauf ist gerade, die Struktur geschlossen, fein und glatt, das Holz glänzt seidig. Es kommen auch Partien mit dunklen gewellten Streifen vor. Im Radialschnitt zeigt sich manchmal eine schöne Textur.

EIGENSCHAFTEN

Das Holz ist von mittlerer Stärke und Schlagfestigkeit, hoher Verformbarkeit und guter Biegesteifigkeit, lässt sich gut dampfbiegen und ist in dieser Hinsicht mit Buche und Esche *(Fagus, Fraxinus* spp.) verglichen worden. Es lässt sich gut mit Handwerkzeug und Maschinen bearbeiten, ist gut zu nageln, schrauben und polieren. Das Holz ist gut zu drechseln, hobeln, profilieren und stumpft Werkzeugschneiden mäßig ab. Unter dem Einfluß von ultraviolettem Licht kann sich die Farbe zu einem Mahagoniton verändern.

TROCKNUNG UND STEHVERMÖGEN

Das Holz trocknet recht schnell, bei schneller Trocknung kann es aber zu starkem Verziehen kommen. Häufig kommt es zu starkem Schwinden, gelegentlich auch zu Ringschäle. Es hat ein gutes Stehvermögen.

HALTBARKEIT

Das Holz ist mäßig haltbar, das Kernholz ist sehr widerstandsfähig gegenüber Fäulniserregern und nimmt Holzschutzmittel mäßig gut an. Das Splintholz wird leicht vom Gemeinen Nagekäfer angegriffen.

VERWENDUNG

Kunsttischlerei, Möbel- und Innenausbau, Drechslerei, Schnitzerei, Musikinstrumente, auch Klaviere und Geigenbögen, dekorative Furniere.

Schreibtisch ▲

Andere Bezeichnungen: Späte Traubenkirsche, American cherry, Black cherry, Cabinet cherry, Choke cherry, Edwards Plateau cherry, Wild cherry, Wild black cherry, Rum cherry, Whiskey cherry, New England mahogany

Herkunft: Kanada und USA • **Höhe:** 24 m • **Stammdurchmesser:** 0,6 m • **Durchschnittliches Trockengewicht:** 580 kg/m³ • **Spezifisches Gewicht:** 0,58

Gesundheitsrisiken: Keuchen und Schwindel

DOUGLASIE

Pseudotsuga menziesii (Pinaceae)

BESCHREIBUNG

Das Splintholz ist unterschiedlich breit und kann weißlich bis blassgelb oder rötlichweiß gefärbt sein. Das Kernholz ist farblich variabel und zeigt einen ausgeprägten Kontrast zwischen Früh- und Spätholz in den Jahresringen. Das Sommerholz ist härter und rot-braun, während das Frühjahrsholz weicher und blasser rosagelb gefärbt ist. Der Faserverlauf ist normalerweise gerade, kann ebenmäßig oder unregelmäßig sein; manchmal ist er auch wellig oder gekräuselt. Die Struktur hängt von der Breite der Jahresringe ab, wobei Holz mit schmalen Jahresringen eine einheitlichere Struktur hat als solches mit breiten Jahresringen, die oft ungleichmäßig sind.

EIGENSCHAFTEN

Das Holz ist sehr druckfest und gering verformbar, sehr biegesteif und mittel schlagfest. Das Holz lässt sich mit Handwerkzeug wie mit Maschinen gut bearbeiten, stumpft Werkzeugschneiden jedoch ab. Es lässt sich gut hobeln, nageln, schrauben, drechseln und verleimen. Es ist nicht gut zu lackieren, lässt sich aber zufriedenstellend beizen.

TROCKNUNG UND STEHVERMÖGEN

Wegen des geringen Feuchtigkeitsgehaltes des Kernholzes trocknet das Holz schnell und gut. Es kann zu Verfärbungen durch Holzinhalts-stoffe kommen, und gelegentlich kommen auch Zellkollaps und Ringschäle vor.

HALTBARKEIT

Douglasie ist wenig widerstandsfähig gegen Fäulniserreger und anfällig für Pracht- und Bockkäfer. Das Splintholz nimmt mäßig gut Holzschutzmittel an, das Kernholz nicht.

VERWENDUNG

Es wird mehr Sperrholz hergestellt als aus jeder anderen Holzart, gewaltige Mengen Furnier werden produziert. Verarbeitung zu Bauholz, Fußböden (auch für industrielle Verwendung), Verschalungen, Verpackungskisten, Blockhäusern, Fässern und Schwellenholz. Außerdem wird es im Wasser-, Innenaus- und Außenbau verwendet.

▲ Schnitzarbeit „Wellen"

Andere Bezeichnungen: Douglas-Fichte, Douglas fir, Oregon pine (USA), British Columbian pine, Columbian pine, Blue Douglas fir. Wird auch nach der Herkunft benannt: Colorado Douglas fir, Rocky Mountain Douglas fir usw.

Herkunft: Kanada und USA; wird auch in Großbritannien, Irland, Neuseeland, Australien, Frankreich und Belgien angebaut. • **Höhe:** 24-60 m, kann aber in Nordamerika bis zu 90 m hoch werden. • **Stammdurchmesser:** 0,6-1,5 m • **Durchschnittliches Trockengewicht:** 530 kg/m^3 • **Spezifisches Gewicht:** 0,53

Gesundheitsrisiken: Dermatitis, Nasenhöhlenkarzinome, Rhinitis, Atemwegsprobleme; Splitter können zu Entzündungen führen

MUNINGA

Pterocarpus angolensis (Leguminosae)

BESCHREIBUNG

Das grau oder gelb gefärbte Splintholz ist deutlich vom Kernholz unterschieden. Das Kernholz kann eine Vielzahl von Farben aufweisen, von Goldbraun über Schokoladenbraun bis hin zu Purpurbraun, es ist von unregelmäßigen dunkleren rötlichen Streifen durchzogen. Der Faserverlauf ist gerade bis wechseldrehwüchsig, die Struktur mittelgrob bis grob. Die Textur kann ansprechend gestreift, gefladert oder gefleckt sein. Das Holz glänzt allerdings nicht. Manchmal zeigt das Holz kleine weiße Punkte.

EIGENSCHAFTEN

Muninga ist ein schweres, dichtes und abriebfestes Holz. Das Holz ist von mittlerer Biegesteifigkeit, hoher Druckfestigkeit, hoher Verformbarkeit und geringer Schlagfestigkeit. Die Eignung zum Dampfbiegen ist mäßig. Das Holz lässt sich mit Handwerkzeug wie mit Maschinen gut bearbeiten, stumpft Werkzeugschneiden jedoch mäßig stark ab. Bei wechseldrehwüchsigem Holz empfiehlt sich zum Hobeln ein verringerter Schnittwinkel. Beim Nageln ist Vorbohren zu empfehlen. Das Holz lässt sich gut drechseln, profilieren, schnitzen, verleimen und schleifen. Es spricht gut auf Beizen und Polituren an.

TROCKNUNG UND STEHVERMÖGEN

Das Holz ist leicht zu trocknen, es kommt nur zu geringen Qualitätseinbußen. Es hat ein außerordentlich gutes Stehvermögen.

HALTBARKEIT

Das Kernholz ist sehr haltbar und widerstandsfähig gegen Fäulniserreger. Es ist mäßig bis sehr widerstandsfähig gegen Termiten und Bohrmuscheln. Das Splintholz wird leicht von Splintholzkäfern angegriffen. Das Splintholz nimmt im Gegensatz zum Kernholz Holzschutzmittel hinreichend gut an.

VERWENDUNG

Muninga wird im Boots-, Innenaus- und Möbelbau (einschließlich Büromöbelbau) verwendet. Es wird zu Parkettfußböden verarbeitet und als Drechselholz benutzt. Ausgewählte Stämme werden zu dekorativen Furnieren (auch für architektonische Zwecke) gemessert.

Andere Bezeichnungen: Mninga, Bloodwood, Brown African padauk, Mukwa, Kiaat, Kajat, Ambila

Herkunft: Angola, Botswana, Kongo, Namibia, Südafrika, Tansania, Sambia, Simbabwe • **Höhe:** 12-18 m • **Stammdurchmesser:** 0,4-0,75 m • **Durchschnittliches Trockengewicht:** 620 kg/m³ • **Spezifisches Gewicht:** 0,62

Gesundheitsrisiken: Sägespäne können Dermatitis, Asthma und Reizungen der Nase verursachen

ANDAMANEN-PADOUK

Pterocarpus dalbergioides (Leguminosae)

BESCHREIBUNG

Das Kernholz kann von einem satten Karmesinrot über verschiedene Rottöne bis hin zu Braun variieren. Es weist oft dunklere, rote, purpurne oder schwarze Streifen auf. Es dunkelt zu einem tiefen rötlich braunen Ton nach. Der Faserverlauf ist unregelmäßig und wechseldrehwüchsig, er kann zu verschiedenen interessanten Texturen (unter anderem gebändert und gekräuselt) führen. Die Struktur ist eher grob. Das Holz glänzt stark.

EIGENSCHAFTEN

Das Holz ist schwer, dicht und abriebfest. Es ist von mittlerer Biegesteifigkeit, hoher Druckfestigkeit, hoher Verformbarkeit und geringer Schlagfestigkeit. Es eignet sich nicht zum Dampfbiegen, lässt sich mit Handwerkzeug und Maschinen gut bearbeiten, der Wechseldrehwuchs stumpft Werkzeugschneiden mäßig stark ab. Beim Hobeln von riftgeschnittenem Holz sollte der Schnittwinkel reduziert werden. Das Profilieren kann schwierig sein. Beim Nageln ist Vorbohren zu empfehlen. Das Holz ist gut zu sägen, drechseln, verleimen, schrauben, schleifen und lässt sich gut polieren.

TROCKNUNG UND STEHVERMÖGEN

Es trocknet schnell mit nur geringen Qualitätseinbußen, besonders wenn die Bäume geringelt werden und so trocknen können, bevor sie gefällt werden. Das Stehvermögen ist sehr gut.

HALTBARKEIT

Das Kernholz ist sehr haltbar, mäßig widerstandsfähig gegenüber Termiten und anderen Insekten; es kann bei Bodenkontakt bis zu 25 Jahre überdauern. Das Splintholz ist anfällig für Kernholzkäfer, es nimmt Holzschutzmittel an, das Kernholz nur mäßig gut.

VERWENDUNG

Es wird im Möbelbau (auch Büromöbel), hochwertigen Innenausbau, Außenbau, Schiffs- und Fahrzeugbau verwendet, wird zu Billardtischen, Bankschaltern, Parkett- und Verandafußböden und zu Schindeln verarbeitet, sowie zu dekorativen Furnieren gemessert und zu Sperrholz verarbeitet.

◄ **Schränkchen mit geschwungener Front und Seitenteilen**

Andere Bezeichnungen: Andaman padauk, Andaman redwood, Padauk, East Indian mahogany, Indian redwood, Vermillion wood

Herkunft: Andamanen-Inseln • **Höhe:** 24-37 m • **Stammdurchmesser:** 0,6-1,2 m • **Durchschnittliches Trockengewicht:** 770 kg/m³ • **Spezifisches Gewicht:** 0,77

Gesundheitsrisiken: Sägespäne können Juckreiz, Reizungen der Nase, Anschwellen der Augenlider und Erbrechen verursachen

MANILA-PADOUK

Pterocarpus indicus (Leguminosae)

BESCHREIBUNG

Das hell strohfarbene Splintholz steht im Kontrast zum Kernholz, das von Hellgelb über Goldgelb bis Ziegelrot variiert. Manila-Padouk aus der philippinischen Provinz Cagayan ist meist etwas schwerer und härter und blutrot gefärbt. Das Holz dunkelt unter Licht- und Lufteinfluß nach. Die Textur kann wegen des welligen, schrägen und unregelmäßigen Faserverlaufes gefleckt, geriegelt, gefeldert oder gewellt sein. Im Längsschnitt kann sich ein gefladertes Maserbild zeigen, im Radialschnitt auch ein gestreiftes. Manila-Padouk hat eine mäßig feine bis mäßig grobe Struktur und ist recht glänzend.

EIGENSCHAFTEN

Das Holz ist in allen mechanischen Eigenschaften als mittel zu bewerten. Es eignet sich mäßig gut zum Dampfbiegen. Es lässt sich gut mit Handwerkzeug wie mit Maschinen bearbeiten und ist gut zu schnitzen und drechseln; die abstumpfende Wirkung auf Werkzeugschneiden ist nur gering. Es lässt sich zufriedenstellend nageln und verleimen und ist gut zu schrauben, beizen und polieren. Späne sollen Wasser fluoreszierend blau färben.

TROCKNUNG UND STEHVERMÖGEN

Das Holz trocknet recht langsam, aber mit nur geringen Qualitätseinbußen. Rotes Holz trocknet langsamer als gelbes. Es hat ein sehr gutes Stehvermögen.

HALTBARKEIT

Manila-Padouk ist sehr haltbar und sehr widerstandsfähig gegen Termiten und andere Insekten. Es nimmt Holzschutzmittel nicht an.

VERWENDUNG

Das Holz wird in der Möbelherstellung und im hochwertigen Innenausbau verwendet, man stellt Fußböden (einschließlich Parkett) daraus her, rustikale Möbel, Profilleisten, Sportgeräte, Drechselarbeiten aller Art und Teile von Musikinstrumenten, (unter anderem für Klaviere) und Geigenbögen. Es wird auch zu dekorativen Furnieren gemessert. Maserknollen sind für dekorative Verwendungen sehr begehrt.

◄ Gefäß mit Baumkante

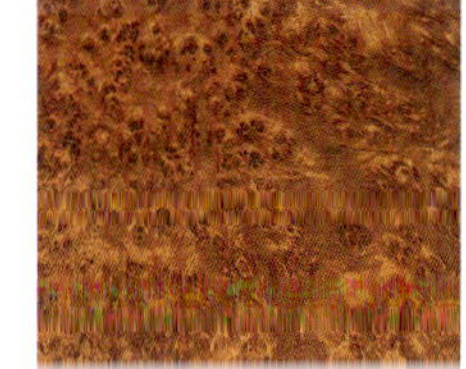

Manila-Padouk: Maserknolle) ►

Andere Bezeichnungen: Amboyna, Philippines padauk, Solomons padauk, Papua New Guinea rosewood, Yaya sa, Narra; Red narra, Yellow narra (USA), Sena, Angsena

Herkunft: Süd- und Südostasien • **Höhe:** 40 m • **Stammdurchmesser:** 1 m • **Durchschnittliches Trockengewicht:** 660 kg/m³ • **Spezifisches Gewicht:** 0,66

Gesundheitsrisiken: Dermatitis, Asthma, Übelkeit

BURMA-PADOUK

Pterocarpus macrocarpus (Leguminosae)

BESCHREIBUNG

Das Kernholz ist gelblich rot bis ziegelrot mit vereinzelten dunkleren Linien. Es dunkelt zu einem goldbraunen Ton nach und verliert dabei seinen ursprünglichen Glanz. Das Splintholz ist schmal und grauweiß. Der Faserverlauf ist in der Regel wechseldrehwüchsig, die Struktur grob oder mittelgrob, das Holz glänzt mäßig bis stark. Im Radialschnitt zeigt sich manchmal eine schön gebänderte Textur.

EIGENSCHAFTEN

Burma-Padouk ist ein hartes, schweres, dichtes und kräftiges Holz von sehr hoher Biegesteifigkeit und Druckfestigkeit. Es ist sehr viel stärker als Andamanen-Padouk *(P. dalbergioides)*. Es ist schlecht mit Handwerkzeug zu bearbeiten, und das Sägen von trockenem Material ist schwierig. Das Holz wirkt mäßig abstumpfend auf Werkzeugschneiden. Beim Nageln und Schrauben ist Vorbohren notwendig. Beim maschinellen Hobeln muss der Schnittwinkel reduziert werden. Die Eignung zum Schnitzen, Profilieren und Bohren ist gering. Das Holz ist gut zu verleimen und schleifen und lässt sich gut auf Hochglanz polieren. Trotz der Schwierigkeiten bei anderen Bearbeitungsverfahren ist es ein ausgesprochen gutes Drechselholz.

TROCKNUNG UND STEHVERMÖGEN

Das Holz trocknet in der Regel gut mit nur geringen Qualitätseinbußen. Es neigt jedoch zu Oberflächenrissen. Es hat ein sehr gutes Stehvermögen.

HALTBARKEIT

Das Kernholz ist sehr haltbar und sehr schwer mit Holzschutzmittel zu behandeln, was aber sowieso nicht wirklich nötig ist. Das Splintholz wird leicht von Splintholzkäfern angegriffen und ist nur mäßig gut mit Holzschutzmittel zu behandeln.

VERWENDUNG

Burma-Padouk wird im Möbelbau und in der Kunsttischlerei verwendet, man stellt Fußböden, Ölmühlen, Werkzeuggriffe, Bootsrahmen, Billardtische und -stöcke sowie Innenausstattungen für Banken und Geschäfte daraus her. Es wird auch zu dekorativen Furnieren gemessert.

Andere Bezeichnungen: Burma padauk, Mai pradoo, Pradoo, Pterocarpus

Herkunft: Myanmar (Burma), Laos, Philippinen, Thailand, Vietnam • **Höhe:** 24 m • **Stammdurchmesser:** 0,6-0,9 m • **Durchschnittliches Trockengewicht:** 850 kg/m³ • **Spezifisches Gewicht:** 0,85

Gesundheitsrisiken: Dermatitis, Asthma, Reizungen der Nase

AFRIKANISCHES PADOUK

Pterocarpus soyauxii (Leguminosae)

BESCHREIBUNG

Das Kernholz ist nach dem Einschnitt leuchtend rötlich orange, dunkelt aber mit der Zeit zu einem kräftigen Rot oder Korallenrot mit dunkleren Streifen nach. Es kann auch noch stärker nachdunkeln, bis es rötlich oder purpurnbraun oder schwarz ist. Die Färbung verblasst bei altem Holz. Der Faserverlauf ist gerade bis wechseldrehwüchsig, die Struktur mittelfein bis fein. Das Holz glänzt von Natur aus. Nach dem Einschnitt ist das deutlich vom Kernholz unterschiedene Splintholz weiß, wird aber unter Lichteinfluß grau oder bräunlichgelb.

EIGENSCHAFTEN

Das Holz ist hart und dicht, sehr abriebfest, von hoher Biegesteifigkeit, hoher Druckfestigkeit, mittlerer Verformbarkeit und Schlagfestigkeit. Es eignet sich nicht zum Dampfbiegen. Trotz seiner Dichte stumpft Afrikanisches Padouk Werkzeugschneiden nur gering ab. Es lässt sich gut hobeln, profilieren, drechseln, bohren, schnitzen und schleifen. Kleinere Querschnitte können beim Nageln und Schrauben reißen, deshalb ist Vorbohren empfehlenswert. Das Holz ist sehr gut zu verleimen und lässt sich gut auf Hochglanz polieren. Es ist auch sehr witterungsbeständig.

TROCKNUNG UND STEHVERMÖGEN

Das Holz trocknet fast ohne Qualitätseinbußen. Es arbeitet kaum.

HALTBARKEIT

Das Kernholz ist sehr haltbar. Es ist widerstandsfähig gegenüber Termiten und kann bei Bodenkontakt auch ohne besondere Behandlung bis zu 25 Jahre überdauern. Das Splintholz nimmt schlecht Holzschutzmittel an, das Kernholz überhaupt nicht.

VERWENDUNG

Afrikanisches Padouk wird im gehobenen Innenausbau, für hochwertige Möbel und in der Kunsttischlerei verwendet. Man stellt hochbelastbare Fußböden und Parkett daraus her, Werkzeug- und Messergriffe, Büromö-bel, Weberschiffchen und Sportgeräte. Es wird auch zu dekorativen Furnieren gemessert.

Vase ►

Andere Bezeichnungen: Afrikanisches Korallenholz, African Padauk, Barwood, Bosulu, Camwood, Corail, Mbe, Mututi, Ngula

Herkunft: Tropisches West- und Zentralafrika • **Höhe:** 30-40 m • **Stammdurchmesser:** 0,6-1,2 m oder mehr • **Durchschnittliches Trockengewicht:** 720 kg/m³ • **Spezifisches Gewicht:** 0,72

Gesundheitsrisiken: Sägespäne können Juckreiz, Haut- und Atembeschwerden, Anschwellen der Augenlider und Erbrechen verursachen

P. mildbraedi ▲

KOTO

Pterygota bequaertii und ***P. macrocarpa*** (Sterculiaceae)

BESCHREIBUNG

Das blassgelbe Splintholz ist nicht deutlich vom Kernholz unterschieden, das cremig-weiß bis blassgelb mit einem leichten Grauton gefärbt ist. Der Faserverlauf ist normalerweise gerade oder leicht wechseldrehwüchsig, manchmal kommen kleine Astansammlungen vor. In der Regel ist die Struktur recht grob und das Holz glänzt. Im Radialschnitt ergibt sich eine durch die starken Markstrahlen verursachte gefleckte Textur.

EIGENSCHAFTEN

Koto ist schwer und dicht. Das Holz ist hoch verformbar, von mittlerer Druckfestigkeit, mittlerer bis geringer Schlagfestigkeit und mittlerer Biegesteifigkeit. Es eignet sich kaum zum Dampfbiegen. Das Holz lässt sich mit Handwerkzeug recht gut und mit Maschinen gut bearbeiten, die Werkzeuge müssen aber stets scharf gehalten werden. Beim Hobeln von Material mit unregelmäßigem Faserverlauf ist ein verringerter Schnittwinkel zu empfehlen. Koto stumpft Werkzeugschneiden nur gering ab. Es lässt sich gut nageln, verleimen, schleifen und polieren und recht gut drechseln, profilieren, stemmen und fräsen.

TROCKNUNG UND STEHVERMÖGEN

Das Holz trocknet gut und relativ schnell. Es kann in Maßen zu Oberflächenrissen, zum Verziehen und Schüsseln kommen. Das Holz arbeitet mittelstark.

HALTBARKEIT

Koto ist nicht haltbar und ist von Natur aus kaum widerstandsfähig gegenüber Fäulniserregern. Das Splintholz kann von Termiten, Splintholzkäfern und Bohrmuscheln angegriffen werden. Das Splintholz nimmt Holzschutzmittel an, das Kernholz nur mäßig gut.

VERWENDUNG

Koto wird im Innenausbau, in der Möbelherstellung und Kunsttischlerei verwendet. Man stellt Küchenmöbel und Möbelkomponenten daraus her, Kisten und Kästen, Innenlagen für Tischlerplatten und Sperrholz. Ausdrucksvoll gemaserte Stämme werden auch zu dekorativen Furnieren gemessert.

Andere Bezeichnungen: African Pterygota, Ake, Anatolia, Awari, Efok, Impa, Kefe, Koto, Poroposo

Herkunft: Tropisches Westafrika • **Höhe:** 37-40 m • **Stammdurchmesser:** 0,6-1,2 m • **Durchschnittliches Trockengewicht:** *P. bequaertii* 650 kg/m³, *P. macrocarpa* 560 kg/m³ • **Spezifisches Gewicht:** 0,65 bzw. 0,56

Gesundheitsrisiken: Keine spezifischen Reaktionen bekannt. Zu beachten sind allerdings die allgemeinen Gesundheitsgefahren, die durch das Einatmen von Holzstäuben entstehen können.

▲ Gedämpftes Holz

BIRNBAUM

BESCHREIBUNG

Das Kernholz variiert von Fleischfarben bis zu einem blassen Rosabraun (das durch Dämpfen ausdrucksvoller wird). Der Faserverlauf ist in der Regel gerade, die Holzstruktur sehr fein, ebenmäßig und glatt. Im Radialschnitt zeigt sich manchmal eine geriegelte Textur.

EIGENSCHAFTEN

Birnbaum ist ein zähes und kräftiges Holz, da es aber meist nur in kleinen Abschnitten zu erhalten ist, sind die mechanischen Eigenschaften nicht von großem Belang. Birne wird nicht zum Dampfbiegen verwendet. Insgesamt lässt es sich gut bearbeiten, hat jedoch eine mäßig abstumpfende Wirkung auf Werkzeugschneiden. Es kann schwierig zu sägen sein. Es lässt sich gut hobeln, schleifen, nageln und schrauben, sehr gut drechseln und außerordentlich gut schnitzen. Es kann sehr gut gebeizt und zu hoher Oberflächengüte poliert werden. Birnbaum lässt sich gut zu Furnieren schälen. Manchmal wird das Holz schwarz gefärbt, um als Ebenholz-Ersatz zu dienen.

TROCKNUNG UND STEHVERMÖGEN

Das Holz trocknet langsam. Es kann sich werfen und verziehen, falls die Stapel beim Trocknen nicht beschwert werden. Vorsichtige künstliche Trocknung ist erfolgversprechender als Lufttrocknung. Das Holz arbeitet wenig.

HALTBARKEIT

Das Kernholz ist nicht haltbar und kaum widerstandsfähig gegenüber Fäulniserregern und Insekten, es lässt sich aber mit Holzschutzmittel behandeln.

VERWENDUNG

Es wird zu Furnieren verarbeitet, die in der Kunsttischlerei, für Marketerie- und Einlegearbeiten verwendet werden, wird als Holzschnitt- und Schnitzholz benutzt und man stellt Blockflöten, Bürstenrücken, Werkzeuggriffe, Drechselarbeiten und Zeichengeräte (Lineale, Zeichendreiecke, Kurvenlineale) daraus her. Schwarz gefärbt wird es zu Griffbrettern für Saiteninstrumente und Klaviertasten verarbeitet.

◄ Geschnitzter Krebs

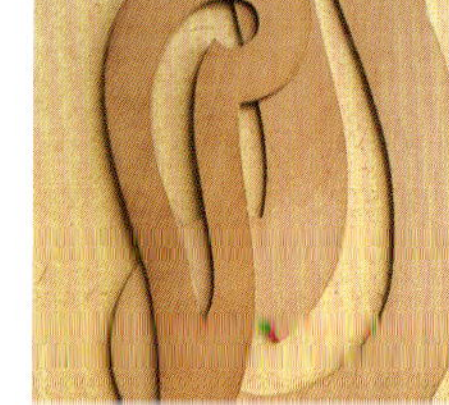

Kurvenlineale ►

Andere Bezeichnungen: Pear, Pearwood, Common pear, Peartree, Wild pear, Choke pear, Poirier (Französisch)

Herkunft: Europa, westliches Asien und USA • **Höhe:** 9-12 m • **Stammdurchmesser:** 0,3-0,6 m • **Durchschnittliches Trockengewicht:** 700 kg/m³ • **Spezifisches Gewicht:** 0,70

Gesundheitsrisiken: Keine spezifischen Reaktionen bekannt. Zu beachten sind allerdings die allgemeinen Gesundheitsgefahren, die durch das Einatmen von Holzstäuben entstehen können.

Die Gattung

QUERCUS EICHEN

▲▲ Detail einer Schnitzerei aus europäischer Eiche, Herkunft unbekannt

▲ Von den beiden in Nordeuropa heimischen Eichenarten weist die Stiel-Eiche meist das knorrigere Aussehen auf

Zur Gattung *Quercus* gehören auf der Nordhalbkugel mehr als 600 Arten. Dazu gehören die amerikanische Weißeiche (*Q. alba* und nahestehende Arten) und Roteiche *(Q. rubra* und andere) sowie die nordeuropäischen Arten Stiel- oder Sommer-Eiche *(Q. robur)* und Trauben- oder Winter-Eiche *(Q. petraea)*.

Von allen in Nordeuropa wachsenden Bäumen hat die Eiche vermutlich die größte historische, architektonische und kulturelle Bedeutung. Dies gilt in besonderem Maße auch für Großbritannien, wo es angeblich der verbreitetste Laubbaum ist. Es gibt alte Eichen, die bis zu 800 Jahre alt sein können, und ein Alter von 300 Jahren ist für eine Eiche durchaus nicht ungewöhnlich. Der Baum fängt normalerweise erst im Alter von 40 oder mehr Jahren an, Eicheln zu produzieren, die größte Menge bringt er dann von 80 bis 120 Jahren.

Es gibt Belege dafür, dass Eichenholz schon vor über 9000 Jahren in Deutschland und vor 7000 Jahren in Irland als Baustoff eingesetzt wurde.

Seit dem Mittelalter hat die Eiche die Architektur großer Teile Europas geprägt, in denen die Fachwerkbauweise bis ins späte 17. Jahrhundert vorherrschte. Eichenholz war das wichtigste Material für die Möbel in vielen Häusern dieser Zeit und ist bis heute ein Schlüsselmaterial für Innenausbau, Möbelbau und Hausbau geblieben. Heute wird frisch eingeschlagene Eiche für offenliegende Balkenkonstruktionen mancher Neubauten verwendet, und abgelagerte Eiche wird im Möbelbau und der Küfnerei eingesetzt.

Eiche war ein geschätztes Holz im Schiffsbau, bis zur Einführung von Schiffen aus Eisen waren hölzerne Schiffe das Rückgrat der meisten Flotten. Für den Bau von Horatio Nelsons Flaggschiff bei der Schlacht von Trafalgar im Jahr 1805, der HMS Victory, wurden angeblich mehr als 2000 Eichen verwendet – was wiede-

Rahmenschränkchen aus schlichter und brauner Eiche ▲

▲ Dachstuhl eines Fachwerkhauses aus Eiche in traditioneller Bauweise

rum bedeutet, das für die 27 britischen Schiffe etwa 54000 Bäume gefällt. Wenn man die Schiffe der gegnerischen spanischen und französischen Flotten hinzuzählt, werden es insgesamt deutlich über 100000 Eichen gewesen sein. Die HMS Victory hat bis heute überdauert und kann im Portsmouth Historic Dockyard an der Südküste Englands besichtigt werden.

Es gibt Schätzungen, die davon ausgehen, dass im zweiten Jahrzehnt des 19. Jahrhunderts jährlich 90000 Tonnen Eichenrinde als Material für Gerblohe verwendet wurden, wozu 500000 Tonnen Eichenholz gefällt werden mussten. Das ist eine weit größere Menge als für den zivilen und militärischen Schiffsbau in der gleichen Zeit aufgewendet wurde.

▼ In großen Teilen Europas ist Eichenholz das bevorzugte Material für die Innenausstattung von Kirchen. Die Abbildung zeigt das Ende einer gotischen Kirchenbank

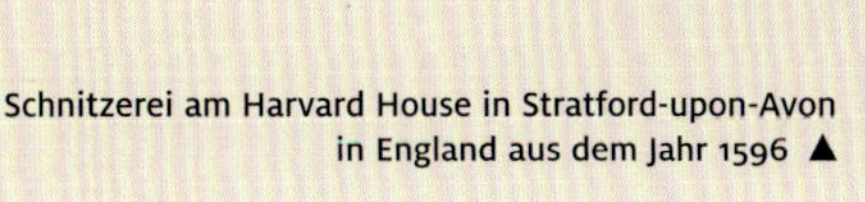

Schnitzerei am Harvard House in Stratford-upon-Avon in England aus dem Jahr 1596 ▲

WEISSEICHE

Quercus alba und verwandte Arten (Fagaceae)

BESCHREIBUNG

Das Kernholz kann von Helllederfarben über Blassgelbbraun bis zu Hell- oder Dunkelbraun variieren. Es kann auch einen leichten Rosaton aufweisen. Der Faserverlauf ist meist gerade, die Struktur offen und mittelgrob bis grob. Die Markstrahlen sind länger als bei der Roteiche *(Q. rubra* und verwandte Arten), Weißeiche ist deswegen meist ausdrucksvoller gemasert, mögliche Texturen sind: gestreift, geriegelt, gefleckt, auch Pyramiden- und Maserknollenbilder kommen vor. Das Splintholz ist unterschiedlich breit und kann weißlich bis hellbraun gefärbt sein.

EIGENSCHAFTEN

Weißeiche ist schwer und hart. Das Holz ist mittel biegesteif und druckfest und hoch verformbar. Weißeiche ist fast wasserfest, außerordentlich abriebfest und eignet sich sehr gut zum Dampfbiegen. Das Holz lässt sich im allgemeinen gut bearbeiten und hat eine mäßig abstumpfende Wirkung auf Werkzeugschneiden, was jedoch je nach Art variieren kann. Es lässt sich gut hobeln, beizen, drechseln, bohren, schnitzen, polieren und schleifen. Vor dem Schrauben oder Nageln sollte man vorbohren. Die Verleimbarkeit ist zufriedenstellend. Der Tanningehalt des Holzes kann bei Kontakt mit eisenhaltigen Metallen zu Verfärbungen führen.

TROCKNUNG UND STEHVERMÖGEN

Das Holz trocknet langsam. Die Trocknung ist schwierig. Es kann zu End- und Oberflächenrissen kommen, auch Zellkollaps, Ringschäle und Eisenverfärbungen können bei der Trocknung auftreten. Das Holz arbeitet mittelstark.

HALTBARKEIT

Das Kernholz ist widerstandsfähig gegen Fäulniserreger, Weißeiche kann jedoch von Bor-kenkäfern und anderen Insekten angegriffen werden. Das Splintholz nimmt schlecht Holzschutzmittel an, das Kernholz überhaupt nicht.

VERWENDUNG

Weißeiche wird in der Möbelherstellung und Kunsttischlerei verwendet, im Innenausbau und Bootsbau. Man stellt Fußböden, Fässer für Wein und Whisky, Büromöbel, Paneele, Schindeln, Profilleisten, Schwellenholz und Särge daraus her. Es wird auch zu Furnieren gemessert und für die Sperrholzherstellung geschält.

◀ Schublade: Seitenteile aus Weiß-Eiche, Vorderstück aus Mahagoni *(Swietenia macrophylla)*

Andere Bezeichnungen: American white oak, Arizona oak, Stave oak, Roble. Als „White oak" werden eine Vielzahl von verschiedenen Arten mit ähnlichen Eigenschaften bezeichnet, z.B. *Q. prinus, Q. lobata* und *Q. michauxii.*

Herkunft: Östliches Kanada und USA • **Höhe:** 25-30 m • **Stammdurchmesser:** 0,9-1,2 m • **Durchschnittliches Trockengewicht:** 760 kg/m³ • **Spezifisches Gewicht:** 0,76

Gesundheitsrisiken: Asthma, Niesen, Reizungen der Nase und Augen; Nasenhöhlenkarzinome

▲ Q. mongolica var. grosseserrata

MONGOLISCHE EICHE

Quercus mongolica und verwandte Arten (Fagaceae)

BESCHREIBUNG

Mongolische Eiche ist blasser als die europäischen und amerikanischen Eichenarten. Das Kernholz ist blassbraun, Holz von der Hauptinsel Honshu hat einen leichten Rosaton. In der Regel ist der Faserverlauf gerade, das Holz ist astfrei und hat eine grobe Struktur. Im Radialschnitt führen die Markstrahlen zu einer ansprechenden Textur. Bäume von der Nordinsel Hokkaido sollen ein besseres Holz liefern als jene von Honshu, da sie langsamer und gleichmäßiger wachsen.

EIGENSCHAFTEN

Mongolische Eiche ist mittel biegesteif und druckfest, gering schlagfest und hoch verformbar. Das Holz eignet sich sehr gut zum Dampfbiegen. Es ist mit Handwerkzeug leichter zu bearbeiten als andere Eichenarten und stumpft Werkzeugschneiden nur gering ab. Das Holz ist gut zu verleimen, hobeln, nageln und schrauben, sehr gut zu beizen und lässt sich gut auf Hochglanz polieren.

TROCKNUNG UND STEHVERMÖGEN

Mongolische Eiche trocknet langsam mit nur geringen Qualitätseinbußen. Das Holz arbeitet mittelstark.

HALTBARKEIT

Das Kernholz ist von Natur aus widerstandsfähig gegen Fäulniserreger, das Splintholz kann jedoch von Käfern angefallen werden. Das Splintholz nimmt Holzschutzmittel an.

VERWENDUNG

Das Holz wird im Bootsbau, in der Möbelherstellung und Kunsttischlerei und im Innenausbau verwendet. Man stellt Hirnholzfußböden, Holzkohle und Paneele daraus her. Es wird auch zu dekorativen Furnieren gemessert und zu Sperrholz verarbeitet.

Andere Bezeichnungen: Japanese oak, Manchurian oak, Mongolian oak, Ohnara; nahe verwandte Arten werden bezeichnet als: Konara, Kashiwa, Shira kashi, Aka gashi, Ichii gashi

Herkunft: Japan • **Höhe:** 30 m • **Stammdurchmesser:** 1 m • **Durchschnittliches Trockengewicht:** 660 kg/m³ • **Spezifisches Gewicht:** 0,66

Gesundheitsrisiken: Dermatitis, Niesen, Nasenhöhlenkarzinome

▲ Riftgeschnitten mit „Spiegeln"

Braune Eiche ▲ Maserknolle ▲▲

EICHE

Quercus robur und ***Q. petraea*** (Fagaceae)

BESCHREIBUNG

Je nach Herkunft variiert die Farbe des Kernholzes von Hellederfarben über Hell- bis hin zu Dunkelbraun. Früh- und Spätholz sind deutlich als abwechselnde Bänder zu erkennen. Der Faserverlauf ist in der Regel gerade, kann aber auch unregelmäßig oder drehwüchsig sein. Die Struktur ist grob, Holzstrahlen und Jahresringe können im Radialschnitt zu ansprechenden Texturen führen. Das Holz kann von einem Pilz (Leberreischling) befallen und braun gefärbt werden (im Englischen: „brown oak"), ohne dass das Holz geschädigt wird.

EIGENSCHAFTEN

Das Holz ist recht hart, schwer und dicht, von hoher Biegesteifigkeit, hoher Druckfestigkeit, hoher Verformbarkeit und geringer Schlagfestigkeit. Es eignet sich zum Dampfbiegen. Es ist schwierig mit Handwerkzeug zu bearbeiten und stumpft Werkzeugschneiden ab. Bei drehwüchsigem oder unregelmäßig gewachsenem Holz empfiehlt sich zum Hobeln ein verringerter Schnittwinkel. Beim Nageln und Schrauben vorbohren. Es ist zufriedenstellend zu drechseln, gut zu verleimen, schleifen, beizen und lackieren und lässt sich auf Glanz polieren. Es kann durch Räuchern (Bedampfung mit Ammoniak) dunkler gefärbt werden. Der Tanningehalt des Holzes kann bei eisenhaltigen Metallen zu Korrosion führen.

TROCKNUNG UND STEHVERMÖGEN

Das Holz trocknet langsam, neigt zum Reißen, Werfen und Zellkollaps; hohe Schwindmaße. Das Holz arbeitet nur wenig.

HALTBARKEIT

Das Kernholz ist haltbar und nur sehr schwer mit Holzschutzmittel zu behandeln. Das Splintholz wird leicht vom Gemeinen Nagekäfer und vom Splintholzkäfer angegriffen. Es lässt sich mit Holzschutzmittel behandeln.

VERWENDUNG

Möbelbau, Kunsttischlerei, Boots- und Wasserbau, Fahrzeugbau. Man stellt Fußböden her (auch Parkett), Büro- und Küchenmöbel, Kirchengestühl und -kanzeln sowie Wein-, Cognac- und Bierfässer. Es wird auch zu dekorativen Furnieren gemessert und für Sperrholz geschält.

◀ Detail einer Kommode

Syn.: für *Q. robur: Q. pedunculata*; für Q. petraea: Q. sessifloraAndere Bezeichnungen: Stiel-Eiche, Sommer-Eiche, Pendunculate oak *(Q. robur)*; Trauben-Eiche, Winter-Eiche, Sessile oak, Durmast oak *(Q. petraea)*, Chêne (Französisch). Wird auch nach der Herkunft benannt: Englische Eiche, Französische Eiche, Baltische Eiche usw.

Herkunft: Europa, Türkei, Nordafrika; auch südöstliches Kanada und nordöstliche USA • **Höhe:** 18-30 m • **Stammdurchmesser:** 1,2-1,8 m • **Durchschnittliches Trockengewicht:** 720 kg/m³, kann je nach Art variieren. • **Spezifisches Gewicht:** 0,72

Gesundheitsrisiken: Dermatitis, Niesen, Nasenhöhlenkarzinome

ROTEICHE

Quercus rubra und verwandte Arten (Fagaceae)

BESCHREIBUNG

Das Kernholz ist blassbraun bis rosa- oder rötlich braun gefärbt. Roteiche ähnelt im Aussehen der Weißeiche, allerdings sind die Markstrahlen kleiner, was zu weniger ausgeprägten Texturen führt. Der Faserverlauf ist in der Regel gerade, kann aber variieren. Die Struktur ist meist grob, aber auch dies kann je nach Herkunft variieren. Im Radialschnitt können sich geriegelte oder gespiegelte Texturen zeigen. Das Splintholz ist weiß bis hellbraun.

EIGENSCHAFTEN

Das Holz ist hart und schwer, von mittlerer Biegesteifigkeit und Verformbarkeit und hoher Druckfestigkeit. Es lässt sich sehr gut dampfbiegen und ist sehr abriebfest. Das Holz lässt sich mit scharfem Handwerkzeug und mit Maschinen gut bearbeiten. Es hat eine mäßig abstumpfende Wirkung auf Werkzeugschneiden. Es ist gut zu hobeln, sägen, drechseln, bohren und schleifen. Vor dem Schrauben oder Nageln sollte man vorbohren. Die Verleimbarkeit ist zufriedenstellend. Roteiche ist gut zu beizen und polieren und kann mit ansprechenden Ergebnissen gekalkt werden.

TROCKNUNG UND STEHVERMÖGEN

Das Holz trocknet langsam. Die Trocknung ist recht schwierig. Es kann zu Eisenverfärbungen, Endrissen, Zellkollaps und Ringschäle kommen. Es hat ein mäßig gutes Stehvermögen.

HALTBARKEIT

Roteiche ist wenig widerstandsfähig gegen Fäulniserreger und Insekten. Das Kernholz ist mäßig schwierig mit Holzschutzmittel zu behandeln, das Splintholz nimmt sie gut an.

VERWENDUNG

Roteiche wird in der Möbelherstellung und Kunsttischlerei, im Innenausbau, Boots- und Fahrzeugbau verwendet. Man stellt Fässer, (Parkett-)Fußböden, Orgelpfeifen und Schwellenholz daraus her. Es wird auch zu dekorativen Furnieren und gemessert und für Sperrholz geschält.

Andere Bezeichnungen: Amerikanische Roteiche, American red oak, Northern red oak, Red oak, Canadian red oak, Grey oak; wird auch zusammen mit Southern red oak oder Spanish oak *(Q. falcata)* als „Red oak“ gehandelt.

Herkunft: Östliches Kanada und USA; wird auch in Europa, im Iran und in Großbritannien angebaut. • **Höhe:** 18-27 m • **Stammdurchmesser:** 1 m • **Durchschnittliches Trockengewicht:** 770 kg/m³ • **Spezifisches Gewicht:** 0,77

Gesundheitsrisiken: Asthma, Niesen, Reizungen der Nase und Augen, Nasenhöhlenkarzinome

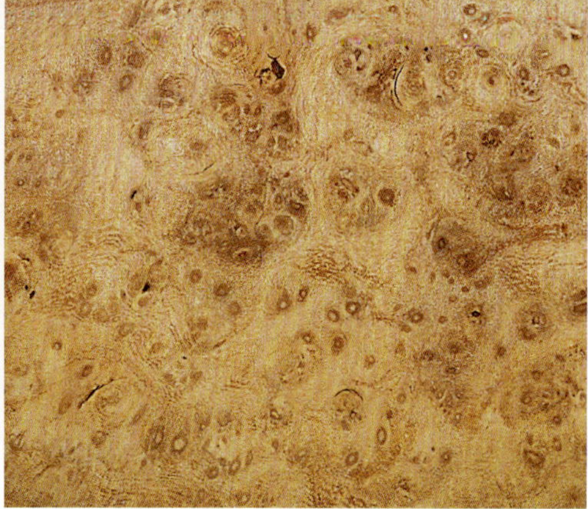

Maserknolle ▲

ROBINIE

Robinia pseudoacacia (Leguminosae)

BESCHREIBUNG

Das Kernholz ist grünlich gelb bis dunkel- oder goldbraun gefärbt und kann manchmal leicht grün getönt sein. Es dunkelt zu einem goldbraunen oder rostbraunen Ton nach. Der Faserverlauf ist gerade und klar zu erkennen, die Struktur ist grob, zwischen dem dichten Spätholz und dem großporigen Frühholz besteht ein markanter Unterschied. Das schmale Splintholz ist gelb.

EIGENSCHAFTEN

Das Holz ist haltbar und zäh, mittel biegesteif und druckfest, gering schlagfest und hoch verformbar. Es eignet sich sehr gut zum Dampfbiegen. Es ist relativ schwierig mit Handwerkzeug wie mit Maschinen zu bearbeiten und stumpft Werkzeugschneiden mäßig stark ab, es lassen sich jedoch saubere Oberflächen erreichen. Vor dem Nageln sollte man vorbohren. Die Eignung zum Schrauben ist nicht sehr hoch. Das Holz ist gut zu verleimen, zufriedenstellend zu beizen und kann auf Hochglanz poliert werden.

TROCKNUNG UND STEHVERMÖGEN

Robinie trocknet langsam und neigt dazu, sich stark zu verziehen oder zu werfen. Es kann auch zu End- und Oberflächenrissen kommen. Das Holz arbeitet mittelstark.

HALTBARKEIT

Das Kernholz ist von Natur aus kaum widerstandsfähig gegen Fäulniserreger. Das Splintholz wird leicht vom Gemeinen Nagekäfer und Splintholzkäfer angegriffen. Das Kernholz ist mit Holzschutzmittel nicht zu behandeln.

VERWENDUNG

Robinie wird zur Herstellung von Bootsbe-plankung, Haushaltsgerätschaften, Zäunen und Toren, Pfosten, Fässern, Propellern, Lagern und Lagerbuchsen, Schindelbrettern, Lastenrollen und Flaschenzügen und Fahrzeugkarosserien verwendet. Hochwertiges Holz wird auch in der Kunsttischlerei und im Innenausbau verwendet und zu dekorativen Furnieren gemessert.

◀ Vase aus Robinien-Maserknolle

Andere Bezeichnungen: Falsche Akazie, Gewöhnliche Scheinakazie, Gemeiner Schotendorn, Robinia, Black locust, False acacia, Locust, Yellow locust, Robinier, Faux acacia (Französisch), Valse acacia (Niederländisch)

Herkunft: Vor allem Kanada und USA; auch Asien, Europa, Neuseeland und Nordafrika • **Höhe:** 12-24 m • **Stammdurchmesser:** 0,3-0,6 m • **Durchschnittliches Trockengewicht:** 720 kg/m^3, kann aber deutlich abweichen. • **Spezifisches Gewicht:** 0,72

Gesundheitsrisiken: Der Holzstaub kann reizend auf Auge und Haut wirken und Übelkeit und Unwohlsein verursachen

◀ S. alba

▲ S. alba var. coerulea

WEIDE

Salix spp. (Salicaceae)

BESCHREIBUNG

Das unterschiedlich starke Splintholz der Weide ist weißlich, das Kernholz ist weiß bis rosa. Im allgemeinen ist der Faserverlauf gerade, die Holzstruktur ist ebenmäßig und fein. Das Kernholz der Schwarzen Weide *(S. nigra)* ist blassrötlich braun bis graubraun, der Faserverlauf ist drehwüchsig.

EIGENSCHAFTEN

Weidenholz ist leicht, aber elastisch und widerstandsfähig. Die mechanischen Eigenschaften sind niedrig, und das Holz eignet sich kaum zum Dampfbiegen. Das Holz lässt sich mit Handwerkzeug wie mit Maschinen gut bearbeiten und stumpft Werkzeugschneiden nur gering ab. Beim Hobeln sollten der Schnittwinkel verringert und sehr scharfe Werkzeuge eingesetzt werden, um eine wollige Oberfläche zu vermeiden. Weide lässt sich gut drechseln, profilieren, bohren, fräsen, schnitzen und schleifen, wenn scharfes Werkzeug verwendet wird. Das Holz ist sehr gut zu nageln, schrauben und verleimen, und kann auf Glanz poliert werden.

TROCKNUNG UND STEHVERMÖGEN

Das Holz trocknet recht schnell mit sehr geringen Qualitätseinbußen. Allerdings können Stellen mit erhöhter Restfeuchte zurückbleiben. Bei Bruchweide *(S. fragilis)* können während des Trocknens starke Risse auftreten. Das Holz arbeitet nur wenig.

HALTBARKEIT

Weidenholz ist nicht haltbar und kaum widerstandsfähig gegenüber Fäulniserregern und Insekten. Das Splintholz wird leicht vom Gemeinen Nagekäfer und von Splintholzkäfern angegriffen. Das Splintholz nimmt im Gegensatz zum Kernholz Holzschutzmittel an.

VERWENDUNG

Ausgesuchtes Weidenholz wird in Großbritannien zu Cricket-Schlägern verarbeitet. Man stellt auch künstliche Gliedmaßen, Siebrahmen, Fußböden, Gärtnerkörbe, Kisten und Kästen, Fässer und Mittellagen für Tischlerplatten daraus her. Es wird auch zu dekorativen Furnieren gemessert, da es Flader- oder Moiré-Texturen aufweisen kann. Weidenruten werden in der Korbflechterei verwendet.

Andere Bezeichnungen: Willow, White willow, Common willow *(S. alba)*; Cricket-bat oder Close-bark willow *(S. alba var. coerulea)*; Crack willow *(S. fragilis)*; Black willow, Gooding willow, Dudley willow *(S. nigra)*, Saule (Französisch). Es gibt ca. 350 Arten

Herkunft: Europa, West- und Zentralasien, Nordamerika und Nordafrika • **Höhe:** 21-27 m • **Stammdurchmesser:** 0,9-1,2 m • **Durchschnittliches Trockengewicht:** 450 • kg/m³, kann jedoch auch leichter sein. • **Spezifisches Gewicht:** 0,45

Gesundheitsrisiken: Allergiemöglichkeit: Menschen, die allergisch auf Aspirin reagieren, können auch bei Weidenholz allergische Reaktionen zeigen

SASSAFRAS

Sassafras officinale und ***S. albidum*** (Lauraceae)

BESCHREIBUNG

Das Kernholz ist blassbraun, dunkelt aber zu einem stumpfen Orangebraun nach; das Splintholz ist hellgelb und geht allmählich ins Kernholz über. In der Regel ist der Faserverlauf gerade, das Holz hat eine grobe Struktur und glänzt mittelstark. Das Maserbild ist interessant und wird manchmal mit dem der Esche oder Kastanie *(Fraxinus, Castanea* spp.*)* verglichen, das Holz ist jedoch weicher als jene.

EIGENSCHAFTEN

Sassafras weist in allen mechanischen Eigenschaften mittlere Werte auf, lediglich die Verformbarkeit ist hoch zu bewerten. Es eignet sich zum Dampfbiegen. Es lässt sich gut mit Handwerkzeug wie mit Maschinen bearbeiten, beim Hobeln lässt sich eine gute, saubere Oberfläche erreichen. Vor dem Nageln sollte man vorbohren. Das Holz lässt sich jedoch gut schrauben, verleimen und oberflächenbehandeln.

TROCKNUNG UND STEHVERMÖGEN

Sassafras trocknet ohne Schwierigkeiten, lediglich kleinere Risse können vorkommen. Das Holz arbeitet nur wenig.

HALTBARKEIT

Das Holz ist mäßig haltbar und von Natur aus sehr widerstandsfähig gegen Fäulniserreger. Es ist mäßig gut mit Holzschutzmittel zu behandeln. Das Splintholz kann vom Splintholzkäfer angegriffen werden. Es lässt sich mit Holzschutzmittel behandeln.

VERWENDUNG

Sassafras wird im Möbel- und Bootsbau verwendet. Man stellt Kisten und Kästen, Pfosten und Zäune, Profilleisten, Fensterrahmen, Türen, Mahlwerke und Küchenmöbel daraus her. Ausgesuchte Stämme werden zu dekorativen Furnieren gemessert.

Andere Bezeichnungen: Fenchelholzbaum, Fieberbaum, Cinnamon wood, Red sassafras, Black ash, Golden elm, Saxifrax tree, Aguetree

Herkunft: USA • **Höhe:** 12-27 m • **Stammdurchmesser:** 0,6-1,5 m • **Durchschnittliches Trockengewicht:** 450 kg/m³ • **Spezifisches Gewicht:** 0,45

Gesundheitsrisiken: Sensibilisator, wirkt reizend auf Haut und Atmungsorgane; möglicherweise karzinogen

▲ S. haenkeana

ROTES QUEBRACHO

Schinopsis **spp. (Anacardiaceae)**

BESCHREIBUNG

Das Kernholz ist nach dem Einschnitt hellrot, dunkelt aber unter Licht- und Lufteinfluß zu einem gleichmäßigen Ziegelrot nach; manchmal weist es schwarze Streifen auf. Der Faserverlauf ist unregelmäßig, die Struktur fein und ebenmäßig, das Holz glänzt schwach. Das Kernholz hat einen hohen Tanningehalt. Das gelbliche Splintholz ist nicht deutlich vom Kernholz unterschieden.

EIGENSCHAFTEN

Rotes Quebracho ist außerordentlich hart und schwer; sein Name leitet sich aus dem spanischen Wort „Axt-Zerbrecher" ab. Das Holz ist im trockenen Zustand sehr schwierig zu bearbeiten, da es zum Reißen neigt. Auch die meisten maschinellen Arbeitsgänge sind schwierig durchzuführen. Es lässt sich jedoch sehr gut auf Hochglanz polieren.

TROCKNUNG UND STEHVERMÖGEN

Das Holz ist schwierig zu trocknen, es kann zu starkem Reißen und Werfen kommen, vor allem bei dünneren Brettern.

HALTBARKEIT

Das Holz ist getrocknet sehr haltbar und von Natur aus sehr widerstandsfähig gegen Schadinsekten und Fäulniserreger. Allerdings müssen die Stämme sofort nach dem Fällen entrindet werden, um Käfer an der Eiablage in der Rinde zu hindern, was zur vollkommenen Zerstörung des Stammes führt.

VERWENDUNG

Einst wurde das Holz als Tannin-Lieferant verwendet. Heute dient es in Südamerika als Bau- und Schwellenholz, man stellt Pfosten und Hirnholzfußböden daraus her und nutzt es als Brennholz. Es wird auch zu kleinen Ziergegenständen geschnitzt, die als typisch argentinisches Kunsthandwerk gehandelt werden.

◀ Anonyme Schnitzarbeit aus Argentinien; Köpfe aus Rotem Quebracho, Körper aus Palo santo (*Bulnesia sarmientoi*)

Andere Bezeichnungen: Quebracho, Quebracho macho, Quebracho hembra, Quebracho moro, Quebracho colorado, Quebracho chaqueno, Quebracho santiagueno, Brauna, Baruana

Herkunft: Argentinien, Bolivien, Brasilien, Paraguay • **Höhe:** 9-15 m • **Stammdurchmesser:** 0,3-0,6 m • **Durchschnittliches Trockengewicht:** 1000 kg/m³ • **Spezifisches Gewicht:** 1,00

Gesundheitsrisiken: Dermatitis, Reizungen der Nase und Atemwege, Übelkeit, Unwohlsein; möglicherweise karzinogen

SEQUOIE

Sequoia sempervirens (Taxodiaceae)

BESCHREIBUNG

Das Kernholz ist hellkirschrot bis dunkelrötlich braun gefärbt, das Splintholz ist fast weiß oder blassgelb. Der Faserverlauf ist gerade, die Struktur fein bis grob, durch den Kontrast zwischen Früh- und Spätholz bilden sich deutliche Jahresringe. Maserknollen mit interessanter Textur und einem Durchmesser bis zu 1,8 m kommen recht häufig vor.

EIGENSCHAFTEN

Die mechanischen Eigenschaften der Sequoie können sehr unterschiedlich sein. Meist ist das Holz hoch verformbar und von geringer Biegesteifigkeit, Druckfestigkeit und Schlagfestigkeit. Es eignet sich kaum zum Dampfbiegen, ist mit Handwerkzeug wie mit Maschinen gut zu bearbeiten und stumpft Werkzeugschneiden nur gering ab. Bei maschineller Bearbeitung sind sehr scharfe Werkzeugschneiden erforderlich, um die Gefahr des Splitterns und Spanabdrücke in der Oberfläche zu vermeiden. Das Holz hält Nägel und Schrauben nicht gut, lässt sich aber gut hobeln, stemmen, drechseln, bohren und profilieren. Es ist gut zu verleimen, basische Klebstoffe können zu Verfärbungen führen. Das Holz ist sehr gut zu lackieren und gut zu polieren.

TROCKNUNG UND STEHVERMÖGEN

Obwohl das Holz nach dem Fällen noch sehr viel Wasser enthält, trocknet es doch schnell und leicht mit nur sehr geringen Qualitätseinbußen. Das Holz arbeitet wenig.

HALTBARKEIT

Sequoie ist haltbar und sehr widerstandsfähig gegen die meisten Insekten und Pilze. Das Kernholz ist auch unter feuchten Bedingungen außerordentlich haltbar und lässt sich recht gut mit Holzschutzmittel behandeln.

VERWENDUNG

Rustikale Möbel, Fußböden, Außenbau, Verkleidungsbretter, Schindeln, Weinfässer, Bottiche, Pfosten, Zäune, Särge. Nutzung der Rinde in der Spanplattenherstellung. Schälen der Stämme für Sperrholz und dekorative Furniere, Maserknollen begehrt für dekorative Arbeiten.

◀ Vase aus Sequoie-Maserknolle

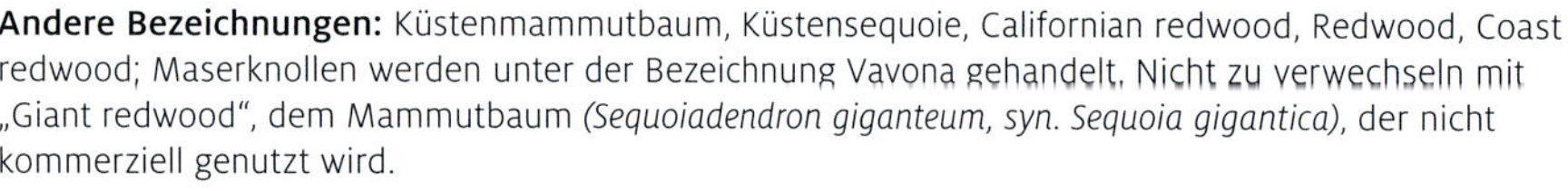

Andere Bezeichnungen: Küstenmammutbaum, Küstensequoie, Californian redwood, Redwood, Coast redwood; Maserknollen werden unter der Bezeichnung Vavona gehandelt. Nicht zu verwechseln mit „Giant redwood", dem Mammutbaum *(Sequoiadendron giganteum, syn. Sequoia gigantica)*, der nicht kommerziell genutzt wird.

Herkunft: Kalifornien und Oregon, USA • **Höhe:** 60-100 m • **Stammdurchmesser:** 3-4,6 m. Eine Sequoie kann über 800 Jahre alt werden. • **Durchschnittliches Trockengewicht:** 420 kg/m³ • **Spezifisches Gewicht:** 0,42

Gesundheitsrisiken: Asthma, Dermatits, Nasenhöhlenkarzinome, allergische Reaktionen der Lunge; der Holzstaub wirkt reizend auf die Atemwege

WHITE LAUAN

Shorea contorta (Dipterocarpaceae)

BESCHREIBUNG

Das Kernholz kann grau mit einem leichten Rosaton oder blassrosa bis rot gefärbt sein. Der Faserverlauf ist normalerweise drehwüchsig oder wechseldrehwüchsig, die Struktur mäßig grob. Das Holz glänzt mäßig bis stark und enthält gewöhnlich Harzgallen und ölige Inhaltsstoffe.

EIGENSCHAFTEN

Das Holz ist mittel biegesteif und druckfest, gering schlagfest und hoch verformbar. Die Eignung zum Dampfbiegen ist gut. Es lässt sich im allgemeinen gut bearbeiten, beim maschinellen Hobeln von Material mit unregelmäßigem Faserverlauf ist jedoch eine Verringerung des Schnittwinkels zu empfehlen. Es stumpft Werkzeugschneiden nur gering ab. White Lauan ist normalerweise leicht zu drechseln, bohren und schnitzen. Es ist gut zu verleimen und polieren und zufriedenstellend zu schrauben, nageln und beizen.

TROCKNUNG UND STEHVERMÖGEN

Das Holz trocknet meist leicht mit nur geringen Qualitätseinbußen. Kleinere Querschnitte können sich jedoch werfen, während größere Abmessungen zu Oberflächenrissen neigen. Das Holz arbeitet nur wenig.

HALTBARKEIT

Das Holz ist kaum bis mäßig widerstandsfähig gegenüber Fäulniserregern. Das Splintholz wird leicht vom Gemeinen Nagekäfer angegriffen. Das Splintholz nimmt im Gegensatz zum Kernholz Holzschutzmittel hinreichend gut an.

VERWENDUNG

White Lauan wird in der Möbelherstellung und Kunsttischlerei, im Innenausbau und für schwere Bauaufgaben eingesetzt. Man stellt Küchen- und Büromöbel, Fußböden, Bootsplanken, Furnier und Sperrholz daraus her.

Syn.: *Pentacme contorta* • **Andere Bezeichnungen:** Light red lauan, Meranti bunga, Perawan, Light red meranti. White Lauan gehört zu einer Gruppe von Hölzern, zu der auch Light und Dark red meranti und Seraya gehören und die alle zu der vielfältigen Gattung *Shorea* zählen.

Herkunft: Philippinen, Malaysia, Indonesien, Thailand • **Höhe:** 45-60 m • **Stammdurchmesser:** 0,9-1,8 m • **Durchschnittliches Trockengewicht:** 540 kg/m³ • **Spezifisches Gewicht:** 0,54

Gesundheitsrisiken: Dermatitis und Reizungen der Nase, des Halses und der Augen

TAMBOTI 

Spirostachys africana (Euphorbiaceae)

BESCHREIBUNG

Ein schönes, satt gefärbtes Holz. Das Kernholz ist dunkelbraun mit dunkleren Streifen oder Bändern aus hell und dunkel rötlich honigbraunem Holz. Die Maserung kann auch gefleckt oder gebändert sein, manchmal zeigen sich Jahresringe. Das schmale Splintholz ist hell cremefarben und bildet einen schönen Kontrast zum Kernholz. Der Faserverlauf ist meist gerade, kann aber auch gewellt oder wechseldrehwüchsig sein. Tamboti-Holz glänzt und duftet stark, auch noch lange nach dem Einschnitt. Ein Möbelstück aus Tamboti kann mit seinem Duft recht lange den Raum erfüllen, in dem es steht.

EIGENSCHAFTEN

Ein schweres, stabiles und dichtes Holz. Nach der Trocknung ist es leicht zu sägen und kann mit etwas Sorgfalt auch gut gehobelt werden. Vor dem Nageln und Schrauben sollte man vorbohren. Leimverbindungen trocknen langsam. Der Ölgehalt des Holzes macht das Schleifen schwierig. Andererseits kann es gut auf Hochglanz poliert und lackiert werden. Das Holz ist sehr gut zu drechseln und eignet sich sehr gut für dekorative Arbeiten.

TROCKNUNG UND STEHVERMÖGEN

Tamboti trocknet sehr langsam ohne sich zu verziehen.

HALTBARKEIT

Tamboti ist sehr haltbar und gegenüber Insekten- und Pilzbefall resistent. Das Kernholz lässt sich nicht mit Holzschutzmitteln behandeln.

VERWENDUNG

Da es sich um ein recht seltenes Holz handelt, wird es für Schmuckgegenstände, hochwertige Möbel und Drechselarbeiten verwendet. Zu den traditionellen Verwendungszwecken zählen auch Deckenbalken für Hütten, Zäune, Spazierstöcke und Halsketten.

Syn.: *Excoecaria africana* • **Andere Bezeichnungen:** Tambotie, Thombothi, Tomboti, Sandalo, Sandalo Africano, Zunvorre. Nicht zu verwechseln mit den ähnlich benannten indischen und australischen Sandelhölzern *(Santalum album, S. spicatum)*

Herkunft: Ostafrika und Mosambik. • **Höhe:** 18 m • **Stammdurchmesser:** 0,3 m • **Durchschnittliches Trockengewicht:** 1041kg/m³ • **Spezifisches Gewicht:** 1,04

Gesundheitsrisiken: Die Rinde – die während des Zuschnitts in Handelsgrößen entfernt wird – gibt einen klebrigen, latexähnlichen Saft ab, der äußerst irritierend auf Haut und Augen wirkt und angeblich Hautblasen und Blindheit verursachen kann. Der Sägestaub kann die Augen schädigen und angeblich auch Blindheit verursachen. Auf einem Feuer aus Tamboti-Holz zubereitetes Fleisch kann schwere Durchfälle verursachen, die lebensbedrohlich sein können

NIOVE

Staudtia stipitata (Myristicaceae)

BESCHREIBUNG

Das Kernholz ist rötlich braun bis gelblich braun und kann dunklere Streifen aufweisen. Das Splintholz ist recht breit und meist blassgelb bis orange-braun gefärbt. Niove hat sehr feine, gerade Holzfasern und glänzt leicht. Das Holz kann ölig sein und riecht nach Pfeffer. Bei entsprechender Oberflächenbehandlung erinnert es stark an amerikanisches Kirschholz *(Prunus serotina)*.

EIGENSCHAFTEN

Obwohl das Holz hart und dicht ist, lässt es sich doch mit Maschinen und Handwerkzeugen recht leicht bearbeiten. Um Reißen zu verhindern, sollte man vor dem Nageln und Schrauben vorbohren. Die Verleimbarkeit ist zufriedenstellend, aber der Gehalt an natürlichen Ölen kann zu Problemen führen, wenn die Verbindungsflächen nicht entsprechend vorbereitet werden. Niove lässt sich zu einer glatten, sauberen Oberfläche schleifen und ist gut zu polieren, vor allem mit Wachs. Man sollte riftgeschnittenes Holz verwenden.

TROCKNUNG UND STEHVERMÖGEN

Das Holz trocknet langsam und verzieht sich dabei nur geringfügig. Allerdings muss sorgfältig gearbeitet werden, um Hirnrisse und Ringschäle zu vermeiden. Sehr langsame technische Trocknung ist zu empfehlen. Das Stehvermögen ist gut.

HALTBARKEIT

Das Holz ist außerordentlich haltbar und widerstandsfähig gegenüber Fäulnis und Insektenbefall einschließlich Termiten. Niove ist sehr schwierig mit Holzschutzmitteln zu behandeln. Seine Haltbarkeit macht es sehr geeignet für den Außenausbau und für tragende Bauelemente.

VERWENDUNG

Möbelbau, Außen- und Innenausbau, Drechselarbeiten, stark belastete Fußböden und dekorative Furniere. Wird als Ersatzholz für die amerikanische Kirsche *(Prunus serotina)* verwendet.

Syn.: *S. gabonensis* • **Andere Bezeichnungen:** African cherry, Kamashi, Oropa, Ekop, M'bonda, M'boun, Nikafi. Die Bezeichnung „African cherry" wird auch für Makore *(Tieghemella heckelii)* und Prunus africanus verwandt. Letzteres ist kein handelsübliches Holz.

Herkunft: Westliches Zentralafrika, vor allem Gabun, Kamerun und das Kongogebiet • **Höhe:** 22-30 m, manchmal höher • **Stammdurchmesser:** 0,9 m • **Durchschnittliches Trockengewicht:** 830 kg/m³ • **Spezifisches Gewicht:** 0,83

Gesundheitsrisiken: Keine spezifischen Reaktionen bekannt. Zu beachten sind allerdings die allgemeinen Gesundheitsgefahren, die durch das Einatmen von Holzstäuben entstehen können.

AMERIKANISCHES MAHAGONI

Swietenia macrophylla und ***S. mahagoni*** (Meliaceae)

BESCHREIBUNG

Mahagoni kann farblich sehr unterschiedlich ausfallen. Nach dem Einschnitt kann es gelblich, rötlich, rosa oder lachsfarben sein. Im Laufe der Zeit dunkelt es zu einem tiefen, satten Rot oder Braun nach. Der Faserverlauf ist gerade bis wechseldrehwüchsig, kann aber auch wellig oder gekräuselt sein. Unregelmäßiger Faserverlauf führt zu ansprechenden Texturen wie Riegelung, Pyramidenmaser, Wellen-, Flammen- oder Fleckentexturen. Die Struktur ist ebenmäßig und fein bis grob. In den Poren können sich weiße Ablagerungen oder dunkles Harz zeigen. Amerikanisches Mahagoni glänzt stark mit einem Goldton.

EIGENSCHAFTEN

Das Holz ist von mittlerer Druckfestigkeit, sehr hoher Verformbarkeit und sehr geringer Schlagfestigkeit. Obwohl es gering biegesteif ist, eignet es sich mäßig gut zum Dampfbiegen. Das Holz lässt sich mit Handwerkzeug wie mit Maschinen gut bearbeiten, wenn scharfes Werkzeug verwendet wird. Das Holz ist gut zu schrauben, nageln, verleimen und beizen und lässt sich sehr gut auf Hochglanz polieren.

TROCKNUNG UND STEHVERMÖGEN

Das Holz trocknet leicht mit sehr geringen Qualitätseinbußen, die als Oberflächenrisse oder Verziehen auftreten. Es hat ein sehr gutes Stehvermögen.

HALTBARKEIT

Das Kernholz ist sehr haltbar und widerstandsfähig gegen Weiß- wie auch Braunfäule-Erreger. Das Splintholz wird leicht vom Gemeinen Nagekäfer und von Splintholzkäfern angegriffen. Das Splintholz nimmt schlecht Holzschutzmittel an, das Kernholz überhaupt nicht.

VERWENDUNG

Mahagoni wird in der Kunsttischlerei und im hochwertigen Möbelbau verwendet, im Innenausbau von Booten und Häusern, im Kanu- und Bootsbau. Man stellt Reproduktionen historischer Möbelstücke daraus her, Paneele und Musikinstrumente (einschließlich Klaviere). Das Holz liefert sehr dekorative Furniere.

◄ Bücherschrank (Detail)

Andere Bezeichnungen: American mahogany, Zopilote gateado, Acahou, Mogno, Big-leaf mahogany, Caoba, Aguano, Baywood; oft auch nach Herkunft: Mittelamerikanisches Mahagoni, Brasilianisches Mahagoni usw.

Herkunft: Mittel- und Südamerika • **Höhe:** 45 m • **Stammdurchmesser:** 1,8m • **Durchschnittliches Trockengewicht:** 590 kg/m³, kann aber stark schwanken. • **Spezifisches Gewicht:** 0,59

Gesundheitsrisiken: Dermatitis, Atembeschwerden, Schwindel, Erbrechen, Furunkelose

TURPENTINE

Syncarpia glomulifera (Myrtaceae)

BESCHREIBUNG

Das Kernholz variiert von dunkelrot bis dunkelbraun. Das Splintholz ist deutlich abgesetzt und blasser gefärbt. Die Fasern sind gleichmäßig fein bis mittelfein, der Faserverlauf ist oft wellig und auch häufig wechseldrehwüchsig. Turpentine weist keine Harzgänge auf.

EIGENSCHAFTEN

Turpentine ist ein sehr hartes und zähes Holz, das wegen seines hohen Silikatgehaltes deutlich abstumpfend auf Werkzeugschneiden wirken kann. Wegen seiner hohen Dichte ist es schwierig, das Holz mit Handwerkzeugen zu bearbeiten. Schrauben, Nägel und Beschläge lassen sich problemlos anbringen. Lacke, Beizen und Polituren werden willig angenommen. Das Verleimen kann problematisch sein und sollte sofort nach der Oberflächenbearbeitung vorgenommen werden.

HALTBARKEIT

Das Holz ist auch bei Bodenkontakt und in feuchten Umgebungen ohne Frischluftzufuhr extrem fäulnisbeständig. Wegen des hohen Gehaltes an Silikaten und anderen Inhaltstoffen ist es auch außerordentlich widerstandsfähig gegenüber Befall von Marine-Bohrwürmern oder Bohrmuscheln. Das Splintholz wird nicht vom Splintholzkäfer befallen. Das Splintholz ist gut mit Holzschutzmitteln zu behandeln, aber das Kernholz wird von diesen kaum durchdrungen. Turpentine ist eines der feuerbeständigsten Hölzer der Welt.

TROCKNUNG UND STEHVERMÖGEN

Turpentine neigt während des Trocknens zum Verziehen und Zellkollaps, deshalb sollte besonders vorsichtig vorgegangen werden.

VERWENDUNG

Wegen seiner Haltbarkeit ist Turpentine ein begehrtes Holz für den Wasserbau. Es wird außerdem für den Innenausbau, für Parkett-, Innen- und Außenfußböden, Arbeitsflächen, laminierte Balken, Weinfässer und Innen- wie Außenverkleidungen im Hausbau verwendet. Zudem wird es im Bootsbau, beim Bau von Kaianlagen und Brücken und als Grubenholz und Bahnschwellen wie auch als Sperrholz verwendet.

Syn.: *S. laurifolia* • **Andere Bezeichnungen:** Luster, Red luster

Herkunft: New South Wales, Queensland, Australien Wird auch in Plantagen in Hawaii und Südafrika angebaut. • **Höhe:** 40–50 m • **Stammdurchmesser:** 1–1,3 m • **Durchschnittliches Trockengewicht:** 995 kg/m³ • **Spezifisches Gewicht:** 0,99

Gesundheitsrisiken: Reizungen der Schleimhäute

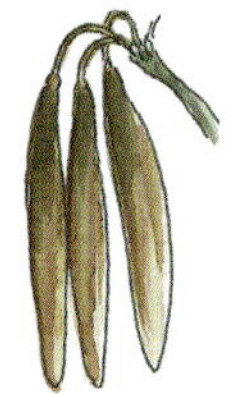

PRIMAVERA

Tabebuia donnell-smithii (Bignoniaceae)

BESCHREIBUNG

Frisch eingeschnittenes Holz ist cremefarben oder blassgelb, es dunkelt zu einem gelblichen Roseton mit roten, braunen und orangefarbenen Streifen nach. Der Faserverlauf ist gerade, gewellt oder wechseldrehwüchsig. Er kann zu interessanten, geflammten, gefleckten, geperlten oder schmal geriegelten Texturen führen. Primavera ist recht glänzend. Die Struktur ist mittel bis eher grob. Das Holz kann Ostindischem Satinholz *(Chloroxylon swietenia)* ähnlich sehen.

EIGENSCHAFTEN

Das Holz ist von mittlerer Druckfestigkeit, Biegesteifigkeit und Schlagfestigkeit und hoher Verformbarkeit. Es eignet sich gut zum Dampfbiegen. Das Holz lässt sich mit Handwerkzeug wie mit Maschinen gut bearbeiten und stumpft Werkzeugschneiden mittelstark ab. Beim Hobeln von Holz mit unregelmäßigem oder wechseldrehwüchsigem Faserverlauf sollte der Schnittwinkel reduziert werden. Primavera ist gut zu profilieren, bohren, stemmen, schnitzen, verleimen, schrauben, nageln, schleifen, beizen und lackieren. Es lässt sich sehr gut auf Hochglanz polieren.

TROCKNUNG UND STEHVERMÖGEN

Das Holz trocknet leicht mit nur geringen Qualitätseinbußen, es kann allerdings in geringem Maße zum Werfen und Reißen kommen. Es arbeitet nur wenig.

HALTBARKEIT

Das Holz ist nicht haltbar und nicht widerstandsfähig gegenüber Fäulniserregern. Es wird leicht vom Gemeinen Nagekäfer und von Kernholzkäfern angegriffen. Das Splintholz nimmt Holzschutzmittel zufriedenstellend an, das Kernholz nur mäßig gut.

VERWENDUNG

Primavera wird für hochwertige Möbel, im Innenausbau und in der Kunsttischlerei verwendet. Man stellt Büromöbel und Paneele daraus her. Ausgewählte Stämme werden auch zu sehr dekorativen Furnieren gemessert, die in der Kunsttischlerei und zur Herstellung von Paneelen verwendet werden.

Syn.: *Cybistax donnell-smithii* • **Andere Bezeichnungen:** Duranga, San Juan, Palo blanco, Cortez, Cortez blanco, Roble

Herkunft: Mittelamerika • **Höhe:** 23-30 m • **Stammdurchmesser:** 0,6-0,9 m • **Durchschnittliches Trockengewicht:** 450 kg/m³ • **Spezifisches Gewicht:** 0,45

Gesundheitsrisiken: Im Primavera-Holz sind sensibilisierende chemische Stoffe nachgewiesen worden, die bei anderen Holzarten zu Hautreizungen führen.

IPÊ

Tabebuia serratifolia und *T. ipê* (Bignoniaceae)

BESCHREIBUNG

Das gelblich weiße oder weiße Splintholz ist deutlich vom Kernholz unterschieden. Das Kernholz ist meist olivbraun, kann aber auch dunkler sein, es weist dunklere oder hellere Streifen auf. Die Poren bilden oft kleine gelbe Punkte oder dünne Linien, die durch Lapachol verursacht werden, ein Pulver, das sich in basischen Lösungen dunkelrot färbt. Der Faserverlauf ist gerade bis sehr unregelmäßig, die Struktur mittelfein bis fein. Das Holz glänzt von Natur aus schwach bis mittelstark.

EIGENSCHAFTEN

Ipé ist schwer, dicht und hart. Die mechanischen Eigenschaften sind alle als hoch zu bewerten, lediglich die Biegesteifigkeit ist mäßig. Die Eignung zum Dampfbiegen ist gering. Es ist nicht einfach mit Handwerkzeug zu bearbeiten, und das Sägen ist schwierig. Beim Hobeln sind sehr geringe Schnittwinkel notwendig. Es stumpft Werkzeugschneiden mäßig stark ab. Beim Verleimen müssen die Oberflächen vorbehandelt werden, beim Nageln sollte vorgebohrt werden. Das Holz lässt sich gut beizen, schrauben, schleifen und polieren (in diesem Fall muss zuerst das Lapachol-Pulver entfernt werden).

TROCKNUNG UND STEHVERMÖGEN

Trotz seiner hohen Dichte trocknet das Holz ohne Schwierigkeiten. Es kann in geringem Maß zum Schüsseln oder Werfen und zu Hirnrissen kommen. Das Holz arbeitet nur wenig.

HALTBARKEIT

Das Kernholz ist sehr widerstandsfähig gegenüber Fäulniserregern und Termiten und widerstandsfähig gegenüber anderen Schadinsekten, es kann jedoch von Bohrmuscheln geschädigt werden. Es nimmt Holzschutzmittel nicht an.

VERWENDUNG

Ipé wird im Wasser- und Brückenbau verwendet. Es wird zu Schwellenholz, Verandaböden, Parkett- und Industriefußböden verarbeitet, und man stellt Drechselarbeiten, Werkzeuggriffe, Sportbögen und Spazierstöcke daraus her. Es wird auch im Außenbau, im Fahrzeugbau und in der Kunsttischlerei verwendet. Es wird auch zu dekorativen Furnieren gemessert.

Andere Bezeichnungen: Amapa prieta, Bastard lignum vitae, Bethabara, Pau d'arco, Ipê tabaco, Wassiba, Ébano verde, Ironwood, Surinam greenheart, Lapacho

Herkunft: Südamerika und Karibik • **Höhe:** 20-25 m • **Stammdurchmesser:** 0,75 m • **Durchschnittliches Trockengewicht:** 1080 kg/m³, kann aber stark schwanken. • **Spezifisches Gewicht:** 1,08

Gesundheitsrisiken: Der gelbe Staub enthält Lapachol und kann Haut- und Augenreizungen verursachen. Es kann auch zu Atemnot, Kopfschmerzen und Sehstörungen kommen

SUMPFZYPESSE

Taxodium distichum (Taxodiaceae)

BESCHREIBUNG

Das blassgelblich weiße Splintholz geht allmählich in das Kernholz über, das gelblich bis hell- oder dunkelbraun oder rötlich braun bis fast schwarz gefärbt ist. Die dunkleren Farbschläge stammen meist aus den Sumpfgebieten der südlichen USA. Der Faserverlauf ist normalerweise gerade, kann ebenmäßig oder unregelmäßig sein; die Struktur ist grob. Das Holz fühlt sich wegen des Ölgehaltes fettig an.

EIGENSCHAFTEN

Das Holz ist weich bis mittelhart, von mittlerer Stärke und Verformbarkeit. Es ist mittel biegesteif und druckfest. Es lässt sich gut mit Handwerkzeug wie mit Maschinen bearbeiten und ist gut zu nageln und schrauben, zufriedenstellend zu verleimen und leicht zu schleifen. Es nimmt bereitwillig Oberflächenmittel an.

TROCKNUNG UND STEHVERMÖGEN

Da frisches Holz eine hohe Holzfeuchte aufweist, muss bei künstlicher Trocknung sorgfältig und langsam vorgegangen werden. Es kann zu Hirnrissen, braunen Verfärbungen und begrenzten Gebieten hoher Restfeuchte kommen. Das Stehvermögen ist nach dem Trocknen gut.

HALTBARKEIT

Der Ölgehalt des Kernholzes machen es unter feuchten Umweltbedingungen sehr haltbar. Das Kernholz nimmt Holzschutzmittel mäßig gut an.

VERWENDUNG

Sumpfzypresse wird zu Fensterläden, Schindeln, Zaunpfosten, Fußböden, Möbeln, Paneelen, Fässern, Booten, Mittellagen für Tischlerplatten, einfachen und dekorativen Furnieren und Lebensmittelbehältern verarbeitet. Die Atemknie, die von den Wurzeln nach oben wachsen, werden für künstlerische oder verspielte Schnitzarbeiten verwendet.

Andere Bezeichnungen: Zweizeilige Sumpfzypresse, Echte Sumpfzypresse, Bald cypress, Cypress, Red cypress, Yellow cypress, Southern cypress, Gulf cypress, Cow cypress, Swamp cypress

Herkunft: Östliche USA • **Höhe:** 30-37 m • **Stammdurchmesser:** 0,9-1,5 m • **Durchschnittliches Trockengewicht:** 460 kg/m³ • **Spezifisches Gewicht:** 0,46

Gesundheitsrisiken: Atembeschwerden; Sensibilisierung für allergische Reaktionen; Hautreizungen

▲ Astreiches Holz

EUROPÄISCHE EIBE

Taxus baccata (Taxaceae)

BESCHREIBUNG

Das fast weiße Splintholz ist deutlich vom Kernholz unterschieden. Dieses ist meist goldfarben orangebraun und oft malvenfarbig und dunkelbraun gestreift und dunkelpurpur gefleckt. Rindeneinwüchse und kleinere Äste kommen häufig vor. Obwohl der Faserverlauf im allgemeinen gerade ist, kann er oft auch gewellt, gekräuselt oder unregelmäßig sein. Die Holzstruktur ist ebenmäßig und mittelfein, ein ansprechendes Holz.

EIGENSCHAFTEN

Das Holz ist hart und elastisch, mittel biegesteif und druckfest, gering schlagfest und hoch verformbar. Künstlich getrocknetes Holz mit geradem Faserverlauf eignet sich gut zum Dampfbiegen. Das Holz ist mit Handwerkzeugen recht schwer zu bearbeiten. Holz mit geradem Faserverlauf lässt sich gut hobeln, bei unregelmäßigem Faserverlauf neigt es jedoch zu Faserausrissen. Andere maschinelle Bearbeitungsschritte fallen je nach Faserrichtung unterschiedlich gut aus. Eibe lässt sich leicht spalten. Wegen des Ölgehaltes des Holzes kann das Verleimen problematisch sein. Vor dem Schrauben oder Nageln sollte man vorbohren. Eibe ist ein gutes Drechselholz, es ist gut zu beizen und auf Hochglanz zu polieren.

TROCKNUNG UND STEHVERMÖGEN

Das Holz trocknet schnell und gut mit nur geringen Qualitätseinbußen, wenn sorgfältig vorgegangen wird. Es kann sich geringfügig verziehen, es kann zu neuen Ringrissen oder der Vergrößerung bereits vorhandener kommen. Das Holz arbeitet wenig.

HALTBARKEIT

Eibenholz ist haltbar und widerstandsfähig gegen Fäulniserreger. Es kann jedoch vom Gemeinen Nagekäfer angegriffen werden. Es nimmt Holzschutzmittel nicht an.

VERWENDUNG

Aus Eibenholz wurden einst die legendären englischen Langbogen hergestellt. Heute wird es zu Möbeln, dekorativen Drechselarbeiten und den gebogenen Teilen von Windsorstühlen verarbeitet sowie im Innenausbau und Außenbau verwendet. Ein begehrtes Furnierholz, für die Kunsttischlerei, Marketerie und Herstellung von Paneelen.

◄ Vase aus Eiben-Maserknolle

Andere Bezeichnungen: Gemeine Eibe, Europäische Eibe, Yew, European Yew, Yewtree, Venijnboom (Niederländisch), Iubhar (Gälisch), Ibar (Alt-Irisch), Iur (Irisch), Ywen (Walisisch)

Herkunft: Europa, Türkei, nördlicher Iran, Nordafrika, Kaukasus, Himalaja und Myanmar (Burma) • **Höhe:** 15 m • **Stammdurchmesser:** 0,3–0,9 m • **Durchschnittliches Trockengewicht:** 670 kg/m³ • **Spezifisches Gewicht:** 0,67

Gesundheitsrisiken: Kopfschmerzen, Benommenheit, Dermatitis, Reizungen der Verdauungsorgane, Sehstörungen, Lungenödeme, Blutdruckabfall, allergische Reaktionen. Alle Teile des Baums sind für Mensch wie Tier hochgiftig. Lediglich der Samenmantel ist ungiftig, der innenliegende Samen ist jedoch ebenfalls toxisch. Kein Teil des Baumes sollte verzehrt werden. Auch der Kontakt mit dem Saft und Holzstaub des frischen Holzes ist strikt zu vermeiden.

Die Gattung

TAXUS
EIBEN

▲ Der typisch kannelierte Stamm einer ausgewachsenen Eibe. Sehr alte, große Exemplare sind normalerweise hohl.

Die Eibe ist in vielen Hinsichten ein ungewöhnlicher Baum. Es ist zwar ein Nadelbaum, sein Holz ist aber sehr hart und dicht. Sein hohes Gewicht und seine Elastizität machten es in der Vergangenheit zu einem sehr begehrten Material für Speere und Bögen. Speere wurden schon vor vielen tausend Jahren aus Eibe hergestellt, und Bögen aus Eibe wurden schon in der Steinzeit verwendet. Im Mittelalter war in England die militärische Verwendung von Eibe von großer Wichtigkeit, um Bögen herzustellen, und das Pflanzen von Eiben wurde gefördert. König Edward IV. (herrschte 1461-83) erließ ein Edikt, das jeden Engländer zum Besitz eines Bogens aus Eibe, Esche oder Goldregen verpflichtete. Richard III. (herrschte 1483- 85) ordnete die Anpflanzung von Eiben und die Einfuhr von Eibenstangen aus dem Ausland an. Zu dieser Zeit war der Langbogen oft der Schlüssel zum Sieg in einer Schlacht, da man mit ihm eine sehr viel höhere Schussfolge erreichen konnte als mit der Armbrust, wie sie die wichtigsten Gegner Englands zu dieser Zeit, die Franzosen, verwendeten.

Aus Eibe wurden auch die Holznägel hergestellt, mit denen die Wikinger ihre Schiffe bauten. Auch Möbel (etwa die gebogenen Teile der sogenannten Windsor-Stühle), Zahnräder für Mühlen, Achsen, Räder und Stifte in Seilzüge wurden aus Eibenholz angefertigt.

Die Eibe ist einer der langlebigsten Bäume der Welt. Es gibt sehr viele Eiben, die einige hundert Jahre alt sind, und man geht davon aus, dass einige alte Eiben, die immer noch wachsen, bis zu 4000 Jahre alt sind. Eiben von verehrungswürdigem Alter finden sich auf vielen englischen Kirchhöfen. Dafür hat man verschiedene Gründe vorgeschlagen. So könnten sie im Mittelalter gepflanzt worden sein, um einen sicheren Vorrat an Holz für die Bogenherstellung zur Verfügung zu haben. Andererseits gibt es deutliche Belege dafür, dass die Eibe schon sehr viel länger – bis zurück in vor-christliche Zeiten – religiöse Bedeutung hatte. Vielleicht wegen ihrer Langlebigkeit wurden Eiben als Symbole der Unsterblichkeit angesehen. Aber auch als Omen bevorstehenden Unheils galten sie. Den Druiden der vor-christlichen Epoche galt die Eibe als heilig, vielleicht wegen ihrer Regenerationsfähigkeit – die herabhängenden Zweige einer alten Eibe können Wurzeln treiben, wenn sie den Boden berühren, so dass sich um den ursprünglichen Baum ein Kreis neuer Stämme bildet. Später wurde die Eibe zu einem Symbol für den Tod und die Wiederauferstehung in der keltischen Kultur. In christlichen Zeiten wurden Eibenschösslinge mit den Toten begraben, und am Palmsonntag sowie bei Begräbnissen trug man Eibenzweige. In der englischen Grafschaft Kent wird die Eibe auch als „Palme" bezeichnet. Die Nadeln, Rinde und Samen der Eibe sind giftig. Der Verzehr dieser Bestandteile hat bei Pferden, Rindern, Rotwild, Schafen und Menschen zu Todesfällen geführt. Allerdings können manche Nutztiere anscheinend durch den regelmäßigen Verzehr kleiner Mengen der Blätter immun gegen die Giftwirkung werden. Der römische Histori-

▲ Ein Schreibpult, an dem sowohl Kern- als auch Splintholz zu sehen sind

◀ Eine Standuhr aus Eiben-Maserknolle, Mooreiche *(Quercus sp.)* und patinierter Bronze

▲ Ein Couchtisch mit Schubladen

ker Plinius der Ältere beschrieb etwa um 60 n.Chr. einen Fall, in dem vier Soldaten starben, nachdem sie Wein aus Flaschen getrunken hatten, die aus Eibenholz hergestellt worden waren. Es könnte sogar einen Zusammenhang zwischen dem Wort „Toxisch" und dem lateinischen Namen der Eibe, „Taxus", geben.

Wie viele giftige Pflanzen liefert auch die Eibe wertvolle Arzeneimittel. Die Rinde der Pazifischen Eibe *(T. brevifolia)* liefert ein Medikament mit dem Namen Paclitaxel oder Taxol®, das bei der Behandlung von Brust- und Eierstockkrebs eingesetzt wird. Eine ähnliche Substanz ist auch in den Blättern der europäischen Eibe *(T. baccata)* gefunden worden und wird inzwischen für die Herstellung des Präparates genutzt. Natürlich ist es vorzuziehen, die Substanz aus den Blättern anstatt aus der Rinde zu gewinnen, wenn man unsere Eibenbestände erhalten möchte. In der Vergangenheit wurde die Eibe als Herzstimulanz verwendet, und die süßlichen Beeren, die als einziger Bestandteil des Baumes nicht giftig sind, wirken harntreibend und gegen Verstopfung. Allerdings sollte man der Vergiftungsgefahr entgegenwirken, indem man keinesfalls irgendeinen Bestandteil der Eibe als Nahrungsmittel verwendet.

Auch wenn der Faserverlauf und die Maserung unvorhersehbar sein können, ist Eibe eines der Hölzer, die ich besonders gerne für Drechselarbeiten verwende. Das Holz steckt immer voller Überraschungen, kann aber zu sehr ansprechenden Ergebnissen führen, die noch durch den starken Kontrast zwischen dem creme-weißen Splintholz und dem schönen orange-roten Kernholz betont werden.

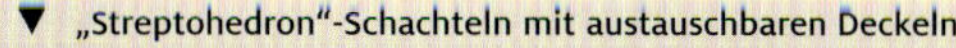

▼ „Streptohedron"-Schachteln mit austauschbaren Deckeln

PAZIFISCHE EIBE

Taxus brevifolia (Taxaceae)

BESCHREIBUNG

Das Splintholz der Pazifischen Eibe ist hell gelbbraun, das Kernholz braun bis hellorange. Der Faserverlauf ist sehr fein, gerade und ebenmäßig. Das Holz glänzt stark und hat keinen wahrnehmbaren Geruch.

EIGENSCHAFTEN

Das Holz ist dicht, sehr hart, elastisch und belastbar. Es ist schlagfest und lässt sich gut dampfbiegen. Es ist meist gut zu bearbeiten, man sollte allerdings vor dem Schrauben und Nageln vorbohren, da es zum Reißen neigt. Pazifische Eibe ist gut zu drechseln und kann mit einer guten, glatten Oberfläche versehen werden.

TROCKNUNG UND STEHVERMÖGEN

Das Holz ist gut zu trocknen, es kann jedoch zum Verziehen und zum Auftauchen frischer Risse kommen. Das Stehvermögen ist gut.

HALTBARKEIT

Pazifische Eibe ist resistent gegenüber Kernfäule und kann auch im Außenbereich ohne Holzschutzmittel eingesetzt werden.

VERWENDUNG

Möbelbau, Furniere, Intarsien, Paneele, Sportbögen, rustikale Möbel, Schnitzarbeiten, Paddel für Kanus. Das Holz wird in Asien für die Herstellung von zeremoniellen Gegenständen sehr geschätzt. Aus der Rinde wird das Krebsmittel Paclitaxel (Taxol ®) hergestellt.

Andere Bezeichnungen: American yew, Californian yew, Oregon yew, Yew, Western yew

Herkunft: westliches Kanada, westliche USA • **Höhe:** bis 15 m • **Stammdurchmesser:** 0,6 m • **Durchschnittliches Trockengewicht:** 670 kg/m³ • **Spezifisches Gewicht:** 0,67

Gesundheitsrisiken: Kopfschmerzen, Benommenheit, Dermatitis, Reizungen der Verdauungsorgane, Sehstörungen, Lungenödeme, Blutdruckabfall, allergische Reaktionen. Alle Teile des Baums sind für Mensch wie Tier hochgiftig. Lediglich der Samenmantel ist ungiftig, der innenliegende Samen ist jedoch ebenfalls toxisch. Kein Teil des Baumes sollte verzehrt werden. Auch der Kontakt mit dem Saft und Holzstaub des frischen Holzes ist strikt zu vermeiden.

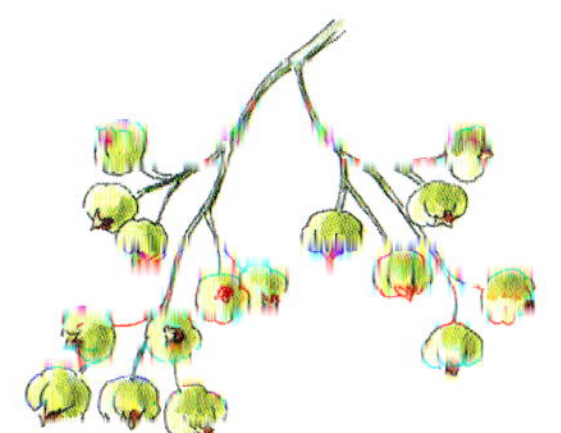

TEAK

Tectona grandis (Verbenaceae)

BESCHREIBUNG

Das Kernholz des echten Burma-Teakholzes ist gleichmäßig dunkel goldbraun, ohne Markierungen oder Farbabweichungen. Es dunkelt zu einem Mittel- oder Dunkelbraun nach. Meist ist Teakholz jedoch dunkel gold-gelb, und dunkelt zu einem satten Braun mit tiefdunkelbraunen Markierungen nach. Das Splintholz ist schmal bis mittelbreit und weiß bis blassgelb gefärbt. Der Faserverlauf ist meist gerade, kann aber auch wellig sein. Die Struktur ist grob und ungleichmäßig. Das Holz fühlt sich fettig an.

EIGENSCHAFTEN

Teak ist ein hartes, mitteldichtes, kräftiges und haltbares Holz. Das Holz ist verformbar, gering schlagfest, mittel biegesteif und hoch druckfest. Die Eignung zum Dampfbiegen ist mittelgut. Das Holz ist säurefest und feuerbeständig. Es ist relativ leicht mit Handwerkzeug wie mit Maschinen zu bearbeiten, stumpft Werkzeugschneiden wegen des Silikatgehaltes jedoch sehr stark ab, weshalb hartmetallbesetzte Werkzeuge zu empfehlen sind. Vor dem Schrauben oder Nageln sollte man vorbohren. Wenn mit scharfem Werkzeug gearbeitet wird, lässt sich Teak recht gut bohren, fräsen, schnitzen, drechseln und profilieren; frisch bearbeitete Oberflächen lassen sich gut verleimen. Die erreichbare Oberflächengüte ist zufriedenstellend, das Holz lässt sich recht gut beizen und lackieren.

TROCKNUNG UND STEHVERMÖGEN

Das Holz trocknet langsam, aber gut. Es kann jedoch zu großen Abweichungen in der Trocknungsgeschwindigkeit kommen. Das Holz arbeitet nur wenig.

HALTBARKEIT

Teak ist sehr haltbar und widerstandsfähig gegen Termiten und Pilzbefall. Das Splintholz wird leicht von Splintholzkäfern angegriffen. Das Splintholz nimmt schlecht Holzschutzmittel an, das Kernholz überhaupt nicht.

VERWENDUNG

Teak wird im Boots-, Schiffs- und Wasserbau verwendet. Man stellt Verandafußböden daraus her, Möbel (auch Büro-, Küchen- und Gartenmöbel), Labortische, Fußböden, Fässer, Sperrholz und dekorative Fußböden.

Andere Bezeichnungen: Burma teak, Djati, Mai sak, Sagwan, Tekku, Tegina, Jati sak, Gia thi, Rosawa, Tik

Herkunft: Myanmar (Burma), Indien, Indonesien, Thailand und Java; auch Malaysia, Borneo, Philippinen, Mittelamerika und tropisches Afrika • **Höhe:** 39-45 m • **Stammdurchmesser:** 0,9-1,5 m • **Durchschnittliches Trockengewicht:** 650 kg/m³ • **Spezifisches Gewicht:** 0,65

Gesundheitsrisiken: Dermatitis, Bindehautentzündungen, Reizungen der Nase und des Halses, Anschwellen des Skrotums, Übelkeit und Lichtüberempfindlichkeit

INDIAN LAUREL 

Terminalia alata, T. coriacea, T. crenulata (Combretaceae)

BESCHREIBUNG

Das rötlichweiße Splintholz ist deutlich vom Kernholz unterschieden. Das Kernholz ist hellbraun mit wenigen schmalen Streifen bis dunkelbraun mit dunkleren Bändern oder Streifen. Der Faserverlauf ist einigermaßen gerade, oft aber auch wechseldrehwüchsig oder unregelmäßig. Die Struktur ist mittelgrob bis grob. Das Holz glänzt matt bis mittelstark. Im Radialschnitt kann sich eine ansprechende Textur zeigen.

EIGENSCHAFTEN

Das Holz ist elastisch, dicht und hart. Das Holz ist von mittlerer Biegesteifigkeit, hoher Druckfestigkeit und mittlerer Verformbarkeit. Es eignet sich kaum zum Dampfbiegen. Es ist nicht einfach mit Handwerkzeug zu bearbeiten, und auch die maschinelle Bearbeitung ist recht schwierig. Vor dem Schrauben oder Nageln sollte man vorbohren. Indian Laurel ist gut zu bohren und stemmen und sehr gut zu drechseln. Das Holz lässt sich gut verleimen. Für eine hohe Oberflächengüte müssen zuvor die Poren gefüllt werden. Die besten Oberflächenmittel sind Wachse oder Öle.

TROCKNUNG UND STEHVERMÖGEN

Die Trocknung ist schwierig. Das Holz neigt zu Oberflächenrissen, Rissen und Verwerfungen. Langsames Trocknen ist zu empfehlen, um die Qualitätseinbußen in Grenzen zu halten. Das Holz arbeitet mittelstark.

HALTBARKEIT

Indian Laurel ist mäßig haltbar, kann jedoch von Insekten und Pilzen befallen werden. Das Splintholz nimmt Holzschutzmittel an, das Kernholz nicht.

VERWENDUNG

Das Holz wird in der Möbelherstellung, im Innenausbau, im Bootsbau und in der Kunsttischlerei verwendet. Man stellt auch Werkzeuggriffe, Polizeischlagstöcke, Drechselarbeiten, Gewehrschäfte und dekorative Furniere daraus her. Im Herkunftsgebiet wird es auch im Wasserbau und als Schwellenholz verwendet.

Andere Bezeichnungen: Taukkyan, Asna, Cay, Hatna, Neang, Mutti, Sain

Herkunft: Indien, Myanmar (Burma), Bangladesch und Pakistan • **Höhe:** 30 m • **Stammdurchmesser:** 1 m • **Durchschnittliches Trockengewicht:** 860 kg/m³ • **Spezifisches Gewicht:** 0,86

Gesundheitsrisiken: Der Holzstaub kann reizend wirken

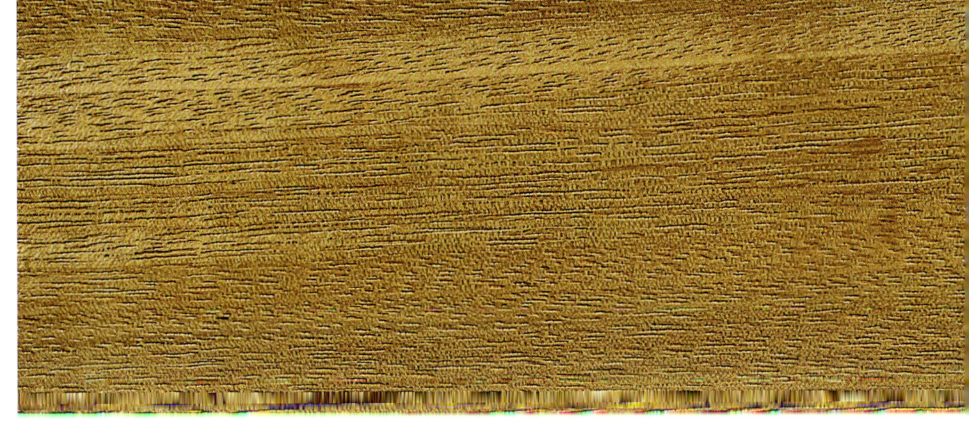

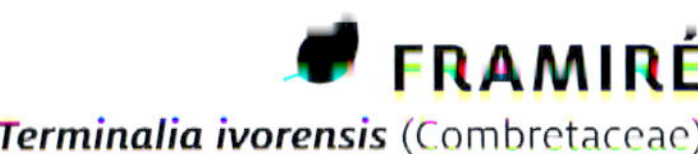

FRAMIRÉ

Terminalia ivorensis (Combretaceae)

BESCHREIBUNG

Das gelblich braune oder hellrosabraune Splintholz ist nicht deutlich vom Kernholz unterschieden. Das Kernholz ist blassgelbbraun und kann einen leichten Rosaton aufweisen. Der Faserverlauf ist normalerweise gerade, kann aber wechseldrehwüchsig sein, was im Radialschnitt eine gestreifte Textur verursacht. Die Struktur ist recht grob, mäßig offen und unregelmäßig, das Holz glänzt mäßig bis stark. Das innere Kernholz kann kernspröde sein.

EIGENSCHAFTEN

Die mechanischen Eigenschaften sind meist schwach und können bei Kernsprödigkeit noch geringer sein. Die Eignung zum Dampfbiegen ist sehr gering. Das Holz lässt sich mit Handwerkzeug wie mit Maschinen gut bearbeiten, der leicht wechseldrehwüchsige Faserverlauf kann allerdings beim Hobeln zu Faserausrissen führen. Es stumpft Werkzeugschneiden gering ab. Es lässt sich zufriedenstellend nageln, gut schrauben, beizen, verleimen, schnitzen und polieren. Der Säuregehalt des Holzes kann bei eisenhaltigen Metallverbindungen zu Korrosion führen, und Textilien können von Holzinhaltsstoffen gelb verfärbt werden.

TROCKNUNG UND STEHVERMÖGEN

Das Holz trocknet schnell mit geringem Verziehen und Reißen, lediglich an Ästen kann es zu Rissen kommen. Das Holz arbeitet nur wenig.

HALTBARKEIT

Das Kernholz ist in der Regel haltbar, das Splintholz wird jedoch leicht von Splintholz- und Bockkäfern angegriffen. Das Splintholz nimmt Holzschutzmittel mäßig gut an, das Kernholz überhaupt nicht.

VERWENDUNG

Framiré wird im Außen-, Innenaus- und Möbelbau verwendet. Es wird zu Fußböden (auch Parkettfußboden) und Dachschindeln verarbeitet und als Drechselholz benutzt. Es wird für die Sperrholzherstellung geschält, und ausgesuchtes Holz wird zu dekorativen Furnieren gemessert.

Andere Bezeichnungen: Idigbo, Emeri, Black afara, Bajee, Bajii

Herkunft: Westafrika • **Höhe:** 46 m • **Stammdurchmesser:** 0,9-1,5 m • **Durchschnittliches Trockengewicht:** 560 kg/m³ • **Spezifisches Gewicht:** 0,56

Gesundheitsrisiken: Der Holzstaub kann Haut- und Augenreizungen verursachen

LIMBA 

Terminalia superba (Combretaceae)

BESCHREIBUNG

Limba ist blassgelbbraun bis strohfarben, das Kernholz kann grauschwarze Streifen aufweisen. Kern- und Splintholz sind nicht deutlich unterschieden. Der Faserverlauf ist gerade, die Struktur engfaserig und mäßig grob. Limba kann auch welligen oder wechseldrehwüchsigen Faserverlauf aufweisen, was dann zu interessanten Texturen führt.

EIGENSCHAFTEN

Das Holz ist gering biegesteif, mittel druckfest und hoch verformbar. Das hellere Holz ist schlagfest, das Kernholz kann jedoch spröde sein. Limba lässt sich mit Handwerkzeug wie mit Maschinen gut bearbeiten und stumpft Werkzeugschneiden nur gering ab. Unregelmäßiger Faserverlauf kann zu Faserausrissen führen, falls nicht mit verringertem Schnittwinkel gearbeitet wird. Beim Nageln und Schrauben muss vorgebohrt werden. Die Verleimbarkeit ist zufriedenstellend, und das Holz lässt sich gut beizen. Es lässt sich sehr gut auf Hochglanz polieren, wenn zuvor die Poren gefüllt werden.

TROCKNUNG UND STEHVERMÖGEN

Limba lässt sich gut und mit geringen Schwindmaßen künstlich trocknen. Es trocknet auch an der Luft schnell, neigt dann jedoch zum Reißen oder zur Rundschäle.

HALTBARKEIT

Das Holz kann von Kernholzkäfern angegriffen werden. Es ist nicht haltbar und anfällig für Fäulniserreger. Das Splintholz wird leicht von Splintholzkäfern angegriffen. Limba neigt zum Verblauen. Es ist mäßig gut mit Holzschutzmitteln zu behandeln.

VERWENDUNG

Limba wird im Innenausbau, für leichte Bauaufgaben und im Ladenbau verwendet. Man stellt Möbel und Drechselarbeiten daraus her. Das schwarze Kernholz wird zu dekorativen Furnieren verarbeitet, die in der Marketerie und bei der Herstellung von Paneelen verwendet werden.

Andere Bezeichnungen: Afara, Light limba, Limba clair, Limba blanc, Korina (USA), Akom (Kamerun), Ofram (Ghana), Fraké. Limba mit dunklerem Kernholz wird als Limba bariolé, Dark afara, Dark limba oder Limba noir bezeichnet.

Herkunft: • Westafrika • **Höhe:** 45 m • **Stammdurchmesser:** 1,5 m • **Durchschnittliches Trockengewicht:** 550 kg/m³ • **Spezifisches Gewicht:** 0,55

Gesundheitsrisiken: Splitter können zu Entzündungen führen; Nesselausschlag, Nasen- und Zahnfleischbluten und Abnahme der Lungenfunktion

GLIEDERZYPRESSE

Tetraclinis articulata (Cupressaceae)

BESCHREIBUNG

Der für Holzhandwerker interessante Teil des Baumes ist die Wurzelmaserknolle, die durch das wiederholte Zurückschneiden der oberirdischen Baumteile in ihrem Wachstum stimuliert wird. Die Maserknollen sind satt goldbraun bis orangerot oder noch dunkler gefärbt. Das Holz ist sehr astreich und verwachsen, der Faserverlauf unregelmäßig, die Struktur fein. Das Maserbild ist meist von Vogelaugen-Mustern oder Flecken geprägt und sehr ansprechend. Der kräftig harzige Geruch ist sehr charakteristisch und hält sich lange.

EIGENSCHAFTEN

Bei der Bearbeitung solcher Maserknollen sind wegen des wilden, verwachsenen Faserverlaufs sehr scharfe Werkzeuge notwendig. Es kann gedrechselt, gehobelt und zu Furnieren gemessert werden, dies setzt jedoch sehr viel Erfahrung und Können voraus. Das Holz lässt sich gut verleimen, wenn zuvor die Schnittflächen mit einem Lösemittel entölt werden. Oberflächen können mit der Ziehklinge bearbeitet werden, und wenn das Holz bis hinunter zu einer Körnung von 1200 geschliffen wird, lässt sich eine sehr hohe Oberflächengüte erreichen.

TROCKNUNG UND STEHVERMÖGEN

Der Ölgehalt des Holzes lässt es gut trocknen, da er die Feuchtigkeitsabgabe verzögert. Langsame künstliche Trocknung ist zu empfehlen.

HALTBARKEIT

Da das Holz nur zu dekorativen Zwecken eingesetzt wird, ist die Haltbarkeit von relativ geringer Bedeutung.

VERWENDUNG

Marketerie und Kunsttischlerei: Furniere, Paneele, Schmuckschatullen, Drechselobjekte, etc.

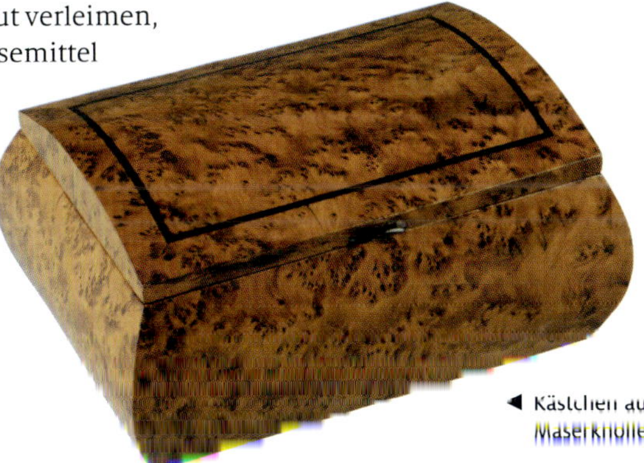

◄ Kästchen aus Gliederzypressen-Maserknolle

Andere Bezeichnungen: Thujamaser, Sandarakbaum, Berberthuja, Thuya burr, Thuya, Thyine wood, Citron burl, Sandarac tree, Thuyawood

Herkunft: Nordafrika und Südspanien; auch Ostafrika, Zypern und Malta • **Höhe:** 6-8 m, selten bis zu 15 m • Durchmesser: 0,4 m • **Durchschnittliches Trockengewicht:** 670 kg/m³ • **Spezifisches Gewicht:** 0,67

Gesundheitsrisiken: Keine spezifischen Reaktionen bekannt. Zu beachten sind allerdings die allgemeinen Gesundheitsgefahren, die durch das Einatmen von Holzstäuben entstehen können.

ROTZEDER

Thuja plicata (Cupressaceae)

BESCHREIBUNG

Nach dem Einschnitt ist das Kernholz lachs-rosa bis dunkelschokoladenbraun gefärbt. Es dunkelt zu einem rötlichen Braun und schließlich zu Silbriggrau nach. Wegen dieses verwitterten Aussehens ist es sehr begehrt. Das weißliche Splintholz ist deutlich vom Kernholz unterschieden. Der Faserverlauf ist gerade und ebenmäßig; die Struktur ist grob. Das Holz ist nicht harzreich. Der Geruch erinnert an Zedern, es ist jedoch keine echte Zedernart.

EIGENSCHAFTEN

Rotzeder ist hoch verformbar und sehr gering schlagfest. Es ist gering biegesteif und druckfest, die Eignung zum Dampfbiegen ist sehr gering. Das Holz lässt sich mit Handwerkzeug wie mit Maschinen gut bearbeiten. Es ist gut zu nageln und reißt dabei nicht. Es lässt sich auch gut schrauben und verleimen. Das Holz lässt sich gut hobeln. Es stumpft Werkzeugschneiden nur gering ab. Wegen des geraden Faserverlaufes ist es leicht zu Dachschindeln zu spalten. Der Säuregehalt kann bei eisenhaltigen Metallen zu Korrosion führen, deshalb sollten verzinkte Nägel oder Kupfernägel verwendet werden.

TROCKNUNG UND STEHVERMÖGEN

Stärkere Querschnitte sollten sorgfältig getrocknet werden, um Zellkollaps zu vermeiden. Dünneres Material lässt sich ohne Probleme und mit nur geringen Qualitätseinbußen trocknen.

HALTBARKEIT

Rotzeder ist ein haltbares Holz, das Witterungseinflüssen sehr gut widersteht. Der lebende Baum kann jedoch vom „western cedar borer", einer Käferart, angegriffen werden, während das verarbeitete Holz anfällig für den Gemeinen Nagekäfer ist. Das Holz ist schwer mit Holzschutzmittel zu behandeln.

VERWENDUNG

Rotzeder wird im Boots- und Schiffsbau benutzt und zu Dachschindeln, Schindelbrettern, dekorativen Furnieren, Bienenstöcken, Gartenschuppen und Gewächshäusern sowie Gitarrenteilen verarbeitet.

Andere Bezeichnungen: Riesenlebensbaum, Western red cedar, Red cedar (Kanada), British Columbia red cedar (Großbritannien), Giant arborvitae (USA); auch Canoe cedar, Shinglewood, Pacific red cedar, Giant cedar

Herkunft: Kanada und USA; auch Neuseeland und Großbritannien • **Höhe:** 30-53 m • **Stammdurchmesser:** 0,6-2,4 m • **Durchschnittliches Trockengewicht:** 370 kg/m³ • **Spezifisches Gewicht:** 0,37

Gesundheitsrisiken: Asthma, Rhinitis, Dermatitis, Reizungen der Schleimhäute, Nasenbluten, Magenschmerzen, Übelkeit, Schwindel und Störungen des zentralen Nervensystems

MAKORÉ

Tieghemella heckelii und ***T. africana*** (Sapotaceae)

BESCHREIBUNG

Das Kernholz kann von Rosa bis Tiefbraun-rot oder von Rosarot bis Blutrot variieren. Der Faserverlauf ist in der Regel gerade, kann aber auch wechseldrehwüchsig sein, wodurch eine ansprechend gefleckte, oft auch dunkler gestreifte Textur entsteht. Auch Pommelé-Maserungen kommen vor. Die Holzstruktur ist normalerweise ebenmäßig und mittelfein bis sehr fein. Makoré glänzt von Natur aus sehr ansprechend.

EIGENSCHAFTEN

Das Holz ist von mittlerer Biegesteifigkeit und Druckfestigkeit, hoher Verformbarkeit und geringer Schlagfestigkeit. Das Kernholz eignet sich gut zum Dampfbiegen. Das Holz stumpft wegen des hohen Silikatgehaltes Werkzeugschneiden stark ab und ist deshalb schwierig zu bearbeiten. Die Verwendung von hartmetallbesetzten Werkzeugen ist zu empfehlen. Das Holz ist recht gut zu hobeln, verleimen, schleifen, drechseln, profilieren und stemmen. Beim Nageln und Schrauben muss vorgebohrt werden. Das Holz ist gut zu beizen und lässt sich nach Porenfüllung sehr gut auf Hochglanz polieren. Eisenhaltige Beschläge und Verbindungsmittel können das Holz blau verfärben.

TROCKNUNG UND STEHVERMÖGEN

Das Holz trocknet langsam bis mäßig schnell mit nur geringen Qualitätseinbußen. Während des Trocknens kann es zu geringfügigem Verziehen und kleinen Rissen an Aststellen kommen. Makoré hat ein gutes Stehvermögen.

HALTBARKEIT

Das Kernholz ist haltbar und nimmt Holzschutzmittel nicht an. Das Splintholz wird leicht von Splintholzkäfern angegriffen und ist nur mäßig gut mit Holzschutzmittel zu behandeln.

VERWENDUNG

Makoré wird in der Möbelherstellung und Kunsttischlerei, im Innenausbau und Bootsbau verwendet. Man stellt Labortische, (Parkett-)Fußböden und Sperrholz für den Wasserbau daraus her. Es wird auch zu dekorativen Furnieren gemessert, die in der Kunsttischlerei und bei der Herstellung von Paneelen verwendet werden.

Detail eines Schreibtisches ►

Andere Bezeichnungen: African cherry, Abacu, Agamokwe, Baku, Douka, Okolla. Nicht zu verwechseln mit Prunus africana oder Niové *(Staudtia stiptata)*, die beide auch als African cherry bezeichnet werden.

Herkunft: Westafrika • **Höhe:** 36-45 m • **Stammdurchmesser:** 1,2 m • **Durchschnittliches Trockengewicht:** 620 kg/m³ • **Spezifisches Gewicht:** 0,62

Gesundheitsrisiken: Der bei maschineller Bearbeitung entstehende Staub kann Dermatitis, Reizungen der Nase und des Halses, Nasenbluten, Übelkeit, Kopfschmerzen und Schwindel verursachen. Es kann auch zu Auswirkungen auf das Blutbild und das zentrale Nerven-system kommen

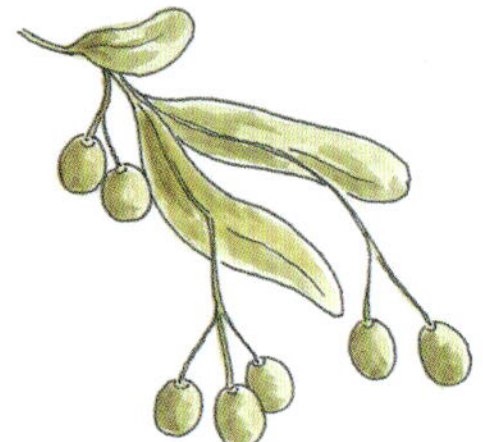

AMERIKANISCHE LINDE

Tilia americana und verwandte Arten (Tiliaceae)

BESCHREIBUNG

Das Splintholz ist cremigweiß bis blassrosabraun gefärbt und geht allmählich in das Kernholz über. Nach dem Trocknen dunkelt das Holz zu einem blassen Braun nach. Der Faserverlauf ist normalerweise gerade und ebenmäßig; die Struktur ist fein. Das Splintholz wird im englischen Sprachraum ge-legentlich als „white basswood" gehandelt.

EIGENSCHAFTEN

Amerikanische Linde ist ein leichtes, weiches und schwaches Holz. Die mechanischen Eigenschaften sind niedrig, und das Holz eignet sich kaum zum Dampfbiegen. Das Holz ist leicht zu bearbeiten und setzt Schneiden nur wenig Widerstand entgegen. Um eine saubere Oberfläche zu erhalten, müssen scharfe, dünnklingige Werkzeuge verwendet werden. Das Holz ist ohne Schwierigkeiten zu beizen und polieren, es lässt sich gut hobeln, verleimen, schrauben und nageln und ist ein gutes Schnitzholz.

TROCKNUNG UND STEHVERMÖGEN

Amerikanische Linde trocknet recht schnell mit nur geringen Qualitätseinbußen und verzieht sich nur geringfügig. Das Holz arbeitet wenig.

HALTBARKEIT

Es ist nicht haltbar und nimmt Holzschutzmittel an. Das Splintholz wird leicht vom Gemeinen Nagekäfer und als Rundholz von Bockkäfern angegriffen.

VERWENDUNG

Das Holz ist geruchsfrei und wird zu Lebensmittelbehältern verarbeitet; andere Verwendungszwecke: Schnitzen, technische Modelle, Möbelbau und hochwertiger Innenausbau. Man stellt Fässer, Klüpfelköpfe, Bienenstöcke, Spielzeug, Bilderrahmen, Klaviertasten daraus her. Es wird auch zu Sperrholz, Mittellagen für Tischlerplatten und Furnieren verarbeitet.

◀ Schnitzerei: Wassermohn

Andere Bezeichnungen: Basswood, American lime (Großbritannien), American whitewood, Lime tree, Whitewood, American linden (USA); Florida basswood, Florida linden, Carolina linden

Herkunft: Östliches Kanada und USA, Gebiet der Großen Seen • **Höhe:** 20-30 m • **Stammdurchmesser:** 1,2 m • **Durchschnittliches Trockengewicht:** 410 kg/m³ • **Spezifisches Gewicht:** 0,41

Gesundheitsrisiken: Keine spezifischen Reaktionen bekannt. Zu beachten sind allerdings die allgemeinen Gesundheitsgefahren, die durch das Einatmen von Holzstäuben entstehen können.

LINDE

Tilia vulgaris und verwandte Arten (Tiliaceae)

BESCHREIBUNG

Das Holz ist nach dem Einschnitt blassgelb oder einheitlich weiß und dunkelt nach längerer Zeit zu einem blassen Braun nach. Der Faserverlauf ist in der Regel gerade, die Holzstruktur ist fein und ebenmäßig, die Textur schlicht oder leicht gefladert. Das Splintholz ist meist nicht vom Kernholz unterschieden.

EIGENSCHAFTEN

Lindenholz ist mittel biegesteif und druckfest, gering schlagfest und hoch verformbar. Es lässt sich bis zu mittleren Radien dampfbiegen. Das Holz ist dicht und nicht leicht zu spalten. Das Holz lässt sich mit Handwerkzeug wie mit Maschinen gut bearbeiten. Es neigt jedoch zu wolligen Oberflächen, man sollte also scharfe, dünnklingige Werkzeuge verwenden. Es stumpft Werkzeugschneiden nur gering ab. Es ist gut zu drechseln, bohren, verleimen und beizen und zufriedenstellend zu polieren, nageln und mit der Bandsäge zu sägen. Lindenholz ist ein gutes Schnitzholz, da es in allen Schnittrichtungen schwer zu spalten ist.

TROCKNUNG UND STEHVERMÖGEN

Das Holz trocknet recht schnell und neigt zum Verziehen. Langsame künstliche Trocknung ist zu empfehlen, um Qualitätseinbußen gering zu halten. Das Holz arbeitet mittelstark.

HALTBARKEIT

Das Holz ist kaum widerstandsfähig gegenüber Fäulniserregern. Das Splintholz wird leicht vom Gemeinen Nagekäfer angegriffen. Splint- und Kernholz nehmen Holzschutzmittel an.

VERWENDUNG

Lindenholz wird besonders zum Schnitzen geschätzt, es wird auch zu Musikinstrumenten verarbeitet, unter anderem zu Harfen und Klaviertasten, man stellt Weberschiffchen, Spielzeug, Drechselarbeiten und Arbeitsflächen für die Lederverarbeitung daraus her. Ausgewählte Stämme werden auch zu dekorativen Furnieren gemessert.

◀ Geschnitzte Figur

Syn.: *T. x vulgaris, T. x europaea* • **Andere Bezeichnungen:** European lime, Linden, Tilleul (Französisch)

Herkunft: Europa einschließlich Großbritannien • **Höhe:** 25-30 m • **Stammdurchmesser:** 1,2 m • **Durchschnittliches Trockengewicht:** 540 kg/m³ • **Spezifisches Gewicht:** 0,54

Gesundheitsrisiken: Keine spezifischen Reaktionen bekannt. Zu beachten sind allerdings die allgemeinen Gesundheitsgefahren, die durch das Einatmen von Holzstäuben entstehen können.

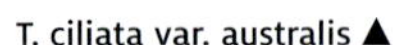
T. ciliata var. australis ▲

AUSTRALIAN RED CEDAR

Toona ciliata (Meliaceae)

BESCHREIBUNG

Das Kernholz variiert von rosa bis zu einem dunklen Rot-Braun, oft von dunkleren Streifen durchsetzt. Das Splintholz ist normalerweise gelblich weiß bis hellgrau. Die Holzfasern sind grob, offen und verlaufen meist gerade. Der Faserverlauf kann jedoch auch wellig oder wechseldrehwüchsig sein, was zu einer ansprechenden Riegelmaserung führt. Im Querschnitt sind die Jahresringe und Holzgefäße deutlich zu sehen. Das Kernholz hat einen angenehm würzigen Geruch. Die Art ist nicht mit den echten Zedern verwandt, der Name rührt von der Ähnlichkeit in Farbe und Geruch her.

EIGENSCHAFTEN

Das Holz kann „wollig" sein, lässt sich jedoch gut bearbeiten. Bei riftgeschnittenem Material ist es allerdings schwierig, eine gute Oberfläche zu erreichen, wenn man nicht sehr scharfe Werkzeuge verwendet. Das Holz ist relativ weich und schwach. Es lässt sich nicht gut dampfbiegen. Es ist zufriedenstellend zu verleimen, nageln und schrauben und nimmt Lack, Politur und Beize gut an. Vor der Oberflächenbehandlung müssen die groben Poren jedoch eventuell gefüllt werden. Mit entsprechender Sorgfalt kann das Holz zu einer guten Oberflächenqualität gebracht werden.

TROCKNUNG UND STEHVERMÖGEN

Australian red cedar lässt sich zufriedenstellend natürlich oder technisch trocknen, dabei muss jedoch sorgfältig gearbeitet werden, um bei stärkerem Material Oberflächenrisse und Zellkollaps und bei geringeren Stärken Werfen und Schüsseln zu vermeiden. Das Holz ist standfest.

HALTBARKEIT

Ohne Bodenkontakt ist das Holz sehr fäulnisresistent, auch wenn es ganz und gar den Witterungseinflüssen ausgesetzt ist. Das Kernholz ist haltbar, der Splint kann jedoch vom Splintholzkäfer angegriffen werden.

VERWENDUNG

Möbel, hochwertiger Innenausbau, Musikinstrumente, Drechselarbeiten, Bilderrahmen, Intarsien, leichter Bootsbau, Jalousien, technischer Modellbau, Gewehrstöcke und Sperrholz.

Syn.: *T. australis* • **Andere Bezeichnungen:** Tun, Indisches Mahagony, Indian Mohogony, Indian cedar, Moulmein cedar, Queensland red cedar, Red cedar

Herkunft: Ostaustralien, Papua Neuguinea, Philippinen und Indien. Wird auch in Plantagen in Hawaii und Tonga angebaut. • **Höhe:** 40 m • **Stammdurchmesser:** 1-2 m, manchmal stärker • **Durchschnittliches Trockengewicht:** 450 kg/m³ • **Spezifisches Gewicht:** 0,45

Gesundheitsrisiken: Dermatitis, starke Kopfschmerzen, Schwindel, Magenkrämpfe, Asthma, Bronchitis. Der Holzstaub kann irritierend auf Nase und Hals wirken

OBECHE

Triplochiton scleroxylon (Triplochitonaceae)

BESCHREIBUNG

Obeche ist cremigweiß bis blassgelb gefärbt. Das bis zu 150 mm starke Splintholz ist nicht deutlich vom Kernholz unterschieden. Der Faserverlauf ist meist wechseldrehwüchsig, im Radialschnitt kann sich eine leichte Streifung zeigen. Die Struktur ist ebenmäßig und kann grob oder mittelfein sein. Das Holz glänzt von Natur aus.

EIGENSCHAFTEN

Obeche ist keine sehr starke Holzart. Das Holz ist von geringer Biegesteifigkeit und Druckfestigkeit, sehr hoher Verformbarkeit und sehr geringer Schlagfestigkeit. Die Eignung zum Dampfbiegen ist mäßig. Das Holz lässt sich mit Handwerkzeug wie mit Maschinen gut bearbeiten und stumpft Werkzeugschneiden nur gering ab. Beim Hobeln, Profilieren und Fräsen sollten der Schnittwinkel verringert und sehr scharfe Werkzeuge eingesetzt werden. Obeche ist gut zu schnitzen, verleimen und schleifen. Vor dem Beizen und Polieren sollte eine Porenfüllung vorgenommen werden. Das Holz ist zu weich zum Drechseln, und es ist zwar leicht zu nageln, hält Nägel aber nur mäßig gut.

TROCKNUNG UND STEHVERMÖGEN

Obeche trocknet schnell und leicht mit nur geringen Qualitätseinbußen. Während des Trocknens kann es zum Verziehen und zu Rissen in der Umgebung von Ästen kommen. Das Holz arbeitet wenig.

HALTBARKEIT

Das Holz ist nicht haltbar. Es kann von Termiten, Kernholz- und Bockkäfern und Bläuepilzen angegriffen werden. Das Splintholz wird leicht vom Splintholzkäfer angegriffen. Das Splintholz nimmt im Gegensatz zum Kernholz Holzschutzmittel an.

VERWENDUNG

Obeche wird zu Möbeln (auch Büromöbeln) und Möbelteilen und Profilleisten verarbeitet. Es wird in der Kunsttischlerei und Marketerie, im Innenausbau und im technischen Modellbau verwendet. Man stellt auch Span- und Tischlerplatten, Mittellagen für Sperrholz und Furniere daraus her.

Andere Bezeichnungen: Wawa, Arere, Ayous, Samba, Okpo, M'bado

Herkunft: Westafrika • **Höhe:** 45-55 m • **Stammdurchmesser:** 0,9-1,5 m • **Durchschnittliches Trockengewicht:** 380 kg/m³ • **Spezifisches Gewicht:** 0,38

Gesundheitsrisiken: Sägestaub kann Dermatitis, Nesselausschlag, Asthma, Lungenödeme, Niesen und Atemnot verursachen

HEMLOCK

Tsuga heterophylla (Pinaceae)

BESCHREIBUNG

Das Splintholz ist normalerweise 75-125 mm stark und schwer vom Kernholz zu unterscheiden, das cremigbraun bis blassgelblich braun gefärbt ist. Spätholzzonen sind dunkler und oft leicht rötlich, purpur oder rötlich-braun gefärbt, so dass sich im Längsschnitt die Jahresringe deutlich zeigen. Häufig kommen sogenannte „bird pecks" vor, Farbstreifen, die jedoch nicht von Vögeln, sondern von Insekten herrühren. Der Faserverlauf ist in der Regel gerade und gleichmäßig, die Holzstruktur mittelfein bis fein. Hemlock kann mit der Pazifischen Tanne *(Abies amabilis)* verwechselt werden, deren Holz sehr ähnlich ist.

EIGENSCHAFTEN

Das Holz ist weich und hoch verformbar, mittel biegesteif und druckfest. Die mechanischen Eigenschaften ähneln denen der Kiefer *(Pinus sylvestris)*. Das Holz lässt sich mit Handwerkzeug wie mit Maschinen gut bearbeiten. Hemlock ist gut zu hobeln, drechseln, schrauben, verleimen, beizen und lackieren. Es stumpft Werkzeugschneiden nur gering ab. Vor dem Nageln in Holzkantennähe sollte man vorbohren.

TROCKNUNG UND STEHVERMÖGEN

Das Holz trocknet langsam, aber gut. Es kann zu Ringschäle, ungleichmäßiger Holzfeuchte, Eisenverfärbungen und zum Werfen kommen. Bei künstlicher Trocknung können auch feine Oberflächenrisse auftreten. Das Holz arbeitet wenig.

HALTBARKEIT

Das Kernholz ist von Natur aus kaum widerstandsfähig gegenüber Fäulniserregern und Insekten, es ist mäßig schwierig mit Holzschutzmittel zu behandeln. Das Splintholz lässt sich mit Holzschutzmittel behandeln.

VERWENDUNG

Hemlock wird weltweit als Bauholz und Schwellenholz verwendet. Man stellt Fußböden, Kisten und Kästen, Paletten, Verschalungsholz, tragende und nichttragende Teile für Holzhäuser, Außenböden und hochwertiges Zeitungspapier daraus her. Es wird auch im Innenausbau, in der Drechselei, in der Sperrholzherstellung und im Fahrzeugbau eingesetzt. Außerdem dient es als Zellulosequelle für die Produktion von Kunstfasern, Zellophan und Kunststoffen.

Andere Bezeichnungen: Westliche Hemlocktanne, Western hemlock, Pacific hemlock, Alaska pine, Hemlock spruce, British Columbian hemlock, West coast hemlock

Herkunft: Westliches Kanada und USA; auch China, Japan und Großbritannien • **Höhe:** 30-46 m • **Stammdurchmesser:** 0,9-1,2 m • **Durchschnittliches Trockengewicht:** 500 kg/m³ • **Spezifisches Gewicht:** 0,50

Gesundheitsrisiken: Bronchiale Beschwerden, Rhinitis, Dermatitis, Ekzeme und möglicherweise Nasenhöhlenkarzinome

AVODIRÉ

Turraeanthus africanus (Meliaceae)

BESCHREIBUNG

Kern- und Splintholz sind nicht oder kaum unterschieden. Das Holz ist meist cremig-weiß bis blassgelb, dunkelt aber zu einem goldenen Gelb nach. Die Struktur ist fein und ebenmäßig, das Holz glänzt von Natur aus. Der Faserverlauf ist wellig oder unregelmäßig wechseldrehwüchsig und kann zu sehr ansprechenden gestreiften, gefleckten oder Moiré-Texturen führen.

EIGENSCHAFTEN

Das Holz ist mitteldicht und eignet sich kaum zum Dampfbiegen. Es ist hoch verformbar und sehr gering schlagfest. Das Holz lässt sich mit Handwerkzeug wie mit Maschinen gut bearbeiten und stumpft Werkzeugschneiden nur gering ab. Beim Hobeln von Holz mit wechseldrehwüchsigem Faserverlauf sollte der Schnittwinkel reduziert werden, um Faserausrisse zu vermeiden. Avodiré ist gut zu verleimen und schrauben, beim Nageln sollte allerdings vorgebohrt werden. Es lässt sich gut beizen, bei riftgeschnittenem Material können die Resultate jedoch ungleichmäßig sein. Die erreichbare Oberflächengüte ist hoch, Avodiré kann auch auf Hochglanz gebracht werden.

TROCKNUNG UND STEHVERMÖGEN

Das Holz muss sorgfältig getrocknet werden, es kann sich sonst werfen und verziehen oder schüsseln. Es trocknet jedoch schnell. Vorhandene Risse können sich beim Trocknen ausdehnen, in der Umgebung von Ästen können sich neue bilden.

HALTBARKEIT

Avodiré nimmt Holzschutzmittel sehr schlecht an. Das Kernholz kann von Pilzen, Termiten, Kernholzkäfern und Bohrmuscheln angegriffen werden. Das Holz ist nicht haltbar.

VERWENDUNG

Avodiré wird im hochwertigen Innenausbau, im Ladenbau und in der Büroausstattung und in der Kunsttischlerei verwendet. Man stellt auch Orgelpfeifen und Xylophone daraus her. Aus ansprechend gemasertem Material werden hochwertige Furniere gefertigt.

Andere Bezeichnungen: Apeya, Apapaye, Engan, Agbe, Esu, M'fube, Wansenwa, African satinwood

Herkunft: Tropisches Westafrika • **Höhe:** 35 m • **Stammdurchmesser:** 0,6-0,9 m • **Durchschnittliches Trockengewicht:** 550 kg/m³ • **Spezifisches Gewicht:** 0,55

Gesundheitsrisiken: Dermatitis, Nasenbluten, Reizung der Atemwege, möglicherweise auch innere Blutungen

Die Gattung

ULMUS
ULMEN

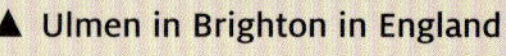

▲ Ulmen in Brighton in England

Zur Gattung der Ulmen gehören fast 60 Arten, die in Asien, Europa, dem Mittelmeerraum und dem amerikanischen Doppelkontinent heimisch sind. Leider hat der Ulmenbestand weltweit unter dem unaufhaltbaren Umgreifen des „Ulmensterbens" sehr gelitten. Die zugrundeliegende Krankheit, die viele Ulmenarten befällt und fast immer mit dem Absterben der Bäume endet, wird von dem Schlauchpilz Opbiostoma ulmi *(Syn.: Ceratocystis ulmi)* und dem noch virulenteren O. novoulmi verursacht, die beide durch den Ulmensplintkäfer übertragen werden. Die Krankheit wird auf Englisch als „Dutch elm disease" bezeichnet, da sie schon früh in den Niederlanden erforscht wurde. Sie ist nicht auf die Holländische Ulme *(U. hollandica)* beschränkt. Man versucht, der Krankheit durch die Züchtung resistenter Hybriden entgegenzuwirken, deren Auswilderung jedoch problematisch ist.

Ulmenholz ist unter Wasser sehr alterungsbeständig, deshalb wurde es in der Vergangenheit für Gründungspfähle, Wasserleitungen, Schiffspumpen und -kiele verwendet. Bei abwechselnd feuchten und trocknen Bedingungen kann es jedoch schnell faulen, es ist deshalb ein ideales Holz für Särge, um das „Erde zu Erde, Asche zu Asche" zu verwirklichen. Ulmenholz wird auch für die Sitzflächen von Windsorstühlen und für andere rustikale Möbel verwendet.

Ich bin glücklicher Besitzer eines gewissen Vorrats an Ulmenmaserknollen, die ich vor dem großen Ausbruch des Ulmensterbens in den 1970er Jahren erworben habe. Ich finde, es ist ein wunderbares Drechselholz, wenn seine schöne Maserung durch die interessanten Verwirbelungen der Maserknollen ergänzt wird.

▲ Schreibtisch im Arts and Crafts Stil aus Feldulme

▼ Ulmen im Vorfrühling

AMERIKANISCHE ULME

Ulmus glabra und verwandte Arten (Ulmaceae)

BESCHREIBUNG

Das Kernholz ist hell- bis mittelbraun, oft mit einer leichten Rottönung. Der Faserverlauf ist meist gerade, kann aber auch drehwüchsig sein. Die Struktur ist grob und etwas wollig. Das Splintholz ist grauweiß bis hellbraun.

EIGENSCHAFTEN

Das Holz ist mittel biegesteif und druckfest, hoch schlagfest und sehr hoch verformbar. Es eignet sich gut zum Dampfbiegen. Das Holz lässt sich mit scharfem Handwerkzeug und mit Maschinen gut bearbeiten. Es ist gut zu nageln, schrauben und verleimen. Beim Hobeln sollten der Schnittwinkel verringert und sehr scharfe Werkzeuge eingesetzt werden, um eine wollige Oberfläche zu vermeiden. Das Holz ist gut zu beizen und kann auf Hochglanz poliert werden.

TROCKNUNG UND STEHVERMÖGEN

Amerikanische Ulme ist gut zu trocknen, man sollte allerdings sorgfältig vorgehen, um Werfen zu vermeiden. Es kann zu Ringschäle kommen.

HALTBARKEIT

Das Kernholz kann von Fäulniserregern und Schadinsekten angegriffen werden. Das durch einen Pilz hervorgerufene sogenannte „Ulmensterben" gefährdet immer noch den Bestand an lebenden Bäumen. Das Splintholz nimmt Holzschutzmittel an, das Kernholz nur mäßig gut.

VERWENDUNG

Amerikanische Ulme wird im Boots- und Schiffsbau verwendet, man stellt Kisten und Kästen, Paletten, Kufen für Schaukelstühle und Rodelschlitten daraus her, Möbel, Särge und Turngeräte. Es wird auch zu dekorativen Furnieren gemessert und zu Sperrholzfurnieren geschält.

Andere Bezeichnungen: American elm, American white elm, Elm, Florida elm, Soft elm, White elm, Water elm. Es gibt sechs Ulmenarten in Nordamerika, die alle ähnliche Eigenschaften aufweisen.

Herkunft: Kanada und USA • **Höhe:** 30 m • **Stammdurchmesser:** 0,6-1,2 m • **Durchschnittliches Trockengewicht:** 560 kg/m^3 • **Spezifisches Gewicht:** 0,56

Gesundheitsrisiken: Der Holzstaub kann reizend auf Auge und Nase wirken; Dermatitis

BERGULME

Ulmus glabra (Ulmaceae)

BESCHREIBUNG

Das Kernholz ist hellbraun, manchmal mit einer leichten Grüntönung oder mit grünen Streifen. Das hellere Splintholz ist nach dem Einschnitt deutlich vom Kernholz unterschieden. Der Faserverlauf ist meist gerade und die Struktur mittelfein; die Fasern sind in der Regel gerader und feiner als die der Holländischen Ulme oder der Feldulme *(U. hollandica, U. procera)*. Das Holz kann ansprechend gemasert sein.

EIGENSCHAFTEN

Das Holz ist recht schwer und dicht, von relativ hoher Biegesteifigkeit, hoher Druckfestigkeit und Härte. Künstlich getrocknetes Holz eignet sich sehr gut zum Dampfbiegen, zu frisches Holz kann jedoch brechen oder sich verbiegen; das Holz muss astfrei sein, um gute Ergebnisse beim Biegen zu erzielen. Das Holz lässt sich mit Handwerkzeug meist gut, mit Maschinen zufriedenstellend bearbeiten, stumpft Werkzeugschneiden jedoch mäßig stark ab. Es ist gut zu verleimen und nageln und zufriedenstellend zu schrauben, schleifen und beizen. Polieren lässt es sich nur mäßig gut.

TROCKNUNG UND STEHVERMÖGEN

Das Holz trocknet recht schnell und gut, kann jedoch zum Verziehen neigen. Beim Trocknen sollten die Stapelleisten mit engem Abstand plaziert werden. Das Holz arbeitet mittelstark.

HALTBARKEIT

Das Kernholz ist von Natur aus kaum widerstandsfähig gegen Fäulniserreger. Das Splintholz wird leicht vom Gemeinen Nagekäfer und Splintholzkäfer angegriffen. Das Splintholz nimmt im Gegensatz zum Kernholz Holzschutzmittel an. Bergulme verrottet im Wasser nicht und wurde deshalb oft im Wasserbau verwendet.

VERWENDUNG

Das Holz wird im Boots- und Wasserbau verwendet. Man stellt Möbel und Truhen daraus her, Särge und Drechselarbeiten. In der Vergangenheit wurden daraus auch Radnaben, Wasserrohre, Tröge und maritime Verteidigungsanlagen hergestellt.

◀ Windsorstuhl mit niedriger Lehne: Sitzfläche aus Bergulme, andere Teile aus Eiche *(Quercus petraea* oder *Q. robur)*

Andere Bezeichnungen: Rüster, Wych elm, Scots elm, Scotch elm, Irish leamhan, Elm, Mountain elm, White elm, Alm, Orme blanc (Französisch)

Herkunft: Nördliches und westliches Großbritannien, Irland, Europa, westliches Asien • **Höhe:** 40 m • **Stammdurchmesser:** 1,5 m • **Durchschnittliches Trockengewicht:** 670 kg/m^3 • **Spezifisches Gewicht:** 0,67

Gesundheitsrisiken: Dermatitis, Nasenhöhlenkarzinome; Holzstaub kann reizend wirken

HOLLÄNDISCHE ULME

Ulmus hollandica (Ulmaceae)

BESCHREIBUNG

Nach dem Einschnitt ist das Splintholz deutlich vom Kernholz unterschieden. Nach dem Trocknen ist das Holz stumpfbraun. Der Faserverlauf ist in der Regel gerade, kann aber auch drehwüchsig sein. Die Jahresringe sind wegen der großen Poren des Frühholzes sehr auffällig. Sie geben dem grob strukturierten Holz eine ansprechende Textur.

EIGENSCHAFTEN

Das Holz ist von geringer Biegesteifigkeit und Druckfestigkeit, sehr hoher Verformbarkeit und sehr geringer Schlagfestigkeit. Holländische Ulme ist sehr viel zäher als Feldulme *(U. procera)* und eignet sich sehr gut zum Dampfbiegen. Bei unregelmäßigem Faserverlauf kann das Holz schwer zu bearbeiten sein. Es stumpft Werkzeugschneiden mäßig ab. Es neigt beim Hobeln zu Faserausrissen und beim Sägen zum Klemmen. Es lässt sich gut verleimen, beizen, nageln und schrauben, durch Polieren oder Wachsen lässt sich eine hohe Oberflächengüte erreichen.

TROCKNUNG UND STEHVERMÖGEN

Das Holz trocknet schnell, bei mangelnder Sorgfalt kann es zum Verziehen und Reißen kommen.

HALTBARKEIT

Das Splintholz wird leicht vom Gemeinen Nagekäfer und Splintholzkäfer angegriffen. Das Splintholz nimmt Holzschutzmittel gut an, das Kernholz nur mäßig gut.

VERWENDUNG

Das Holz wird im Bootsbau und in der Kunsttischlerei verwendet. Man stellt Fußböden, Stühle, Furniere und Drechselarbeiten daraus her.

Andere Bezeichnungen: Bastard Ulme, Dutch elm, Cork-bark elm, Orme hollandais (Französisch), Hollandse bastaardiep (Niederländisch)

Herkunft: Niederlande, Frankreich, Deutschland, Polen, Dänemark und Großbritannien • **Höhe:** 38-45 m • **Stammdurchmesser:** 1-1,5 m • **Durchschnittliches Trockengewicht:** 550 kg/m³ • **Spezifisches Gewicht:** 0,55

Gesundheitsrisiken: Dermatitis, Reizungen der Nase und des Halses; Nasenhöhlenkarzinome

FELDULME

Ulmus procera (Ulmaceae)

BESCHREIBUNG

Das Kernholz der Feldulme ist stumpf rötlich braun und nach dem Einschnitt deutlich vom Splintholz unterschieden. Der Faserverlauf ist unregelmäßig und drehwüchsig, was zu ansprechenden Texturen führt. Die Struktur ist grob mit deutlichen Jahresringen.

EIGENSCHAFTEN

Das Holz ist von sehr geringer Schlagfestigkeit und sehr hoher Verformbarkeit, es ist gering biegesteif und druckfest, aber sehr spaltfest. Die Eignung zum Dampfbiegen ist sehr gering, da das Holz beim Austrocknen zum Verziehen neigt. Das Holz stumpft Werkzeugschneiden mittelstark ab. Zum Bearbeiten sind sehr scharfe Schneiden notwendig. Beim Hobeln neigt das Holz zu Faserausrissen, unregelmäßiger Faserverlauf kann zu wolligen Oberflächen führen. Das Holz ist gut zu verleimen und beizen, nageln und schrauben und kann auf Hochglanz poliert werden. Das Holz ist mit Handwerkzeug nicht leicht zu bearbeiten.

TROCKNUNG UND STEHVERMÖGEN

Feldulme trocknet recht schnell, neigt aber sehr zum Verziehen, wenn die Stapelleisten nicht eng platziert werden und der Stapel nicht beschwert wird. Es kann zu Rissen und auch zu Zellkollaps kommen. Das Holz arbeitet mittelstark.

HALTBARKEIT

Das Kernholz ist anfällig für Fäulniserreger und Insektenbefall. Es ist mäßig schwer mit Holzschutzmittel zu behandeln. Das Splintholz lässt sich mit Holzschutzmittel behandeln.

VERWENDUNG

Feldulme wird in der Kunsttischlerei und im Kai- und Hafenanlagenbau verwendet. Man stellt Stühle (auch Windsorstühle), Fußböden und Parkett, Bugholz, Särge, Verschalungen und dekorative Furniere daraus her. In der Vergangenheit war es das Holz für Radnaben, Wasserrohre und Wasserpumpen.

◄ Schreibtisch aus Amerikanischem Nussbaum *(Jugans nigra)* mit Füllungen aus Ulmenmaser

Syn.: *U. minor var. vulgaris, U. campestris* • **Andere Bezeichnungen:** Haarulme, Englische Ulme, English elm, Elm, Nave elm, Red elm, Vanlig alm, Orme d'Angleterre (Französisch), Englese veldiep (Niederländisch)

Herkunft: Großbritannien (Bestände seit ca. 1970 durch das Ulmensterben stark vermindert) • **Höhe:** 24 m • **Stammdurchmesser:** 0,9 m • **Durchschnittliches Trockengewicht:** 550 kg/m^3 • **Spezifisches Gewicht:** 0,55

Gesundheitsrisiken: Dermatitis, Reizungen der Nase und des Halses, Nasenhöhlenkarzinome

FELSENULME

Ulmus thomasii (Ulmaceae)

BESCHREIBUNG

Das Holz ist hellbraun, Kern- und Splintholz sind nicht deutlich unterschieden. Der Faserverlauf ist normalerweise gerade, kann aber manchmal auch drehwüchsig sein. Die Struktur ist mäßig fein, damit hat die Felsenulme die feinsten Struktur unter den Ulmenarten.

EIGENSCHAFTEN

Felsenulme ist sehr schlagfest, hoch verformbar, mittel biegesteif und druckfest. Die Eignung zum Dampfbiegen ist sehr gut. Das Holz ist sehr abrieb- und abnutzungsfest. Wegen seiner Dichte ist es recht schwierig zu sägen und etwas schwierig zu hobeln. Es stumpft Werkzeugschneiden mäßig stark ab. Felsenulme lässt sich gut verleimen und beizen, zufriedenstellend nageln und schrauben und gut polieren.

TROCKNUNG UND STEHVERMÖGEN

Die Trocknung muss sorgfältig durchgeführt werden, das Holz neigt sonst zum Reißen, Werfen und Schwinden.

HALTBARKEIT

Das Holz ist nicht haltbar und von Natur aus nur gering widerstandsfähig gegenüber Fäulniserregern. Das Splintholz kann vom Splintholzkäfer angegriffen werden. Das Kernholz nimmt Holzschutzmittel nicht an.

VERWENDUNG

Felsenulme wird im Bootsbau zu Stringern, Spanten und Scheuerleisten verarbeitet, man stellt Kisten und Kästen, Lebensmittelbehälter, Kufen für Schlitten und Schaukelstühle, Turngeräte, Sperrholz und dekorative Furniere daraus her. Es wird auch für unter dem Wasserspiegel liegende Teile von Dockanlagen verwendet.

Andere Bezeichnungen: Rock elm, Canadian cork elm, Canadian rock elm, Cork elm, Hickory elm

Herkunft: Östliches Kanada und USA • **Höhe:** 15-30 m • **Stammdurchmesser:** 0,5-0,9 m • **Durchschnittliches Trockengewicht:** 700 kg/m³ • **Spezifisches Gewicht:** 0,70

Gesundheitsrisiken: Hautreizungen, Dermatitis

BERGLORBEER

Umbellularia californica (Myrtaceae)

BESCHREIBUNG

Das dicke, blassbraune Splintholz ist nicht deutlich vom Kernholz unterschieden, welches satt goldbraun bis gelblich grün gefärbt ist. Der Faserverlauf ist in der Regel gerade, oft aber auch wellig oder unregelmäßig. Das Holz ist fest, dicht und glatt. Die Struktur ist mittelfein und fest mit deutlichen Jahresringen. Das Holz glänzt mittelstark. Manchmal zeigen sich interessante und ansprechende Maserbilder.

EIGENSCHAFTEN

Berglorbeer ist ein hartes, fast abnutzungsfrei-es und elastisches Holz. Die mechanischen Eigenschaften sind für die Zwecke, für die es eingesetzt wird, nicht wirklich relevant. Es kann schwierig zu bearbeiten sein und stumpft Werkzeugschneiden schnell ab. Beim Hobeln und Profilieren sind reduzierte Schnittwinkel zu empfehlen. Es lässt sich jedoch gut verleimen, bohren, nageln und schrauben und sehr gut polieren. Berglorbeer ist wegen seiner außerordentlich hohen Eignung zum Drechseln ein sehr begehrtes Drechselholz.

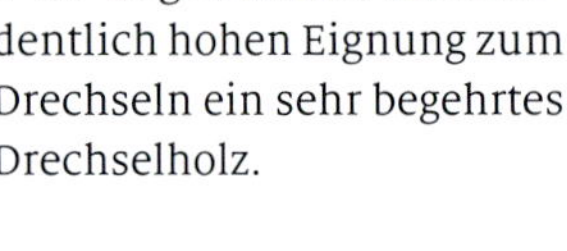

◄ Ausdrucksvolle Maserung

TROCKNUNG UND STEHVERMÖGEN

Das Holz reißt und wirft sich beim Trocknen, wenn nicht sehr sorgfältig vorgegangen wird. Berglorbeer wird manchmal vor dem Trocknen gewässert, um Farbänderungen hervorzurufen. Es hat ein relativ gutes Stehvermögen.

HALTBARKEIT

Das Holz ist nicht sehr haltbar und von Natur aus nur gering widerstandsfähig gegenüber Fäulniserregern. Es kann vom Splintholzkäfer angegriffen werden. Verblauung kann auch zu Problemen führen.

VERWENDUNG

Berglorbeer wird zu Schmuckartikeln, gedrechselten Schüsseln, Fußböden und Paneelen, Maserfurnieren, Marketeriearbeiten und Haushaltsgeräten verarbeitet. Es wird auch im Möbelbau und in der Kunsttischlerei eingesetzt.

◄ Gedrechselte Vase

Andere Bezeichnungen: Myrtle, Acacia, Baytree, Bay laurel, California laurel, Mountain laurel, Oregon myrtle, Pacific myrtle, Californian olive, Pepperwood, Spice tree

Herkunft: Oregon und Kalifornien, USA • **Höhe:** 12-24 m • **Stammdurchmesser:** 0,5-0,8 m • **Durchschnittliches Trockengewicht:** 850 kg/m³ • **Spezifisches Gewicht:** 0,85

Gesundheitsrisiken: Sensibilisator; Staub, Blätter und Rinde können Atembeschwerden verursachen

◄ *V. surinamensis*

V. koschnyi ▲

VIROLA

Virola* spp. einschl. *V. koschnyi* und *V. surinamensis (Myristicaceae)

BESCHREIBUNG

Das Splintholz ist nicht deutlich vom Kernholz unterschieden. Dieses variiert nach dem Einschnitt von Rosatönen bis zu Goldbraun und dunkelt zu einem tiefen rötlich braunen Ton nach. Der Faserverlauf ist meist gerade, die Struktur mittelgrob bis grob. Das Holz glänzt schwach bis mittelstark.

EIGENSCHAFTEN

Virola ist gering biegesteif und hoch verformbar, mittel druckfest und sehr gering schlagfest. Es eignet sich kaum zum Dampfbiegen. Das Holz lässt sich mit Handwerkzeug wie mit Maschinen gut bearbeiten und stumpft Werkzeugschneiden nur sehr gering ab. Es lässt sich gut sägen, hobeln, bohren, stemmen, fräsen, nageln, schrauben und verleimen. Es ist leicht zu schnitzen und schleifen. Virola nimmt Beizen gut an und ist zufriedenstellend zu drechseln und polieren.

TROCKNUNG UND STEHVERMÖGEN

Das Holz trocknet langsam. Bei mangelnder Sorgfalt neigt es zum Werfen, Reißen und zum Zellkollaps. Das Holz arbeitet mittelstark.

HALTBARKEIT

Das Holz ist nicht haltbar und von Natur aus nur gering widerstandsfähig gegenüber Fäulniserregern, Termiten und anderen Insekten. Splint- und Kernholz nehmen Holzschutzmittel an.

VERWENDUNG

Virola wird benutzt, um Wohn-, Büro-, Küchen- und rustikale Möbel herzustellen. Es wird zu Kisten und Kästen, Streichhölzern, Fässern, Särgen, Zigarrenkisten, Mittellagen für Tischlerplatten und Sperrholz verarbeitet und im leichten Innenausbau eingesetzt. Es wird auch zu dekorativen Furnieren gemessert.

Andere Bezeichnungen: Light virola, Banak, Palo de sangre, Sangre, Fruita colorado, Bogabani, Moonba, Dalli, Ucuuba, Hoogland baboen

Herkunft: Mittelamerika und tropisches Südamerika • **Höhe:** 43 m • **Stammdurchmesser:** 0,6-0,9 m, manchmal aber auch stärker • **Durchschnittliches Trockengewicht:** 530 kg/m³ • **Spezifisches Gewicht:** 0,53

Gesundheitsrisiken: Keine spezifischen Reaktionen bekannt. Zu beachten sind allerdings die allgemeinen Gesundheitsgefahren, die durch das Einatmen von Holzstäuben entstehen können.

WESTINDISCHES SATINHOLZ

Zanthoxylum flavum (Rutaceae)

BESCHREIBUNG

Das Splintholz wird von der Rinde aus immer dunkler, bis es in das Kernholz übergeht. Das Kernholz ist nach dem Einschnitt cremefarben und dunkelt zu einem Hellorange oder Goldbraun nach. Der Faserverlauf ist wechseldrehwüchsig oder unregelmäßig, die Struktur fein und ebenmäßig. Das Holz glänzt stark. Geriegelte und gefleckte Texturen kommen häufig vor.

EIGENSCHAFTEN

Das Holz ist sehr dicht, kräftig und schwer. Es stumpft Werkzeugschneiden mäßig schnell ab, lässt sich aber mit Handwerkzeug gut bearbeiten. Maschinelles Hobeln kann schwierig sein, da das Holz dazu neigt, auf den Hobelmessern zu „reiten". Es lässt sich ausgesprochen gut drechseln, sehr gut schnitzen und auf Hochglanz polieren.

TROCKNUNG UND STEHVERMÖGEN

Außer der Tatsache, dass es langsam trocknet, sind keine weiteren Informationen verfügbar.

HALTBARKEIT

Das Holz ist im allgemeinen nicht haltbar, aber es ist widerstandsfähig gegenüber Termiten. Bei den üblichen Verwendungszwecken ist eine Behandlung mit Holzschutzmittel nicht notwendig.

VERWENDUNG

Westindisches Satinholz wird als Drechsel-, Schnitz- und Einlegeholz verwendet und zu hochwertigen Möbeln und Furnieren verarbeitet.

◀ Tisch aus Mahagoni *(Swietenia macrophylla)* mit rechtwinklig angeordneten Einlegebändern aus Westindischem Satinholz

Syn.: *Fagara flava* • **Andere Bezeichnungen:** West Indian satinwood, Aceitillo, Espinillo, Jamaican satinwood, Yellow sanders (s. auch Buchenavia capitata, Seite 271), Yellow wood, Noyer (Französisch), Yellowheart

Herkunft: Karibik und südliches Florida, USA • **Höhe:** 12 m • **Stammdurchmesser:** 0,4-0,5 m • **Durchschnittliches Trockengewicht:** 730 kg/m³ • **Spezifisches Gewicht:** 0,73

Gesundheitsrisiken: Dermatitis, Schwindelgefühle, Übelkeit, Lethargie, Sehstörungen

WEITERE HOLZARTEN IN KURZDARSTELLUNG

Name	Herkunft	spez. Gewicht	Eigenschaften
Subalpine fir *Abies casiocarpa*	Kanada und USA	0,32	recht gut zu bearbeiten
Prächtige Tanne *Abies magnifica*	USA	0,38	gut zu bearbeiten
Maries-Tanne *Abies mariesii*	Japan	0,42	leicht zu bearbeiten
Himbeer-Akazie *Acacia acuminata*	Australien	1,04	lässt sich zu hoher Oberflächengüte bringen
Mulga-Akazie *Acacia aneura*	Australien	1,10	verhältnismäßig leicht zu bearbeiten
Ohrförmige Akazie *Acacia auriculiformis*	Australien, Papua Neuguinea, Indonesien	0,67	verhältnismäßig gut zu bearbeiten
Gidgee *Acacia cambagei*	Australien	1,20	hart, lässt sich zu einer hohen Oberflächengüte bringen
Brigalow *Acacia harpophylla*	Australien	1,00	mäßig schwierig zu bearbeiten
Sen *Acanthopanax ricinofolius*	China, Japan, Sri Lanka	0,56	leicht zu bearbeiten
Roter Sandelholzbaum *Adenanthera pavonia*	Vanuatu	0,86	recht leicht zu bearbeiten
Harzige Kaurifichte *Agathis dammara*	Südostasien, Philippinen	0,55	leicht zu bearbeiten
West African albizia *Albizia ferruginea*	Tropisches Westafrika	0,64	sehr gut zu bearbeiten
Yellow siris *Albizia xanthoxylon*	Queensland, Australien	0,41	leicht zu bearbeiten
Haiari *Alexa imperatricis*	Brasilien, Guyana, Surinam und Venezuela	0,44	gut zu bearbeiten
Forest oak *Allocasuarina torulosa* (Syn.: *Casuarina torulosa*)	Australien	0,96	recht einfach zu bearbeiten. Keine echte Eiche
Espavé *Anacardium excelsum*	Lateinamerika	0,45	verhältnismäßig gut zu bearbeiten
Curupay *Anadenanthera macrocarpa* Syn.: *Piptadenia macrocarpa*	Brasilien	1,05	gut zu bearbeiten
Aningeria *Aningeria* spp.	West- und Ostafrika	0,54	recht gut zu bearbeiten
Kaatoan bangkal *Anthocephalus chinensis*	Philippinen, Indonesien, Indien	0,40	relativ leicht zu bearbeiten
Antiaris *Antiaris toxicaria*	West-, Mittel und Ostafrika	0,43	leicht zu bearbeiten
Duru *Apeiba aspera*	Lateinamerika	0,25	recht schwierig zu bearbeiten
Red lancewood *Archidendropsis basaltica*	Queensland, Australien	1.20	recht schwierig zu bearbeiten
Papaw *Asimina triloba*	Kanada und USA	0,43	gut zu bearbeiten
Araracanga *Aspidosperma desmanthum*	Lateinamerika	0,80	leicht zu bearbeiten
Blackheart sassafras *Atherospermum moschatum*	Australien	0,65	leicht zu bearbeiten
Moabi *Baillonella toxisperma*	Nigeria und Gabun	0,80	recht leicht zu bearbeiten
Tawa *Beilschmiedia tawa*	Neuseeland	0,73	mäßig gut zu bearbeiten
Berlinia *Berlinia* spp.	Tropisches Westafrika	0,72	mäßig gut zu bearbeiten

Name	Herkunft	spez. Gewicht	Eigenschaften
Paranuss *Bertholletia excelsa*	Amazonasgebiet	0,59	gut zu bearbeiten
Zuckerbirke *Betula lenta*	Kanada und USA	0,60	gut zu bearbeiten
Lindenblättrige Birke *Betula maximowicziana*	China und Japan	0,67	gut zu bearbeiten
Bishopwood *Bischofia javanica*	Ozeanien und Südostasien	0,5[illegible]	gut zu bearbeiten
Pochote *Bombacopsis quinata*	Lateinamerika	0,50	gut zu bearbeiten
Alone *Bombax brevicuspe*	Westafrika, Südamerika, Südasien	0,55	leicht zu bearbeiten
Okwen *Brachystegia* spp.	Westafrika	0,62	schwierig zu bearbeiten
Brotnussbaum *Brosimum alicastrum*	Mittel- und Südamerika	0,85	gut zu bearbeiten
Satiné *Brosimum rubescens*	Brasilien, Peru, Venezuela	1,01	recht leicht zu bearbeiten
Cocuswood *Brya ebenus*	Kuba und Jamaika	0,90	gut zu bearbeiten
Yellow sanders *Buchenavia capitata*	Lateinamerika	0,66	verhältnismäßig gut zu bearbeiten
Jucaro *Bucida buceras*	Karibik	1,00	schwierig zu bearbeiten
Verawood (Maracaibo lignum vitae) *Bulnesia arborea*	Kolumbien und Venezuela	1,00	wie weiches Metall zu bearbeiten
Palo santa *Bulnesia sarmientoi*	Argentinien und Paraguay	1,10	zufriedenstellend zu bearbeiten
Serrette *Byrsonima coriacea*	Lateinamerika	0,76	mäßig gut zu bearbeiten
Cangerana *Cabralea cangerana*	Argentinien, Brasilien, Paraguay, Uruguay	0,55	gut zu bearbeiten
Rose Alder *Caldcluvia australiensis*	Australien	0,60	mäßig leicht zu bearbeiten
White cypress pine *Callitris glauca*	Australien	0,68	mäßig schwer zu bearbeiten
Genero lemonwood *Calycophyllum multiflorum*	Mittel- und Südamerika	0,86	gut zu bearbeiten
Sajo *Campnosperma panamensis*	Lateinamerika	0,38	leicht zu bearbeiten
Ylang-Ylangbaum *Canangium odoratum*	Ozeanien und Südostasien	0,30	gut zu bearbeiten
Andiroba *Carapa guianensis*	Mittel- und Südamerika	0,64	mäßig gut zu bearbeiten
Jequitibá *Cariniana pyriformis*	Brasilien, Kolumbien, Venezuela	0,58	gut zu bearbeiten
Amerikanische Hainbuche	Kanada und USA	0,58	mäßig gut zu bearbeiten
Piqui *Caryocar villosum*	Lateinamerika	0,84	mäßig schwierig zu bearbeiten
Giant chinkapin *Castanopsis chrysophylla*	Nordamerika	0,48	gut zu bearbeiten
Prächtiger Trompetenbaum	Kanada und USA	0,38	leicht zu bearbeiten Catalpa speciosa
Karibischer Ameisenbaum *Cecropia peltata*	Südamerika	0,30	verhältnismäßig gut zu bearbeiten
Acajou rouge *Cedrela huberi*	Lateinamerika	0,41	leicht zu bearbeiten
Westindische Zedrele *Cedrela odorata*	Mittel- und Südamerika	0,40	leicht zu bearbeiten

Name	Herkunft	spez. Gewicht	Eigenschaften
Canarywood *Centrolobium* spp. (viele Arten)	Mittel- und nördliches Südamerika	0,65	leicht zu bearbeiten
Arariba *Centrolobium ochroxylon*	Brasilien	0,85	leicht zu bearbeiten
Katsurabaum *Cercidiphyllum japonicum*	Japan	0,47	sehr leicht zu bearbeiten
Amerikanisches Färberholz *Chlorophora tinctoria*	Karibik und Südamerika	0,92	gut zu bearbeiten
Kampferbaum *Cinnamomum camphora*	Australien, Südostasien, Japan	0,64	gut zu bearbeiten
Kokosnusspalme Cocos nucifera	Weltweit in den Tropen	0,56	zufriedenstellend zu bearbeiten
Esia *Combretodendron macrocarpum*	Westafrika	0,80	schwierig zu bearbeiten
Etimoé *Copaifera salikounda*	Tropisches Westafrika	0,77	recht leicht zu bearbeiten
West African cordia *Cordia abyssinica*	Nigeria, Kenia, Tansania	0,43	leicht zu bearbeiten
Lauch-Kordie *Cordia alliodora*	Karibik, Südamerika	0,55	leicht zu bearbeiten
Sorvagummi *Couma macrocarpa*	Südamerika	0,61	gut zu bearbeiten
Capa de tabaco *Couratari guianensis*	Südamerika	0,70	recht gut zu bearbeiten
Bolly silkwood *Cryptocarya oblata*	Queensland, Australien	0,56	leicht zu bearbeiten
Japanische Sicheltanne *Cryptomeria japonica*	Japan	0,40	mäßig gut zu bearbeiten
Muhimbi *Cynometra alexandri*	Mittel- und Ostafrika	0,90	schwierig zu bearbeiten
Neuseeländische Warzeneibe *Dacrycarpus dacrydioides* Syn.: *Podocarpus dacrydioides*	Neuseeland	0,46	leicht zu bearbeiten
Flamewood *Dalbergia cochinchinensis*	Südostasien	0,82	mäßig gut zu bearbeiten
Ogea *Daniellia ogea*	Westafrika	0,50	leicht zu bearbeiten
Northern sassafras *Daphnandra dielsii*	Queensland, Australien	0,60	recht leicht zu bearbeiten
Angelica tree *Dendropanax arboreus*	Mittel- und Südamerika	0,50	leicht zu bearbeiten
Morototo *Didymopanax morototoni*	Mittel- und Südamerika	0,55	mäßig gut zu bearbeiten
Gabon ebony *Diospyros dendo*	Westafrika	0,82	hart, aber gut zu bearbeiten
Kakipflaume *Diospyros kaki*	China und Japan	0,83	mäßig gut zu bearbeiten
Marblewood *Diospyros marmorata*	Andamanen Inseln	1.03	schwierig zu bearbeiten
Keruing *Dipterocarpus* spp. (viele Arten)	Südostasien, Philippinen, Malaysia, Indien	0,82	zufriedenstellend zu bearbeiten
Tonkabohne *Dipteryx odorata*	Nördliches Südamerika	0,90	schwierig zu bearbeiten
Paldao *Dracontomelum dao*	Philippinen	0,74	leicht zu bearbeiten
Kapur *Dryobalanops* spp.	Indonesien, Malaysia, Südostasien	0,77	gut zu bearbeiten
Lampati *Duabanga sonneratioides*	Myanmar (Burma), Indien, Indonesien	0,41	leicht zu bearbeiten

Name	Herkunft	spez. Gewicht	Eigenschaften
New South Wales scented rosewood *Dysoxylum fraseranum*	New South Wales,	0,72	leicht zu bearbeiten. Wird auch als New South Wales rose mahogany bezeichnet
Miva mahogany *Dysoxylum muelleri*	Australien	0,67	leicht zu bearbeiten
Brown quangdong *Elaeocarpus coorangooloo*	Queensland, Australien	0,60	recht leicht zu bearbeiten
White quangdong *Elaeocarpus grandis*	Queensland, Australien	0,50	leicht zu bearbeiten
Kauvula *Endospermum medullosum*	Papua Neuguinea	0,44	leicht zu bearbeiten
Kosipo *Entandrophragma candollei*	Westafrika	0,64	gut zu bearbeiten
Timbauba *Enterolobium schomburgkii*	Südamerika	1,00	recht schwierig zu bearbeiten
Jaboty *Erisma uncinatum*	Nördliches Südamerika	0,55	gut zu bearbeiten
Poplar gum *Eucalyptus alba*	Ozeanien und Südostasien	0,91	recht schwierig zu bearbeiten
Australian white ash *Eucalyptus fraxinoides* Keine echte Eschenart	New South Wales	0,69	gut zu bearbeiten. Keine echte Eschenart
Blaugummibaum *Eucalyptus globulus*	Australien und Hawaii	0,80	mäßig gut zu bearbeiten
White-topped box *Eucalyptus quadrangulata*	Westliches Australien	0,99	recht schwierig zu bearbeiten. Keine echte Buchsbaumart
Chilenische Scheinulme *Eucryphia cordifolia*	Argentinien und Chile	0,48	gut zu bearbeiten
Kirschmyrte *Eugenia* spp.	Malaysia und Papua Neuguinea	0,77	recht leicht zu bearbeiten
Pau amarello *Euxylophora paraensis*	Brasilien	0,80	gut zu bearbeiten
Gekerbte Buche *Fagus crenata*	Japan	0,62	zufriedenstellend zu bearbeiten
Patagonische Zypresse *Fitzroya cupressoides*	Argentinien und Chile	0,48	leicht zu bearbeiten
Genipap *Genipa americana*	Mittel- und Südamerika	0,66	gut zu bearbeiten
Ginkgo Ginkgo biloba	China	0,40	gut zu bearbeiten
Mutenye *Guibourtia arnoldiana*	Tropisches West- u. Zentralafrika	0,88	gut zu bearbeiten
Copaiba *Guibourtia langsdorfii*	Brasilien	0,80	gut zu bearbeiten
Red chacate *Guibourtia schliebenii*	Brasilien	1,15	gut zu bearbeiten
Oysterwood *Gymnanthes lucida*	Karibik und Brasilien	0,88	gut zu bearbeiten
Leche perra *Helicostylis tomentosa*	Brasilien	0,68	befriedigend bis gut
Gummibaum *Hevea brasiliensis* Westafrika	Amazonasgebiet Südostasien,	0,49	leicht zu bearbeiten
Blue mahoe *Hibiscus elatus*	Karibik, Peru, Brasilien	0,62	leicht zu bearbeiten
Sandbüchsenbaum *Hura crepitans*	Lateinamerika	0,35	recht schwierig zu bearbeiten
Kirikawa *(Marakaipo)* *Iryanthera* spp.	Brasilien, Kolumbien	0,35-0,57	gut zu bearbeiten
South American walnut *Juglans neotropica*	Argentinien, Kolumbien, Mexiko, Peru, Venezuela	0,65	leicht zu bearbeiten

Name	Herkunft	spez. Gewicht	Eigenschaften
Ashe juniper *Juniperus ashei*	USA und Mexiko	0,65	recht leicht zu bearbeiten
Kempas *Koompassia malaccensis*	Indonesien und Malaysia	0,88	verhältnismäßig gut zu bearbeiten
Neuseelandmyrte *Leptospermum scoparium*	Australien und Neuseeland	0,83	recht schwierig zu bearbeiten
Bombanga *Macrolobium coeruleoides*	Tropisches Westafrika	0,61	leicht zu bearbeiten
Gurken-Magnolie *Magnolia acuminata*	Östliche USA	0,44	gut zu bearbeiten
Oboto *Mammea africana*	Westafrika	0,62	mäßig gut zu bearbeiten
Mango *Mangifera indica*	Viele Gebiete der Tropen	0,52	mäßig gut zu bearbeiten
Massaranduba (bulletwood) *Manilkara bidentata*	Karibik und Mittelamerika	0,85	mäßig schwierig zu bearbeiten. „Bulletwood" wird auch als Bezeichnung für viele andere Arten verwendet
Breiapfelbaum *Manilkara zapota*	Karibik	0,84	schwierig zu bearbeiten
Carne d'Anta *Maytenus* spp.	Tropisches Amerika	0,70	zufriedenstellend zu bearbeiten
Rengas *Melanorrhoea curtisii*	Malaysia, Philippinen, Papua Neuguinea	0,83	mäßig gut zu bearbeiten
Indischer Zedrachbaum *Melia azedarach*	Ozeanien und Südostasien	0,55	gut zu bearbeiten, Oberflächen können aber wollig sein
Chechem *Metopium brownei*	Karibik	0,68	hart, lässt sich aber bearbeiten
Grumixava *Micropholis guianensls*	Lateinamerika	0,75	hart, leicht bis mäßig schwer zu bearbeiten
Manwood *Minquartia guanensis*	Mittel- und Südamerika	0,91	sehr hart
Balsamo *Myroxylon balsamum*	Mittel- und Südamerika	0,78	mäßig schwierig zu bearbeiten
Louro preto *Nectandra mollis*	Brasilien	0,70	gut zu bearbeiten
Danta *Nesogordonia papaverifera*	Westafrika	0,74	mäßig gut zu bearbeiten
Coigue *Nothofagus dombeyi*	Chile und Argentinien	0,49	recht leicht zu bearbeiten
Antarctic beech *Nothofagus moorei*	Australien	0,77	mäßig schwierig zu bearbeiten
Rauli-Scheinbuche *Nothofagus procera*	Chile	0,54	gut zu bearbeiten
Wasser-Tupelobaum *Nyssa aquatica*	USA	0,50	recht schwierig zu bearbeiten
East African camphorwood *Ocotea usambarensis*	Kenia und Tansania	0,59	leicht zu bearbeiten
Lancewood *Oxandra lanceolata*	Karibik	0,81	hart, aber gut zu bearbeiten
Tchitola *Oxystigma oxyphyllum*	Westafrika	0,61	zufriedenstellend zu bearbeiten
Guttaperchabaum *Palaquium* spp.	Malaysia und Südostasien	0,67	mäßig gut zu bearbeiten
Beli *Paraberlinia bifoliolata*	Tropisches Westafrika	0,80	recht gut zu bearbeiten
Angico *Parapiptadenia rigida*	Brasilien	0,95	gut zu bearbeiten
Red siris *Paraserianthes toona* (Syn.: *Albizia toona*)	Australien	0,72	leicht zu bearbeiten

Name	Herkunft	spez. Gewicht	Eigenschaften
Ajan-Fichte *Picea jezoensis*	Japan	0,43	leicht zu bearbeiten
Schwarzfichte *Picea mariana*	Kanada und USA	0,38	gut zu bearbeiten
Rotfichte *Picea rubens*	Kanada und USA	0,37	leicht zu bearbeiten
Grannen-Kiefer *Pinus aristata*	USA	0,46	mäßig leicht zu bearbeiten
Karibische Kiefer *Pinus caribaea*	Karibik	0,50	leicht zu bearbeiten
Japanische Rotkiefer *Pinus densiflora*	Japan	0,40	leicht zu bearbeiten
Stechkiefer *Pinus pungens*	Östliche USA	0,49	recht schwierig zu bearbeiten
Sibirische Zirbelkiefer *Pinus sibirica*	Siberien und Mandschurei	0,42	leicht zu bearbeiten
Dahoma *Piptadeniastrum africanum*	Tropisches West-, Zentral- und Ostafrika	0,69	mäßig gut zu bearbeiten
Podo *Podocarpus* spp.	Süd- und Ostafrika	0,51	leicht zu bearbeiten
Amunu *Podocarpus neriifolia*	Ozeanien und Südostasien	0,51	gut zu bearbeiten
Totara *Podocarpus totara*	Neuseeland	0,43	leicht zu bearbeiten
Taun *Pometia pinnata*	Südpazifik	0,70	gut zu bearbeiten
Cativo *Prioria copaifera*	Jamaika und Mittelamerika	0,40	recht schwierig zu bearbeiten
Carbonero *Pseudopitadenia pitterieri* (Syn.: *Piptadenia pitterieri*)	Venezuela, Kolumbien	0,62	zufriedenstellend bis gut
Amendoim *Pterogyne nitens*	Argentinien, Brasilien, Paraguay	0,80	gut zu bearbeiten
Arkansas-Eiche *Quercus arkansana*	Südöstliche USA	0,55	gut zu bearbeiten
Zweifarbige Eiche *Quercus bicolor*	Kanada und USA	0,71	gut zu bearbeiten
Scharlacheiche *Quercus coccinea*	Kanada und USA	0,61	gut zu bearbeiten
Oregoneiche *Quercus garryanna*	Kanada und USA	0,72	gut zu bearbeiten
Live oak *Quercus virginiana*	Östliche USA	0,80	sehr schwierig zu bearbeiten
Mangrovebaum *Rhizophora mangle*	Südöstliche USA, Lateinamerika	0,89	schwierig zu bearbeiten
Weißes Sandelholz *Santalum album*	Indien	0,75	sehr gut zu bearbeiten
Australian white birch *Schizomeria ovata*	Australien, Papua Neuguinea	0,61	leicht zu bearbeiten. Keine echte Birkenart
Odoko *Scottellia* spp.	Westafrika	0,62	recht leicht zu bearbeiten
Akossika *Scottellia chevalier*	Tropisches Westafrika	0,62	gut zu bearbeiten
Mammutbaum *Sequoiadendron giganteum*	Kalifornien	0,29	leicht zu bearbeiten
Balau *Shorea* spp.	Malaysia	0,93	mäßig schwierig zu bearbeiten
Meranti *Shorea* spp. (viele Arten)	Malaysia, Sarawak, Brunei, Philippinen	0,67	gut zu bearbeiten
Sepetir *Sindora* spp.	Südostasien	0,67	recht schwierig zu bearbeiten

Name	Herkunft	spez. Gewicht	Eigenschaften
Yellow carabeen *Sloanea woolsii*	Australien	0,45-0,72	recht leicht zu bearbeiten
Japanischer (und Neuseeländischer) Schnurbaum *Sophora japonica + S. tetraptera*	China, Japan, Neuseeland	0,68	leicht zu bearbeiten
Gelbe Mombinpflaume *Spondias mombin*	Lateinamerika und Afrika	0,48	gut zu bearbeiten
Brown sterculia *Sterculia rhinopetala*	Westafrika	0,82	mäßig gut zu bearbeiten
Chewstick *Symphonia globulifera*	Afrika, Mittel- und Südamerika	0,68	gut zu bearbeiten
White hazelwood *Symplocos stawellii*	Australien	0,60	leicht zu bearbeiten
Tamarinde *Tamarindus indica*	Viele Gebiete der Tropen	0,90	schwierig zu bearbeiten
Red tulip oak *Tarrietia argyrodendron*	Queensland, Australien	0,85	zufriedenstellend zu bearbeiten
Niangon *Tarrietia utilis*	Westafrika	0,56	recht schwierig zu bearbeiten
Nargusta *Terminalia amazonia*	Mittel- und Südamerika	0,80	recht schwierig zu bearbeiten
Indian silver greywood *Terminalia bialata*	Andamanen Inseln	0,67	leicht zu bearbeiten
Indische Myrobalane *Terminalia catappa*	Indien	0,65	recht schwierig zu bearbeiten
Izombe *Testulea gabonensis*	Gabun	0,80	leicht zu bearbeiten
Calantas *Toona calantas*	Philippinen	0,44	gut zu bearbeiten
Long John *Triplaris surinamensis*	Lateinamerika	0,70	gut zu bearbeiten
Brush box *Tristania conferta*	Australien	0,90	schwierig zu bearbeiten
Araragi-Hemlocktanne *Tsuga sieboldii*	Japan	0,47	gut zu bearbeiten
Feldulme *Ulmus carpinifolia*	Europa	0,58	verhältnismäßig gut zu bearbeiten
Cedar Elm *Ulmus crassifolia*	Südliche USA	0,59	schwierig zu bearbeiten
Wacapou *Voucapoua americana*	Brasilien, Guyana, und Peru	0,93	schwierig zu bearbeiten
Neu Guinea boxwood *Xanthophyllum papuanum*	Ozeanien und Südostasien	0,75	Wegen des hohen Silikatgehaltes schwierig zu bearbeiten. Keine echte Buchsbaumart
Japanische (und Kaukasische) Zelkove *Zelkova serrata und Z. carpinifolia*	China, Japan, Iran	0,62	gut zu bearbeiten
Ébano *Ziziphus thyrsiflora*	Ecuador und Peru	0,78	gut zu bearbeiten

ÜBER DEN AUTOR

Terry Porter wuchs im englischen Cambridge auf. Der Einfluss seines Vaters erweckte in ihm schon im Jugendalter Interesse für Holz und das Arbeiten mit diesem Werkstoff. Terry arbeitete lange Zeit als Lehrer und Prüfer für Englisch als Fremdsprache, in Großbritannien wie auch im Ausland. In dieser Zeit wandte er sich dem Drechseln zu. Dadurch wurde sein Interesse für Holz noch größer, vor allem für die vielen verschiedenen Holzarten, die sich für das Drechseln eignen. Er schrieb eine Vielzahl von Artikeln für Zeitschriften, die sich mit Holzhandwerk beschäftigen, und konnte dabei auf seine Kenntnisse zurückgreifen, die er als Holzhandwerker, Fotograf und Autor gesammelt hatte. Während seiner Zeit als Redakteur der Zeitschrift *Woodturning* (erscheint im Verlag GMC – Guild of Master Craftsman) konnte er noch tiefer in die Welt des Holzes und der Drechselei eindringen. Heute arbeitet er als freiberuflicher Autor und schreibt unter anderem regelmäßig für verschiedene Zeitschriften, die bei GMC erscheinen.

DANKSAGUNGEN

Ich möchte meinem Lektor Stephen Haynes danken, der während des Schreibens dieses Buches so hilfsbereit, unterstützend, sachkundig und gut gelaunt war. Der Verlag und ich möchten auch all jenen danken, die freundlicherweise Holzmuster für die Fotografie zur Verfügung gestellt oder bei der Suche nach den erforderlichen Arten geholfen haben.
Mehrere Mitglieder der International Wood Collectors Society (www.woodcollectors.org) haben unschätzbare Hilfe geleistet, insbesondere Ken Southall (an erster Stelle), Alan Curtis, Gary Green, Ed Carter und Ernie Ives. Unser Dank gilt auch dem Windsor-Stuhlhersteller James Mursell, Mark Baker, Herausgeber des Woodturning-Magazins, Paul Richardson, ehemaliger Verleger von GMC Publications, und Covers of Lewes.

Ein besonderer Dank geht an Ann Biggs für ihre großartigen botanischen Illustrationen. Herausgeber und Autor bedanken sich bei allen, die ihre Hilfsbereitschaft zum Ausdruck gebracht haben, auch wenn nicht alle Angebote angenommen werden konnten. Wir danken auch allen, die uns freundlicherweise die Erlaubnis erteilt haben, Fotos ihrer Arbeit zu verwenden. Ein abschließender Dank geht an den verstorbenen Professor John MacLeod, ehemals Professor für Gartenbau der Royal Horticultural Society, für seine Ratschläge zur Pflanzenphysiologie und -taxonomie.

ILLUSTRATOREN

Seite 6–32: Simon Rodway
Botanische Illustrationen: Ann Biggs

HANDWERKER

David Allaway (Seiten 103, 226), Mark Baker (4 links, 18 rechts, 39, 41, 47, 68 rechts, 85, 88, 124, 170, 185 unten, 207 unten, 210, 230, 234, 243), Arthur & Rachel Cadman (214, 224 rechts), Seamus Cassidy (52), Robert Chapman (143), Nigel Churchouse (105), Jane Cleal (108), John Cousen (185 rechts), Colin Eden-Eadon (253), Adrian Foote (des. John Makepeace) (245 oben links), Frank Fox-Wilson (5, 136, 151 rechts, 155, 174, 216), Catherine Haynes (designer) (112), Stephen Haynes (58, 112, 129 oben Mitte, 183, 194), John Hunnex (44, 106, 120, 134 rechts, 221), Robert Ingham (38 Mitte, 60, 101, 113, 175 rechts), Richard Jones (207 rechts), Brian Jordan (71), Richard Kennedy (260), Philip Koomen (38 rechts), James Krenov (218), Andrew Lawton (191, 215), Kevin Ley (135, 150 links, 264), Peter Lloyd (4 rechts, 43, 68 unten, 131 unten, 150 unten, 244 unten), John Makepeace (designer) (245 oben links), Bert Marsh (46, 96, 104, 118 unten, 175 unten, 219, 266), James Mursell (262), Rupert Newman/Westwind Oak Buildings (225 oben links), Tim O'Rourke (129 oben rechts), Wayne Petrie (118 oben rechts), Terry Porter (21 links, 75 unten, 233), Paul Richardson (220, 230, 260), Mark Ripley (18 links, 134 unten), Cynthia Rogers (254), Andrew Skelton (24 rechts), David Springett (245 unten), Richard Stevenson (244 rechts), Chris Stott (1, 61, 63, 67, 76, 103, 131, 147 unten, 153, 168, 173, 190, 192), Ian Thompson (251), Andrew Varah (147 rechts), Alison Ward (119 rechts), Gordon Wight (45), Frederick Wilbur (98), Sara Wilkinson (223 unten, 255), Richard Williams (107), Alex Willis (23 links).

FOTOGRAFEN

Alle Fotografien von Holzbeispielen außer Seite 83 sind von Anthony Bailey, © GMC Publications Ltd 2006, 2010. Andere Fotografien sind von Anthony Bailey mit den folgenden Ausnahmen:
David Allaway (Seiten 103, 226), American Hardwood Export Council (83 oben links), Craig Brown (107), Arthur Cadman (214, 224 rechts), Manny Cefai (18 links), Robert Chapman (143), Nigel Churchouse (105), Jane Cleal (108), Martin Fisher (253), Stephen Haynes (10, 16 oben rechts, 19, 23 rechts, 25 links, 38 links, 58, 68 links, 75 rechts, 98, 109, 112, 119 oben, 129 oben links, oben Mitte und unten, 131 rechts, 134 links, 141, 183, 185 rechts, 194, 196 unten links und rechts, 197, 223 rechts, 224 Mitte links und unten links, 225 unten, 245 oben rechts und unten, 260 trees), Stephen Hepworth (24 rechts), Alan Holtham (17 oben links), John Hunnex (44, 106, 120, 134 rechts, 221), Robert Ingham (38 Mitte, 60, 101, 113, 175 rechts), Richard Jones (207 rechts), Brian Jordan (71), Richard Kennedy (260 Schreibtisch), Andrew Lawton (191, 215), Kevin Ley (135, 150 links, 214, 224 rechts, 264), Phil Morash (9), Francis Morrin (52), Rebecca Mothersole (106 Mitte), Mike Murless (245 oben links), Tim O'Rourke (129 oben rechts), Gilda Pacitti (Blätter, Seiten 38, 68, 118, 129, 134, 196, 224, 244, 260), Terry Porter (13, 21 links, 75 unten, 225 oben rechts), Edward Reeves (278), Paul Richardson (268), Steven Russell (83 unten links und rechts), David Smith (38 rechts, 134 unten), Sterling Publishing (218), Richard Stevenson (244 rechts), Andrew Varah (147), Rod & Alison Wales (118 oben rechts, 119 rechts), Gordon Wight (45).

INDEX (DER IN DEUTSCHLAND VERWENDETEN NAMEN)

INDEX (DER IM AUSLAND VERWENDETEN NAMEN)

INDEX (der botanischen Namen)